全国旅游类专业创新
应用型人才培养规划教材

饮食文化概论（第二版）

Introduction to Food and Beverage Culture

主　编◎修　宇
参　编◎郭晓赓　张　琦　佟　婷

中国旅游出版社

序 PREFACE

——让世界饮食文化百花园姹紫嫣红

习近平总书记指出，要“着力赓续中华文脉，推动中华优秀传统文化创造性转化和创新性发展”。这为我们在新时代聚焦理论创新，激发中华饮食文化创新创造活力，推动与世界各国友好对话与互动交流，指明了方法路径，提供了根本遵循。

饮食文化是人类文明的基础，也是传统思想的源泉。中国作为具有悠久文明史的东方大国，曾经为人类文明进步做出了突出贡献。在5000多年历史长河中，中华民族形成了独具地方和民族特色的烹饪技艺、饮食习惯，成为中华优秀传统文化的重要组成部分。秉持对中华饮食文化传承发展的责任感和使命感，北京联合大学旅游学院对《饮食文化概论》一书（以下简称《概论》）进行了修订再版。

《概论》的作者在第一版基础上，进一步充实了相关内容，统览全书，具有三个特点。一是提升理论思维。《概论》增加与饮食相关的哲学思辨、文物鉴赏、史学民俗、科技知识和很多更具时代气息的案例。在叙述上，从饮食本身向饮食生产过程中自然资源、社会资源投入、产出、流通环节延伸，将饮食消费与人类健康、文化传承和社会可持续发展相联系，增强了学理化和体系化。二是拓宽国际视野。《概论》补充中外饮食类世界非物质文化遗产、中国在册世界农业文化遗产、北京冬奥会运动员菜单和冬残奥会无障碍餐饮服务案例，增强了本书推动中华饮食文化与世界各国餐饮文化交流互鉴、实现共同进步的功能。三是丰富阅读模式。《概论》再版纸质图书的同时，策划编辑视频课程，设计绘制插图，为读者提供更加舒适的阅读体验。

我认为，《概论》的再版，可以更好地发挥三方面作用。一是为培养餐旅文化人才提供权威用书。《概论》遵循教育规律、突出教学导向，贴近青年学生认知特征和接受习惯，通过年轻化表达、年轻态呈现，使其以可感实体、具象形式走进寻常生活，让传统饮食文化与新商业接轨、与文旅融合，弥合“数字鸿沟”，吸引年轻一代成为中华饮食文化传承者和创造者。二是促进中华饮食文化传承发展。《概论》运用大众喜闻乐见的方式顺势而为，用朴素的语言和生动案例阐释中外饮食文化的深刻意蕴，有助于激发青年学生的学习热情，引导他们在自主体验、主动思考和情感升华中，理解和把握中华饮食文化精神力量，让中华饮食文化焕发蓬勃生命力。三是增强中华饮食文化辐射力。《概论》通过梳理中西饮食文化历史脉络，发掘中西进餐礼仪、节话食俗、酒水文化内涵，品多元文化之韵，赏文明互鉴之美，促进美美与共，让世界饮食文化百花园姹紫嫣红。

是为序。

世界中餐业联合会会长 邢颖

2024 年 1 月

目录

CONTENTS

视频资源：
课程和团队介绍

第一章

绪 论

【本章引言】

本章过后，学习者应该能够达到知识和应用两个维度的学习目标。

知识维度：

- 阐明饮食文化的概念和研究范畴。
- 以北京房山周口店北京人遗址的用火史料为据，阐释古人类从生食到熟食再到烹饪的变化过程、各阶段特点和烹饪诞生的意义。
- 举例说明“挑战与回应”理论。
- 简述世界饮食文化的分类和各自的特点。

应用维度：

- 树立饮食文化学习和建立科学食物观的信心。
- 将饮食文化作为终身学习和继承发扬的文化传承。
- 在中国饮食文化发展与传播、饮食文化资源保护和开发、食育活动推广中发挥积极作用。

饮食，素来是人类生存和提高身体素质的首要物质基础，也是社会发展的原动力。早期野蛮时代，人类与其他动物一样，饮与食只是出于生存的本能。但是，当人类通过认识并使用火而与动物区别开后，人类的饮食也与动物的饮食有了本质的区别。人类饮食伴随着用火熟食、使用调味品，以及众多饪食器的发明创造，饮食品就成为人类最早进行技术开发和艺术创造的对象，进而逐渐被赋予丰富的文化属性。

由此，人类饮食的历史成为人类适应自然、征服与改造自然以求得自身生存和发展的历史，在这一历史过程中逐渐形成了人类的饮食文化。人类的饮食文化存在于各种内蕴和外显的模式之中，并得以学习与传播，其核心仍是传统思想观念和价值。在理解学习中西饮食文化时，更需注意“文化”的历史性、群体性和影响性。

第一节　文化与饮食的范畴

一、文化的范畴

在文化的创造与发展中，主体是人，客体是自然，而文化便是人与自然、主体与客体在实践中的对立统一物。这里的“自然”，不仅指存在于人身之外并与之对立的外在自然界，也指人类的本能、人的身体的各种生物属性等自然性。文化的出发点是从事改造自然、改造社会的活动，进而改造自身，即实践着的人。人创造了文化，同样文化也创造了人。

对文化概念的界定和理解，就其过程而言，是人化或自然界的“人类化”，也就是人类主体通过社会实践活动，适应、利用、改造自然界客体而逐步实现自身价值观念的过程，这个过程是人与自然相互适应、相互影响的互动过程；就结果而言，文化是指人类创造的一切物质产品和精神产品的总和。

1. 西方社会对文化内涵的论述

西方的“文化”Culture 一词来源于拉丁文 Cultura。拉丁文的 Cultura 有耕种、居住、练习、注意和敬神等多种含义。在《朗文当代高级英语词典》中，对 Culture 一词做了以下解释。

（1）某一特定人群在某一特定时期创造的风俗、信仰、艺术、音乐及其他人类精神文明产物（the customs，beliefs，art，music，and all the other products of human thought made by a particular group of people at a particular time）；

（2）艺术和其他思维活动以及由此产生的作品（artistic and other activity of the mind and the works produced by this）；

（3）畜牧业和种植业（the practice of raising animals and growing plants）；

（4）为科学研究进行的微生物培养［（a group of bacteria produced by）the growing of bacteria for scientific use］。

1982 年，在墨西哥召开的世界文化大会上发表的《总报告》和《宣言》中对文化含义的描述是“文化是体现出一个社会或一个社会群体特点的那些精神的、物质的、理智的和感情的特征的完整复合体。文化不仅包括艺术和文学，而且包括生活方式、基本人权、价值体系、传统和信仰等”，“文化可以被理解为每一个人和每一个人共同体独一无二的特征，以及思考和组织生活的方式。文化是每一个社会成员虽然没有专门学习但都知晓的知识领域和价值观念”。

2. 国人对文化内涵的论述

梁启超曾在《什么是文化》一书中写道，“文化者，人类心能所开释出来之有价值的共业也”。“共业”包含众多领域，如认识的（语言、哲学、科学、教育）、规范的（道德、法律、信仰）、艺术的（文学、美术、音乐、舞蹈、戏剧）、器用的（生产工具、日用器皿以及制造它们的技术）、社会的（制度、组织、风俗习惯）等。蔡元培提出“文化是人生发展的状况”，并列举衣食住行、医疗卫生、政治、经济、道德、教育、科学等事项。

《中国大百科全书·社会学卷》《中国大百科全书·哲学卷》《辞海》中分别对“文化”一词的解释如下：

社会学卷：“广义的文化是指人类创造的一切物质产品和精神产品的总和；狭义的文化专指语言、文学、艺术及一切意识形态在内的精神产品。”狭义的文化中也包括了科学技术和各种社会意识、制度和习俗等。

哲学卷：“广义的文化总括人类的物质生产和精神生产的能力以及物质的和精神的全部产品；狭义的文化指精神生产能力和精神产品，包括一切社会意识形态，有时又专指教育、科学、文学、艺术、卫生、体育等方面的知识和设施，以与世界观、政治思想、道德等意识形态相区别。”

“辞海”：“从广义来讲，文化指人类社会在历史实践过程中，所创造的物质和精神财富的总和。从狭义来说，文化是指社会意识形态（思想、道德、风尚、宗教、文化艺术、科学技术、学术等）以及与之相适应的组织和制度。”

除了上述侧重于文化在人类活动的成果方面的定义，胡适在《我们对于西洋近代文明的态度》中还提到：“第一，文明（Civilization）是一个民族应付它的环境的总成绩；第二，文化（Culture）是文明所形成的生活的方式”。梁漱溟在《东西文化及其哲学》一书中也提到，文化乃是“那一民族生活的样法罢了”。这种样法有精神生活、物质生活和社会生活三大内容。这里强调了文化是与民族性紧密相连的。某一民族的文化只有在特定的族群、区域和环境下才能得到诠释。

3. 文化的社会学含义

社会学所讲的文化，内容非常广泛。凡人类所创造的一切经验、感知、知识、科学、技术、理论以及财产、制度、教育、语言等，都属于文化现象；大则宇宙观、时空观、人生观、价值观，小则衣食住行、婚丧嫁娶，一切社会的生活方式、行为方式、思维方式、语言方式、等级观念、角色地位、道德规范、价值标准等，都属于文化的范畴。

社会学的文化定义强调：文化是人类创造的，文化是人类创造的特质，文化是人类创造的特质所构成的复合体，文化是不同形态的特质。这是一种广义的“文化”的概念，着眼于人类与一般动物、人类社会与自然界的本质区别，着眼于人类卓立于自然的独特的生存方式，涵盖面非常广泛，所以又可称作“大文化”。梁启超在《什么是文化》中的论述与这一概念类似。

据此，文化的实质性含义可理解为“人化”或“人类化”，“自然的人化”即文化，这一过程的成果既反映在自然面貌、形态、功能的不断改观，更反映在人类个体与群体素质（生理与心理的、工艺与道德的、自律与律人的）的不断提高和完善。由此可见，凡是超越本能的、人类有意识地作用于自然界和社会的一切活动及其结果，都属于文化。

4. 文化的分类

有广义的“文化”也就有狭义的“文化”。狭义的“文化”排除了人类社会在历史生活中关于物质创造活动及其结果的部分，专注于精神创造活动及其结果，所以又被称作“小文化”。1871 年，英国著名的人类学家爱德华·泰勒在《原始文化》一书中指出，“文化是一种包括知识、信仰、艺术、道德、法规、习俗以及所有作为社会成员的个人所获得的其他能力和习惯的复合整体”，是狭义“文化”早期的经典界说。在汉语言系统中，“文化”的本义是“以文教化”，也属于“小文化”范畴。所以，现代人在某一地区或某一事物上使用“文化”这一概念时，或者凡涉及精神创造领域的文化现象时，均是就“狭义文化”而言的。

按照内涵大小和层次，文化可理解为如下三个层次（见图 1-1）：第一层次，文化是人类所创造的一切物质财富和精神财富的总和，广义的“文化”；第二层次，文化是指人类在精神方面的创造及成果，主要包括文学、艺术、宗教等意识形态领域的精神财富；第三层次，认为文化仅仅是以文学、美术、音乐、戏剧等为主的艺术文化。本书在介绍饮食文化时，是根据广义“文化”的内涵进行阐述的。

文化的其他分类方式还有：以时间顺序为标准，分为史前文化、古代文化、近现代文化、当代文化等；以地域或国家为标准，分为世界文化、东方文化、西方文化、中国文化、法国文化、美国文化等；以存在形式为标准，分为物质文化、精神文化、制度文化、行为文化、心态文化等；以具体事物为标准，分为饮食文化、服饰文化、制度文化、器物文化等；以强弱态势为标准，分为强势（主流）文化、弱势（非主流）文化、亚文化等。此外，还有诸如宗教文化和世俗文化，本土文化和外来文化，城市文化和乡土文化，先进文化与落后文化等。

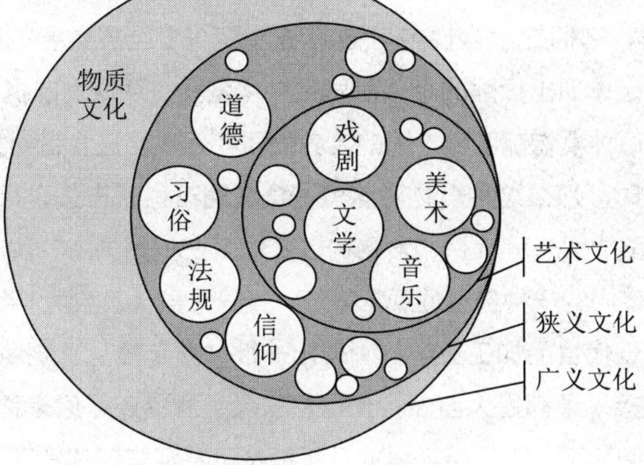

图 1-1　文化的分类

二、饮食和烹饪

1. 饮食的含义

在中国，饮食中的两个字最早并不在一起使用，食的出现早于饮，可见于殷商甲骨文中，又做餐；饮，虽在甲骨文中无从查起，但“饮食”一词约始于春秋战国时期。如《周易》中“象曰：需君子以饮食。”“象曰：君子以慎言语，节饮食。”如“饮食男女，人之大欲存焉”（《礼记·礼运》）。又如孔子说：“君子食无求饱。”在先秦时，饮的含义有三层：一指饮料，二指喝，三指给人饮用或饮牲畜。约至秦汉时期，“饮”“食”两字已可通用，即饮可以通食，食亦可以通饮。

在英语中，“饮食”一词可写作“Food and Beverage”，也常写作“Diet”。其中 Diet 作为名词，有饮食品、食物、特定的饮食等含义；作为动词，有进食、节食等含义。

由此可见，“饮食”既可作名词用，也可作动词用。现代社会中，广义的饮食包括三个部分含义：一是饮食原料的加工生产，即制成产品的过程；二是制成的产品，即饮食物；三是对饮食品的消费，即吃和喝。狭义的饮食则仅指饮食品的消费过程。

扩展阅读

“大食物观”从国家层面、顶层设计角度居安思危，确保国家食物和食品的安全。“食物”和“食品”的概念不完全相同，食品比食物多了加工属性和商品属性。大农业领域的主要职责是提供丰富多样的优质食物或食材。

视频资源：饮食品的界定

在界定饮食品时，它们的可食性或可被消费性是一个至关重要的影响因素，据此饮食品的界定体现出极强的个体差异和文化差异。从饮食向机体提供营养的角度看，虽然每种食物都富含不同的营养物质，但是当进食者对某种食物有着不耐受，甚至是存在过敏反应时，那么这种食物对这位进食者而言也就丧失了可食性。又例如，对于血、内脏、昆虫、奶酪、大米等食材和食物的接受程度在不同国家、民族、地区都是不同的。所以饮食只是特定群体内的一种普适性观念表征，换一个群体就会大相径庭。

在科技加持下的现代食品加工业中，涌现出一批“新”食品。之所以称其为新，是因为自古以来，食物的直接来源都是大自然，无论是采撷、渔猎还是后来种植、圈养、渔牧，无论是直接食用还是烹调加工，人们所进食的几乎都是可直观辨识的食源，但这些食源在“新”食品中却都“面目全非”，甚至口味和口感也能被完全颠覆。从人类漫长的历史发展角度看，“新”食品的涌现速度已远超人类的进化速度，换言之，人类正面临一个前所未有的食物供给环境。

中国食品界的科技革新推进传统食品现代化转型，细胞培育肉、人工合成淀粉等新技术和新产品使食物来源不再局限于大农业领域，为解决人民吃饭问题提供了新方案。大食物观引领的消费结构是更为多元化的食物消费，呈现从果腹到吃饱、从吃饱到营养、从营养到均衡、从均衡到健康的逐步整体转变。食品领域要把食物、食材制作成丰富多彩的深受消费者青睐的、以风味和健康双导向的新产品，同时探寻新食品原料以适应各种消费场景的需求。

2. 烹饪的诞生

视频资源：烹饪的诞生

自从地球上出现人类以后，饮食，这个人体与大自然进行基本物质交换的生活现象，也就产生了。综观人类的饮食历史，不管有多么漫长，都大致分为两个阶段：一是自然饮食状态，即“茹毛饮血”的原始饮食；二是调制饮食状态，即烹饪饮食。在从自然饮食状态向调制饮食状态过渡中，人类的饮食文明基本经历了生食、熟食、烹饪三个阶段，只是各个国家和民族在这三个阶段的起止时间上不尽相同。

在我国，烹饪一词最早见于《易经》。《周易·鼎卦》中有以下描述：“鼎，象也；以木巽火，亨饪也。”“鼎”是先秦时常用的炊具，《说文解字》中解释鼎是“调和五味宝器也”，主要用来烹煮食物，也可作为祭祀的礼器。鼎卦是由巽卦和离卦两个单卦组成，“巽”在八卦中代表“风”，“离”在八卦中代表“火”，“木”指燃料。“亨”在先秦与烹通用，为煮的意思。“饪”是指食物成熟，在古代是熟食的通称。“以木巽火，亨饪也”就是：以巽木入离火，在鼎中烹煮食物。以后“烹饪”一词逐渐成为泛指把食物从生到熟的制作过程。

烹饪诞生开始于人类认识并使用火。恩格斯曾这样评价人类对火的使用，“就世界性的解放作用而言，摩擦生火还是超过了蒸汽机。因为摩擦生火第一次使人支配了一种自然力，从而最终把人同动物界分开”。中国传说故事中关于“燧人氏钻木取火，炮火为熟，令人无腹疾，有异于禽兽”的记载也表达了相同的观点。恩格斯还指出：“甚至可以把这种发现看作人类历史的开端。”人类用火烧烤食物，是人类第一次能源革命的开端，它结束了人类茹毛饮血的蒙昧时代，标志着人类从生食阶段进入熟食阶段。

而烹饪的诞生还需要另外两个条件，即陶器和调味品的使用。陶器的出现约距今一万年前，用其烹煮食物更方便，方法也更多样。人类最早应用的调味品有蜜、酸果、盐等。我国古代的《淮南子·修务训》中记载有“在伏羲氏与神农氏中间，诸侯中有夙沙氏始煮海作盐”。夙沙氏为我国东部沿海之滨的一个部落，这里的人世代濒海生存，经常接触海滩上的盐层，故知其味而食之。另外，仰韶文化遗址也出土了海水煮盐文物，这些都出现在新石器晚期，距今七八千年。因陶制容器具有不漏水、耐高温、耐酸腐蚀的特性，一些发酵产品的雏形也应运而生，如酒、醋、酱油等。

综上所述，火的使用、陶器的出现、调味品的使用是烹饪诞生的基本要素。烹饪诞生之后，人类生活发生了质的飞跃。首先，彻底改变了茹毛饮血的生活方式，在摄食以维系生存这一关键问题上，使人与动物有了根本的区别。其次，火与盐的配合使用，可以杀菌消毒，改善了食物的卫生营养条件，为人类的体力和智力发育创造了有利条件。最后，烹饪的发明是人类从蒙昧进入文明的分界，是“新人”向“现代人”进化的阶梯。它对于促进生产力发展、推动社会进步有着极其重要的意义。随着食源的利用率和利用范围加大，人类自身防卫水平提高，人类逐渐由山林迁向川原移居，最终脱离与兽为伍的环境。人们以血缘关系为纽带结成聚落，开始过定居生活。到新石器时代晚期，逐渐出现了大型中心聚落与普通聚落的分化，并最终在剧烈的社会冲突中涌现出了众多城堡，社会形态开始向早期国家过渡。人类的经济活动方式逐渐从攫取型经济转变为生产型经济。

视频资源：火烹、石烹和陶烹

3. 火烹、石烹和陶烹

中国是人类进化的重要地区之一，有丰富的古人类化石，这些化石证明中国旧石器时代的早期人类已经学会控制用火。距今约170万年的元谋人是中国发现的最早直立人，稍晚的直立人有蓝田人、北京人、郧县人、和县人、汤山人等。

在世界直立人的遗址中，北京人用火的证据最充分，遗迹最丰富。北京房山周口店的北京人遗址（Peking Man Site at Zhoukoudian，1987年被列入《世界遗产名录》）发现过数层面积较大、堆积较厚的灰烬和其他用火的遗迹。这些灰烬成堆分布，推断是北京人从天然火中获得火种，带回洞内生起篝火，并通过不断填放燃料使篝火不熄。灰烬中发现有烧过的木炭、石块、朴树籽、鹿角和各种动物骨骼。从各层发现的用火遗迹来看，越到后来，北京人保存火种的能力越强，灰烬也越厚。北京人用火烧烤食物、照明、取暖和驱赶野兽，促进了身体特别是大脑的发育，提高了人类适应自然与改善生存环境的能力。这时，人类的主要熟食方法为用火直接熟食，因而又被称为火烹，火烹又可被再细分为燔、炙、炮。像燔和炙都属于直接在火上烧烤食物；炮则是将食物用树叶、树皮包裹后，涂上泥土再置于火上烧烤，现代“叫花鸡”的制作与炮的方法非常相似。

距今20万年至1万年前，中国境内的人类进入旧石器时代中晚期，生活在这一阶段的人类被称为智人。晚期智人生活在距今5万年到1万年前，相当于旧石器时代晚期，其身体特征已接近现代人，石器加工技术更加进步，已学会人工取火。这一阶段，用石制作的标枪、鱼镖、弓箭以及骨针、骨铲等复合生产工具都被发明和使用，促进了渔猎经济的发展，提高了人们的物质生活，同时还产生了原始信仰与原始艺术的萌芽。此时，人类的熟食方法又多了石烹，就是利用石头做中介传热，使得食物在被火熟制时能够受热均匀，不致烤焦。比如，焗（石烙）是将食物埋入烧热的石子堆中，最终使食物成熟。这种方式在中国陕西传统风味小吃——石子馍的制作工艺中依然隐约可见。

距今约1万年，人类历史进入新石器时代，这一时期出现了农业和养畜业，开始使用磨制石器和制作陶器。新石器时代，陶器制作由简单的手工捏塑、模制、泥片贴塑，再到泥条盘筑、慢轮修整，进而产生了快轮制陶技术。陶器是人类文明的重要指证，它代表着人类有能力转化和控制能量。中国也是世界上较早发明陶器的地区之一。陶器的出现使人们开始能够以水作为介质熟制食物，这种陶烹的方式也被称为亨。在我国的磁山文化、河姆渡文化、仰韶文化等遗址中都发现了大量的饪食器、食器和酒器等陶器，为这时期人类的熟食活动提供了很多考古资源。陶烹阶段虽然在时间上与火烹和石烹阶段相比要短得多，却是烹饪史上的一大进步，是原始社会烹饪发展的最高阶段。

4. 烹饪的含义

烹饪是指人类为了满足生理需要和心理需要，把可食用原料用适当方法加工成为食用成品的活动。其成品以能提供营养、卫生、美感为基本要求。

烹饪作为食品加工活动，由于烹饪工具、能源和加工方式等的不同，主要分为手工烹饪和机器烹饪两种形式。手工烹饪，又称为传统烹饪，是以厨师手工制作为主的食品加工活动。机器烹饪，又称为现代烹饪，是以机器制作为主的食品加工活动，习惯上也常常称为工业烹饪、烹饪工业或食品工业。

一般来说，烹饪文化是指人们在长期的饮食品的生产加工过程中创造和积累的物质财富和精神财富的总和。烹饪文化是关于人类食物做什么、怎么做、为什么做的学问，涉及食物原料、烹饪工具、烹饪工艺等。

第二节　饮食文化的范畴

一、饮食文化

1. 食事活动

饮食文化的研究对象是人类的食事活动，其中包括了食物原料开发利用、食品制作和饮食消费过程中的技术、科学、艺术，以及以饮食为基础的习俗、传统、思想和哲学。人类的食事活动大致可分为以下五部分内容。

（1）食生产。食物原料开发（发掘、研制、培育）、生产（采摘、渔猎、种植、养殖）、食品加工制作（家庭饮食、社会餐饮、工厂生产）、食料与食品保鲜、安全储藏、饮食器具制作、社会食生产管理与组织。

（2）食生活。食料食品获取（如购买食料、食品）、食料食品流通、食品制作（如家庭饮食烹调）、食物消费（进食）、饮食社会活动与食事礼仪、社会食生活管理与组织。

（3）食事象。人类食事或与之相关的各种行为、现象。

（4）食思想。人们的饮食认识、知识、观念、理论。

（5）食惯制。人们饮食的习惯、风俗、传统等。

人类的食事活动历史悠久、内涵丰富又复杂多样，几乎同人类文化的任何领域都有不同程度的关系，并构成了自己特定的学科领域，如原料学、烹饪工艺学、食疗保健学、营养学、餐饮服务学、饮食心理学、饮食消费学、饮食考古、饮食公共关系、饮食典籍等。

2. 饮食文化概念

视频资源：饮食文化的范畴

饮食、烹饪是人类生存和发展的基础，是人类文化的重要组成部分。早期人类的认知水平和劳作能力有限，食源主要依赖自然采撷和渔猎，即靠天吃饭。因此，古人崇尚神明，敬畏自然，讲究对天地祭拜。中世纪以后，随着生产力水平提高，饮食发展变化越来越丰富，其承载的地域、历史、宗教等人文信息也越来越多。饮食文化内涵的发展轨迹，正如文化（Culture）一词的含义最初表示物质性的栽培、种植等，后来逐渐引申出神明、祭拜等含义，最后是对人性情的陶冶、品德的教养等。所以，饮食文化不仅表现在烹调方法、用餐方式、餐桌餐具上，更无形地支配着人们的食物结构，借由一系列食事活动影响着人们行为和国家命运。食物身上所赋予的意义和价值，是任何其他可满足人类需要的物质形态（如衣、住、行等）所无法比拟的。

由于饮食、文化的范畴都很广泛，既有狭义的概念，也有广义的概念，因而饮食文化作为人类文化的一个重要组成部分也有狭义和广义之分。

从饮食的概念出发，狭义的饮食文化，是人类不断开拓食源、开发食品、制造食器、消费食物的过程，以及以饮食为基础的习俗、思想和哲学，即由人们在食事活动中的方式、过程和功能等结构组成的全部食事的总和。因此，狭义的饮食文化是一种消费文化，与之相呼应的烹饪文化则是一种生产文化。烹饪和烹饪文化是饮食与饮食文化的前提，两者紧密联系，缺一不可。广义的饮食文化，则将以上两种文化内涵包容在一起，是指人们在长期的饮食品的生产与消费实践过程中，所创造并积累的物质财富和精神财富的总和。

从文化的概念出发，狭义的饮食文化，可以指人类在饮食生活中创造的非物质文化，如饮食风俗文化、饮食制度文化、饮食行为文化、饮食心态文化等。广义饮食文化还包括饮食资源、饮食制作、饮食产品、饮食器具、饮食卫生等。

无论从何种角度解释和理解饮食文化，本书采用的都是广义的饮食文化概念，而饮食文化的研究内容都包括了技术体系和价值体系两部分内容。

3. 饮食文化的技术体系

饮食文化的技术体系是指在长期饮食生活实践中造成的技术的、器物的、非人格的、客观的文化成就。它包括了人类在进行烹饪生产过程中所凭借的物质要素、生产技术、产品、消费方式以及上述各方面之间的联系及其发展、演变等。例如，周口店北京人遗址中的用火痕迹，提供了中华民族的先祖用火和熟食的物证；又如在河姆渡文化、仰韶文化、大汶口文化、良渚文化、龙山文化等遗址中也都发现了大量的陶制饪食器、食器和酒器，使我们能够对先民生活、食物原料、劳动分工、部落迁徙以及原始信仰、艺术审美等进行深入研究。

4. 饮食文化的价值体系

饮食文化的价值体系是指在长期饮食生活实践中形成的规范的、精神的、人格的、主观的文化成就，这既包括对食物生活实践的抽象概括而形成的学科理论以及有关联系、比较等研究成果，也包括人们在饮食生产消费过程中所产生的价值观念和行为准则。饮食文化知识是价值体系的重要组成，是对技术体系饮食文化的记载，是人类世代积累的文化创造和文化传播的内容。例如，中国的饮食养生理论、孔孟食道，乃至于现代科学研究深入后形成的既独立又相互联系的学科，如烹饪工艺学、烹饪原料学、药膳学、饮食营养卫生学、烹饪化学等。中国饮食发展过程中，鼎从最开始的饪食器、食器，逐渐蜕变成为王权与国家的象征；周人在饮食活动中倡导遵循一系列礼仪礼制，进而成为维系各阶层关系和社会稳定的行为规范，这都是饮食文化价值体系与政治、经济及社会思想意识相对应的体现，是社会的政治、经济与社会思想意识的反映。

二、中西方饮食文化

英国历史学家汤因比（Arnold Joseph Toynbee）在《历史研究》一书中提出“挑战与回应”理论，即每个民族的文化就是该民族对其所生存的环境中的挑战做出的回应。一个民族食生活原料利用的文化特点，不仅取决于它生存环境中生物资源的存在状况，同时也取决于该民族生存需要的程度和利用、开发的方式。换言之，文明起源于“挑战与回应”，文明生成的过程和发展进步都体现在这个群体“自决能力”的不断增长。自决能力即是对挑战的回应能力，其中创造力是自决能力的一种主要体现。

目前，世界饮食文化大致可划分为中国饮食文化、以法国菜为代表的西方饮食文化和以土耳其菜为代表的阿拉伯饮食文化。

1. 中国饮食文化

中国饮食文化具有漫长的发展历程、深厚的文化积淀和稳定的结构体系，是中国人在长期的饮食实践活动中创造出来的物质财富和精神财富的总和。中国饮食文化形成于以农业经济为主的经济基础之上，因而主、副食界限明显，饮食中以粮、谷、豆、蔬、果等植物性食料为主，辅以少量肉类、海河鲜，猪肉在肉食品中的比例较高。中餐以热食、熟食为主，进餐方式多为聚食制，使用筷箸。

总体而言，中国饮食的原料种类、烹调方法复杂多样，注重食物在色、香、味、形、器等方面的变化与和谐统一，饮食风俗按区域分布明显，在饮食养生、饮食疗疾方面有独特的理论基础，是一个以汉族饮食文化为主体，其他民族饮食文化相互兼容的大体系。

2. 西方饮食文化

从地域上看，西方饮食文化主要涉及欧洲和 18 世纪以后的北美地区。整个西方社会的基本价值受到四种文化遗产的影响，即希腊的思想、罗马的法制观念、日耳曼的社会观念和基督教的信仰。西方饮食文化形成于以牧、渔业经济为主的经济基础之上，膳食结构中主、副食界限不明显，以肉、奶、禽、蛋等动物性食料为基础，牛肉在肉食品中的比例较高。西餐进餐方式多为分餐制，注重酒水的调制、品饮和餐酒搭配，进餐时使用刀叉。

总体而言，西方不同国家间的饮食存在一定共性，其中又以法国菜最为著名，俄罗斯菜和意大利菜的影响力次之。西方饮食文化尊崇女性地位，讲究餐饮格调和社交礼仪，善于开发、运用新技术和新工具，强调科学、营养和卫生。

3. 阿拉伯饮食文化

阿拉伯饮食文化在地域上主要涉及西亚、南亚和中北非 40 多个国家和地区，深受伊斯兰教影响，对于饮食特别讲究。阿拉伯饮食文化形成于农林牧渔相结合的农业经济基础之上，膳食结构上植物性食料与动物性食料并重，膳食结构较为均衡；羊肉在肉食品中的比重很高，善于运用面粉、杂粮、土豆等食材，偏好乳品、茶叶、冷饮等软饮料，喜好鲜咸和浓香，善于使用增香佐料和酱料，常采用烤、炸、涮、炖等烹调技术。传统的阿拉伯餐宴习惯于席地围坐，铺白布用手抓食（以右手拇指、食指和中指三指夹紧米饭），辅以餐刀片割，待客情意真挚。

第三节　饮食文化的效能

每种文化的产生和存在都有其必然的物质条件和精神条件，物质是精神的具象反映，精神是物质的创作根源。马克思在对人类社会的全面科学研究中发现："不是人们的意识决定人们的存在，相反，是人们的社会存在决定人们的意识。"饮食既是经济基础之一，又作为文化的物质载体之一，体现了各地区、各民族不同的自然属性和人文属性，是一种复杂而广泛的社会现象，具有重要的社会意义和功能。

日常生活中，常会遇到不同人群对相同食源态度迥异的情况。比如，同样是牛肉，大多数地区的人们认可其可食性，但当疯牛病暴发时，或是对于素食主义者、汉传佛教教徒以及印度教教徒、锡克教教徒等而言，则不可食用。另外，即便是对于已被认可的相同食源，也存在不同地区、不同民族在烹调方法和食用方式上的差异。这种对饮食认知的差异，可以简单归结为社会文化的差异。

所有人对食物的界定都是在特定文化背景下形成的。文化有差别则饮食就有差别；反之饮食有差别则文化就有差别。因此，人类的烹饪水平，以及人们对待饮食的态度等饮食文化现象，也是人类文明的标志之一。

一、生存效能

“饮食男女，人之大欲存焉”，进食是人类最基本的生理需要之一。根据现代营养学的研究，食物中的营养成分是人类生存所必需的，而且合理膳食还具有一定的预防疾病、治疗疾病、美容健体、抗老防衰的作用。

1. 补充营养

“饮食”使人得以维持个体生命的存活（见表 1-1）。现代医学和营养学研究表明，人类生长发育所需的营养物质包括碳水化合物、脂肪、蛋白质、膳食纤维、维生素、无机盐和水，其中碳水化合物、脂肪、蛋白质是人体重要的三大能量来源。膳食纤维虽不能被人体消化吸收，但能促进肠蠕动、减少便秘、增加胆盐排泄等。维生素等微量元素通常是人体生长发育所必需的，但不能由人体自行合成的小分子有机化合物。无机盐中含有钙、镁、钾、钠、磷、铁、锌、硒、碘、铜等元素，参与诸多人体代谢的调节。

表 1-1　营养素在食源中的分布情况

营养素	食源	成年健康人每日所需能量 */ 各营养素供能占总能量的百分比	
		男性	女性
		2050 kcal~2150 kcal	1700 kcal
碳水化合物	谷薯类等粮食作物	50% ~ 65%	
蛋白质	动植物体内，以肉、乳、蛋、豆类中最为丰富	10%~15%	
		65 g	55 g
脂肪	大量存在于动物性食物中，如猪、牛、羊，以及植物性油料作物、坚果中	20%~30%	

续表

营养素	食源	成年健康人每日所需能量 */ 各营养素供能占总能量的百分比	
		男性	女性
		2050 kcal~2150 kcal	1700 kcal
膳食纤维	粗粮、蔬菜水果	—	—
维生素	动物内脏、蔬菜水果、坚果	—	—

* 我国成年人（18~49 岁）轻体力活动水平者 RNI 建议，《中国居民膳食营养参考摄入量（2023 版）》。

2. 防病疗疾

在饮食发展历史中，人们逐渐发现饮食不仅解决温饱，还与人类的健康息息相关。世界卫生组织（WHO）对影响人类健康的众多因素进行评估后，结果表明：遗传因素的影响居首位，为 15%；膳食营养的影响次之，为 13%，远大于医疗卫生条件因素（8%）的作用。

中国自古就有“药食同源”的说法和“食养食疗”的传统。食养，即饮食养生，是按照生理论合理地摄入食物，以增进健康、益寿延年为目的的养生方法。食疗，又称食治，是指在中医理论指导下，有目的地选择相关饮食，或将食物与药物配合制成药膳，来治疗或辅助治疗疾病，以帮助患者康复的一种治疗手段。借助食物的滋养功效，可以达到调理、预防、延缓衰老、治疗和辅助治疗的作用。

这里还需要特别指出：一方面，饮食药膳不是药，不能替代生病吃药的过程；另一方面，饮食养生也不是无限度地补充营养，需要遵守一定的原则。概括有四点，一是要营养全面，不偏食不挑食，合理搭配；二是要有节制，不过饱不过饥，定时定量；三是注意饮食卫生，防止病从口入；四是因时因人因地而宜，如春季养肝健脾、夏季清热养阴、秋季滋阴润肺、冬季益气滋肾。

二、社会效能

食物为人体提供营养，就如同汽油燃烧提供动力。简单地说，食物中的营养包括水、供能物质（碳水化合物、蛋白质、脂肪）、微量元素（维生素和矿物质）和纤维素。一方面，人体利用这些营养物质帮助大脑发育、进行学习思考、完成身体成长和活动等；另外，在不同情境下进行的饮食行为又兼具沟通交流、维系社会关系、情感表达或历史风俗传递等的作用。在这些饮食行为的基础上，人们完成了社会精神文明的塑造和物质文明的创造。

1. 评价社会发展

“恩格尔系数”是一个用以衡量国家或地区经济发展水平的经济学指标，是指家庭食品开支与家庭总收入的比值。根据联合国粮农组织提出的标准，恩格尔系数在 59% 以上为绝对贫困，50%~59% 为勉强度日，40%~50% 为小康水平，30%~40% 为富裕，30% 以下为最富裕。换句话说，一个家庭总收入中用以支付饮食的百分比越少，表明该家庭的经济水平越高。

视频资源：食事活动与社会发展

2. 历史传承

饮食的历史传承既体现在某些特殊的食物上，如相传为纪念屈原而制的粽子或者诸葛亮泸水之战首创的祭天用的馒（蛮）头；也包括那些进食的礼仪规范，如中国传统宴席上的主客座位安排、菜肴食用的先后顺序、长幼进食顺序等，都体现着儒家的伦理精神。

除传统节庆饮食外，中国的菜系文化也是饮食历史传承性的典型体现。中国菜肴的地方风味早在西周和春秋战国时代就初见端倪，至唐宋时期乃具雏形，再到明清时代形成了稳定的风味流派，其中以川菜、鲁菜、粤菜、淮扬菜最为知名，另外也有许多分支派系或者诸如宫廷风味、官府风味、清真风味等特色风味。这些风味菜肴不仅具有极强的地域特色，而且经过历史和市场的长期检验，时至今日仍具有旺盛的生命力和感染力。

3. 传递情感

各国饮食风俗常和社交、婚恋、欢聚、游乐、竞技、集市相结合，带有很强的交流性。人们通过饮宴或亲朋相聚，交友结新，协商洽谈，庆贺佳节，抒情缅怀。《舌尖上的中国》虽是一部以食物为载体的，借助画面和声音，通过旁白巧妙将不同食物串接在一起的中国饮食文化纪录片，但一经播出就引起了人们情感上的强烈共鸣，进而被冠以中国文化的名片。观众透过食材的采撷、加工、制作、保存，看到中国人的坚韧、勤劳、乐于创造，更深刻地理解中国的传统饮食文化“尊重食物、尊重生命、尊重生活”。

人类饮食行为的某些表现也可作为人类心理活动和状态的表征，如有些人会因情绪因素患上“厌食症”或“贪食症”，或者通过吃喝宣泄心中郁闷抑或表达喜悦。从积极意义上看，饮食有助于人保持良好的精神状态。食物使人有安全感，如《鲁滨逊漂流记》中再次登船返回人类社会的鲁滨逊上船后四处搜寻食物并藏起来。饮食还能使人实现“自我价值”，成为个人身份、地位、价值、品位或文化的象征。

4. 旅游娱乐

饮食的旅游娱乐是指人们在追求饮食的过程中得到享受，在饮食文化活动过程中获得快乐的效用，并通过饮食活动了解当地的民情、民俗、民风。

在旅游市场中美食是旅游目的地推销的重要手段之一。纽约、巴黎、中国香港、东京等著名的国际化大都市无一例外都是美食之都，这些地方米其林星级餐厅鳞次栉比，成为当地吸引客源、增加旅游收入的重要支撑。饮食作为一种旅游资源还有西安的饺子宴、洛阳的流水席、慕尼黑的啤酒节及各种美食节等，由于本身的参与性、趣味性、刺激性，以及给主办方带来的效益而受到公众的极大关注。每年诺贝尔颁奖仪式后，斯德哥尔摩市政厅都举行盛大招待宴会，而市政厅的地下餐厅会在盛宴之后推出克隆版盛宴，面向公众提前一周接受预约。

现代社会中，饮食的具体产品在很多情况下也是一种商品，在特定的消费层面上，还是一种具有很高“文化含量”的“艺术品”。饮食娱乐中的部分乐趣来自审美。这种乐趣贯穿于饮食活动的全过程，无论从饮食原料、饮食器具、饮食烹饪还是饮食环境、饮食本身，人们均可从中去创造美、欣赏美、品尝美。

5. 政治情愫

在以国家政治权力为中心的古代社会，人们的饮食活动、饮食行为始终自觉或不自觉受到社会政治的干预或改造，呈现出鲜明的政治意识形态化特征。主要表现有：

（1）将饮食行为与国家治乱与税收相联系。如西周时期，以法典《酒诰》的形式规范了人们酿酒和饮酒的行为，并设官监督，防止因沉迷酒肉享受而误国误民。而盐税、茶税、茶马互市等都曾是中央政权重要的经济来源。

（2）在饮食烹饪理论中寻求施政治国的经验。如商朝的贤相伊尹以做菜的道理来解释治国的道理而被商汤重用，这就是老子“治大国若烹小鲜”的出处。

（3）将饮食活动纳入“礼”的政治伦理秩序。如古人以鼎盛放肉食、以簋盛放谷物，并规定进食时天子用九鼎八簋，诸侯用七鼎六簋，卿大夫五鼎四簋，士用三鼎二簋，平民不允许使用鼎。

（4）通过赐饮赐食或献食贿食把饮食作为笼络人心的政治手段或作为官场钻营的政治工具。

6. 科学进步

人在蛮荒时代“茹毛饮血”，但求果腹生存，待到后来食源充足，则饱食而思“新”，科技文化与饮食不断交融，饮食相关的创新也层出不穷，这包括开发新食材、新的食物保鲜保存方法、新的加工方法和烹饪方法等。最终科学技术的进步与生产力转化，成为人们食生活发展的重要推动力。

公元前 3000 多年以前人们开始将发酵技术运用到食物制作中，人类在享受自然发酵的同时也积极地展开思考和研究，慢慢发展出微生物学。当出现啤酒酸败现象后，人们成功地用微生物学理论解释原因，并给出解决方案——巴氏灭菌法。微生物学的研究不仅对食品工业有所裨益，也促进了现代医学和免疫学的发展。人类在寻求高含量酒精饮品的同时，发明了蒸馏技术，并从侧面推动了现代化学业甚至是医学的发展。

1804 年，法国糖果糕点师尼古拉·阿佩尔（Nicolas Appert）为适应普法战争期间法国海军长时间海上航行需要，发明了以广口瓶装食物，轻塞瓶口后煮沸 30~60 分钟，最后塞紧瓶口的存储食物的方式。这一发明，于 1810 年收到拿破仑亲自颁发的 12000 法郎的奖励。这一应用例证了法国人巴斯德提出的“若能排除空气中不可见的微生物，那么动物和植物就能无限地保存下去而不腐化”的理论，也为后来大规模食品罐头工业的发展打下了基础。

中世纪的欧洲，面包的颜色体现了不同等级的阶层。普通大众食用粗糙裸麦制作的黑面包，而阶层越高面包颜色越白，对应使用的面粉精制程度也越高。在很长一段时间里，白面包都是上层权贵才能食用的奢侈品，或者只用于教堂仪式。普通大众为提高生活品质，开始发展水推磨和用驴马推动的面粉搅拌机。直到 19 世纪，面粉加工机械得到很大发展，小麦品种也得到改良，大部分人才得以吃到这种软滑洁白的面包。这些饮食方面层出不穷的需求与创新，正体现了人民需求与科技发展、饮食革新之间的相辅相成。

扩展阅读

发酵不仅是一种可以改变食物味性质地的加工方法，而且也是一种能够延长食物保存期的重要手段。发酵（Fermentation）一词源自拉丁文，本意为“翻涌”，发生“起泡”的现象。发酵食品实际是食材经微生物进行一系列代谢活动后，获得的具有独特风味的产物，是早期人们通过对自然现象观察、总结、模仿和改进后丰富饮食生活的最成功案例，如酿酒、酸奶、乳酪、腌肉、泡菜、酸菜等。

视频资源：发酵的本质

人们直到 19 世纪中叶才了解到发酵现象的本质，即发酵是由微生物进行的一种化学变化。法国科学家路易·巴斯德（Louis Pasteur）指出空气中包含了许多微生物，它们可以随机地落到任何易感物体上，从而引起发酵和腐败。从保存食物的角度而言，人们希望尽可能隔离微生物。但从创造美好生活的角度而言，人们却又尽可能地应用微生物。以发酵食品为例，只要有适宜的环境和正确的微生物，经过一段时间的发酵，食材就会得到全新的风味与口感。

微生物的发现则是在17世纪，荷兰科学家安东尼·列文虎克（Antony van Leeuwenhoek）在一封写给英国皇家协会的信中首次描述了他借助自制显微镜在下水道水样、肉汤、食醋和唾液等样品中见到的“微生动物”。这类生物的一大特点就是个体微小、结构简单、肉眼不可见或看不清楚。在微生物的分类中，虽然病毒、细菌、低等真菌、低等藻类都被称为微生物，但它们的大小其实还是相差很多的，从看不到的到看得到的都有。例如我们熟悉的蘑菇就属于真菌进化的最高级，专业的称呼应为蕈菌，肉眼可见并且采摘的是它们的子实体。还有霉菌，通常会长出绒毛状、网状或絮状菌丝体，而且不同的真菌孢子含有不同的色素，菌落可呈现红、黄、绿、青绿、青灰、黑、白、灰等多种颜色，所以也比较容易被人们观察到。

可以肯定的是，人们认识到微生物的存在要远远晚于对发酵技术的应用。这些微小的生物除了具有生物的共性外，还因分布广泛、繁殖迅速、代谢力强、种类繁多的独特之处而与人类的日常生活密切相关。除了食品，微生物更是在医药、化工、农业、畜牧业、纺织、皮革、造纸、能源、石油、环保等众多方面发挥着重要作用，是我们肉眼虽不能见，却最不能小看的伙伴儿。

三、学习研究饮食文化的意义

视频资源：饮食观与饮食教育

丰富多彩的中国饮食文化，包含有深刻的哲学、文学、科学、技术、艺术乃至于安邦治国的道理，它的丰富程度得益于来自社会各层面的关注，这种关注从先秦诸子百家一直影响延续到今时今日，使得中国饮食文化沿着天人关系矛盾的展开而不断壮大发展。其中，中国传统文化对中国饮食文化的形成发展和中国民众饮食观的建立有着深远影响，而中国饮食文化也正是中国文化中天人关系的结合点和重要载体。

饮食为人之根本，饮食也是社会之根本。饮食的教育绝不是简单的烹调技术，而是以食物为载体的综合教育，比如科学饮食、营养和健康知识、环保意识、食源认知和学农教育、餐饮美学、饮食文化传承与开发等。食物除了外在表征外，究其内涵需综合考量食物生产过程中自然资源和社会资源的投入、产出、流通，以及食物消费与人类健康、与社会可持续发展的密切关系。人们对食物中的这些文化或者社会属性的认知情况，就代表了一个人的食物观，由此也决定了一个人的饮食态度与行为。而全民饮食观必然会影响到社会的整体发展，影响到人与自然的关系。

饮食文化的学习研究是饮食教育的一个重要组成，是适用于所有人，并可以作为终身学习和继承发扬的文化传承。饮食文化学习研究的意义和目标是学习者能够：

（1）熟悉中华民族饮食文化发展历程，继承我国饮食文化精髓，增强民族自豪感和文化自信。

（2）厘清中国饮食文化面临的挑战和机遇，在中国饮食文化发展与传播、饮食文化资源保护和开发、食育活动推广中发挥积极作用。

（3）熟悉中西方饮食文化差异，具有国际视野和跨文化交流能力，以饮食为载体构建人与人、人与自然之间的良性连接。

（4）树立和践行中国大食物观。多维分析评价饮食问题和现实问题，在个人消费层面以中国居民膳食指南为指导，合理膳食，有意识地约束不合理餐饮消费。

虽然食事活动从古至今被日复一日地重复着和革新着，但人们对它的认识却不够深入，有时甚至存在错误的理解。进行本书学习时，学习者应有意识地加强对周围食事活动的观察和思考，深入挖掘和理解饮食文化的社会效能，理解饮食文化作为一种人的生存根本、社会发展标志、习俗传承载体和社会活动因子对人类文明的推动作用。学习者将具备一定的判断和分析饮食文化现象的能力。

思考题

1. 饮食文化研究的内容有哪些？

2. 世界饮食文化如何分类？各类饮食文化有什么特点？

3. 烹饪从无到有的过程是人类饮食文化的萌芽阶段，其中又可分为哪三个阶段，各阶段的划分依据是什么，各自有什么特征？

4. 举例说明饮食与社会发展的关系，与政治、经济、文艺、哲学、宗教、科技等的相互联系。

5. 解释饮食教育（食育）的概念和意义，探讨饮食教育的面向人群和有效形式。

6. 案例讨论

民以食为天，国以粮为安。2022 年 5 月 4 日，联合国粮食及农业组织发布的《2022 全球粮食危机报告》显示，2021 年有 53 个国家和地区约 1.93 亿人经历了粮食危机或粮食不安全程度进一步恶化，比 2020 年增加近 4000 万人，创历史新高。相比之下，中国以占世界不到 9% 的耕地、6% 的淡水资源，养育了世界上近 20% 的人口，从 1949 年前 4 亿人“吃不饱”到今天 14 亿多人“吃得好”，这不得不说是人类历史上的一个奇迹。

在世界百年变局加速演进、国际环境日益复杂严峻和我国迈上强国建设、民族复兴新征程的时代背景下，粮食安全成为中国式现代化的底线任务和基本支撑。

2015年中央农村工作会议首次提出“树立大农业、大食物观念”。2022年3月6日，习近平总书记在看望参加全国政协十三届五次会议的农业界、社会福利和社会保障界委员联组时强调，要树立大食物观，从更好满足人民美好生活需要出发，掌握人民群众食物结构变化趋势，在确保粮食供给的同时，保障肉类、蔬菜、水果、水产品等各类食物有效供给，缺了哪样也不行。党中央立足世情国情粮情，提出“谷物基本自给、口粮绝对安全”的新粮食安全观，确立“以我为主、立足国内、确保产能、适度进口、科技支撑”的国家粮食安全战略。2023年中央一号文件指出：“构建多元化食物供给体系，树立大食物观，加快构建粮经饲统筹、农林牧渔结合、植物动物微生物并举的多元化食物供给体系，分领域制定实施方案。”大农业观和大食物观是传统概念在新时代发展中的拓展与升级，是保障粮食安全问题的应有之义。

“全方位多途径开发食物资源，开发丰富多样的食物品种，实现各类食物供求平衡”要求我们不仅要“藏粮于地”，更要“藏粮于技”，切实加强耕地保护，全力提升耕地质量，充分挖掘盐碱地综合利用潜力，稳步拓展农业生产空间，提高农业综合生产能力。以大食物观引领生产结构的转变，从相对单一的粮食生产转向多元化食物供给。在保证粮食供应充足的基础上，适当增加果蔬类、动物性蛋白及海洋食品生产，才能更好满足多样化膳食营养需求。向森林、江河、湖海要食物，向动物植物微生物要热量、要蛋白，充分挖掘生物资源潜力，最大限度减少土地资源依赖和环境影响，全方位、多渠道优化食物原料供给结构，满足人民群众多样化食物需求，实现食物供给来源的多元化。抓好“粮头食尾”“农头工尾”，通过优质粮食工程构建起从原粮到成品、产区到销区、田间到餐桌的“大粮食”“大产业”“大流通”格局，更好满足人民群众日益多元化的食物与营养消费需求。

2023年10月16日，时值世界粮食日和全国粮食安全宣传周到来之际，国家粮食和物资储备局、农业农村部、教育部、科技部和全国妇联联合向全社会发出倡议“践行大食物观，保障粮食安全”。全方位夯实粮食安全根基，让中国饭碗更牢固。强化多元食物供给，让中国饭碗更丰盛。推进全链条节粮减损，让中国饭碗更丰盈。培育绿色营养观念，让中国饭碗更健康。传承勤俭节约传统美德，让中国饭碗更文明。节用裕民，节俭兴国。爱粮节粮不是口号，关键要体现在每个人实实在在的行动中。让我们同心协力、身行力践，争做爱粮节粮的倡导者、推动者、践行者，以实际行动节约每一粒粮食，杜绝“舌尖上的浪费”，共同守护“大国粮仓”，为保障国家粮食安全贡献自己的力量。

阅读上文，并查阅资料后回答：

① 大食物观提出的时代背景是什么？

② 大食物观、藏粮于地、藏粮于技的内涵各是什么？

③ 大食物观推动下，食物系统转型的特征有哪些？

④ 你认为大食物观的提出对个人消费层面有哪些影响？如何个体践行大食物观？

第二章

中国饮食文化形成与发展

【本章引言】

本章过后，学习者应该能够达到知识和应用两个维度的学习目标。

知识维度：

- 介绍中华民族烹饪发展历程，中国食文化萌芽、形成、发展和成熟时期的阶段划分、社会背景和基本状况，列举各阶段典型食事件和食思想。
- 介绍中国水田稻谷文化、旱地粟黍文化的形成与发展。
- 介绍中国历史发展过程中的饮食文化南北交流、民族交流和中外交流。
- 介绍中国风味流派的发展历程、概念、划分依据和特点。
- 总结并论述大运河漕运和运河经济在中国饮食文化发展中的作用。
- 辨识和鉴赏中国古代饪食器和食器，举例阐述其中蕴含的社会背景、风俗习惯、科学技术和艺术审美。

应用维度

- 辨析中国烹饪技术与社会生产力发展及人民生活需要间的关系，据此联系和展望当代饮食文化发展趋势，厘清饮食文化发展面临的挑战和机遇。
- 坚定中国 5000 年文化发展信念，继承和发扬中国饮食文化。

自从人类能够同时应用火、陶器和调味品来烹制食物，中国人就用智慧巧妙地从自然界发现美味、创造美味、传递美味。在中华民族漫长的发展历史中，不同时期的烹饪原料、器皿、工具、技艺和活动一直在不断革新变化，与时俱进。中国饮食文化积累了深厚的文化内涵和工艺技术，形成了稳定而特色鲜明的结构体系。

约 200 万年前到公元前 21 世纪为中国的远古时期，可分为旧石器时代和新石器时代两个阶段，这是中国饮食文化的萌芽阶段。从夏朝到春秋战国时期的近 2000 年，是中国饮食文化的形成阶段。从公元前 221 年的秦代到 907 年的唐代，是中国饮食文化发展壮大的重要时期，属于承上启下的阶段。中国烹饪在数次大移民、民族大融合、文化重心大迁移等一系列客观刺激中，得以广收博采各民族美食之精华，中国饮食文化表现出前所未有的多彩风格。从北宋建立到清朝灭亡，是中国饮食文化发展的成熟阶段。这段时期，中国传统饮食文化在各方面都日益完善，中国经济文化重心出现了 3 次南移，即永嘉之乱、安史之乱和靖康之变，中国饮食文化也相应地出现了重心调整。中国饮食文化的现代时期是指 1911 年辛亥革命后至今，又可分为民国时期和 1949 年中华人民共和国成立之后两个阶段。1949 年中华人民共和国成立以来，随着国民经济的恢复和发展，烹饪行业也得到了稳步发展。

第一节　烹饪原料的发展变化

一、中国饮食文化萌芽阶段

1. 旧石器时代

旧石器时代人类使用打制石器、木棒等工具，从事采集、狩猎活动，完成了从直立人、早期智人到晚期智人的进化过程。旧石器时代早期的直立人已能够使用自然火并保存火种，用火烤食物、照明、取暖和驱赶野兽是人类适应自然与改善生存条件的关键一步。在周口店北京人遗址中不仅发现有丰富的用火痕迹，而且可以从中推测那时北京人采集食用朴树籽，夏末秋初以狩猎斑鹿为主，秋末冬初以狩猎肿骨鹿为主。新石器时代，中国各地区的陶器在器型、质地、纹饰及器类组合等方面体现出丰富的文化内涵、鲜明的时代和地域特征。中国远古时期的早期人类也完成了从生食到熟食再到烹饪的跃进，烹饪方式也由火烹逐渐过渡到石烹和陶烹。

2. 新石器时代

进入新石器时代后，中国先民的主体逐渐脱离以狩猎和采撷经济为主要生活方式的阶段，开始进入种植（早期农业）和养畜经济为基本生活方式的农业社会。以农业型为主的各地新石器时代文化遗址，可粗分为以河南裴李岗、河北磁山文化为代表的北方粟作农业，即旱地农业，以及以湖南彭头山文化、浙江河姆渡文化为代表的南方稻作农业，即水田农业。居住在长江流域的百越先民被认为是最早驯化野生稻的人。在我国湖南道县的玉蟾岩遗址、江西万年县的仙人洞遗址、浙江浦江县的上山遗址都发现距今约一万年前的栽培稻痕迹。

与长江流域的水田稻谷经济文化区不同，黄河流域为旱地粟黍经济文化区。北京门头沟的东湖林遗址发现有迄今为止最早的粟碳化颗粒，而太行山以东、燕山以南的山谷平原地区是世界上栽培粟的起源地。粟是由狗尾草驯化而来，产量多、生产周期短，耐贫瘠和干旱。在中国，较早被驯化和栽培的野生禾本科植物还有稷（黄米，最早的五谷之长）和黍（黏性较大），两者的生长期较短，在较暖的地区一年可种三季，不耗地力，因而是原始农业的适宜品种。

扩展阅读

2019 年，良渚文化遗址（Archaeological Ruins of Liangzhu City）被列入《世界遗产名录》。良渚（公元前 3300~ 前 2300 年）是已知中国历史上最早的具有统一信仰的早期区域性国家，也是中国国家社会的起源，是世界人类早期文明之一。根据考古发现，良渚古城是一座规划完整、设施齐全的史前大都城。约 5300 年前，部分人群迁移到良渚地区，这里丰富的物产和定居生活使人口数量不断增加，形成了一个以莫角山为中心的酋邦。良渚国王以宗教和斧钺建立了一套高度集权且极具凝聚力的统治模式，影响力遍及整个太湖流域。

良渚地区谷地中水网密布、河道纵横，为兴建更专业和大型的水利设施以保证农业灌溉，一个居于全社会之上的领导中枢形成，后进一步发展为对良渚社会的全方位控制。在良渚遗址的北部、西北部已发现 11 条大小不等的大坝，总土方量达到 288 万立方米，是我国已知最早的大型水利系统。

良渚遗址宫殿区西南侧发现有大面积的稻谷堆积，估算约有 195 吨，体现了其发达的农耕经济。据推测，良渚古城的总人口数三四万人，与同时期古印度哈拉帕文明（或称印度河流域文明，Indus Valley Civilization）的古城人口数量相当。

除了宏伟的古城、复杂的水利系统、繁荣的玉器加工和集散中心、强盛的武力外，良渚先民们还发明了早期的文字，在出土的良渚陶器上发现了大量的刻画符号。约在公元前 2800 年，整个苏北地区已经完全良渚化，良渚古国进入全盛期。

随着农业发展，人们终于开始了真正意义上的定居生活，并开始除狗以外有了其他驯养动物。约 8000 年前的裴李岗文化遗址出土证明人们已能够驯养猪、鸡、黄牛，大汶口文化遗址有出土饲养水牛的痕迹，龙山文化有马、绵羊、山羊和猫。但此时，我国东北地区、青藏高原、蒙古高原和新疆等地仍处于狩猎采集经济文化区。

纵观中国饮食文化的发展历程，萌芽时期是最为漫长，也是最为艰难的，其中最大的生产力革命就是火的使用和陶器发明。前者以火熟食改善了人类生存条件，以火御兽促使人类在平原定居；陶器的出现和广泛应用使得人们的转化力和生产力得到飞速提升，中国社会文明发展的物质基础已经粗具规模。新石器时代晚期，社会分化加剧，出现了权贵阶级、原始信仰、原始艺术和礼仪制度，在聚落分化的过程中涌现出联盟和城堡，社会开始向早期国家过渡。中国文化呈现出多元一体的演变格局和发展趋势。

二、中国饮食文化形成阶段

1. 食材

商代的文字资料主要有陶文、玉石文、甲骨文和金文，并以晚商的甲骨文为最多。甲骨文是目前所知我国最早而且有系统的书写文字之一，已经具备构字法则、句型文法。目前发现的甲骨大约 15 万片，刻有 4500 多个单字，记载了商代社会生活的诸多方面。其中农业生产是商代重要的生产部门，称谷类粮食为“根食”，称肉类食品为“鲜食”。甲骨文记载了黍、稷、麦、耒、稻等不同的农作物名称，以及风雨、降水对农业收成的影响，另外还记有马、牛、羊、鸡、犬等动物名称，备有专门牢厩，并在贵族祭祀时杀掉大批牛羊，对鹿、麋、豕、象、虎、狐等动物则记录有狩猎和食用方法。据甲骨文记载，商代自由民的住房特征是楼上住人，楼下养畜。这种房屋结构可使牲畜防寒免盗，便利饲养，而这种生活圈养方式，在我国许多少数民族聚集地或山区依然可见。此时肉类食物中的大部分仍来自渔猎，所以人们食用的肉类种类也非常复杂。夏商时期的果类仍以原始采集为主，甲骨文中有出现栗、桑、杏、芒果等，周代开始有以种水果为主的苑囿。《夏小正》和《山海经》中记载，夏商周三代时的水果已有桃、杏、枣、梅、地桃（猕猴桃）、海棠、梨、沙果、李、山楂、橘、板栗、柚等。

视频资源：五谷为养

春秋时期，人们对于主副食之别有了清晰的认识，把赖以充饥，食用频率高，在所有入口食物中占比多的，能为人体提供大部分养分的粥饭视为主食，称作“食”或“饭”。烹饪原料中有了“五谷”“五菜”“五畜”“五果”和“五味”的概念。粮食作物五谷齐备，以黍为主要粮食作物。蔬菜有萝卜、白菜、盖菜、豌豆苗、苋菜、荠菜、韭菜、苦瓜、芜菁、竹笋、紫苏、莲藕、蒲菜、青蒿等。此时人类还能够采食草菇、土菌、苓耳（木耳）、石衣（石耳）等野生菌菇。特别需要注意的是，此时的水果已不再是一般的果腹充饥之物，而成为上层社会饮食中具有休闲特征的食品，这说明人们的生活较之原始时期已有很大改善，食源广泛且供应稳定性增强。与植物性原料相比，动物性原料则仍保持渔猎为主、养殖为辅。一方面是因为当时养殖的能力和规模还十分有限，另一方面是因为宗教祭祀活动对肉类食物的需求仍然十分可观。

2. 食材加工

商周时期，粮食的加工方法仍为以石器进行舂为主，甲骨文中舂即象形于两手捧杵在禾上。但由于加工能力低，难以提供足够多和足够精细的净米，一般平民都是连壳一起煮食，在对殷墟出土的商人牙齿进行分析发现人们牙齿磨损程度都非常严重。西周时舂米应已普及，《诗经·大雅·生民》记载“或舂或揄，或簸或揉，释之叟叟，蒸之浮浮”，描写了人们为祭祀和庆贺节日在舂米、扬弃糠皮、淘米和蒸米做饭的场景，反映了大众开始注重细化饮食。从新石器时代到战国时期，杵臼的出土越来越少，石磨的使用开始普及。在裴李岗文化遗址、磁山文化遗址和河姆渡文化遗址都出土有石磨盘（北方称硙，南方称礳或磨）、石磨棒等工具，可以对粮食进行脱壳碾碎。

3. 调味品

周王室为天子服务的体系中有专门掌盐政的盐人。自夙沙氏煮海盐以来，盐已成为人们生活中的必需品，到夏商周，除晒制海盐外，人们还懂得了池盐和开采岩盐。苦盐指池盐，因未经过分离提纯含有过多氯化镁而味苦，属于质地最差的盐。饴盐指岩盐，因岩石中自带的碳酸氢钙而略带甜味。散盐指海盐，佳者质地洁白，味道醇正。形盐指被塑造成各种形状的盐，最常见的是象征君王武功的虎形盐，摆在桌上即可用作调味又可装饰席面。受交通限制，百姓主要食用当地所产食盐，齐鲁多食海盐，魏韩多食池盐，巴蜀多食井盐，滇黔多食岩盐。

《周礼·天官·膳夫》记载当时供周王进餐的酱类已达120种之多，据此可知中国饮食中对味型的追求以及对调味品的创造已初见端倪。《礼记·曲礼》中记载：“进食之礼，脍炙处外，醯酱处内。”醢（hǎi）是以肉类为原料制成，先将肉曝干切碎，后加以盐，渍以酒，即肉酱。制醢可抑制微生物的繁殖以延长肉类的保存期，用于制醢的动物肉来自猪、牛、鹿、鱼、兔、雁、蜗牛、蚌蛤等。而酱是指以豆类为主料，加适量麦麸、淀粉、盐、粮等配料，利用毛霉菌的作用发酵而成。商代农业生产稳定，造酒、饮酒之风兴起，此时已有使用曲糵酿酒的记录。当时的调味品还有醯（xī），类似于现代的醋，是在酿酒业发展过程中出现的新型调味品，也可用于保存蔬菜、水果、鱼蛋、牡蛎等，有时也可指酒。甜味调料还有枣、栗、饴（蔗汁）、蜂蜜、醷（梅浆）等；咸味调料还有大古（豆豉）等；香辛调味料有秦椒、花椒、姜、桂、蓼、芗、韭、葱、蒜等。众多调味品的使用，为这时期烹饪风味的形成起了重要作用。

扩展阅读

通过观察、模仿、总结和不断改良，人类跟着大自然学习和获得了发酵的技能。现代社会的发酵食品十分丰富，如腐乳、酱油、豆豉、纳豆等豆类发酵食品；榨菜、泡菜、酸菜、酸笋等蔬菜类发酵制品，以及酸奶、酸奶油、奶酪等乳类发酵制品。从传统发酵食品的分布看，各地都有特色发酵调味品，少数民族地区的乳制品和肉制品尤为出众，火腿和腊肉制品多分布在我国西南地区。

视频资源：古法发酵

这些发酵食品实际是食材经微生物进行一系列代谢活动后，获得的具有独特风味的产物。在发酵食品的制作过程中，食材、微生物、适宜的环境、充足的时间，缺一不可。中国传统酿造中广泛应用的是毛霉、曲霉、根霉等霉菌，此外还有乳酸菌、醋酸菌等细菌，以及酵母菌。发酵时的环境因素既包括外部环境，如特殊地理位置带来了独特且恒定的温度、湿度、光照等；也包括内部环境，如盐渍或腌渍流程使得发酵体系能够稳定在特定的离子浓度和 pH。又如，每天按部就班地翻动黏稠厚重的酱料，在保证酱缸中酱料均匀外，还起到通入空气的作用。这些看似机械的操作，都是发酵过程的关键性因素。以上各条件都适当时，只需给予充足的发酵时间，等待食物发生质的变化，新的味道和质感也应运而生。

三、中国饮食文化发展阶段

1. 粮食作物

汉代农业生产迅速发展，出现“池鱼牲畜，有求必给”的景象，为饮食文化发展提供了雄厚的物质基础。此时，不仅南方水田面积扩大，中原也逐渐引进水稻种植技术，打破了水稻种植仅限于长江流域的局面，使水稻的产量迅速提高。到了唐代，粟类“五谷之长”的地位已受到南方地区稻类和中原地区麦类的挑战，人们饮食生活中粮食的结构发生了变化，中原地区麦、粱、稻、菽、菰在食物中的比重逐渐增大。此处的粱并不是高粱（原产非洲，宋以后传入中国），而是指品种优良的谷，使用时粱与稻常连用。菰的粒形细长，呈深褐色，熟制后甘甜滑软，秦汉时期贵族常食。战国以后，谷物的加工由畜力和水力逐渐代替人力推动石磨和石碓，人们的饮食状况也由此有了较大改善。

关于菽（即大豆）的记录最早见于周代文献，因营养丰富，但对土壤肥力要求不高，耐旱、耐贫瘠、需光照时间短，而被古人认为是“保岁”的作物（《农桑辑要》："大豆保岁易为，宜古之所以备凶年也"）。先秦统治者要求每人以五亩的比例种植大豆，如此即便遭遇自然灾害，其他作物绝收，收获的菽也可保证不至于闹饥荒。将菽捣碎后与其他谷类一起蒸食就是"半菽之饭"。"菽"是先秦时的名称，秦汉以来改称为"豆"。西汉武帝时，中原地区连年灾荒，大量农民移垦东北，大豆随之引入并成为东北地区的主要粮食作物。秦汉以前，人们食用大豆的方法比较单一，主要是作为粗粮将豆子做成豆饭（粒食口感较差），豆叶做菜羹。西汉时，大豆的主要用途逐渐变为"蔬饵膏馔"的副食，例如，将豆子用盐腌渍，在腌渍基础上又发明了酱油酿造工艺。长沙马王堆汉墓中出土的大量豆豉和豆酱，反映了汉代贵族普遍食用豆制品的事实。据《神农本草经》记载"大豆黄卷，味甘平"，大豆黄卷即为豆芽。汉代豆制品的最大发明是豆腐的制造，于是大豆（黄豆）也有了更广阔的应用空间。到隋唐时期，大豆彻底完成了从主食向副食转化的过程。

扩展阅读

菽是中国古老的谷物之一，在目前所能见到的实物中，以北京自然博物馆所藏的山西侯马出土的十粒战国时期的大豆为最早。另外，河南洛阳烧沟汉墓中出土的距今 2000 年前的陶仓上，有用朱砂写的"大豆万石"字样。陶仓是古人仿照储藏粮食的粮仓缩制成的，可见当时大豆收成颇丰。三国魏张揖《广雅》说："大豆，菽也。小豆，荅也。"所以豆有大小的区别，菽指大豆，也就是黄豆；小豆指绿豆、赤豆、白豆、豌豆等。

中国是世界上发生农业文明最早的地区之一，历史上各地谷物的品种也不停变化。东汉郑玄在批注《周礼·天官·疾医》时，将五谷记为"麻、黍、稷、麦、豆"，卢辩、杨倞、颜师古等古代学者也持有相同看法。但也有认为五谷是黍、稷、麦、菽、稻的观点。无论哪种分类，都离不开豆。

视频资源：大豆危机与粮食安全

先秦时期，大豆主要在黄河流域一代种植，特别在土地贫瘠的地区，是人们重要的粮食之一。古书中常以"啜菽饮水"来形容生活的简陋，可见豆的社会地位。西汉《氾胜之书》记载，当时我国北方大豆的种植面积已占全部农作物的 2/5。唐宋以来，大豆种植地区又逐渐向长江流域扩展。《宋史·食货志》记载，宋代江南一带曾遇饥荒，政府将北方盛产的大豆种子从淮北等地调运到江南各地进行种植。大约在元代初期，全国范围内凡能种植大豆的地区都有大豆的身影。

关于五谷中黍和稷为何物的考证一直有不同意见，尤其稷作为谷名，在汉代以后已不再采用。按照姚伟钧、刘朴兵在《中国饮食史》一书中的辨析，黍在汉唐文献中常被称为"穄"，脱壳后为黄米；稷为小米（又称禾、谷、粟）。清代学者陆陇其在《黍稷辨》中提到

"二物大时相类，愚尝合而观之，黍贵而稷贱，黍早而稷晚，黍大而稷小，黍穗散而穗聚，其辨甚明"。而春秋初年以前，人们的主食为黍稷，且以黍更味美。殷商时期的酿酒原料亦为黍。春秋中期以后，随着农业技术的提高，稻、麦的种植日益扩展，黍稷也逐渐成为配角，甚至是救荒作物。粟去皮即为小米，从殷商到秦汉时期，黄河流域种粟面积和产量十分可观，而且一直是黄河流域的主要粮食作物。唐代李白有诗句"虽有数斗玉，不如一盘粟"，李绅亦有诗云"春种一粒粟，秋收万粒籽。四海无闲田，农夫犹饿死"，使当时社会贫富生活悬殊的情况跃然纸上。

魏晋南北朝时期是我国各民族大交流、大融洽时期，北魏统治者在面对人口逐步增多、胡汉融合程度渐深、军粮供应不足的情况下，也开始慢慢转为由农业取代畜牧业成为国家的主导经济。在少数民族农业中比较重要的粮食作物是黍、粟、麦、稻，尤其在因为长期战乱而荒芜的土地上，农民首选种植的作物就是黍。这也使得黍的地位有所回升，品种有所增多。待到度过了新开荒时期，粟又取代黍成为最主要的粮食作物。

2. 鱼肉类

这一阶段的动物性烹饪原料也发生了改变。一是肉类食物在整个膳食结构中的比重较前一阶段加大；二是不同肉畜种类，特别是羊和猪在肉食品种中的地位更为重要。虽然畜牧和水产品的养殖技术有所提高，但狩猎仍是这一时期人们肉类食物原料的重要补充途径。长沙马王堆汉墓出土的两卷随葬物清册记载，当时贵族们的肉食种类以牛、羊、猪、狗、鸡肉和鲤、鲫等鱼类为主，珍贵动物还有天鹅、鹤、火斑鸡、鳜鱼等。出土的肉食标本分析，贵族喜食出生两个月至半年的小乳猪。两汉时期，平民百姓逢年过节或遇喜庆宴请，也可烹牛宰羊，相聚而饮。

得益于胡汉民族的频繁交流，中国的畜牧业有了更快的发展。首先表现为国有牧场的发展，西汉时共有国有牧场 42 所，东汉时期牧场经营衰落仅余 1 所，北魏时再次兴盛，国有牧场数量远超汉代，从中央到地方都设有官吏专职管理畜牧之事。隋唐延续了这种国有牧场策略，在满足军事需要的同时，牛羊饲养数量也相当庞大，为肉类食物补充起到重要作用。畜牧业的发展，也促使政府依据牧民饲养羊和马的数量而征收赋税，或者以羊作奖赏。

在牛羊养殖业的冲击下，从魏晋一直到宋，猪的饲养一直呈萎缩状态，家庭饲养不成规模，与两汉相比地位下降明显。隋唐时期，政府对屠牛食肉的限制相对放松，人们食用牛肉的机会增多。此时，在大多数地区，狗肉已不再属于食用肉类的考虑范围。家禽主要有鸡、鸭、鹅三类，其中鸡的饲养要远多于另外两种禽类。唐人培育出了乌鸡等优良鸡种，对鸡的食疗养生价值有了进一步研究，《唐本草》称“乌鸡补中”。在肉鸡饲养以外，唐代还盛行斗鸡。唐代因鲤鱼与国姓“李”谐音，因而有禁捕鲤鱼的要求，这对多鱼种养鱼有一定的促进作用。在捕食野味方面，以鹿、熊、兔、鹌鹑最为常见。

3. 蔬果类

秦汉时期开始利用温室培植蔬菜，将一部分野菜转为人工栽培，如蘑菇、百合、莲藕、莼菜等，并在培育过程中开发出部分新的蔬菜变种。汉代经过张骞出使西域，开辟丝绸之路，大量异域菜种传入中国，如胡葱、胡蒜、胡椒、茄子、胡萝卜、茴香、胡豆、豌豆等，极大地丰富了这一阶段的蔬菜品种。同时传入的还有蒲桃（葡萄）、胡桃（核桃）、无花果、安石榴（石榴）、西瓜、哈密瓜等。魏晋以后，胡瓜（黄瓜）、胡荽（芫荽、香菜）、莴苣、菠菜等也传入中国。江南地区的一些特殊果品开始被食用，如甘蔗、荔枝、龙眼、槟榔、橄榄、香蕉、椰子。干果类的榛子、栗子、枣子，富含淀粉和蛋白质，耐储藏，多食无害，故成为人们的辅助性粮食，盛产此类果品的燕北人民甚至以干果为主食。

隋唐时期，中国的蔬菜种类不仅进一步优化和丰富，而且利用长安附近的温泉等地热资源栽培反季蔬菜规模庞大，设有专门的官员进行管理，以供皇室贵族享用。唐代蔬菜种植的专业化还表现在官营菜圃（仅自足）的出现，但无论是官营还是民营菜圃都以自给自足为主，以销售为目的的民营菜圃十分少见。

4. 调味品

用姜和酒调味已在烹调中占有重要的地位。辛辣之味的辛同时包括味觉和嗅觉，可以来自姜、花椒、桂、葵、薤等。姜在先秦即被称为“和之美者”，不仅能祛除异味，而且能激发出鱼肉的美味。另外姜被认为可以逐风祛毒，可单独食用。与姜类似，酒也能消除鱼、肉的腥臊异味，并在烹饪时产生一种鲜香，古人也称为苦味。

隋唐时期，食用糖可分为饧糖（类似现代的麦芽糖）、蜜糖（蜂蜜）和蔗糖三大类。据《新唐书·西域传》记载，唐代初年，从印度引进了利用甘蔗加工砂糖的技术（乳糖石蜜）；唐高宗年间，再次从印度学习熬糖法（红砂糖），并形成了巴蜀、江东两大蔗糖生产中心。

四、中国饮食文化成熟阶段

发展阶段的初期，即汉朝建立后，统治者推行“重农抑商”和一系列“休养生息”的政策，大兴水利，使农业生产水平得到了很大提高，约在汉武帝时使中国封建社会进入了第一个鼎盛时期。

1. 粮食作物

成熟阶段的烹饪原料丰富而且广泛，人们对原材料进一步优化和利用成为这一时期烹饪原料开发利用的主角。时至北宋，粮食的种类与前代相比并无太大变化，北方以种植粟、麦、黍、豆为主，南方以种植粳、籼、秔、稻为主，而且还引进的越南占城稻和朝鲜黄粒稻等优良品种，使农作物的种植不仅走向优质化，而且也形成了品种多元化的形式。到了元代，水稻已成为全国农作物之首。至明代中叶，闽、浙地区出现双季稻，岭南地区出现三季稻。各种粮食作物在粮食结构中的地位发生变化，由粟、麦、稻格局过渡为稻、麦、粟格局。农业也一直保持国家的经济支柱地位。

稻米是元代种植面积和产量最大的粮食品种，水稻种植以江淮以南为盛，长江下游地区盛行稻麦轮作，岭南地区流行双季稻，其他丘陵地区流行早熟抗旱的水稻。北方大都（今北京）、山西南部、兴元（今陕西兴元）和河南部分地区，水利灌溉条件较好，水稻的生产亦有一定规模。但为满足大都居民需要，元朝政府每年都需要通过海道调运大批江南稻米，最多时达300多万石。元代水稻种植在北方边疆地区也有推广，如今天新疆地区准噶尔盆地西缘山区和漠北地区都曾种植中国水稻。河南、山西、河北、山东和关中平原、河西走廊等地是小麦、大麦的主产区，这些地区居民以面食为主。元代北方地区多数实行麦粟轮作，夏季收麦，秋季收粟。荞麦主要种植于今山西、河北两省邻接的草原地区。青稞主要种植于西藏地区。此时，豆类可分为大豆、小豆和豌豆，大豆又分为白、黑、黄三种，小豆又分为菉豆、赤豆、白豆、豇豆等。

在明代的粮食生产结构中，稻、麦稳居主导地位，南方以稻米为主，北方以小麦为主。此时水稻品种众多，有早熟与晚熟，黏与不黏，长芒与短芒，长粒与尖粒，圆顶与扁面等不同。水稻种植的北界已推进到河西走廊、河套平原和辽河流域，达到北纬44度。黄河中下游地区仍是小麦的传统种植区，明代这一地区的小麦种植占农作物的一半。

明代后期是继西汉张骞通西域以来又一次大规模引进外来作物的时期，一些外国高产粮食作物相继引入中国。番薯具有耐旱耐贫瘠、产量较高、适宜在沙地种植的特点，是极好的救荒作物。在历史上，番薯引入中国约在明神宗万历年间，正值福建大旱，试种成功后便在福建迅速推广开来。此后在万历三十六年（1588年），长江下游发生旱灾，番薯又在上海附近传播开来。在明代后期的数十年间，番薯在福建、广东广为种植，江浙一带开始种植。同样在万历年间传入中国的还有原产于美洲的马铃薯，可以耐瘠耐寒，生产周期短，但马铃薯的种植推广没有番薯那样迅速。关于玉米的文献记载出现在明嘉靖十四年（1535 年），从明代地方志记载看，只有河南、江苏、甘肃、云南、浙江、安徽、福建、山东、陕西、河北、贵州 11 个省的方志中有零星记载，说明此时玉米高产、耐旱涝、适宜山地种植等优点和救荒作用尚未被人们广泛认识。上述三种高产粮食作物的引进和种植传播增加了中国粮食总产量，缓解了明末以来中国人口迅速增长造成的粮荒；使一些干旱贫瘠土地和山地、丘陵得到开发，增加了中国的可耕地面积；丰富了中国多熟种植和间作套种的内容，提高了土地利用率；充实了中国人的膳食结构，促生出新的粮副产品，如粉条、粉丝、制糖和酿酒新原料等。

清代前中期，玉米、番薯和马铃薯这三种高产作物种植得到迅速开展，此时南方平原水乡仍以种植水稻为主，山区以种植玉米为主，闽浙沿海地区则大量种植番薯；在北方，平原地区广泛实行麦粟或麦豆轮作，同时大量种植番薯，在山西、内蒙古等高寒地带则以马铃薯的种植为主。

2. 鱼肉类

宋代，一些名贵的山珍海味，也都经过脱水处理供应市场，如海产品中的海蜇、海蟹、乌贼、鱼唇、鱼肚、玳瑁、对虾、墨鱼、蚝肉，内陆的发菜、虫草、蚂蚁、蜗牛，以及象鼻、驼峰、熊掌、豹胎、狮乳、雀舌、燕尾、燕窝、鱼翅、海参等珍贵食材，成为脍炙人口的美味。同一原料中也有多种不同的品种可供选择。以鸡为例，有骁勇狠斗的竞技鸡、啼声洪亮的司晨鸡、专制汤菜的肉用鸡，以及形貌怪诞、可治妇科杂症与风湿诸病的乌骨鸡等。在妙用原料方面，厨师们还总结出一料多用、废料巧用和综合利用等经验技巧。如通过分档取料和切配加工，借助不同的烹调方法，就可以用猪、羊、牛等肉类原料分别烹制出全猪席、全羊席或全牛席。或者将烧饭过火而结于锅底的焦饭，制成“白云片”“锅巴海参”等风味独特的菜肴。

元代肉食来源可分为家畜、家禽、水产品和野味四类。家畜肉中以羊肉为主，在记录宫廷饮食的《饮膳正要》一书中，记载了 70 多种以羊肉为主料或辅料的肴馔，占全部肴馔的 80%。书中记载的 61 个食疗方中，也有 12 个与羊肉有关。在家畜肉中，猪肉的地位仅次于羊肉。尤其江淮以南，气候不利于羊的生长，故猪肉在肉食结构中地位更为重要。此时，朝廷对牛、马这类大型牲畜的宰杀仍采取禁止政策，但在反复强调之下仍有许多私自宰杀现象存在，尤其在蒙古族心目中，马肉、牛肉的价值和地位都比羊肉、猪肉贵重，很多贵族宴会上都有马肉的身影。家禽饲养方面，相对而言，北方多旱地，农家多养鸡；南方多水乡，民户多养鸭和鹅。沿海和濒水居民捕捞的水产品，除部分自己食用外，多数在产地或附近村镇销售。而水产品的人工养殖，主要集中在南方地区，养殖品种有鲢鱼、鲤鱼、鳙鱼、鲭鱼。庆元地区（今浙江宁波）有利用海滩人工养殖江珧、蚶等贝类。野兽和野禽等野味也是元代宫廷和普通百姓饮食中的一个重要来源。

明太祖朱元璋十分重视小农经济的恢复与发展，小农经济的壮大与养猪业的繁荣相辅相成，养猪几乎成为明代每个自耕农家不可缺少的一项家庭副业。虽然在明中期，养猪业曾遭到禁止，但很快又得以恢复。所以，明代猪肉消费居首位，羊肉次之。狗肉在北方中原地区基本上已被排除在外，但在南方的普通百姓家仍有吃狗肉的习俗，尤其是岭南一带。牛、马、驴、骡等大牲畜仍是主要畜力，禁止私自宰杀。当其或老或病死亡后，常被加工食用。此时南北方都普遍进行鸡的养殖。涟川沈氏的《农书》有："鸡鸭利极微，但鸡以待宾客，鸭以取卵，田家不可无。"明朝时的鱼类等水产品来自江河湖海的自然捕捞和池塘的人工养殖都很普遍，且鱼的种类非常丰富。明代中后期以后，鱼类等水产品大量北运，满足北方城市上层阶级的食用需要。明代，中国气候进入"明清小冰期"，加之人口增长，人类对生态环境的破坏加剧，野生动物资源急剧减少，人们能够猎捕到的野生动物品种和数量都大不如前。

清代，副食原料的生产大致可分为肉蛋、蔬菜、瓜果三类，与前代相比，肉蛋和蔬菜的生产变化较大。猪仍是清代最主要的肉食来源，生活在平原地区的百姓普遍以养猪为家庭副业。"六宜七忌"等科学养猪法和肉猪阉割技术的出现，促进了生猪饲养的发展，提高了生猪的产肉率和肉质，对家畜饲养和畜牧业肉食产品增产具有重要价值。鸡、鸭、鹅等家禽不仅为人们提供肉，而且提供蛋。照蛋法是康熙元年（1662 年）之前就已形成的家禽人工孵化看胎施温技术，并在后世得以广泛推行。在渔业养殖方面，人们对鱼类受精、产卵等有了更多了解；人工养蠔、蟚等海产品的技术也日益成熟。在渔业捕捞方面，清初广东人普遍应用火光夜间诱捕鹅毛鱼的技术，并出现了专门总结捕鱼经验的书籍。

3. 蔬果类

直到宋代晚期，中国的蔬菜结构和食用情况仍与后世存在很大差异。根据《中国饮食史》一书的总结，这种差异主要表现在：第一，野菜在宋人的蔬菜结构中，仍占有相当大的比例，不像后世人们食用园蔬为主。野菜主要有竹笋、蕨菜、莼菜、荠菜、苋菜和各种食用菌等。第二，后世常见园蔬的重要性在此时仍未被发现，如葵菜、萝卜、白菜等。第三，一些蔬菜的食用部分和食用方法与后世仍存在较大差别。总体而言，中国的蔬菜种植结构在宋代依然处于发展演变中。但与唐代相比，民营菜圃和官营菜圃的蔬菜生产市场化程度已大大提高。

到元代，人们食用的蔬菜则是以人工栽培为主，蒲笋、竹笋、茭白等仍属于野生蔬菜。此时的瓜果种类也已与近代相似，比较常见的温带瓜果有梨、桃、李、杏、枣、栗、柿、葡萄、西瓜、石榴、甜瓜、桑葚等，亚热带瓜果有橘、橙、柑、杨梅、木瓜等，热带水果有荔枝、龙眼、椰子、蕉子（香蕉）、宜母（柠檬）等。

据明代宋诩记载，明代弘治年间的烹调原料已达1300余种，在传统蔬菜中耐储存、可腌制的萝卜和白菜（菘）地位上升，成为百姓的家常菜。尤其明代中后期，白菜在北方试种成功，遂成为北方的主要冬令蔬菜。每到秋末，京师人“比屋腌藏以御冬”的冬储大白菜习俗一直延续到近现代。此时，从外域引进的作物有花生、番茄、辣椒、南瓜、四季豆、向日葵、番荔枝（佛头果）等。我国的蔬菜种植技术也已大大提高，有陆地种植、保护地种植、沙田种植、真菌寄生养殖等。

与前代相比，由于海外蔬菜的大量引进，使得清代的蔬菜品种更多，如继续引入了甘蓝、菜豆（四季豆）、西葫芦、苟瓜、花菜等原产于美洲的蔬菜。历来夏季蔬菜品种较少、比重过低的状况得到改善，初步形成如今以茄果瓜豆为主的夏季蔬菜结构，如白菜、菜瓜、南瓜、黄瓜、冬瓜、西瓜、越瓜、瓠、苋、蕹菜、辣椒、茄子、刀豆、豇豆、菜豆和扁豆（参见清末《农学合编》）。辣椒、葱、姜、蒜、韭、芥等辛辣类蔬菜被广为种植。

4. 茶酒调味品等

在油、茶、酒方面，市场上也是琳琅满目、应有尽有。宋代的茶，有龙凤茶、石乳、胜雪、蜜云龙、石岩白、御苑报春等珍品；水果制成的干货、蜜饯、水果饮料和果酱都非常受欢迎；食用油以芝麻油、菜籽油和豆油等植物油为主，也有杏仁油、红蓝花子油、蔓菁子油、鱼油和猪羊脂肪等；食盐有海盐（盛产于淮河南北、浙西和福建等滨海之地）、池盐（盛产于山西）、井盐（盛产于四川）之分；醋有米醋、麦醋和枣醋之分，与酱油一样都是宋人日常不可缺少的调味品。

《饮膳正要·料物性味》中记载元代的调味品已有30种之多，酥油（羊）和芝麻油使用都非常普及，开始尝试用“水澄复煎”的方法对粗盐进行精加工。元代的食醋种类丰富，有酒醋、桃醋、麦醋、葡萄醋、枣醋、米醋和利用糟、糠生产食醋，与之前以麦醋为主的消费生产不同，元代的米醋生产消费比例越来越大。元代的酒，则包括阿剌吉酒、金澜酒、羊羔酒、米酒、葡萄酒、香药酒、马奶酒、蜂蜜酒等数十种。

第二节　烹饪技术的发展变化

一、中国饮食文化形成阶段

中国饮食文化的形成阶段，先民通过长期饮食生活实践，在对烹饪原料的选取加工、合理配伍、刀工技术、烹调方法等方面，都有了细致的总结。《吕氏春秋·本味》一书记载："凡味之本，水最为始，五味三材（水、木、火）相互影响，多次混腾，多次变火，可用火调节，时用猛火，时用文火，要灭腥臊去膻味，关键就在于火候和调味的掌握是否得当，请不要忘记这个道理。"可见当时人们对烹饪过程中火候的重要性，以及对火候的调节和掌控都有相当的认识。

烹饪加工随着饪食器具的不断完善和烹饪原料的不断丰富而更加多样化。随着冶炼技术的提高，烹饪刀具更为锋利，刀工技术也日趋成熟。这时期对牲体的分割有"七体""九体"和"二十体"之分，就是把动物分别分割为七块、九块和二十块。《庄子》中的著名寓言故事"庖丁解牛"，生动描述了庖丁宰牛时出神入化的分解技术，反映了当时人们对厨师刀工技术的理想化要求。又如《礼记·内则》云："取牛肉必新杀者，薄切之，必绝其理"，也反映了当时厨师对刀工技术重要性与技巧性的认识。此阶段，先人陆续发明创造的原料加工方法有制作米粉、豆芽、谷芽、干菜、腊、脯、干鱼、腌鱼等。在烹饪技法上，出现了红烧、醋烹、烹汁、炖、羹法等。《礼记·内则》中记载有"滫瀡以滑之"，此即为现在的勾芡，可令菜肴更滑爽。当时使用的勾芡料有稻面、榆面、堇、粉等。此时进行煎使用的仍是牛脂、羊脂、狗脂、猪脂等动物性脂肪。

周代的烹饪技术已大大超越了前朝，初步形成了色香味形这一中国烹饪的主要特色。为后人所熟悉的"八珍"一词也首次出现在《周礼·天官·冢宰》《周礼·天官·膳夫》等篇中，是周天子的专用品，体现了中原饮食文化的风格及当时的烹调技术，后世则将八珍作为珍馐美味的代称。《礼记·内侧》所列，周代"八珍"可分为四组，按顺序是两道一组：第一组是淳熬（稻米肉酱盖浇饭），淳毋（黍米肉酱盖浇饭）；第二组是炮豚（烤炖乳猪，共有八道工序：宰杀、净腔、酿肚、炮烧、挂糊、油炸、切件和慢炖，文火炖三天三夜后用醋、酱调味食用）、炮牂（烤炖羔羊，工序同上）；第三组是捣珍（取牛、羊、鹿、獐等食草动物的里脊肉，经过捶打、去筋腱后，煎至嫩熟，再调以香料、酱、醋等食用），渍珍（鲜牛、羊肉切薄片，酒渍一夜后蘸酱醋、梅酱等调味料食用)；第四组是熬珍（加香料烘烤而成的肉脯，类似牛肉干）、糁（将牛、羊、猪等鲜肉切粒，调味后再和稻米混合烙黍食用）、肝膋（狗肠油烤狗肝，拌脂肪切碎，与稻米合制成稀粥）。此时，中原饮食基本以家畜肉为主，烹调方法以炮、烤、煎为主，调料以咸、酸为主，香料用得不多。淳熬、淳母、肝膋为主副食一体，渍是生肉，最难烹制的是炮豚和炮牂。从以上“八珍”的资料看，当时的烹饪技术已讲究严格选料、精细加工、注意火候。后世以此为基础，随时代和地域的变化，又对“八珍”进行了许多发展演变，如“元八珍”“明八珍”“清八珍”“民国八珍”“上八珍”“中八珍”“下八珍”等。

二、中国饮食文化发展阶段

1. 应用植物油和炒法

秦汉之后，铁器逐渐取代铜器，出现了铁质的农具，还生产有铁刀。铁质灶具较之铜制品更耐高温，为高温烹制菜肴创造了新条件。两汉以前，人民食用的主要是动物脂肪，“凝者曰脂，释者曰膏”。“脂”是有角家畜（如牛羊）的脂肪，常温下较坚硬，色泽洁白；“膏”是无角家畜（如犬猪）的脂肪，较稀软。汉墓也出土了不少使用植物油的灯台，江陵凤凰山 167 号汉墓发掘出大量用于榨油的油菜籽。《齐民要书》记载有胡麻、荏苏、大麻和芜菁的籽实用于榨油。同时，西域传入了胡麻（芝麻）和榨胡麻油的技术。西汉晚期汇编的农学著作《氾胜之书》中也有关于大豆含油丰富的记载。所以，汉代不仅开始使用植物油，而且植物油的来源非常多样。在烹调技法方面，蒸、煮、炮、炙技术不断提高，而且由于在烹调中使用液态植物油后，中国烹饪技法中的“炒”也被发明出来。这种烹调方法几乎适用于一切菜肴原料，而且变化甚多，如煎、溜、爆、滑等。从唐代开始，芝麻油、豆油、菜籽油、茶油等植物油开始广泛用于食物烹饪，炒法烹饪也逐渐成熟，日益成为中国菜肴加工中最主要的方式。

2. 红白案分工细化

烹饪工作出现两次大分工，先是制作菜肴的红案与制作主食的白案分开，南北朝时期北方的面食非常盛行，主食的最大变化是用麦子制面粉，进而制作出“饼”。此后红案再分出了案子和炉子两个工种。这些变革都有利于厨者明确专攻，提高技艺。《汉代百官公卿表》有记载少府设有太官令（掌宫廷膳食）、汤官令（掌宫廷饼饵）、庖人长（掌宫廷宰割牲畜）等。

饼等面食出现后，北方食面、南方食米的基调终于形成。这也从侧面反映，此时小麦已成为北方地区的主要粮食作物。夏商周时多用石臼和木杵粉碎谷物，汉代以木锥替代木杵，可大量生产面粉和米粉。此后，石转磨加工小麦面粉的技术陆续被发明，面制品更精细。

汉代被认为是中国面制食品大发展的时代，品种丰富。汉代面点大致可分为三类，即汤饼、蒸饼和胡饼。汤饼又可分为煮饼、水溲饼和水引饼三种。煮饼是将较厚的死面蒸饼掰碎，放入汤中煮后食之，与如今流行的羊肉泡馍神似。与煮饼相似，水溲饼是将未发酵的面片投入汤中，煮熟而食。水引饼也被称为汤饼，指在汤水中煮食的面条。因为都属于未发酵过的“死面”，所以上述汤饼往往坚硬而难以消化。

蒸饼是将水注入面粉中调匀，然后经发酵，成型为饼状再蒸熟。《齐民要术》中就记载了用酒发酵的方法，“面一石，白米七八升，作粥；以白酒六七升酵中。著火上，酒鱼眼沸，绞去滓。以和面，面起可作”。蒸饼在三国时期也被称为馒头，与现在不同的是，这时馒头不但夹有牛、羊、猪肉馅，而且个头很大，与人头相似，因而有诸葛亮以馒头代替俘虏的人头来祭祀的说法。晋代束皙《饼赋》有记录：“三春之初，阴阳交至，于时宴享，则馒头宜设”，用有馅心的馒头祭享，象征一年的风调雨顺。

随着丝绸之路的开辟，西域胡人陆续内迁，西域的生活和饮食风俗也引起汉人学习效仿。胡饼顾名思义，是从西域传入中原的，类似现在的烧饼，饼上撒有芝麻，内里也可填馅，采用烤炉而不是蒸笼的方法。《御览》引《续汉书》说：“汉灵帝好胡饼，京师皆食胡饼”。

隋唐时期，红案中流行火烤、水煮、生脍和油炒的烹饪方法，家畜家禽内脏、血、头、尾、脚、皮等“杂碎”都被拓展成为食源，并被烹饪成美味。对刀工的讲究为中国食品雕刻工艺发展奠定了坚实的基础，花色拼盘和菜肴组合等烹饪美学进一步完善。面食做法更加丰富，包括烤制、煮制、蒸制、烙制、煎制、炸制。隋唐饮食业也开始出现兴盛的趋势，专门性食肆、综合性食肆、兼营性食肆、食摊、食贩、酒肆、茶坊、茶楼、茶店、茶社等增多。但受坊市制度影响，饮食业经营地点和时间存在较多限制，直到唐代中后期才突破商业区内经营和禁止夜间卖酒等时空限制。

三、中国饮食文化成熟阶段

1. 烹饪技术

元代饮膳风俗受到蒙古族影响，与中原汉文化相比充满了异国情调，嗜食酒肉，且以羊肉占比最多。宫廷菜肴尤其庞杂，除蒙古菜外，兼容女真、西域、印度、阿拉伯、土耳其和欧洲一些民族的菜肴。宫廷饮膳太医忽思慧在《饮膳正要》中收录了回回、蒙古等民族及印度等国家的菜点94种，比较全面地反映了元代在饮食方面对各民族传统饮食兼收并蓄、从善如流的特点。类似地，清宫饮食也带有明显的草原文化特质，全羊宴更是招待蒙古贵族和尊贵客人的传统宴席。

在把握火候方面，明代厨师以“文”“武”形容火候，到了清代则将油温成色分为十级。据明代宋诩记载，明代万历年间烹饪方法竟达一百种之多，如炙、脯、腊、醢、脍、昫、脔、鲭、膊、鲞、鲜、醒、醐、绺蒸、馅、酥、乳腐、泔、汁、滓、烹、煮、炮、爆、烘、煎、燔、熟、腌、酿、炖、溲、煨、烙、调和、炒、熏、炊、烂、蒸、炕、焊、熬、酝等。从这些名目繁多的烹饪术语中，可以看出当时的烹饪水平和人们对饮膳的追求。《山家清供》中记载的“拨霞供”与现今的涮羊肉无异。《宋氏养生部》中记载有酱烧、清烧、生爨、熟爨、酱烹、盐酒烹、盐酒烧等特色熟制方法。又如现今常用的挂糊上浆，在元代即已有“染面煎”的做法，到了清代更是以蛋清和植物淀粉为之，与现在的做法基本相同。而吊汤技术，通过制作虾汁、蕈汁、笋汁等以提味，是明代厨师的基本技能之一。所以，自宋、元开始，烹饪工艺的各大环节，如原料选取、预加工、烹调、产品成形已基本定型。又经明清数百年的完善，中国烹饪体系已完全建立。

自宋元开始，厨师即在烹饪过程中尝试复合味的调味方法，清代后期更是将番茄酱、咖喱粉等用于调味。此时，现今常见的大多数味型都逐渐定型，如姜豉、五香、麻辣、蒜泥、糖醋、椒盐等。我国现存的1000多种历史名菜大都诞生在明清两代，孔府菜、谭家菜、宫保菜、鸿章菜等也都是在这一时期形成的，并以殊风别韵饮誉食坛。金陵叉烤鸭、套禽、佛跳墙、龙虎斗、换心蛋、罗汉斋、虫草金龟、青州全蝎、一品官燕、白扒鱼翅、蟹黄狮子头、雪梨果子狸等名菜，至今仍深受人民喜爱。名目繁多的华美大筵在这一时期达到了巅峰，包括：全龙席、全凤席、全虎席、全麒席、全羊席、全鱼席、全蛋席、全藕席等。至于皇家大席中的千叟席、除夕宴、满汉燕翅烧烤全席等更是排场惊人。

另外兴起的还有工艺菜，即追求菜肴的外观美。当时流行的名馔有镂金龙凤蟹、雕酥、九牙盘食、五牲盘、玲珑牡丹蚱以及七返糕、生进二十四节气馄饨等。据《清异录》记载，有一尼姑能用各种食品摆出诗人王维的“辋川图二十景”，每盘一景，每客一份，若坐满二十人，便可合成辋川全景，充分显示出精湛刀工和文化修养。

2. 餐饮业发展

餐饮业空前繁盛，饮食市场上出现“集四海之珍奇，皆归市易，会寰区之异味，悉在庖厨”（《东京梦华录》）的景象。《东京梦华录》里记载东京开封城里的七十二正店和不能遍数的脚店，正店类似于酒楼，但规模和经营范围又大于酒楼。宋代专门性的食肆分类很细，如胡饼店、油饼店、肉饼店、馒头店、包子店、炊饼店、酸馅店、荤素从食店、素点心从食店、粉食店、面店、馄饨店、馃子店、饦饹店和羹店等。从专门店的分类也可知宋代流行蒸制的面食，如馒头（笼饼）、包子、炊饼（蒸饼）、酸馅等，以及煮制面食。

经营地方风味食品的食店在宋代也开始兴起，“向者汴京开南食面店，川饭分茶，以备江南往来大夫，谓其不便北食故耳”（《梦粱录》卷一六《面食店》）。根据《东京梦华录》记载，在北宋东京有北食店、南食店和川饭店三类风味食店。为满足僧侣和吃斋民众的需要，还设有“素分茶”专营素食。高级酒楼多在闹市，茶馆酒肆分级划类，高低贵贱应客所需，饮食摊贩走街串巷，方便住户送货上门。诗句“忆得少年多乐事，夜深灯火上樊楼”。中的樊楼就是正店中规模极大的一家，是“京师酒肆之甲”（《齐东野语》）。北宋晚年樊楼（也有说矾楼、礬楼、白礬楼）改名丰乐楼，宣和年间“更修三层相高，五楼相向，各有飞桥栏槛，明暗相通”，位于东华门外景明坊。

宋代综合性食店在经营上颇下功夫，门面装潢和店内装饰讲究不说，还有意识通过装饰（如挂名诗书画）吸引专门的客户群（文人士大夫）。服务团队分工明确，客人进店，“过卖”（迎宾人员）手执箸纸，问询记录客人所需，报与“铛头”（专司掌勺做菜的师傅），饭菜备好后由“行菜”（上菜人员）送到客人面前。店内不仅菜食品类繁多，而且对食量小的客人提供“单羹”，即半份服务。有些店为吸引食客，会在门前吆喝“饶骨头”，即为赠送皮骨类菜肴的意思。

宋代称取送人员为闲汉，称送货上门的服务为索唤，餐馆可以“逐时施行索唤”（预约送餐）和“咄嗟可办”（一对一专人专送服务）。外卖的种类从主食甜品、养生羹汤到各类烧烤，应有尽有。此时夜市大兴，同样在《东京梦华录》中记载有：“夜市至今三更近，才五更又复开张，如要闹去处，通晓不绝。”“冬月虽大风雪阴雨，亦有夜市”（《东京梦华录笺注》）。据《癸辛杂识》记载宋孝宗晚上看完花灯后进行了“御前索唤”，点购了“南瓦张家圆子”“李婆婆杂羹”等，并打赏闲汉两倍送餐费。宋代送餐十分讲究，备有温盘给饭菜保温，温盘有上下两层陶瓷，下层放热水、上层放菜肴，用餐结束店家负责上门回收温盘。此外，外卖服务还开到了水上，《梦粱录》记载有“撑船买卖羹汤、时果、酒水、菜蔬、鸡鸭、海螺……及点茶，供茶果”。凡此种种，奠定了我国饮食市场传统的模式，其影响直至今日。为规范市场，宋代相应出台了不少食品监管规定，如“禁民卖假茶，一斤杖一百，二十斤以上弃市”，“禁止缺斤少两，每月抽查秤”，“卖注水肉杖六十”等。

元代秉持了由专职官员进行市场监管的体系，但此时推行宵禁政策，使北宋以来兴起的夜市销声匿迹，这不得不说是我国古代餐饮业发展的一种倒退。与此相对应的是，酒楼茶馆和饮食摊贩都会早早开业，以争取早市的生意。

四、现代中国烹饪文化

1924 年，末代皇帝被逐出紫禁城后，一些宫廷御厨流落民间，1925 年北海公园对民间开放，于是就有御厨在公园北岸开办了“仿膳饭庄”，专营宫廷菜点，如通天鱼翅、一掌江山、乌龙吐珠、抓炒鱼片、鹿茸三珍、豌豆黄、芸豆卷、小窝头等。同时期走向民间的还有谭家菜，谭家菜是清代后期著名的官府菜，出自清末官僚谭宗浚。民国期间，因家道败落，才将谭家菜用饭馆经营以补家用。谭家名菜有黄焖鱼翅、清汤燕菜、蚝油紫鲍、扒大乌参、佛跳墙、银耳素烩等。

扩展阅读

满族入关前，长期生活在东北，习惯上喜欢食用羊肉及各种野味，善用烧烤方式烹调，口味比较单调。入关后，随着国力日益强大和不断吸收汉族饮食特色，清代宫廷饮食日趋精益求精、讲究礼仪和排场。

清代体制大部分沿用明朝旧制，但在重要职位上则创新地采用满汉复职。因此，每逢朝廷举办大筵，招待满、汉两族官员时分设“满席筵桌”和“汉席筵桌”。根据《大清会典》记载，当时宫廷筵席有“满席、汉席、奠席和诵经供品”四类。

清代宫廷的祭享筵宴事务是由礼部和光禄寺配合完成。礼部负责定级与总体筹划，其中满席可分六等，汉席分三等与上席、中席。满席中一等到三等为祭祀历代帝王嫔妃时的祭祀宴，四等开始才是在太和殿举行的高级国宴。四等席可用于元旦、冬至、万寿节和皇帝大婚、固伦和和硕公主下嫁行初定礼、大军凯旋等场景，五等席用于宴请藩属国贡使、除夕赐下嫁外藩公主暨蒙古王公台吉等场景，六等席可用于赏赐小国使者等。光禄之名始于汉代，魏晋以来逐渐演化为主管宫廷膳食的机构。根据光禄寺对筵席等级、规格及物料、果品等定额记载，不同等级筵席在礼仪程序、器物使用和食材膳品均有区别，特别是供应数量差异，如一等筵席用 120 斤白面，六等筵席则只用 20 斤白面。这些宫廷肴馔和食礼模式十分严格，且极少变化。

虽然清代的朝廷礼食、宫廷御膳中都不曾有过“满汉全席”“满汉席”或其他“满汉”合称的筵席与食品名目记载。但乾隆南巡时，接驾的官员确有尝试将满族菜和汉族菜合并在一起的做法，此时袁枚所著《随缘食单》也第一次出现“满汉全席”的称呼。乾隆二十九年（1764年）李斗所著《扬州画舫录》中记有一份“满、汉席”菜单[①]，由“第一分头号五簋碗十件”“第二分二号五簋碗十件”“第三分细白羹碗十件”“第四分毛血盘二十件”和“第五分洋碟二十件”组成。其中，满菜有蒸鹿尾、燎毛猪羊肉、白煮猪羊肉、白蒸小猪子小羊子鸡鸭鹅、挂炉走油鸡鹅鸭等。因记录的是南巡期间皇帝住在扬州天宁寺行宫的事情，所以汉菜中有不少是淮扬名菜，如海参汇猪筋、鱼肚煨火腿、鲫鱼舌汇熊掌、糟蒸鲥鱼、猪肚假江瑶、猪脑羹、文思豆腐羹等。其他风味汉菜还有血粉汤、鸭舌羹、鸡笋粥、芙蓉蛋、西施乳等。乾隆第五次巡幸山东期间曾赐给孔府一套满汉宴餐具，共计408件，可盛装196道菜。餐具的制作技艺十分精湛，在风格上，以夏、商、周时代的青铜食器为仿效；在形象上，多以荤素类烹饪原料的形象为模式；在工艺上，则精雕细镶，以翡翠、玛瑙、珊瑚、碧玉做点缀品，在种类上，由小餐具、水餐具、火餐具、点心全盒四套餐具组成。这也被看作是乾隆皇帝表达满、汉两族要合作并思想交融的象征。

综上所述，“满汉全席”并不代表清代宫廷的实际情况，而是一种民间称呼，是在模仿宫廷筵席的基础上，不断吸取民间筵席和日常饮食中的精华，而逐步发展、演变形成的独特筵席，是集我国烹调艺术之精华和名菜佳肴之大成的筵席。

20世纪50年代，一些老字号的饭庄和酒楼开始恢复发展。改革开放以后，烹饪行业整体进入得以迅速发展阶段。全国范围内陆续开办了烹饪院校，进行职业教育，培养新型厨师；设立烹饪技术培训站，对在职厨师进行进修培训；制定等级标准，要求厨师持证上岗；编写各种烹饪教材，出版烹饪书刊；1987年成立中国烹饪协会，组织召开中国烹饪学术研讨会、举办烹饪技术比赛等。

扩展阅读

国宴是国家元首或政府首脑为国家的庆典或为外国元首、政府首脑来访而举行的正式宴会，国宴又是国际交往中的一种重要的礼仪形式，是各类宴请活动中规格最高也最为隆重的一种宴请形式。

国宴的主要标志是：以国家的名义举行。一种是以国家名义举行的庆祝国家重大节日

① 《扬州画舫录（插图本）》，[清]李斗著，王军评注。中华书局出版。2007年9月，ISBN：978-7-101-05835-2，第62页。

（如国庆节等）的宴会，由党和国家领导人主持，邀请驻华使节、外国驻华的重要机构、记者、国家各有关部门负责人，还有人大、政协、群众团体代表、劳动模范等出席，宴会厅内悬挂国徽；另一种是以国家名义邀请来访的国家元首或政府首脑出席的宴会，宴会厅内悬挂双方国旗，设乐队，奏国歌，席间致辞，菜单和座席卡上均印有国徽。

国宴的特点是：出席者的身份高，接待规格高，场面隆重，政治性强，礼仪严格，工作程序规范、严谨等。

开国第一宴

1949 年 10 月 1 日，中央人民政府在北京天安门隆重举行了开国大典，中国历史翻开了崭新的一页。当晚，在北京饭店举行盛大国宴，史称“开国第一宴”。

在进行开国第一宴的筹备时，首先确定的是宴会的举办地点——北京饭店。“开国第一宴”的菜肴口味和菜单确定都十分重要。周恩来总理考虑到各界人士来自祖国各地，其中还有很多年纪大的同志，所以选择了淮扬菜。因为淮扬菜适应面广，南北皆宜，咸淡适中，清淡适口而不薄，浓香味厚而不腻。最终敲定的“开国第一宴”的菜谱是：冷菜四种：五香鱼、油淋鸡、炝黄瓜、肴肉；头道菜：燕菜汤；热菜八种：红烧鱼翅、烧四宝、干焖大虾、烧鸡块、鲜蘑菜心、红扒鸭、红烧鲤鱼、红烧狮子头。第二道和第三道热菜之间上四种点心，咸点有菜肉烧卖、春卷；甜点有豆沙包、千层油糕。

但当时的北京饭店只经营西餐，所以时任政务院典礼局局长的余心清与当时的北京饭店经理王韧商量后，报周恩来总理同意，从北京“玉华台饭庄”调来善于淮扬菜制作的朱殿荣、王杜昆、杨启荣、王斌、孙久富、景德旺、李世忠等人进入北京饭店，准备国宴菜肴。其中，朱殿荣为“开国第一宴”的总厨师长，王杜昆为副厨师长。本次国宴的设计总指挥由时任北京饭店宴会总管的郑连富担任。宴会总管需要对宴会餐厅的装饰、餐桌的摆放、主宾通道的宽窄、上菜路线、上菜时间等，都要有周到细致的安排。

令人称奇的是，本次国宴嘉宾 600 多人，而宴席所需的主菜居然都是朱殿荣师傅用一口大锅炒出来的“大锅菜”，菜肴的口味却受到在场各方人士的一致称赞。朱殿荣出身鼎镬世家，14 岁拜师学艺，练就了做大菜、办筵席的过硬本领。几百人的宴会，他都是用一口大锅一次烧出，下料果断，口味极准。他精通淮扬菜的各种技法，代表菜是红烧狮子头、烧四宝等。为开国盛宴掌勺的几位厨师，个个都身手不凡。比如，孙久富号称“孙快手”，不但干活精细，动作麻利，而且制出的点心也很有特色。他做的“淮扬汤包”和“火腿江米烧麦”软糯鲜香，满兜汤汁，而且从不破皮。仅烧饼，他就能做出四五十种之多，如“黄桥烧饼”“萝卜丝烧饼”“冬菜肉末烧饼”“焖炉烧饼”等。

后来，据北京饭店行政总厨全国劳动模范郑秀生大师回忆，新中国成立 50 周年大庆时，因在新华社、新闻电影制片厂搜集来的大量影视资料或者档案馆记录中都鲜有“开国第一宴”的介绍，所以北京饭店曾特别邀请了当时仍在世的孙久富、王杜昆两位老同志，回忆开国第一宴时的情景。在前辈回忆的国宴菜单基础上，再根据现代文化因素改良后，北京饭店在50年国庆节期间成功举办了"开国第一宴"美食月活动。一经报道，各地淮扬菜风味的社会餐饮也纷纷推出了各式各样的"开国第一宴"主题菜肴，不但丰富了餐饮的历史文化，同时也创造了很好的经济效益。

资料来源：北京饭店行政总厨郑秀生"中国国宴文化"主题讲座，2013.11.22，北京联合大学。

五、中国烹饪的技术特色

中国饮食文化的特色既体现在民族文化价值方面，还体现在烹饪技术体系方面。中国菜讲求"中和之美"，"中"指恰到好处，合乎度；"和"指烹饪。要实现"中和之美"就需要做到"调和"，即色、香、味、形、艺（器）的有机统一，如此才能既满足人的生理需要，又满足人的心理需要。基于食源的广泛性和人们进食心理的丰富性，中国烹饪具有突出的灵活多变的技术特性，且工艺技巧复杂、烹饪工具多样、菜点品目纷繁、味型丰富、风味流派众多。

1. 手工制作，经验把握

中国肴馔制作的灵活性具有鲜明的阶级性。上层社会因为具有政治权势、经济实力、文化优势，其在饮食上的需求早已超越果腹的生物学本义，而是"口服品味、享乐人生"，而且饮食也超越了家庭意义而具有相当的社会学意义，即官场和社交应酬、声势地位和礼仪排场的需要。因而上层社会尚食者的菜肴多讲究时令和新异，且在色、质、香、味、形上引导着美食的审美观和价值倾向。下层社会的尚食者虽然受到财力等多方限制，却也更善于用有限的材料调制不同的口味，尤其家庭中既不循严格章法，也不特别考虑烹饪技艺，却可烹制出无法替代的家的味道。

"手工制作，经验把握"是中国传统烹饪的典型特点，"大致""差不多"的模糊性质也是中国菜肴制作的特点。中国菜点制作缺乏严格统一的量化指标，甚至也不去追求这种标准，因而千个师傅千个手法千番滋味。所以，中国传统烹饪对厨师的技艺、经验要求极高，烹饪者技术的熟练程度和具体操作时的发挥状态，则直接影响着肴馔的质量。高明的厨师能有章无矩、灵活随意，因时制宜、因地制宜、因人制宜创作出独具个人魅力的菜肴；但对于绝大多数厨工来说，烹饪还只能停留在技术的层面，因为厨师每一次具体烹制是在即兴态下完成，没有也无法一成不变地把握每一道菜肴的量和质，它们都在厨者有经验的眼光和灵巧的手的掌握中。所以"手工操作，经验把握"既可谓是中国肴馔万千名目的源头，但在一定程度上也是中国烹饪技术难于流传的壁垒。

2. 刀工精湛，技法多样

中国烹饪工艺技巧最为复杂多样，厨师立身处世首先讲求刀工，这一传统自庖丁解牛开始，延续至今。中国淮扬菜最以组配严谨、刀法精妙、花刀富于变化著名。根据每种刀的外形大小、轻重薄厚不一样，操作手法也不相同。刀上的功夫按手法不同，分为直刀法、劈刀法、斩刀法、批刀法、剞刀法等套路。直刀法又分直切、推切、拉切、锯切、铡切、滚切；劈刀法有直刀劈、跟刀劈、拍刀劈；斩刀法有直刀斩、排刀斩、刮刀斩、敲刀斩；批刀法有平批、上批、下批、推拉批、锯批、抖批、旋料批、正斜批、反斜批；剞刀法有推刀剞、拉刀剞、直刀剞、花刀剞。花刀剞还分为牡丹剞、柳叶剞、蝴蝶剞、菊花剞、网纹剞、麦穗剞、蓑衣剞。

中国菜肴的烹调方法也甚为多样，如煮、蒸、烧、炖、烤、焖、烹、煎、炒、炸、烩、爆、熘、扒、炝、涮、氽、卤、酱、酥、拌等，其中又以蒸、炒最为独具匠心。炒还可细分为生炒、熟炒、爆炒、滑熘（滑炒）、炝炒、焦熘、糟熘、干煸等。无论何种方法，烹制者都需严格把控火候，火候即为中国传统烹饪的精髓所在。

3. 与时俱进，有容乃大

我国疆域辽阔，各地气候、自然地理环境与物产存在着较大的差异，加之各区域民族、宗教、习俗等诸多情况的不同，因而饮食文化资源极丰富。食文化因其核心与基础是关乎人们生存的基本物质，因而各区域间具有天然的通融性，无论历史上各文化区域间的封闭是如何的高垒深沟，绝对的自给自足和完全的与世隔绝都是不存在的。

比如，茶之作为饮料，其饮用风习最初形成于西南地区，汉以后茶的种植沿长江而下至大江南北推广开来，并于唐代形成普遍种植与全面推广。唐代通国嗜饮之风又很快流行于西北广大地区。与中土盛行饮茶之风相辉映的，是西藏地区的饮茶之习，那里因与西南的川、滇地区早有商道相通，饮茶风俗或更早于唐代。著名的茶马古道更成为中央政府或中原政权同周边少数民族的经济交流通道。

中国的区域版图在历史的洪流中几经更换扩充，各地间包括饮食文化在内的文化交流，受商贾活动、官吏从宦升迁、士子游学、役丁徭戍、军旅驻屯、罪犯流配、荒乱移民、出使、和亲、进贡、殖民管理，都是食料、食品互通有无和食文化认识融会的渠道。而历史上的战争则往往能起到更大规模、更迅速、更积极、更广泛和更深刻有力的食文化交流作用。

中华各民族间始终是相互依存、互助共进的关系，从根本上来说，正是各区域间互补性的经济结构和文化决定了彼此的共存共荣关系，决定了这种结构之上彼此沟通联系的民族共同体的全部社会生活。中国的饮食文化正是一个以汉族饮食文化为主体，其他民族饮食文化兼而有之的大体系。国际食文化学界更有“中华食文化圈”的观点，可理解为以中国为中心，包括朝鲜半岛、日本列岛以及更广阔的中国周边地区在内的广大亚洲属于同一食文化区域。中华本土食文化与周边国家食文化的历史交流彼此通融，相得益彰，因而呈现出毗连或邻近国土之间的共同体结构风格。

第三节　饮食风味流派的发展变化

一、中国区域风味流派的形成

1. 南北风味初步形成

在中国饮食文化的形成阶段，根据文献记载，南北方的饮食差异已开始显现，主要表现为食源的差异。《周礼》《诗经》《孟子》等文献所记录的饮食，具备了北方黄河流域的文化特点，被认为是中原食系，主食为黍、粟之类，副食多为牛、羊、猪、狗之类。《诗经》中有“炰鳖脍鲤”（《小雅·六月》），“有兔斯首，炮之燔之”“有兔斯首，燔之炙之”（《小雅·瓠叶》），“谁能亨鱼，溉之釜鬵”（《桧风·匪风》），“释之叟叟，烝之浮浮”（《大雅·生民》）的描述，分别对应炰脍、炮、燔、炙、烹煮和蒸的烹饪方法。南方风味则以楚宫菜肴为代表，被认为是荆楚食系，出现较晚。据《楚辞》记录，宫席菜点有27种，主食有烩天鹅、烹野鸭、油卤鸡、炖甲鱼、蒸青鱼等。烹调方法多样，口味上也非常丰富，主食多为稻米，副食多为水产品，代表了南方风味饮食的特点。

2. 风味流派初见端倪

在中国饮食文化的发展时期，饮食风味主要表现在地域的分野和荤素菜的分岭上。

唐代以前，交通运输落后，商品流通有限，风味流派的确立首先建立在烹饪原料的基础上，并受其制约。食源方面，南方以水产、猪、水稻为主，北方以牛、羊、狗、麦、粟等为主。即便是醋的种类南北也是不同，南方食用米醋，北方食用糠醋。糠的本意是指从稻、麦等谷皮上脱下的皮、壳，此时则指粟麦类。此时，以北方多鲜咸、蜀地多辛香、荆吴多酸甜、岭南地区尚新鲜食源广为特色的菜肴风味已然形成。

“南人食米”自古皆然，“北人食面”却并非如此。事实上，以面食为主食是北方人饮食变迁最为突出的变化之一。中国饮食文化的发展时期，粮食作物种植生产发生了重大变化，即粟类“五谷之长”的地位发生了改变，在中原地区麦类已与其平起平坐。从此开始，北方的面食制作逐渐兴起。西汉时期饼食开始出现，东汉出现了胡饼（近似今天的烧饼）、蒸饼（最早的馒头）、汤饼、索饼（较粗的湿面条）。南北朝时北方的面食盛行，贾思勰的《齐民要术》中记载了20余种面点的制作方法。所以秦汉之后，厨房中红白案分开，北方地区逐步确立了以面食为主或面食、粒食并存的膳食模式，并一直延续至今。

关于荤素菜之分，虽然先秦既有，但正式形成流派则因梁武帝信佛食素而始于南朝。当时，梁武帝写《断酒肉文》号召全民食素，推动了荤素流派的形成，尤其是寺院素食。

3. 地方风味突出

宋代以后，市肆菜饮食文化流派已成气候，出现了北食、南食、素食等不同风味的餐馆。明代时，在南京、北京、扬州等大城市里，很多餐馆标榜自己为齐鲁、姑苏、淮阳、川蜀、京津、闽粤风味。这些地方风味餐馆的出现，表明中国的地区菜文化已基本形成，并在经济因素的激发下开始形成菜肴体系。当时影响最大的是鲁、川、淮扬和粤四大菜系，其他风味特色还有由南昌、赣州、鄱阳湖区三种地方风味构成的江西菜，具有油重味浓、主料突出、侧重咸辣香风味、成菜讲究酥烂脆嫩特点；由杭州、宁波、绍兴等地构成的浙江菜，具有口味清鲜滑嫩、秀丽雅致、菜如其景、擅烹河鲜海鲜、注重火候的特点；由湘江流域、洞庭湖区、湘西山区三大地方风味组成的湘菜，具有嗜酸辣、腊味清香、刀工精湛的特点，以及清雅和谐、口味偏甜的苏州菜；重油、重色、重火攻、擅烹山珍野味的徽州菜；四季分明、素油低盐、味道中和的河南菜；擅烹鱼鲜的湖北菜，酸辣定位的陕西菜等。

清代末年，各地风味都已渐成一派，较有特色的是京师、山东、四川、广东、福建、江宁、苏州、镇江、扬州、淮安，特别是北方宫廷风味（宫廷饮宴、官府饮宴）盛行。地域性饮食文化、少数民族饮食文化、市肆饮食文化、四大菜系等，也都走向成熟并基本定型。

不同的风味流派在行业上开始被称作“帮”或“帮口”，并多冠以地名，如济南帮、胶东帮、上海本帮、重庆帮等。由于各邻近的帮口相互之间会有较多的渗透，于是又形成了较大的帮口或流派。到20世纪50年代，人们开始把这些较大的流派称作“系”，并逐渐取代了原来“帮”的称谓。

4. 菜系的形成

一个菜系的认定需要经过较长时间的考验，少则一个世纪，多则几百年。地理环境和物产是决定烹饪风味特点的先决条件。《黄帝内经》中早有论述，认为本土所产的物品最能滋养本地的生灵，人们择食多就地取材，以土养人，久而久之便出现以乡土原料为主体的地方菜品。很显然，是物产决定食性，并促进菜肴风味特色的形成。一般而言，某地物产丰盈，则地域菜品的风味特点就丰富，对其他地区饮食文化的影响就越大。

对于菜系说而言，另一个重要影响因素是经济和文化，只有具有相当辐射力和影响力的风味流派才能被认定为菜系。在我国历史上，古都西安、洛阳、开封、杭州、南京、北京，商埠广州、福州、上海、武汉、成都、济南等，分别作为各时代的经济、政治、文化中心，都对菜系的形成产生过积极的影响。时至今日，西安仍热衷于仿唐菜点，如西安饭庄的传统名菜“奶汤锅子鱼”，据说是源于唐代韦巨源的《烧尾宴食单》中的“乳酿鱼”。凡是经济与文化繁荣的地域，其烹饪风味特点就有较大的影响力，并利于菜系的形成。

总体而言，菜系是指具有明显地域特色的风味体系，具有不同于其他菜系的烹调方法、调味手段、风味菜式和辐射区域，并且在国内外有相当大的影响力。中国菜系的认定需至少满足以下四点：选料为特异的乡土原料，工艺技法确有独到之处，具有广而多的食客基础，能经受较长时间的考验。

二、中国区域风味流派的代表

中国风味流派的划分绝不是行政区，其形成是由多种因素决定的，比如当地物产、气候、历史文化、宗教信仰、菜肴风味等因素。其中最有代表性的是长江下游地区的淮扬菜系、长江中上游地区的川菜系、珠江流域的粤菜系和黄河流域的鲁菜系。其他比较著名的还有京菜、沪菜、闽菜、湘菜、鄂菜、浙菜、皖菜、秦菜等。

1. 鲁菜系

鲁菜源于山东地区，但在概括时黄河流域及其以北广大地区的菜肴均可纳入鲁菜范围。山东是我国古文化发祥地之一，春秋时期属于齐国和鲁国，是儒家文化的发源地，因而深受孔子所提“食不厌精，脍不厌细”的影响。到唐宋时期，山东风味已基本定型。唐朝临淄人段成式在《酉阳杂俎》中评价鲁菜的烹饪是：“无物不堪食，唯在火候，善均五味。”元明时期，鲁菜已基本形成了“咸鲜”为主的特色，逐渐深入宫廷，影响京津和华北地区。清代，鲁菜主导了宫廷御膳和京津餐饮市场，并在闯关东等移民潮中将其影响辐射向外扩充，成为北方菜的优秀代表。

胶东半岛居于黄海和渤海之间，气候温和、物产丰富、水产品多样且名贵，如海参、对虾、加吉鱼、鲍鱼、扇贝、海螺、鱿鱼、乌鱼蛋以及黄河鲤鱼、泰山赤鳞鱼等。果蔬特产有胶州大白菜、章丘大葱、烟台苹果和紫樱桃、莱芜生姜、莱阳梨等。调味品有洛口食醋、济南酱油、即墨老酒。

一般而言，鲁菜味道纯正浓厚，善于用火，精于制汤，咸甜分明，较少使用复合口味，对海味烹饪堪称一绝。鲁菜由济南菜（含德州、泰安、淄博）、胶东菜（含福山、青岛、烟台）和济宁菜（含曲阜）3个分支构成，传统工艺讲究，对刀工和勺工有严格要求，一丝不苟。济南风味是鲁菜的主体，重视火候，善于制汤和用汤，清汤清澈鲜美、奶汤乳白醇厚。济南菜取材广泛，菜品繁多，注重爆、炒、烧、炸、烤、氽等烹调方法，讲究实惠，风格浓重、浑厚，清香、鲜嫩。胶东1300公里长的海岸线上盛产名贵的海参、扇贝、鲍鱼、海螺、大对虾、加吉鱼等，这也决定了胶东菜以鲜咸为主，尤擅烹制海鲜菜等特点。济宁菜选料讲究，制作精细，口味咸鲜、纯正，以烹制河鲜和干鲜珍品见长。菜的造型整体大方，菜名朴实，敦厚庄重，受儒家学派饮食传统的影响较深。

典型的山东菜点有葱烧海参、芫爆鱿鱼卷、清蒸加吉鱼、糟熘鱼片、芙蓉鸡片、奶汤鸡脯、浮油鸡片、九转大肠、油爆双脆、青州全蝎、泰安豆腐、锅塌豆腐、炸豆腐丸子，糖醋鲤鱼、拔丝苹果、烧二东、乌鱼蛋汤、德州扒鸡等。

2. 川菜系

四川菜历史悠久，在商周时期即粗见雏形，至魏晋南北朝时期趋于成熟，东晋时期的《华阳国志》中就记述了巴蜀人“好滋味”“多辛香”的饮食习俗和烹饪特色。北宋东京已有专营川菜的饭馆。明代由于辣椒的引进，为巴蜀等西南地区的菜肴带入了新风味。清末民初川菜烹饪技术日臻完善，风味特色也完全成熟定型。如今，川菜的影响从天府之国直到全国和世界范围。

四川盆地素有“天府之国”的美誉，物产丰富，为烹饪文化的发展提供了物质条件。四川菜口味多变，号称“百菜百味，一菜一格”，虽以麻辣为主，还有鱼香、怪味、荔枝、蒜泥、红油、姜汁、陈皮等。当地出品的众多调味品，也成为川菜调味的基础，如自贡的川盐、阆中的保宁醋、内江的糖、永江的豆豉、德阳的酱油、郫县的豆瓣、茂汶的花椒等。川菜选料广泛，精料精做，工艺有独创性，菜式适应性强，清、鲜、醇、浓并重，雅俗共赏，居家饮膳色彩和平民生活气息浓烈。烹调方法多变，其中以小炒、小煎、干煸急火短炒见长。

川菜可分为蓉派（上河帮）、渝派（下河帮）、盐帮派（小河帮）。蓉派川菜是以川西成都、乐山为中心地区的川菜；渝派川菜是以川南自贡为中心的盐帮菜，同时包括宜宾菜、泸州菜和内江菜；盐帮派川菜是以老川东地区达州菜、重庆菜、万州菜为代表的川菜。

典型的四川菜点有鱼香肉丝、水煮肉片、樟茶鸭子、干煸牛肉丝、麻婆豆腐、回锅肉、鱼香腰花、毛肚火锅、宫保鸡丁、辣子鸡、板栗烧鸡、清蒸江团、干烧岩鲤、鸡豆花、开水白菜、糍粑、三大炮、担担面等。

3. 粤菜系

粤菜源于广东，涵盖岭南地区的整个珠江流域。历史上，秦始皇统一岭南后，遣55万人南迁，广东始得开发。两晋南北朝时期，汉人南迁，广东饮食文化受到中原文化的影响，尤其是客家人的饮食影响，得以发展。古代岭南地区的饮食颇杂，南宋《岭外代答》就有“不问鸟兽虫蛇，无不食之”的记载，除鸡、鸭、鱼、虾外，还善用当地四大特产蛇、狸、猴、猫烹制菜肴，与其他地方菜相比选料广泛奇异。南宋时期，我国经济中心南移，海上贸易兴旺，广东的经济日趋繁荣，广东烹饪技法逐渐完善。自明清以后广东菜发展很快，能借鉴中外菜点的长处，形成自己的风格。清中后期这里商贾云集，食肆兴隆，广东菜进入鼎盛时期，并有“食在广州”的美誉。

广东地处亚热带，四季常青，动植物资源丰富，为粤菜的形成奠定了物质基础。粤菜由广州菜、潮州菜、东江菜及港式粤菜组成，主要覆盖珠江流域，闽、桂等地。粤菜讲究本色原味、口味清鲜、用料奇特而广博、技法集中西之长能趋时而变，勇于创新。点心精巧，大菜华贵，富于商品经济色彩。常用的烹调方法有熬、煲、烤、焗、炒、炸、煎、蒸、扒等，以焗、煲最具特色。常见的调味品有蚝油、鱼露、虾酱、柱候酱和沙茶酱等。

典型的广东菜点有红烧大排翅、红烧甲鱼、烤乳猪、烩蛇羹、咕噜肉、盐焗鸡、鼎湖上素、虾饺、鲜虾烧卖、牛肉肠粉、叉烧包、奶黄包、娥姐粉果等。

4. 淮扬菜系

淮扬菜是指以扬州为中心的长江下游地区的菜肴。淮扬菜历史悠久，至春秋时期已基本成型，当时流行的名菜有“全鱼炙”“吴羹”“鱼脍”等。两汉及南北朝时，江苏的面食、素食和腌菜技术有明显的发展。隋唐、两宋时，海鲜和糟醉菜最为拿手，被列为宫廷贡品。明清时，江苏菜南北沿运河、东西沿长江向外发展，逐渐波及北京、上海、华东和长江中下游部分地区。

此时，北京城内的宫廷消费、百官俸禄、军饷支付和民食调剂基本要靠征收江南各省的漕粮，漕运水道自然也就成为国家的经济命脉。大运河漕运不仅沟通南北物产，连接商品流通，对商业经济具有突出的促进作用，使得运河沿线城镇日趋兴盛繁荣，而且开凿运河的水利开发也在一定程度上促进了农业水利的发展。

江苏素有“鱼米之乡”的美称，物产丰富，为烹饪文化的发展提供了物质基础。南京是有名的“五朝古都”，为淮扬菜的发展注入了文化底蕴。扬州和淮安又因特殊的地理优势成就了淮扬菜的影响力，扬州面江（长江）背淮（淮河），跨河（大运河）临海（黄海），尤其是大运河从古邗沟起穿城而过，遂成为南来北往的枢纽，水运交通发达。江苏扬州最终能成为南北往来集散地还要仰赖唐玄宗时期将漕运的“长运直达法”（从南方各地出发的船只不经过中间转运，直达长安）改为“分段运输法”，至此南方各地的粮食和各种物资都先统一集中到扬州，然后再另行组织漕运沿大运河运到长安。扬州作为唯一的转运站自然是四方商贾云集、八方物质汇聚的宝地。

淮安也是当时南船北马的交汇点，即物资在此由水运转为陆运北上，人员乘车马在此换船南下。由于运河与淮河落差大，船行过淮，不仅要盘坝过闸，还常因待潮待风滞留淮上，因此淮安城货物之丰富、仓储之发达、各色人等的汇集、市井的繁华可想而知，由此也催生了饮食业的发达，呈现出“清淮八十里，临流半酒家”的盛景。

据明万历《扬州府志》记载：“扬州饮食华侈，市肆百品，夸视江表。”漕运带来人员与物资流通，也带来了商贸繁荣，为烹饪文化的发展提供了交通便利和经济支撑。以游大运河、瘦西湖而闻名的“船宴”，使淮扬菜的影响扩大到大江南北、运河沿线。

淮扬菜由淮扬（含扬州、镇江、淮安、淮阴）、金陵、姑苏风味（含苏州、无锡）和徐海（含徐州、连云港）4个地方风味组成，淮河、长江下游的广大地区以及沪、杭、宁等城市亦属于这一菜系范围。淮扬菜整体色调秀雅，菜形艳丽；选料讲究鲜活，因料施意，四季有别，宴席水平高；园林文化和文人雅士的气质浓郁；刀法精妙，烹制时讲究原汁原味，口味清鲜、平和、微甜，一般清淡、荤素搭配。烹调方法以炖、焖、煨最具特色。

典型的淮扬菜点有清炖蟹粉狮子头、大煮干丝、金陵桂花鸭、松鼠鳜鱼、叫花鸡、三套鸭、梁溪脆鳝、软兜长鱼、文思豆腐羹、清汤鱼圆、灌汤包、千层油糕、翡翠烧卖、三丁包等。

第四节　饮食文化的交流融合

一、中国饮食文化发展阶段

魏晋南北朝时期是中国封建社会历史上大动荡、大分裂持续时间最久的时期，除去西晋的短暂统一外，长期处于若干政权并立纷争的局面，直至隋朝统一中国。隋唐时期外交活跃，饮食文化交流频繁。

魏晋南北朝时期，我国经济比较发达的地区除黄河下游地区外，还有东北的辽河流域、西北的凉州地区，以及东南的江南地区。尤其是江南地区，已成为全国经济的一个中心。各民族在迁移和交流中，也把饮食习惯和烹饪方法带到了中原腹地。如从西域传入的胡羹、胡饭、胡炮、烤肉、涮肉等制法，从东南传入的叉烤、腊味等制法，从南方沿海地区传入的烤鹅、鱼生等制法，从西南滇蜀传入的红油、鱼香等制法。隋唐以后，在大运河便利的运输加持下，南北资源往来更加便利和普遍。

此时，较为著名的50多种面点中有许多都是西北少数民族传入的。西北游牧民族带来的另一个饮食特色就是乳类食品，如酪（发酵乳）、酥（酥油）、乳腐（乾酪）等。当时的一些农学著作和食谱中，如贾思勰的《齐民要书》、崔浩的《食经》、虞悰的《食珍录》等，都对乳制品的营养价值有很高评价，并收录了用乳制品加工的点心、面、饼、粥、菜肴等，表明其食用方法有直接食用、放入面点中食用和作饮料饮用。隋唐时期，乳酪的生产和消费仍在增加。醍醐就是这时期常见的一种流质乳制品。

各民族饮食文化的交流与融合经历曲折的发展过程，奠定了中华民族兼容并蓄、多姿多彩的饮食文化基础，对后世产生了深刻影响。其中较为重要的交流有文成公主、金城公主和亲西藏，带去了中原的烹饪原料和方法，如制碾、制磨、种蔬菜、酿酒、打制酥油等；据《新唐书》记载，“时回纥入朝，始驱马市茶”，这是中国历史上茶马贸易的开始，此后“茶马互市”成为历朝历代长期推行的边贸政策；伊斯兰教清真饮食随阿拉伯人传入大唐；佛教自东汉传入中国后，因南朝梁武帝崇佛吃素而逐渐形成了寺院素食风味，从小麦麸皮和面粉中提取面筋也始于此时，丰富了素食饮食文化；向东与朝鲜和日本的海路交流，也是唐代中外饮食文化交流的重要组成部分。

二、中国饮食文化成熟阶段

1. 南北饮食文化交流

北宋统一南方后，南方的大米、水产品、水果、蔗糖、茶叶等，经大运河源源不断地输入北方中原地区。据《续资治通鉴长编》和《宋史·食货志》记载，北宋官方漕运的大米数量，平均每年约为600万石。为促进粮食流通，北宋政府实行不禁米价的政策，并禁止各地州县用行政手段阻碍粮食流通。南方大米大量流入，增加了中原居民膳食中米食的比重，稻米成为北宋中原地区广大城市居民、军队、官员的重要主粮。同样，中原居民食用鱼类等水产品、柑橘类等亚热带果品和岭南地区热带水果的种类、数量都相应增加，因而烹制鱼类等水产品的技术也变得更精细。但在宋室南迁后，这种南方运送的物资又大大减少了。

北宋时期，北方中原地区的饮食文化对南方的影响较小。但在宋室南迁后，随人口迁移，北方中原地区的饮食文化对南方的影响开始增大。首先是南方面食制作技术迅速提高，在南迁人口比较集中的南宋都城临安出现了包子店和蒸作面行等新门类。此时临安的饮食店肆多由南渡的北方中原居民开设，从装潢陈设到经营管理几乎全盘复制北宋汴京的传统，这些经营理念和烹饪技法对南方饮食业产生了较深远的影响。南渡的北方中原居民还在这里培育出了更耐湿热的绵羊新品种——湖羊，将北方中原地区食用羊肉的传统带到南方。

2. 民族饮食文化交流

北宋期间，同时存在北边的辽，西北的西夏，西南的大理。南宋期间则在西夏和大理外，有北方的金并存。而自元代起，少数民族不断南迁主政中原，所以少数民族与汉族之间的融合更为明显。

辽朝（916~1125 年）是契丹建立的北方政权，东邻今鄂霍兹克海、日本海，西越阿尔泰山，北达外兴安岭，南括幽云十六州，种植的谷物品种主要有稻、粱、麦、穄、粟等。辽的统治者十分重视游牧生产，专门设置“群牧使司”“马群司”“牛群司”等机构进行管理。各族饲养的牲畜主要为马、羊、牛和骆驼等，其中又以马和羊数量最丰。在猎捕天鹅和大雁时，契丹人常用海东青助猎，非常具有民族特色。其他所猎野味有虎、鹿、熊、豹、野猪、野鸭、野兔等。

北宋建立后，与辽不断发生战争。宋真宗景德元年（1004 年）底，双方缔结“澶渊之盟”，开始了长达 100 多年的和平。在与北宋榷场贸易中，契丹的羊和各种野味等特产大量输入到中原地区，而中原的茶和茶文化也进入了契丹人的生活，为以肉类和乳品为主的饮食结构提供有益膳食补充。在皇帝生辰及正旦等节日时，辽宋互相馈赠的礼物中也会有野味和茶，以及金银器和瓷器等。所以，辽朝的饮食器具（碗、盘、碟、杯、盂、壶等）大多是依照当时中原陶瓷器的形制烧造而成，宴会饮酒也与中原汉族相同，采用以巡（行）饮酒的方式，同时伴有歌舞。

西夏（1038~1227 年）是党项族建立的西北政权，前期与北宋、辽对峙，后期与南宋、金对峙，包括了今天的宁夏全部、甘肃、山西北部和青海、内蒙古的部分地区。境内耕地主要集中在有“塞上江南”之称的银川平原地区和具有“河西粮仓”之称的河西走廊地区。根据西夏汉文字《杂字》记载，有种植粳米、糯米、秫米、黍米、大麦、小麦、小米、青稞、赤谷、赤豆、豌豆、绿豆、大豆、小豆、豇豆、荜豆、红豆、荞麦、稗子、麻子、黄麻、稻谷、黄谷。既有夏粮也有秋粮，既有旱地作物，又有水田作物，既有北方常见的麦、豆和黍，也有西部青藏高原的特产青稞，尤其是北方少有的水稻在西夏地区也多有种植。但即便如此，西夏仍然缺粮。西夏境内多为宜放牧的场所或半农半牧区，因此畜牧业在西夏始终占有重要地位，牧养的牲畜也主要是马、牛、羊和骆驼。其中羊是西夏人的主要肉食来源，而牛、马、骆驼等大型牲畜是禁止宰杀食用的，只有当其病死注销后，其肉才可销售食用。狩猎也是西夏人肉类的另一个重要来源，主要有狼、豹、黄羊、野狐、鹿、兔、野驴等。但和辽、金朝相比，西夏的果蔬种类更为丰富。从种类上看，西夏所种植的蔬菜已多在中原地区种植，出产的果类品种主要有桃、李、梨、杏、柿、葡萄、石榴、枣、核桃、栗子、榛子等暖温带水果。西夏的调味品有盐、酱、葱、蒜、香菜、花椒、胡椒、干姜、醋、蜜、糖等。

在与中原汉族政权交往的过程中，中原汉族地区的食物原料大量输入西夏，其中以粮食、茶叶等最为大宗。粮食的输入方式有两种：一是通过边市榷场购买宋朝的粮食；二是通过与宋交战，若夺得宋的州城而不能守，则抢掠粮食后弃城而走。西夏的茶叶消耗主要来自北宋的赐茶和边市榷场购买。西夏向中原地区输入的主要是各种食物原料，如盐和牲畜等。西夏境内有乌、白二盐池，盛产青、白盐，且质量上佳。西夏曾多次请求北宋政府开放盐禁，使得倾售食盐的贸易合法化，但宋朝由于担心青、白盐会冲击现有市场，影响政府收益而始终未能答应。因此，西夏的青、白盐主要以走私的方式输入宋朝境内。

同时期还有金朝（1115~1234 年），是女真族建立的政权，疆域在鼎盛时期北起外兴安岭，南到秦岭、淮河，东濒大海，西与西夏为邻，其中汉族和辽河流域的渤海人多从事农耕，而其他民族多从事游牧、狩猎。金在建朝以前狩猎是其获取食物的重要手段，入关后，狩猎转为一种游乐和习武的手段。女真的畜牧业发达，畜养牛、马、羊、猪、鸡、狗等。喜欢用芥、蒜、葱、韭等辛辣调料调味。

3. 中外饮食文化交流

由于失去了对河西走廊和西域的控制，宋朝与境外诸国的文化交流主要通过海路进行，其范围遍及东亚、东南亚、南亚和西亚诸国，并开始与北非、东非有了直接交往。在文化输出的同时，宋朝也积极吸收海外饮食文化的优秀成果。唐代以后，中日文化交流在南宋迎来了新一轮高潮。此时，日本僧人对南宋茶文化的全面引进对日本产生了深远影响，而九州一带的米谷也曾出口到南宋。朝鲜高丽王朝与宋朝关系极为密切，高丽使臣遣宋达 57 次，宋朝使臣赴高丽也有 30 次，两国政府都给予从对方来贸易的商人各种优惠待遇，官方和民间往来频繁。相较而言，中国的茶、饮食原料和器具对高丽的影响更大。宋代向东南亚输出最多的商品是瓷器，与饮食有关的商品还有茶、酒、米、麦、糖、盐、干良姜、醯醢、水果及漆器、铁鼎、金银器皿等。从东南亚地区引进的有占城稻、茴香、槟榔、万岁枣、扁桃、白砂糖、胡椒、金银饮食器、玳瑁槟榔盘等。西亚和北非属于阿拉伯文化圈，宋朝输出瓷器的同时，带回了玻璃饮食器、白砂糖、千年枣。

清代晚期，欧美的西式烹调方法和饮食文化开始为生活于繁华都会商埠的上层人士接受，如叉食制、分食制、面包、布丁、冰激凌、罐头食品、葡萄酒、啤酒、咖啡、汽水等。中国最早的西餐馆是上海福州路的一品香番菜馆。清代最早系统介绍西式烹饪技术的专著是《造洋饭书》，为同治五年（1866年）美国传教士高丕第夫人为培训西餐厨师在上海编写。

第五节　中国古代饪食器具的发展变化

袁枚在《随园食单》中曾引用过一句古语，“美食不如美器”，饮食器在使用过程中，凭借优美的造型、和谐悦目的色彩装饰可以给使用者带来额外的美感和享受。人类早期文明遗址中出土有大量陶器和青铜器，其中不乏大量精致和实用性极强的饪食器，这些文物为后世梳理历史和文化发展轨迹、总结当时艺术与科技水平具有重要价值。

一、饪食器和食器的种类

在中国饮食文化的形成阶段，饪食器和食器不仅由强度更大、更耐用的青铜质代替了陶质，而且饪食器与食器的形制也更为复杂，种类更加多样，专器专用趋势明显。饮食器具的出现，是人类历史发展到一定阶段的产物，饮食器具的礼制化更是人类历史发展到一定阶段而形成的现象。以下列举了商周时期较具代表性的饪食器和食器。

视频资源：饪食器和食器

1. 鼎

陶鼎是新石器时代的主要炊具之一，也可兼作食器。鼎底有烟炱痕的为炊具，没有烟炱痕的为盛食器。早在裴李岗文化就出现了陶鼎，黄河、长江流域最早的几个农耕文明都以鼎类器为饮食器，在造型和制作技法上有着惊人的相似。新石器时代晚期，陶鼎的流行已扩展到更广阔的北方和南方区域。这是人类以水作为传热媒介而带来的烹饪技术的第一次变革，对改变人类的饮食习惯和食物结构起到巨大作用。在众多食材中，鼎是专门用以煮肉或装肉的。如图 2–1 中商代青铜圆鼎出土时，器内有大量猪骨。秦汉时期，鼎作为炊具的意义已大为减弱，更多为象征身份的随葬品。至西汉以后，鼎已完全退出历史舞台。

鼎的形状大多为圆腹，一般三足两耳，北方出土的陶鼎大多有盖，南方出土则大多无盖。图 2–2 中的扁足陶鼎，其三足均各有数条象征鳍骨的斜直线和短线，配合扁足的形态，呈现出一种鱼鳍状的造型，为良渚文化特有的器型之一。而且三足外侧微向外弧出，增加了鼎的稳定性。良渚文化的陶器基本是轮制而成，器壁较薄，器表以素面磨光为多，少数有精细的刻画花纹和镂空。在造型上鼎口小、腹大，这种造型使鼎腹内炊煮的食物不易溢出。

商周时期盛行青铜鼎，鼎身的装饰图案更加复杂和精细。青铜圆鼎（见图 2–1）的鼎腹上部有圆涡纹及斜十字花叶纹组成的条带纹饰，鼎内壁铸有两个铭文。商代中晚期，方形四足鼎（见图 2–3）的数量大增，反映了鼎由烹饪食器向象征性的祭祀礼器的重大转变。因为从功能性角度看，方形鼎在对火的加热利用率和方便性上远不及圆形鼎，但从形制角度看，方形鼎更显庄重，也符合商代“天圆地方”的世界观。从早商到晚商，鼎作为随葬品逐渐增多，特别是大中型墓葬都有随葬鼎的现象，由此可见使用鼎的广泛性和必然性。

图 2–1　青铜圆鼎
（商代）
（山西博物院藏）

图 2–2　扁足陶鼎
（新石器时代，良渚文化）
（中国国家博物馆藏）

图 2–3　后母辛方鼎
（商代）
（中国历史博物馆藏）

虽然商代对用鼎数量上没有西周时期的规定严格，但总体来说，使用方鼎多为偶数，使用圆鼎多为奇数或单个，地位越高用鼎数越多。周代鼎的使用制度则相当严格，大体可分为三类：镬鼎，烹煮牲肉；升鼎，又称正鼎，盛放未调味的熟牲肉；羞鼎，又称陪鼎，盛放调味后的肉羹，与升鼎相配使用。其中，升鼎的使用有严格的等级规范，用鼎多少是“别上下、明贵贱”的标志。依《左传》《公羊传》等书记载，“天子九鼎，诸侯七，卿大夫五，元士三也”。天子的九鼎所盛之物是牛、羊、豕（shǐ，猪）、鱼、腊（xī，干肉）、（牛羊的）肠胃、鲜鱼（生鱼片）、肤（肥猪肉）、鲜腊，亦称“大牢”。

2. 鬲

鬲（lì）（见图 2–4）是古代煮水煮粥的饪食器，形状一般为侈口（口沿外倾），袋形深腹，配有三个较短的中空锥形足（袋状三足），或颈部有耳（称带把鬲）。野外劳作的奴隶一人一鬲配上米，就可以自炊自食了。因此，一个奴隶或一个劳动力都可称为一鬲。用鬲和甑组合蒸熟的米就是饭，属于奢侈品，普通人以食用粥为主。剩下的煮米汤被称为“浆”，甘甜而富于营养，是当时重要的饮料。

陶鬲出现于中晚期的龙山文化时期，从早期斝的形制上改进发展而成，鬲的设计可使鬲的腹部具有最大的受火面积。二里头文化（三、四期），即商代早期，陶鬲开始成为主要生活炊具而得到承袭和使用，《殷周青铜器通论》记载“鬲发达于殷代，衰落于周末，绝迹于汉代”。陶鬲退出饮食领域与火上直接灼烧的火烹彻底被助灶台技术取代有着密切关系。商周时期，青铜鬲（见图 2–5）也曾作为祭祀礼器存在。

图 2–4　单耳陶鬲
（新石器时代，客省庄文化）
（中国国家博物馆藏）

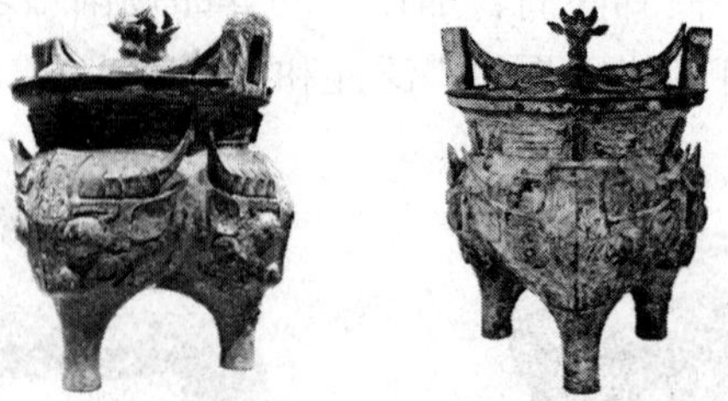

图 2–5　牛头纹带盖伯矩鬲
（西周初期）
（北京市首都博物馆藏）

3. 簋

簋（guǐ）（见图 2–6）是用来盛放煮熟的黍、稷等饭食的食器，多为圆口、圆腹、圆足，或双耳、多耳，自商代开始出现，延续到战国时期。战国以后，簋逐渐演化成了大碗，并被敦、簠等盛食器取代。

商周时期，簋与鼎都是具有象征阶层等级的器物。据《礼记·玉藻》记载和考古发现，簋常以偶数与鼎配套出现。史书记载，天子用九鼎八簋，诸侯用七鼎六簋，卿大夫用五鼎四簋，士用三鼎二簋或一鼎无簋。

利簋
（西周早期）
（中国国家博物馆藏）

颂簋
（西周）
（山东博物馆藏）

图 2-6　簋的示例

4. 盨

在商周青铜食器中，铜盨（xǔ）（见图 2-7）是出现相对较晚的器物品种，产生于西周中期，盛行于西周晚期，春秋早期迅速衰落。铜盨的出现是西周“重食文化”发展的产物，在周代礼制中发挥了重要作用。从考古资料来看，随葬铜盨的墓葬等级较高，甚至在一些诸侯国墓地，铜盨是国君及其夫人的专享礼器。

铜盨的用途与簋相同，为盛放黍、粟、稻、粱等饭食的礼器或食器，其造型由铜簋和小型圆角方鼎衍生发展而来。盨一般成偶数组合，其基本式样多为椭圆形或圆角长方形，器与盖的造型相同，体量相当，都有圈足与矮足，故其器盖也兼有如今盘子的功能。

图 2-7　伯多父盨
（西周晚期）
（宝鸡周原博物馆藏）

图 2-8　伯公父簠
（西周晚期）
（宝鸡周原博物馆藏）

5. 簠

簠（fǔ）（图 2-8）是中国古代盛放稻、粱的方形食器，在东周时期非常流行。因商周时期，贵族的主食以黍、稷为主（盛于簋），而稻、粱珍贵，主要用于宴会和祭祀，故以方形区别于簋。簠的基本形制为长方形器，盖和器身形状相同，大小一样，上下对称，合则一体，分则为两个器皿。簠出现于西周早期，战国晚期以后消失。

6. 豆

古时正式宴会上的饮食可分为四部分，其次序为饭、膳、馐、饮。饭是主食，盛在簋、簠或盨中；膳是肉菜，一般置于鼎中；馐是其他小菜等，一般放置在豆（见图 2–9）中；饮是酒等饮料的总称，盛在觥、爵、觚、觯中。

豆是商代早期的食器和礼器，开始时用于盛放黍、稷等谷物，后用于盛放腌菜、肉酱等调味品，因此多为高脚盘，方便吃饭时蘸食豆中的酱料。商周已有陶豆、铜豆，春秋战国时豆大量出现，形似后世的高足盘，大多有盖，盖上有支撑物可仰置，腹间两侧有环形耳。

西周时豆常以偶数组合出现，按尊卑长幼，也有数量多少之分。《周礼・秋官・掌客》记有：凡诸侯之礼，上公豆四十，侯伯豆三十有二，子男二十有四。《礼记・礼器》也记载：礼有以多为贵者。……天子之豆二十有六，诸公十有六，诸侯十有二，上大夫八，下大夫六。

陶豆
（新石器时代屈家岭文化）
（中国社会科学院考古研究所藏）

云纹漆豆
（战国）

云纹方形漆豆
（战国）
（河南省文物考古研究所藏）

图 2–9　不同时期豆的示例

7. 甗

甗（yǎn）是一种饪食器，相当于现代的蒸锅。甗的设计原理为上下两部分，上部为甑（zēng），放置食物；下部为鬲，放置水；甗和鬲中间有镂空的箅（bì）相连。甑的形状多种多样，有的似盆、有的像罐；有的带耳，有的加盖，但所有的甑都有一个共同的结构特点，就是底部有许多穿孔（见图 2-10）。这些穿孔的甑底起了箅屉的作用，可以认为是最原始的箅屉。陶甑的使用最早可追溯到距今 6000 多年前的西安半坡新石器时代遗址。使用时，令鬲中的水加热产生蒸汽，蒸汽通过箅的十字孔或直线孔接触到甑中的食物，最终将食物蒸熟。所以甑是实现蒸制的器皿，只有和鬲、鼎、釜等饪食器组合使用才有意义。

东周以前甗多为上下连体形式。但商代晚期的妇好墓也出土有分体甗和三联甗（见图 2-11），妇好分体甗由甑和鬲各一件组成，可分可合，甑的口沿有一圈凹槽，可置盖；妇好三联甗则由一个长方形中空的甗架和三件大甑组成，甗架可看作是三个鬲的合体，使用时腔内的蒸汽分别加热三个鬲口上的甑，提高了热能的利用效率和厨房烹饪效率。两件甗的腹足均有烟炱痕，说明都是食用之物。三联甗也是迄今唯一的此类复合炊具。东周及秦汉时，单体组合式甗的使用更为流行，但东汉以后甗基本退出历史舞台。

图 2-10　陶甑
（新石器时代　仰韶文化）
（中国国家博物馆藏）

妇好分体甗
（商代晚期）
（中国社会科学院考古研究所藏）

妇好三联甗
（商代晚期）
（中国国家博物馆藏）

图 2-11　妇好分体甗和三联甗

8. 釜

釜（见图 2–12）是一种在新石器时代广泛使用的蒸煮炊具，是最早出现的炊具之一，也是成语釜底抽薪的原型。其基本形态特征是大口，深腹、圆底、无足，或有耳，必须安置在炉灶之上或是以其他物体支撑煮物，或依靠釜腹两侧对称的耳挂于火上。有些釜的上部放置一种底部带有许多孔眼的甑（类似现代的笼屉）后，釜就可以用以蒸食。随着烹饪原料和技法发展，釜在不同时期或因材质不同，形状也不同。汉代随着冶铁业的发展，出现了耐高温、传热快的铁制釜，釜的腹部也更加鼓圆。也有些釜演变成现代的锅，直接用来煮、炖、煎、炒等。

弦纹陶釜
（新石器时代，仰韶文化）
（中国国家博物馆藏）

绳纹黑陶釜
（新石器时代，河姆渡文化）
（中国国家博物馆藏）

兽面纹釜
（商代晚期）
（中国国家博物馆藏）

陶甑铁釜
（西汉）
（中国国家博物馆藏）

图 2–12　不同时期釜的示例

二、饪食器和食器的发展变化

食器发展演变其实也正是中国科学技术和生产水平发展的时代缩影和直观教具。单从器具材质上看，在中国饮食文化的形成阶段由陶质过渡到了青铜质，在汉代出现铁质饪食器，食器中则开始使用贵重金属。后世出土的以金、银、玻璃、漆器、陶瓷、玉制成的食器，也更为轻便、精美和奢华。总之，每件食器都是与同时代的生产力发展水平相同步的。

1. 陶器

考古资料证明我国的陶器生产距今已有约两万年的历史，陶器是原始先民主要日常生产和生活用具。在我国黄河流域、长江流域、东南沿海和北方地区的新石器时代文化遗址中，均出土过丰富的实物资源。

此时，陶器按装饰手法和表面色彩，可分为彩陶、黑陶、红陶、灰陶、印纹陶等，按质地可分为泥质陶、夹砂陶、夹炭陶、细砂陶等。彩陶指新石器时代晚期的一种手制的用红、黑、白三色绘饰且带有花纹的陶器，分布地区很广，延续时间很长，其中以黄河上游仰韶文化的彩陶最为丰富。彩陶的彩料由含氧化铁和氧化锰的天然矿物原料研磨而成，在成型后的陶坯上蘸彩料描画纹饰后，入窑经 900℃左右焙烧而成。黑陶是龙山文化（继承发展仰韶文化和大汶口文化）制陶技术的典型代表，是一种色黑、薄而光亮的蛋壳陶，多为轮制的陶器。快轮拉坯成型技术，使胎壁薄者厚度仅 0.3~1mm，固有“蛋壳黑陶”的美称，反映了当时精湛的成型技艺。大汶口文化白陶为使用了一种氧化铁含量极低的黏土成型后，入窑经 1000℃左右的温度焙烧而成。除黄河、长江中上游地区以彩陶著称，下游地区以工艺精致的白陶和黑陶著称外，东南沿海地区以印纹硬陶为代表，北方地区陶器则以富含民族特色的造型著称。各区域出土的陶器各具特色，又相互联系。

原始陶器与原始人类的生产、生活联系紧密，其造型、流线和装饰均是实用性和审美性兼而有之（见图 2–13）。彩陶装饰纹样都在陶器腹部以上，符合原始人类席地而坐时的俯视视角；陶罐腹大口小，符合汲水要多失水要小的要求；纹饰有动物、植物、人物、日月星辰、编织和几何形等，画法古朴自然，蕴含人类原始审美和原始崇拜的理念思维，还没有奴隶社会以后的阶级烙印。黑陶的纹饰以绳纹和篮纹最常见，也有方格纹、划纹和镂孔纹等。新石器时代中晚期，制陶工艺技术日趋娴熟，原料的精选、快轮拉坯技术的发明，使陶器造型更加丰富，形体愈加规整。

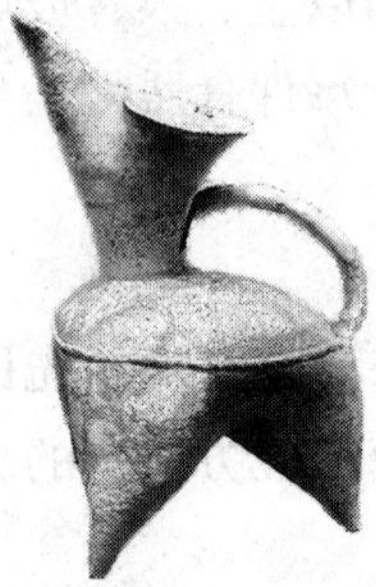

白陶鬶
（新石器时代大汶口文化）
（故宫博物院藏）

白陶刻几何纹瓿
（商）
（故宫博物院藏）

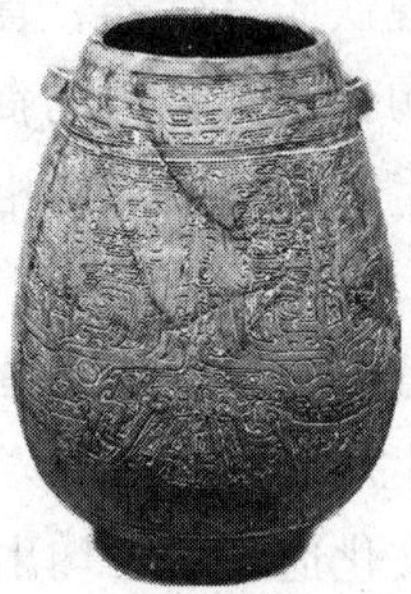

白陶刻饕餮纹双系罐
（商）
（故宫博物院藏）

图 2-13　陶器示例

夏、商、周时期，人们日常生活用具主要是陶器。商代除大量烧造灰陶以外，还烧造出精美的刻纹白陶、印纹硬陶、红陶和黑陶。刻纹白陶的胎质洁白细腻，造型、纹饰均模仿当时的青铜器，主要出土于河南安阳地区商代晚期墓葬，出土数量很少，属于王室和贵族的专用品。

2. 青铜器

中国饮食器具进入青铜器时期是当时生产力水平的直观体现。我国青铜器出土数量居世界之首，其质量与技艺也居世界前列。在众多的青铜器皿中，以饮食器所占数量最多，当时的青铜炊具主要有鼎、鬲、甗（尤以河南安阳商妇好墓出土的三联甗为最）、甑、簋、釜等。我国青铜铸造业最早见于河南偃师二里头文化遗址，第一个古代青铜器发展史高峰是殷墟期的商代青铜器，第二个高峰是春秋中期到战国中期。商代青铜器在美学风格上崇尚华丽繁缛、雍容堂皇，西周则追求简朴大方，定型化、程式化趋势明显。春秋战国时期，青铜器美学风格上南北各异，北方雄浑凝重，南方秀丽清新。秦汉时期的青铜器更加崇尚实用，形制固定，更趋向朴素轻巧的美学风格。至此，觚、爵、斝等酒具逐渐被淘汰。

3. 漆器

在食具的演变发展中，漆器要比青铜器、陶器优越得多，具有轻便、耐用、防腐蚀、可以彩绘装饰等。它既是孟光举案齐眉里的“案”，也是王羲之曲水流觞里的“觞”。

中国漆器最早可追溯到新石器时代，于浙江杭州跨湖桥遗址出土过距今 8000 多年的漆弓。漆器作为饮食器皿，在7000年前的河姆渡文化时期以漆碗的形式出现。此朱漆碗为木胎，内外有薄层朱红色涂料，剥落较甚，微有光泽，经鉴定为生漆。到了春秋战国时期，作为饮食器皿的漆器在许多生活领域逐渐取代了青铜器皿。漆器作为高级餐具，流行于楚、汉、魏、晋时期的上层统治阶级日常生活中，且以秦汉为最。秦汉漆器在数量、品类和工艺三方面都达到了前所未有的水平，当时以红色为主调，纹饰图案异常丰富，常见有云气纹、龙凤纹、五灵纹、几何纹、动物纹、植物纹等。魏晋南北朝期间，瓷器的兴起抑制了漆器的发展。但在西晋以后到南北朝期间，多用夹纻工艺制作大型佛像，漆胎胎骨轻巧而坚固。唐代漆器工艺以镶嵌金、银、珠贝花饰的"平脱"技术著称，可惜该技术在五代以后日渐衰落。宋代漆器的制胎和髹饰技艺已十分成熟，官方和民间制作漆器也很普遍，漆器样式众多、造型简朴，以素色静谧为主。明代漆器在工艺和造型美感上更进一步，涌现出许多漆器名家和著作。

漆器主要有装食物的碗、豆、盒、盘，舀汤的勺，夹菜的筷，放食具的案、几，装水的桶，盥洗匜以及酒器等。当时的漆器价格昂贵，特别是鎏金和镶嵌的漆器，非贵族之家是不可能拥有的。马王堆汉墓中出土的漆筷，得益于漆的保护，2000年后仍色彩鲜艳、图案优美。这些漆器都经42道工艺制造，仅上漆就有7次之多，每次漆后都以高温蒸过，故经得起滚水沸汤。汉代以后，因为漆器制作工艺复杂、成本太高；且使用时禁忌较多，如忌盐、忌碱性食物等，收藏时要避免阳光暴晒、烟熏，尽可能恒温恒湿，否则漆层易被破坏，显得陈旧不堪，随着制瓷工艺的兴起，漆器食具也被迅速取代。

4. 瓷器

瓷器是中国古代的伟大发明之一，在世界文化史上占有重要地位。夏末商初已出现原始瓷，为后来成熟瓷器的发明奠定了基础。原始瓷器是以瓷土作胎，器表施一层透明草木灰釉或石灰釉，入窑经1200℃以上温度焙烧而成的窑器。其胎质坚硬、器表光亮，但与成熟瓷器相比，在胎体吸水率、机械强度、烧成温度等方面仍带有一定的原始性，故称"原始瓷"。西周、春秋、战国、西汉时期，原始瓷产量增加，质量也不断提高，浙江、江苏、江西、福建、台湾、广东、广西和湖南等地，均曾出土过这种原始瓷。上海博物馆藏有战国原始青瓷龙首鼎，釉色青黄，鼎身四周刻画弦纹、斜线纹及涡纹，鼎口一面饰长颈龙首，另一面是小兽形尾，有长方形立耳，下为3只矮兽足，造型已相当精致。

西汉时期，我国北方发明的低温铅釉陶器，为后来低温釉彩的发展奠定了工艺基础。低温铅釉陶器属于陪葬用明器，最早出现于西汉时期陕西关中地区，东汉时期盛行于全国各地。釉色主要有黄、绿两种，分别以氧化铁和氧化铜作呈色剂，均以氧化铅作助溶剂，烧成温度 700~900℃，釉面光亮。造型多模仿同时期的漆器和青铜器。东汉时期，成熟瓷器开始批量烧造，堪称中国乃至世界陶瓷发展史上的一个重要里程碑。根据 1976 年，考古工作者在浙江省上虞县发现东汉晚期青瓷窑址的考古发现，最晚在东汉晚期瓷器已摆脱了原始状态，胎体的瓷化程度接近了现代瓷器的水平，并在魏晋南北朝时期达到成熟。南朝瓷器品种仍以青瓷为主，北朝瓷器品种有青釉、黑釉和白釉瓷。这时，由于南北方在配置青瓷胎、釉所用原料方面均有不同，使得二者呈色也有区别，南方青瓷釉色青翠，北方青瓷玻璃质感较强。低温铅釉陶器在北朝时期获得进一步发展，同一件器物上施两种色釉的现象更为多见，为后来“唐三彩”的出现奠定了基础。

白瓷是北朝制瓷工匠的新发明，到隋代白瓷的烧制也达到一定水平，这为后来的彩绘瓷器发展奠定了良好的基础。隋代陶瓷生产承前启后，无论在造型还是装饰方面都具有鲜明的时代特点，如四系盘口瓶、双联瓶、四系罐、高足盘、鱼篓式罐等，均为此时期的典型器物，忍冬纹、相间排列的模印花朵与花叶纹，均为此时期的代表性纹饰。

唐朝时形成了青瓷和白瓷并驾齐驱的局面，且瓷器开始以窑名来代表其品种和特色。青瓷以南方的越窑为最佳，白瓷则首推北方的邢窑。作为饮食器皿出土的瓷器有碗、盘、碟、壶、罂、杯、盆、水盂、缸等。陶瓷器已成为人们日常饮食、陈设和随葬不可或缺的物品。饮茶风俗的流行和普及，提高了瓷器作为茶具的文化品位。陆羽《茶经》提到的当时著名瓷窑有越州窑、鼎州窑、婺州窑、岳州窑、寿州窑、洪州窑和邢州窑等，其中又以南方主要烧造青瓷的越窑和北方主要烧造白瓷的邢窑为最高制瓷工艺代表。《茶经》中形容越窑青瓷“类玉类冰”，邢窑白瓷“类银类雪”。唐代中外经济和文化交流中，中国陶瓷作为特产而开始大量销往亚、非地区，成为中外友好往来的物证。

宋代是瓷器发展高峰，名窑辈出，定、汝、官、哥、钧五大名窑各领风骚。宋瓷的特点有：其一是色质美，除青、白瓷外，黑釉、脂白釉、彩绘瓷纷纷兴起；其二是形制美，以壶为例，有瓜棱壶、兽流壶、提梁壶、葫式壶、凤头壶等；其三是以磁州窑、耀州窑等民窑为代表的装饰手法多样且灵动流畅。宋瓷整体风格淡雅质朴，与唐三彩的华丽之风迥异。

元代青花瓷器的装饰特点是层次多，画面满，从器口到器足满饰各种花纹，但层次清楚、繁而不乱。纹饰种类繁多，有人物故事、松竹梅、龙凤、花鸟、水禽、瓜果、游鱼等。有的产品还同时用青花和釉里红进行装饰，以及创新卵白釉和蓝釉瓷等新品，极为华丽美观。海外贸易的蓬勃发展，促使陶器生产呈现兴盛局面。亚洲、非洲沿海地区均曾出土过元代景德镇窑、龙泉窑和福建、广东窑厂烧造的陶瓷器。

明代景德镇的青花、彩瓷，颜色和釉瓷均称天下无双。此时还创制有青花五彩瓷器，是用红、黄、绿、褐、紫等釉上彩和釉下青花相结合，具有色彩浓艳、花纹瑰丽的特点。明代中后期，五彩瓷器精品迭出，可分为以红、绿、黄为主的纯粹釉上五彩和以釉下的青花结合釉上的红、绿、黄彩的春花五彩。清代瓷器仍以彩瓷为主，发明了珐琅彩（又称景泰蓝），并专供宫廷欣赏之用。康熙、雍正、乾隆三朝制瓷业臻于鼎盛，达到历史最高水平，一方面瓷器品种不断创新，另一方面装饰绘画精细、题材广泛、画面宏大。至此，中国古餐具的艺术极品可谓不胜枚举。

三、古代饮食器具的研究价值

食作为人们生存和提升生活水平的核心活动，尤其在早期人类生活中占有举足轻重的地位，这也使史前饪食器和食器的出土数量与种类异常丰富。中国考古出土的历代饮食器具在发挥其固有烹调、盛馔功效的同时，也为食用者在材质美、功能美、造型美等方面提供肴馔附加享受。同时，中国饮食器具之美还在于其作为各时代精神文明的物质载体，反映了当时社会的生产力、生产关系、经济基础、上层建筑以及社会生活和自然环境的状况。纵向比较其产生、发展和变化的过程，反映了早期文化间的部族羁绊、社会的变革、科学技术的进步、人们物质生活和精神生活的发展变化，是人们了解人类活动和社会发展的重要依据。

1. 承载史前文明信息

我国有文字史记载的资料始于约 3600 年前的甲骨文，而史前石器、陶器及化石等就担负起了记录和传递文字出现以前的历史信息的重任。

例如，根据《汉书·地理志》记载“百越杂处，各有种姓”，万年前的华南地区在被山林和荒原所阻隔的各区域内，聚居人类各自发展形成了不同习俗和信仰的部族。位于浙江省浦江县境内的上山遗址（11400~8500 年前）是迄今为止长江下游发现的最早的新石器时代遗址，这里出土了早期的栽培稻、陶器以及干栏式房屋遗迹。在经历过一轮全球变冷后，在上山遗址北面 80 的杭州湾附近，出现了一个新文化——跨湖桥文化。从出土的陶器等物品判断，跨湖桥文化不仅与上山文化有明显的延续关系，而且受到来自澧阳平原的彭头山文化族群的影响，长江流域的两大文化系统从此开始交流与融合。

在再次经历海平面上升等地质变化影响后，产生了杭州湾南岸的河姆渡文化

（7000~5000 年前）和杭州湾北岸、太湖流域的马家浜文化（7000~6000 年前）。河姆渡文化创造了榫卯结构，并建造了大量的干栏式房屋，船桨等文物的出土体现其传承了自跨湖桥时期遗留下来的海洋文化。马家浜文化则明显受到北方文化的影响，如与山东地区大汶口文化相类似的凿齿拔牙习俗，遗址中出土的釜形陶鼎体现了中原仰韶文化的元素。马家浜文化又逐渐过渡成崧泽文化。

崧泽遗址的下层遗址考古显示为马家浜文化，出土有石斧、玉玦、陶釜，以及人工培植的粳稻、籼稻两种稻谷品种。遗址中层是新石器时代墓地，出土有陶鼎、豆、罐、壶、杯等。根据出土器物特征此时期被命名为崧泽文化（6000~5300 年前）。陶器中的竹编纹罐、环把盉、腰鼓或多阶形镂孔陶豆把、花瓣形圈足壶，玉器中的璜、镯和做成扁平鸡心形、圆形、环形的玉等，反映出崧泽文化在陶器、玉器制作上的创新意识和能力。崧泽文化的经济生活较之马家浜文化更为发达，社会结构更为复杂，文化张力也更为强大。晚期的崧泽文化已经步入等级社会。崧泽遗址最上层则为东周时期的吴越文化遗址。

2. 承载礼仪制度

“夫礼之初，始诸饮食。”礼仪是人们在社会交往活动中，在仪容、仪表、仪态、仪式等方面，在一定社会群体范围内形成的共同认可的行为规范，是维系社会正常生活而要求遵守的道德规范，也是一个人思想道德水平、文化修养、交际能力的外在表现。而作为中国古代文明象征的“礼”，首先是建立在饮食的基础上，并处处体现着尊卑等级的差别，对谦恭礼貌、尊贤敬老风气的形成有着显著的作用。中国礼仪随历史发展演变，可分为政治与生活两大部类。政治类包括祭天、祭地、宗庙之祭等；生活类包括五祀、高禖之祀、傩仪、诞生礼、冠礼、饮食礼仪、馈赠礼仪等。

古人相信祖先灵魂始终存在，并依靠后人提供祭品供养，因此作为极其重要的古代礼仪之一，祭礼实际上是另一种饮食的盛宴。尤其在贵族的宗庙内，各种类型的容器盛装着品类丰富的食物，虔诚地供奉着祖先，祈求祖先对后人的福佑。西周礼制中，太牢是最隆重的祭礼，即牛、羊、猪三种牺牲俱全。牺牲二字皆从牛，可见古代珍贵的食物是以牛作为标志。《国语》记载，牛是国君的祭品，羊是大夫的祭品，猪是士以下人员的祭品。此外，西周时也用谷物、果蔬乃至虫草之类作祭品。

随着文化发展，有些食器的实用性功能逐渐丧失，而被用作礼器。鼎是其中最典型的代表。《说文》中将鼎定义为“和五味之宝器”，不仅指出鼎是古先民的重要饪食器和食器，也指出其是象征国家和统治者最高政治权力的王器。商代青铜礼器是以酒器（觚、爵）为核心的“重酒组合”，西周青铜器礼器则是以食器（鼎、簋）为核心的“重食组合”。直至战国末年，秦国拉开“法治”天下的序幕。鼎作为国家政权的象征意义才逐步弱化，但它所承载的华夏之“礼”却延绵至今。直到现在，中国人仍然有一种鼎崇拜的意识，“鼎”字也被赋予“显赫”“尊贵”“盛大”等引申含义，如一言九鼎、大名鼎鼎、鼎盛时期、鼎力相助、问鼎中原等。在中国古代，鼎也是王公贵族在进行祭祀、丧葬、朝聘、征伐和宴飨、婚冠等礼仪场合最主要礼器。

从饮食礼器名数组合到食用中表现的礼仪，无一不强调着等级次序，这种以不同礼器体现不同阶级等级的做法从商代一直延续到清代宫廷。前书提到过，古代先民进食时讲究天子用九鼎八簋，鼎中肉类各不相同，而普通百姓无权使用鼎。古时受生产力水平限制，肉类供应不均，普通民众分不到肉也用不到鼎。相反，贵族不仅列鼎而食，而且讲究奏乐击钟的排场，因而“钟鸣鼎食”可用以形容权贵的豪奢排场，钟鸣鼎食之家即为富贵殷实的官宦人家。后来，列鼎制度虽被废除，但是这一制度赋予鼎的特殊权力地位和规制分级制度却一直保存下来。

到了清代宫廷，这种膳食制度不仅体现在专门的厨师和专门的膳房，还有严格的份额规定，即每人每天固有的米、面、肉、菜、油、调料以及酒、水、乳、茶叶等，称为“口份”。口份的多少按照皇帝、皇后、皇贵妃、妃、嫔等，依次递减。在筵席上，除了肴馔品种不同外，用餐的食器也可体现就餐者的尊卑。皇帝 1 人 1 桌，在宝座位置就座；皇后 1 人 1 桌，在宝座左侧设桌就座，皇帝下手东西两侧分设其他嫔妃的座位，妃位和嫔位用餐者 2 人一桌，贵人和常在位份用餐者 3 人一桌。皇帝用金龙盘、金龙碗、金勺、金箸，皇后用里外全金的黄暗云龙纹盘碗、金勺、金箸，其他嫔妃使用无金餐具且不能使用纯黄釉瓷器。相应位份碗规制要求是，皇贵妃用白里黄瓷盘碗，贵妃、妃用黄地绿云龙盘碗，嫔用蓝地黄云龙盘碗，贵人用绿地紫云龙盘碗，常在用五彩红云龙盘碗等。

3. 承载铭文

饮食器具不仅是人们生活中的必需，也是耐储存、耐欣赏且直观的历史档案。后世出土的青铜器有许多都刻有铭文，这些铭文被称为金文或钟鼎文。青铜实为铜和锡的合金，因在周以前铜也称为金，所以青铜器上的铭文也被称为“金文”或“吉金文字”。中国在夏代既已进入青铜时代，商周青铜器的礼仪以鼎为代表，乐器以钟为代表，因而以“钟鼎”为青铜器的代名词，所以青铜器上的铭文又被称为“钟鼎文”。金文作为文字资料的一种，从商代早期一直延续使用至秦灭六国，约 1200 多年。青铜器上铭文字数多少不等，大多记录了当时典章制度和册封、祭祀、征伐等史实，成为研究古文字和历史信息的第一手史料。其中较著名的有：

大盂鼎，内壁铸铭文 19 行 291 字。记述了周康王 23 年 9 月册命贵族盂之事，是研究西周奴隶制度的重要史料，也是史学家研究周代分封制和周王与臣属关系的重要史料。

大克鼎，内壁铸有铭文 2 段，共 28 行，290 字。主要记录克依凭先祖功绩，收到周王的策命和大量土地、奴隶赏赐的内容，对于研究西周时期的职官、礼仪、土地制度等都有极为重大的意义。同时铭文显示克的祖父担任的是“师”的官职，而到克时，则改任为“膳夫”一职。根据《周礼·天官》的规定，膳夫是“掌王之食饮膳羞，以养王及后世子”，凡天子日常饮食先行尝食后才进呈食用，而天子宴饮或祭祀献食时的各项礼仪工作也由他负责担任。

毛公鼎，西周晚期宣王时期，内壁刻有铭文 32 行近 500 字，是现今出土的最长钟鼎铭文。记载了毛公衷心向周宣王为国献策之事，是西周散文代表作。郭沫若评价《毛公鼎》，“铭全体气势颇宏大，泱泱然存宗周宗主之风烈，此于宣王之时为宜”，并誉“抵得一篇《尚书》”。

利簋（见图 2-6）是目前所发现最早的西周青铜器，腹内铸 4 行 33 字铭文。做器者名“利”，随武王参加伐商的“牧野之战”。簋中铭文大意为：武王征伐商纣王，一夜之间将商灭亡，在岁星（木星）当空的甲子日清晨，占领了朝歌。在第八日后的辛未日，武王在阑师论功行赏，赐给右史利许多铜、锡等金属，右史利用其为祖先檀公作此祭器，以纪念先祖檀公。这里关于牧野之战的直接记录，为商周两代划分提供了极其重要的史料支撑。利簋属于我国永久禁止出国的文物之一。

颂鼎形制庄重，盖器同铭，各铸 15 行 152 字。铭文大意为：周王册命颂担任掌管仓库的官职，监督新造，积贮货物，以为宫御之用。周王赏赐颂玄衣、省纯、赤市、朱黄、攸勒等物品。颂接受命册，退出中廷，然后再回返，向周王献纳瑾璋。这段记录比较完整地反映了西周王室策命官员的制度。

另外，这些器内铭文也是当时文字书法的典范。青铜器上的铭文按照《墨书》原本先刻出模型再翻范铸造。由于西周时期青铜铸造技术精湛，铭文也在相当程度上体现出《墨书》的笔意。大盂鼎、大克鼎、毛公鼎、利簋都是西周书法的代表，具有很高的审美价值。大盂鼎铭文属西周早期金文，书法体势严谨，结字、章法都十分质朴平实，用笔方圆兼备、端严凝重，雄壮而不失秀美，布局整饬中又见灵动，并达到了十分精美的程度，是西周前期金文的代表作。利簋中的铭文同属西周早期金文的代表，其字体与商甲骨文形体结构一致，字体扁长，字迹凝重稳健，保留有商代铭文字体首尾尖中间粗的特征。大克鼎铭文是西周晚期具有代表性的金文字体之一，字体规范，字迹优美，笔画圆润，结构和谐。毛公鼎的铭文则更是西周晚期金文的典范之作，表现出上古书法的典型风范和一种理性的审美趋势，体势显示出大篆书体高度成熟的结字风貌，瘦劲修长，不促不懈，仪态万千。章法纵横、宽松疏朗，错落有致、顺乎自然而无做作，呈现出一派天真烂漫的艺术意趣。颂簋中的铭文字体大小均匀，笔画粗细一致，起笔停笔不露锋芒，笔画转折处作圆弧形，属于金文最成熟的一种形态，为西周王室所使用的标准书体。

4. 体现艺术审美

中国饮食器具之美，美在质、美在形、美在装饰、美在与馔品的和谐。中国的古代食器无论材质如何，都十分讲究装饰。距今 7500 年前，出现了彩陶，虽然只是在器皿口沿部绘制了一圈带状红彩或是简单的几何纹饰，却是人类追求美器的开始。当时的彩绘几乎全部出现在食器上，目的是使用餐者在进餐时心情更为愉悦。

视频资源：商妇好青铜鸮尊

商代晚期铸造的青铜礼器，在纹饰上以繁缛为美，盛行狰狞的饕餮纹，体现出一种庄重之美和一种全新的狞厉之美、恐怖之美和神秘之美，反映出了人们敬神畏鬼的思想。商代的许多酒具铸成鸮形，而周代以后就几乎绝迹。商人有崇鸟的风俗，鸮是猫头鹰，具有克敌制胜的象征，因而鸮形器物和图案也就有了军权、胜利、智慧等象征意义。在商代和商之前的历史时代里，石器、陶器、青铜器中都能见到精美的鸮形，其中以 1976 年河南省安阳市妇好墓中出土的青铜鸮尊（见图 2–14）最具代表。

妇好是商王朝晚期一代雄主武丁之妻，有勇有谋，在开疆拓土中立下赫赫战功，鸮尊的出土与妇好的身份地位相得益彰。除了象征意义，从功能性的角度看，尊是古代盛酒的酒具。鸮尊顶部头后开一半圆形口，内可装酒。器盖上立一鸟一龙，正好与半圆形口吻合，构思巧妙。从艺术性的角度看，这只鸮的头部微昂，双眼圆瞪，喙宽尾敛，双翅并拢，双腿粗壮，双耳耸竖，挺胸昂首，傲视天下，雄健刚毅。鸮尊造型新颖，各部位纹饰和谐，头部羽纹动感尤烈，予观者以“扶摇直上九万里”的艺术感染力。妇好墓中还同期出土了龙纹大钺和虎纹大钺。钺是那个时代军权的象征，也是君王授予军事统帅的礼器。这些青铜礼器群和武器群是商代物质文明与精神文明的体现，也是“国之大事，在祀与戎”的物质载体。是中国青铜时代，尤其是商代晚期发展到一个新高峰的物质证明。

图 2-14　商妇好鸮尊
（商代晚期）
（中国国家博物馆藏）

图 2-15　凤柱斝
（商代晚期）
（山西省博物馆藏）

图 2-16　兽面纹凤鸟柱斝
（商代晚期）
（日本泉屋博物馆藏）

又如 1973 年出土于陕西省岐山县贺家村的凤柱斝（见图 2-15）和图 2-16 兽面纹凤鸟柱斝，均为商代晚期青铜铸器。斝的双柱项端各置一圆雕高冠的立体凤鸟，这在酒器中罕见。鸟作站立状，冠耸立，圆目鼓睛，举目远眺，双翅并拢，通体花纹。凤鸟娇美健壮的身躯和姿态寓意着生命的活力，具有很强的装饰效果和艺术造型。凤凰鸣矣，于彼高冈。凤源于远古先民们对自然伟力的崇拜，后来逐渐发展为象征祥瑞的神鸟。殷商时期，人们认为将凤鸟这样的神兽装饰在青铜器上，可以帮助他们与天地沟通。

饪食器上的花纹图案也可以帮助后人解读和印证史实。西周中期青铜器刖人守门方鼎在下层盛炭火的炉膛设计有能开闭的两扇门，右门外浮雕刖足者（砍左足）。现存于北京故宫博物院的刖人鬲（见图 2-17）是一件少有的方体鬲，方座内可燃木炭以温鼎内食物。刖人鬲的主题纹饰刖人铸在前门上，其身侧与门相连，右手放在腹前，右臂回环处恰作门闩插孔，左腿自膝下刖去，左手扶拐杖而立。这两件作品都展现了古代的一种断足的酷刑——刖刑，这是两周礼制刑法中仅次于死刑的一等。《周礼·秋官·掌戮》记载有"刖者使受囿"，即受过刖刑的人替贵族看守饲养禽兽的园子。青铜器上的刖人形象正印证了刖人守囿的记录。

又如仿皮囊壶的银器（图 2-18）和瓷器（图 2-19），属于唐代与北方、西方等少数民族交往密切、文化交流普及的佐证。舞马衔杯银皮囊壶刻画了当时"舞马"的风采和"屈膝衔杯赴节，倾心献寿无疆"的高超技艺，用实物形象地记载、印证了文字记载的史料，帮助后人理解《新唐书·礼乐志》《明皇杂录》及描写唐玄宗千秋宴的《舞马乐府》《舞马词》等文献诗歌所描述的庆典场面。

图 2-17 刖人鬲
（西周晚期）
（故宫博物院藏）

图 2-18 舞马衔杯银皮囊壶
（唐代）
（陕西历史博物馆藏）

图 2-19 定窑白釉刻画绦带纹皮囊壶（唐代）
（故宫博物院藏）

5. 体现生产力水平

从所用材质由石质、陶制、青铜制、铁制等逐步更替看，饮食器具表现了人类社会生产发展史上生产力的飞跃。夏朝的河南洛阳偃师二里头文化时期，中国的青铜合金技术已经普及，并出现采用多块复合范浇铸的青铜礼器群。如前文已介绍的青铜鸮尊、凤鸟柱铜斝，造型复杂、构思巧妙、纹饰精美。又如大盂鼎、大克鼎、毛公鼎等鼎身上的铭文均需按照原本先刻出模型再翻范铸造，精湛的青铜制器工艺才能保留原本的书法笔意。这些数量种类多样、富于变化和装饰繁复的鼎，体现出商周时期青铜器的制作达到繁盛，古人以高超智慧和灵巧双手创造出复杂精细的青铜铸造工艺。

目前已出土的最大的青铜器是殷墟武官村出土的后母戊大方鼎，高 1.33 米，长 1.10 米，宽 0.78 米，重达 875 千克，是商王为祭祀母亲戊而铸造的祭器。它不仅是少见的四足鼎，而且形制巨大，雄伟庄严，工艺精巧。鼎身四壁沿周缘和足部装饰饕餮纹，鼎耳上部装饰鱼纹，鼎耳外侧装饰虎食人纹。从科技价值上看，后母戊方鼎是现存最大、最重的青铜礼器，代表了彼时原料冶炼、塑模制范、浇筑充型等一系列铸造过程中高超的技艺。商代青铜铸造业内部出现分工，生产规模扩大，能熟练地制作器范，并用一次浇铸的浑铸法与先铸器体或附件然后接铸两者的分铸法，青铜铸器品类多样。西周中期以后，一模翻制数范的方法被发明，焊接技术被广泛应用，青铜铸器向生活化方向继续发展。

而人类对灶台改进的路径变化，更是彰显了人们认识自然、利用自然、改造自然能力，也是人类最朴实的科学思维和创造世界的能力。在人类认识到火的作用后，人类围绕保存火、控制火和提高火的利用率进行了一系列尝试和创造。在篝火的四周堆叠上石块（图 2-20）或土丘，人类实现了燃烧过程的初级防风与聚热。新石器时代时期，人类可以通过制作陶灶、挖灶坑（即地灶），再把炊具架在上面的方式进行烹饪，这样就解决了火塘火势分散、燃料消耗大等缺陷的方法，较之前使热能利用效率得到明显提升。陶灶的三角架空样式（见图 2–21），既留出了灶口，也有位于上部的出烟口，具有防火、控火的能力，是人类长期实践后在用火能力上的又一次跃进。

图 2–20　红陶盂及支座
（新石器时代，慈山文化）
（故宫博物院藏）

陶灶（新石器时代，仰韶文化）
（中国国家博物馆藏）

图 2–21　陶灶应用示意

大地湾文化遗址中发现有互通式圆形灶坑，其形态已初具汉代长方形连眼灶的雏形。灶，即生火炊煮食物的设备，属会意字，从土从火，非常形象。地灶之后开始出现可移动的单体陶灶（见图 2–22），如浙江余姚河姆渡文化遗址中的簸箕形灰陶灶和配套灰陶釜、灰陶甑，仰韶文化遗址中也有夹砂红陶灶和配套陶釜。龙山文化时期，釜与灶相连的一体灰陶灶获得较为普遍的使用。春秋战国时期流行列鼎而食，因而仍流行使用可移动单体灶。

釜灶
（新石器时代，仰韶文化）
（中国国家博物馆藏）

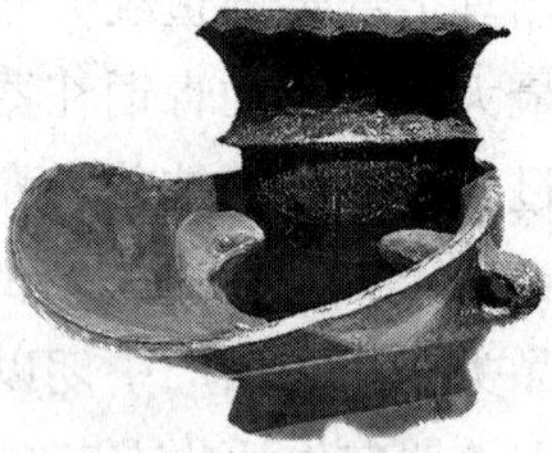

釜灶
（新石器时代，河姆渡文化）
（浙江省博物馆藏）

图 2–22　可移动单体陶灶示例

陶灶
（西汉）
（中国国家博物馆藏）

陶灶
（汉）
（中国国家博物馆藏）

陶灶
（东汉）
（中国国家博物馆藏）

图 2–23　汉代灶示例

秦汉时期，人们对“灶”极为重视，认为灶乃“生养之本”，并相信祭祀灶神不仅可以给自己带来好运，也能为家族带来福祉。此时，无论是画像砖石、壁画等图像资料，还是厨房组合明器中，均将灶放在突出的位置上（见图 2–23）。秦汉后，炊具与灶相结合的连体灶更为常见，陶灶类型丰富，形制齐全，鼎、鬲之类的古代炊具渐为炉灶、锅、釜所取代。汉代对灶、炉等饮食设备进行了许多改良，如多眼陶灶可同时煮饭、炒菜、烧水，节能省时；而“深曲通火”的曲突炉灶，既安全，又拔风起火，效率进一步提高。烧炉的燃料中还开始添加了煤与石油。西汉中期以后，随着厚葬之风的盛行，与人们生活紧密相关的陶灶在随葬品中开始增多。汉墓中较为常见的马蹄形灶外观形似马蹄，根据灶面形状，灶身有狭长和短宽之分，灶前壁出现遮烟檐。由于马蹄形灶造型独特，在单灶门设计下使灶膛内的热力有强有弱，配以三个大小不一的火眼可以实现火力的不同。火力最大的火眼可置釜炒菜，火力稍弱的火眼可置罐烧水煮汤。三火眼的设计体现了人们对灶台火力分布的理解与科学利用，这些二火眼和三火眼的陶灶就是集成灶的雏形。两汉时期的陶灶外观看似简单，内部实则分为灶门、火眼、遮烟檐、灶膛、回烟道、出烟口等结构，可以实现控制火焰大小、排出烟气、避免炉灰堆积的作用。

至战国时，灶已由地灶发展为用砖垒成的高灶。《墨子》中有这样的描述：“灶心为屏，突出高屋四尺。”用砖砌制的固定炉灶密闭性更好，高突灶具利于通风，对燃烧和火的利用更有利，通过控制通风可以控制火候，烹饪效率得到了提高，对防火和食物加工卫生也有重大改进。

唐宋期间我国手工业发达，也促使烹饪用具更为先进，烹饪用具向小巧、轻薄、实用方向发展，出现刀机、手提镣炉、六格蒸笼、火锅等。其中，燎炉是在火炉外镶以木架，可自由移动，且无须人力吹火，而用炉门拔风。该炉的使用可使燃烧完全，火力旺盛，清洁无烟，安全防火，省事省时省力省料，易控火候的优势。河南偃师出土的宋代妇女切脍画像（见图 2–24）上，便绘有镣炉，造型别致且具有极强的实用性。这时期还出现了人工合成的“金刚炭”，类似现代的蜂窝煤。

图 2–24　宋代斫鲙画像砖拓本示意

图 2–25　元代壁画中的灶

元代的灶与现代农家灶具形制差别不大。福建将乐县元代墓葬壁画（见图 2–25）显示的灶上正烧着两个锅，左边锅上放置有木蒸桶，右边锅台旁置有小罐和钵。灶前有烧火时坐的小木凳，凳子左边还放置有火钳、捅火棍等用具。

思考题

1. 以参观展览、观看纪录片或阅读有关书籍的方式，选择代表性饮食类文物，联系文物所处历史背景、生产力水平、艺术审美等因素，介绍文物背后的饮食文化。

2. 梳理总结中华民族食文化在漫长历史进程中的变化过程、阶段划分依据、各阶段食材、调味品、烹饪技法、餐饮业发展特点和典型食事件。

3. 中国水田稻谷文化和旱地粟黍文化的形成时间和遗迹有哪些，我国古代常见粮食作物黍、稷、麦、菽、稻各指什么，他们在古人饮食中发挥何种作用？

4. 查阅文献，举例说明中国食文化的输出时间、形式和意义。

5. 中国历史发展过程中，存在哪些饮食文化的南北交流、民族交流和中外交流？

6. 介绍所在地区或自己家乡的饮食特点，围绕地理气候、物产资源、历史文化、民族民风、经济交通等方面分析饮食和饮食文化的成因、发展变化趋势和传承保护策略。

7. 案例讨论

大运河和长城并称为中国古代的两大奇观，是中国古代劳动人民勤劳与智慧的结晶。大运河的开掘推动了东西南北的经济社会发展，改变了中国的人口和城市空间布局，实现了黄河与长江的交流，加快了中华民族的文化融合，在中华文明史上发挥出重要作用。这条从开凿距今已有2500多年的历史，南起余杭（今杭州），北到涿郡（今北京），途经今浙江、江苏、山东、河北四省及天津、北京两市，贯通了海河、黄河、淮河、长江、钱塘江五大水系，全长约1797千米的大运河（The Grand Canal），于2014被列入《世界遗产名录》。

春秋晚期以前，东西走向的淮河流域与长江流域，没有自然的水道直接相通，南方的船只只能由长江入黄海，沿淮河到达淮阴故城，再沿泗水而达齐鲁大地。江南地区河湖众多，开挖运河有着天然的地理条件，吴越两国经济发达，水工技术先进，运河的开凿成为必然。公元前486年，春秋时期吴王夫差为北上争霸开凿一条人工河道，把长江水引入淮河成为一条军事运输通道，即从今天的扬州长江边向淮安旧城开凿航道（全长170千米，史称邗沟）。隋朝时期，隋炀帝迁都洛阳，并以扬州为中心在古邗沟的基础上不断向南向北全线开凿大运河，即从洛阳到淮安的通济渠（605年竣工，全长650千米）、洛阳到涿郡（今北京通州）的永济渠（608年开工，全长900多公里）、镇江到杭州的江南运河（610年开工重修，全长400多千米）。

春秋时期，位于吴国南面的越国也开始大力整饬水利、修建运河，遂开凿了以山阴故水道为主的运河，沟通了东西及对外航运，解除水患，促进了沼泽平原开发。这条运河是中国大运河的南起始段，也为后来绍兴到宁波的浙东运河奠定了基础。浙东运河西起杭州，经过绍兴，东至宁波甬江入海口，全长239千米。西晋时形成西起钱塘江，东到东海的完整运河。南宋时期，宋高宗赵构选择定都临安（今杭州）的一个重要原因就是这里运河畅通，水上运输能力极强。杭州段运河既是京杭大运河的终点，也是浙东运河的起点。宋高宗积极发展运河经济和拓展海上贸易，鼓励招商引资，使当地经济急速发展，堪居世界前列。杭州城内水道纵横、桥梁林立，码头沿河而设形成了大大小小的很多商圈儿。同时，杭州运河还能提供海河联运。各色物产由杭州经浙东运河到宁波，由宁波转海运，通过海上丝绸之路最终运抵日本、朝鲜半岛、东南亚和波斯、大食等地。南宋与50多个国家和地区有着贸易往来，将中国特产的陶瓷、丝织品、茶叶等物产运向海外。

南北经济交通的本质，是物的流动。《清明上河图》反映了北宋都城汴京（今开封）的繁华景象，画作中所描绘的穿城而过的汴河正是大运河通济渠段。汴河沿岸舟楫密布，码头云集，使大量南北物资汇聚于此，促进了城市商业的兴盛。《皇都积胜图卷》则展现了明代北京城商业的繁荣的盛况，街市上苏杭的丝绸、景德镇的瓷器、佛山的铁锅和安徽的茶叶等南方商品应有尽有。为鼓励漕运，明成化年间朝廷规定漕船可以附带一定数量的免税商货（漕船夹带货物）。北上缴纳漕粮结束，漕船回空南返，都会在天津、德州、临清、济宁、淮安、扬州、苏州等沿河城市停泊贸易。这些城市继而成为南北货物的集散地，包括南方的大米、白糖、水果、茶叶、瓷器、丝绸，北方的小麦、大豆、红枣、核桃、煤炭、石料。

1289 年，元世祖忽必烈下令开凿会通河（北始临清，南到安山），使得漕运可以从江南直达北京通州，进而又开凿了连接通州和积水潭的通惠河。元朝开凿的运河称之为京杭大运河，较隋代大运河大幅度东移，缩短近 900 千米。明清时期，尤其是永乐皇帝朱棣迁都北京后，北京东郊的张家湾码头成为大运河上最繁忙的码头之一，成就大运河第一码头之称。1406 年，永乐皇帝开始大规模营建北京城，其中大部分营建材料（木材、石料）需要从南方通过大运河漕运先抵达张家湾，再进行储存和转运。而从南方运抵的粮食，作为国库存量多一半都储存在张家湾码头的巨型仓库里。永乐皇帝几次出征塞外，也都把张家湾作为远征军的后勤补给基地。运河不仅将粮食货物运抵都城，而且清代的康熙和乾隆皇帝都曾六下江南，沿着大运河来到杭州，对这里的人文荟萃、经济繁荣赞不绝口。

2003 年，在江苏淮安城郊建成了一座亚洲最大的水路立交工程，即淮安水利枢纽主体工程。大型货轮在京杭大运河水面上南北行驶，桥下自西向东流淌的是淮河入海水道，两者呈十字形交会，是南水北调工程东线调水的唯一通道。淮安的古今两大水利枢纽是我国人民利用自然、改造自然高超智慧的集中体现。时至今日，大运河上济宁到宁波航段继续承载着繁忙的运输任务，尤以苏北段和苏南段货运量最大。

中国大运河从南到北全面带动了沿岸城乡的发展，从农业灌溉、渔业养殖到运输贸易，自然地理的多样变化，人文环境的千差万别，让生活在不同地域的运河儿女享受到截然不同的美食。运河沿岸逐渐形成了开封、苏州、绍兴、造船工业基地镇江和近代民族工业发祥地无锡、对外贸易港口扬州和宁波等重要城市。其中，洛阳和宁波又分别是陆上丝绸之路和海上丝绸之路的起点，是与世界交往的重要窗口。元代以后，京杭大运河的出现带动了一批北方城市的兴旺发展，济宁、临清、德州都成了商贾汇集热闹非凡的贸易中心，往来于运河之上的外国使节和商人络绎不绝。

阅读上文，并查阅资料后回答：

① 大运河漕运和运河经济对本地经济和人们生活的影响。

② 大运河漕运和运河经济在中国饮食文化发展中的作用。

③ 在现代，如何让大运河和沿河地区的经济、文化生活，再现往日辉煌？请谈谈你的看法。

第三章

中国饮食思想和饮食礼俗

【本章引言】

本章过后，学习者应该能够达到知识和应用两个维度的学习目标。

知识维度：

➢ 介绍中国饮食文化圈的概念、划分依据和特点。

➢ 介绍中国宗教信仰中的饮食观念和饮食禁忌。

➢ 介绍中国民间信仰饮食习俗。

➢ 解释孔孟食道等中国食思想对中国传统饮食文化的影响。

➢ 以中国在册全球农业文化遗产的生态系统为例，阐释中国传统农业发展中因地制宜的丰富性和多样性，解读农业与文明发展的关系。

应用维度：

➢ 理解和尊重不同饮食习俗。

➢ 继承和发扬中餐就餐礼仪和传统年节食俗。

➢ 将中国饮食文化的表征与理论思想基础相结合，分析中国传统饮食文化的特点和成因，为中国饮食文化的传承和发展出谋划策。

➢ 依托中国饮食文化现象（如中国风味流派等）向他人（国内和国际）传递中国文化，坚定中华文化自信。

第一节　中国饮食文化的区域性

中华民族饮食文化的形态特征具有食材选取的广泛性、进食心理的丰富性、肴馔制作的灵活性、区域风格的传承性和各区域间文化的通融性五大特性。其中涉及有食物原料生产、加工、利用，饮食思想、习惯、心理，肴馔制作工艺特点、传统，文化风格的历史成因、区域分野，区域间食文化的交互作用等民族食生活、食文化的诸多领域。

一、中国饮食文化圈的概念

“文化圈”理论是德国民族学家格雷布纳（Graebner Robert Fritz，1877~1934）首先提出的，此后又在地理学、历史学、文化学、社会学、民俗学等学术领域获得认同或借用。

饮食文化圈[①]是由于地域、民族、习俗、信仰等原因，历史积淀形成的具有独特风格的饮食文化区域。十二个饮食文化圈突出表示了中国饮食文化的区域性差别，每个饮食文化区是具有相同饮食文化属性的人群和其所共同生息依存的自然与文化生态地理单元。

中国饮食文化研究所所长赵荣光用十二个饮食文化圈表示中国饮食文化的地区性差别，涵盖了绝大多数的国土，是较为全面的论述，就此而言饮食文化圈与菜系说两个概念不能混为一谈。这十二个饮食文化圈是：东北地区饮食文化圈、京津地区饮食文化圈、中北地区饮食文化圈、西北地区饮食文化圈、黄河中游地区饮食文化圈、黄河下游地区饮食文化圈、长江中游地区饮食文化圈、长江下游地区饮食文化圈、东南地区饮食文化圈、西南地区饮食文化圈、青藏高原地区饮食文化圈、素食文化圈。

中国饮食文化是中国人民全体共同创造和承载的，其形态与内涵都是历史发展的结果，也都是有条件的历史存在。每个饮食文化圈不应当被简单理解为实际地理域，因为在所谓的边界区域上相互的融合影响和紧密联系反而是最大特点。饮食文化圈所代表的饮食信息是一种传播能力很强的文化，是不受政区地理界限限制的。

---

① 中国饮食文化史，赵荣光著，上海人民出版社，2014 年 5 月第 2 版

二、中国饮食文化圈的特点

1. 东北地区饮食文化圈

东北地区饮食文化圈包括辽宁、吉林、黑龙江三省全部及内蒙古自治区赤峰、通辽、呼伦贝尔在内的一个饮食文化历史区域。东北地区土地肥沃，草场优良，平原广阔，五谷杂粮与山货水产都很丰富，但冬季寒冷漫长。历史上这片土地长期生活着满族、蒙古族、鄂伦春族、朝鲜族等少数民族，游牧狩猎是他们的主要生活方式。

人们好食炖菜，摄取高热量的动物脂肪，以御寒冬。由于缺少新鲜蔬菜，当地人有吃生肉、葱蒜、冻食和腌菜的习惯，吃生肉、冻菜、冻水果可帮助补充维生素；葱蒜可以帮助消化杀菌，消除吃生肉的不良后果；寒冷的气候使冬季缺少新鲜蔬菜，腌菜、泡菜、酸菜占了很大比重。自清中叶以后，关内大量移民涌入东北开荒垦殖，农业取代游牧和采集业成为主要生产方式。整体口味特点为咸重、（葱蒜的）辛辣、生食。

2. 中北地区饮食文化圈

中北地区主要指以内蒙古为中心，包括毗邻的东北三省、宁、陇、青、新等省区局部在内的畜牧业地区，在东北和西北地区都有较深的文化交叉。中北地区饮食文化圈是一个在历史上地域文化变化变量较大，又较频繁的饮食文化区位，是以游牧和畜牧为主要生产方式的草原文化类型。人们普遍喜食畜肉、奶制品，口味以咸重为主，几乎不吃蔬菜；喝热奶茶，畅饮烈酒。整体而言，物产单一，膳食结构不够合理。自元以后，一些地区发展屯田，时至今日汉文化的影响已十分明显。农区以粮食为主，奶食为辅；牧区仍以牛羊和奶食为主，粮食蔬菜为辅。

3. 西北地区饮食文化圈

西北地区饮食文化圈以新疆地区为主，并兼及陇、青等省区邻近地带，构成了西北地区饮食文化圈。西北地区的饮食文化受自然环境和宗教因素的影响非常明显，丝绸之路文化在中西交流历史上的作用、地位及中亚和西方文化在这里都有积淀。

西北地区有优良的天然草场，从西汉至清朝中叶，这里基本上以畜牧业为主，农业种植香辛料较多。食物结构较简单，过去基本不吃蔬菜，但人们爱吃烤肉，佐以孜然、辣椒粉等调味品，口味咸重。

西北地区地广人稀，少数民族众多，伊斯兰教在唐末至北宋时期成为这里的主要宗教，这对当地人的食物禁忌、进食礼仪等都产生了深刻的影响。中华人民共和国成立后，由于农业比重的增加，粮食蔬菜成了日常食物，饮食结构发生了一些变化，整体口味以咸为主，辅以适当的干辣（椒）和香辛料。

4. 黄河中游地区饮食文化圈

黄河中游地区饮食文化圈大致包括陕、晋大部以及豫、陇、青、宁等省区在饮食文化风格上较接近的地带。这一地区的史前文化十分灿烂，广泛分布有马家窑文化、齐家文化、仰韶文化、龙山文化等。夏、商、周的文化中心区域也在这里。可以说，北宋以前黄河中游地区（如西安—洛阳—开封一线）一直是中国文化的中心地带。这里农业开发最早也最完善，各种牲畜和谷物都有，属于五谷杂粮并食区，家蔬野果等植物性食物也十分丰富。但由于过度开发，土地承载力逐年下降，加上各种灾害、战乱，使得这一地区的饮食文化除了少数上层社会的奢侈消费外，大多数人们仍保持节俭朴素的生活传统。

黄河中游地区的面点小吃品种繁多、极具特色，尤以陕西、山西最具代表性。陕西小吃多反映关中人的厚道和豪放，如油泼辣子、面条像腰带、烙饼像锅盖、羊肉泡馍的海碗如盆等。山西面食则品种繁多，素有“一面百样吃”之誉，用料广泛，制法多样。整个黄河中游地区口味强调酸辣、味重，但又比东北和中北地区稍淡。

5. 京津地区饮食文化圈

京津地区饮食文化圈是以北京、天津两大中心城市为重心，包括其日常食生活赖以依存并同时受其经济文化直接辐射影响的周围地区。京津地区，自北京人、山顶洞人的最初开发以后，经仰韶文化、龙山文化的积淀和三代时期燕、蓟的发展，到西汉时期已是“南通齐、赵，东北边胡，上谷至辽东，地踔远，人民希”（《史记·货殖列传》）的一个经济文化都会。自元明清三代以来，蒙古人、汉人、满人先后在此建都，北京成为政治、经济、文化中心。天津是漕运、盐务和商业发达的都会，与北京共同构成经济一体和京畿文化。

古代京城聚集着诸多衙属、官吏、驻军、乐医百工、普通市民，汇聚了众多民族，形成了五方杂处的局面，因此饮食的层次性和变化性也特别明显。从皇宫御膳、贵族府宴到市井小吃，形成了全国特有的层次性饮食文化，政治经济对饮食风格的影响远超自然环境。食料以周边地区为主，辅以全国各地精华物产。北京菜品种类复杂多元，以满汉全席达到极致，口味以咸香为主，兼容并蓄八方风味。

6. 黄河下游地区饮食文化圈

黄河下游地区饮食文化圈大致包括山东以及晋、豫、冀、皖、苏部分地区，属于齐鲁文化圈，有着丰富的历史文化积淀，受儒家思想影响至深，饮食讲究平和正统、大味必淡的至味境界。山东半岛食料广泛、水陆杂陈、五谷蔬果、鱼盐海味等都很丰富，为其成为四大菜系之一提供了基础。山东百姓爱吃煎饼和玉米饼子，卷葱抹酱，或以蒜泥拌生菜，别有风味。山东大葱蘸酱的吃法后来也被上层社会和宫廷所接受。无论富贵贫贱之家，每饭必具葱蒜，具有典型的山东特色。因此，区域整体口味特点为咸鲜、味正、葱蒜的辛辣。

7. 长江中游饮食文化圈

长江中游饮食文化圈在区域上大致包括鄂、湘及赣大部。长江中游地区以丘陵、低山和平原为主，境内河网交织，湖泊密布，雨水充沛，四季分明，气候温暖湿润，稻米水产和畜禽果蔬都很丰富。这里深受楚文化的影响，但经过2000多年的发展，其内部又形成了江汉文化和湖湘文化，表现在饮食文化上也各有侧重。

湖南的口味偏重于酸辣，以辣为主，酸寓其中。湖南多山区和僻湿之地，常食酸辣之物有祛湿祛风、暖胃健脾之功效。而且，由于古代交通不方便，海盐难于运进内地山区，人们爱以酸辣之物来调味，因而养成了偏爱酸辣的饮食习惯。江西与湖南的饮食口味较为接近。而湖北"九省通衢"，淡水鱼虾资源丰富，形成了饭稻羹鱼的特色，口味也以咸鲜、微辣为主。平原地区吃辣程度不如山区强烈。整体而言，口味为酸辣和微辣，但辣的程度不如西南地区。

8. 长江下游地区饮食文化圈

长江下游饮食文化圈大致范围包括苏、浙、皖大部，沪、赣局部等地区。河姆渡文化、马家浜文化、良渚文化、青莲岗文化、印纹陶文化等都是这一区域辉煌史前文明成就的代表。长江下游地区是我国著名的鱼米之乡，河湖密布，稻米水产丰富。战国时期形成地域特色鲜明的吴越文化，并深受其影响。自三国孙吴政权后，人们已有喜爱甜食的习惯。唐宋以后，中原经济文化中心向该地区转移，到明清时已成为最繁荣的地区，发展出扬州、南京、苏州、上海、杭州等许多不同的饮食风味。

本区域饮食强调精致细腻，注重色形味质，讲究饮食环境的韵味，擅长糕点小吃制作，瓜果雕刻技冠全国，多有灵气，给人物质和精神上的双重享受。长江下游的淮扬菜是我国四大菜系之一，口味清淡、适口，强调原料的本味，主料突出，刀工精细，肉类菜肴名目繁多，居各地方菜之首。

9. 西南地区饮食文化圈

西南地区饮食文化圈主要包括滇和桂、黔、川的大部。西南地区除了四川盆地等历史上开发较早的发达农业地区以外，大部分地区是高山峡谷，地域封闭，交通不便，不同地区的文化联系也很薄弱，中国有一半以上的少数民族分布于此。

西南山区土地贫瘠，粮食产量较低，在坝区和河谷地带多种稻米，山上以玉米为主。由于种植业不发达，人们在食物原料上的禁忌很少，也吃一些昆虫。这里空气潮湿，瘴气四溢，为了散寒去湿、避辛解毒、调味通阳，西南地区的人们自古以来就爱饮酒和吃辛香刺激之物，如花椒、茱萸、生姜等。尤其是在辣椒传入西南地区后，人们对辣椒和花椒的应用更为普及。

四川盆地自然环境较为独特，冬暖春早，物料丰富，巴蜀文化发达，川菜也是我国四大菜系之一。巴蜀“好滋味”，调味丰富；“尚辛香”，嗜好辛香刺激之味，这点与西南其他地区相似。历史上的湖广填四川促进了川菜的繁荣，尽管西南地区不同地方的饮食各有特点，但口味总体上以麻辣、酸辣为主。

10. 东南地区饮食文化圈

东南地区饮食文化圈大致包括闽、粤、台、琼以及浙、赣、湘、桂局部，以闽粤为中心。东南地区多丘陵，临海且雨水充沛，蔬菜、水果、海产、畜禽都很丰饶。这一地区以稻米为主食，重鲜活，口味清淡，多咸鲜滋味，尚茶饮和汤羹，蔬果与海产比重高，俗尚食事。我国四大菜系之一的粤菜源于此地。东南地区的饮食文化具有明显的商业性，讲求高档稀贵，爱食稀奇野味。其中香港、澳门、台湾等地受西方饮食的影响较为明显。

11. 青藏高原地区饮食文化圈

青藏高原地区饮食文化圈是以青藏高原为基本文化区域范围，即西藏自治区全部及青、川、陇、滇等省份毗邻或文化接近的部分地区。自唐朝吐蕃王朝时形成了藏文字和藏传佛教，其独特的地域环境和文化决定了青藏高原饮食文化的基本内容和风格。

青藏高原地区为高寒地区，以农牧业为主，广泛种植青稞、大麦等作物，蔬菜与水果的比重不大。当地主食为糌粑、牛羊肉及各种面食，生冷食物的比重较高，因而人们酷爱喝酥油茶，以适应高原地区的寒冷。由于受宗教文化的影响，人们在饮食上有特有的禁忌和仪式，比如不吃鱼、餐前诵经等。整体口味为咸重、微辣、多辛香。

12. 素食文化圈

素食文化圈不是一个地理单元，主要形成于东汉以后直至南北朝的数百年间，激烈的政治动乱和频繁的战乱使民众食难果腹，而长久处于“蔬食饮水”的标准素食状态。与此同时，佛教在中原地区迅速兴盛和普及，众多皇亲贵胄等对素食主义身体力行、极力倡导，使得素食的饮食概念逐渐常态化。近现代随着人们对饮食、健康、环保等话题的关注，世界上的素食人群也开始急剧增加。

第二节　中国饮食思想的形成与发展

中国饮食文化是中国人在长期的饮食实践活动中创造出来的物质财富和精神财富的总和。从人类文化的价值表现看，作为一种文化，首先应该是民族的，然后才是世界的。“夏商周断代工程”和“中华文明起源与早期发展综合研究”通过对全国范围内众多古文化遗址的考古挖掘和调查，以丰富的考古资料证实中华文明的起源和早期发展是一个多元一体的过程，在长期交流互动中相互促进、取长补短、兼收并蓄，最终融会凝聚出以夏代中晚期河南洛阳偃师二里头文化为代表的文明核心，开启了夏商周三代文明。在此基础上，中国饮食文化是一个以汉族饮食文化为主体，与其他民族饮食文化相互兼容的大体系。中国菜的食源广、菜品多、技巧高，中国文化传承久远、内涵深博。中国饮食文化发展至今不仅经受了时间的检验和选择，也经历过多次民族大融合，因而具有鲜明的民族特色、旺盛的生命力和强大的融合力。

一、中国饮食思想的萌芽与奠基

1. 重农

夏商周时期，虽然生产力水平有限，但统治者对农牧业都非常重视，不仅通过问卜、祭祀等活动祈求丰收，更能亲自参与耕种以示重视。如殷墟卜辞中问收成的“受年”“受禾”数量最多，农业方面的祭祀活动也非常频繁，祭祀中所用的牛、羊、猪常要几十甚至几百头。周代对农业生产的重视程度更甚，在每年初耕时周天子会进行“耕藉礼”，亲自下地扶犁耕田，而农奴的集体劳动规模可以万人计。此时，由于青铜器的普遍使用，生产力逐步提高，农牧业已经粗具规模。春秋战国时期是我国历史上的大变革时代，各诸侯国为了富国强兵，都优先发展农耕，“强本”“利农”思想非常普遍。齐国国相管仲在《管子》中云：“农事胜则入粟多，入粟多则国富”。战国时期，普遍推广铁农具和牛耕，大量开垦荒地。

2. 食疗

食疗思想产生，饮食卫生问题得到重视。夏商周时期宫廷普遍设立食官，配置御厨，周代还为周天子配置“食医”，在宫廷专门统筹管理饮食（《周礼·天官》。食医主张对待疾病要用饮食疗法，而“疾医”也认为应以“五味、五谷、五药养其病”。战国时期，我国第一部医学理论专著《黄帝内经》问世，其中有许多关于食物治疗疾病的记载，同时指出饮食要有节制，才不至于损害肠胃，主张粮食、蔬菜、肉类搭配食用。认识到根据自身特点及相生相克关系，对烹饪原料进行季节性的合理搭配。《礼记·内则》云："脍（炒肉丝），春用葱，秋用芥；豚，春用韭，秋用蓼；脂用葱，膏用薤；三牲用藙，和用醯，兽用梅。"这些理论和实践为中国食养食疗理念奠定的基础。

3. 重礼

中国饮食文化形成阶段主要奠定了中国食礼规定下的饮食结构。《周礼》一书约成书于战国，相传为周公旦所撰，详细记载了周王朝的官制。据统计，负责周王室饮食的官员多达 2000 余人，占整个周朝官员总数的近 60%。如"场人"兼管天子的园圃，专职从事蔬菜种植的人称为"场师"或"老圃"；"兽人"是专门负责天子狩猎时所捕获禽兽的人，这些猎物生则畜养，死则储藏以供祭祖和招待宾客；"内饔"掌管王者与后世子的肴馔切割、烹煮、调味、装盘、上菜和陈列鼎俎；"外饔"掌管祭祀、宴会宾客和慰劳将士的割烹和肉食供应。

《周礼·天官·浆人》中指出每餐分别由"食"和"饮"构成，"食"为主食，"饮"分为"水、浆、醴、凉、医、酏"。此时，社会阶层与饮食规格相对应，士大夫以上的阶层除"食""饮"外，还有以牲肉烹制的"膳"。人与人、国与国之间的交往日渐增多，饮食宴会给人际关系带来的亲和性受到认可，饮食在果腹之外的文化交流色彩日益明显。人们席地而食，且西周礼制规定天子用席五重，诸侯三重，大夫两重。这种席地而食的方式延续了很长时间，且席子要铺得有规有矩，否则"席不正，不坐"（孔子），"席不端弗坐，割不正弗食"（《墨子·非儒》）。席前可摆放长方形或圆角长方形小案，放置食物或酒水。山西襄汾陶寺新石器时代晚期文化遗址中就有俎案出土。这些长约 1 米、宽约 30 厘米的小食案也是当时分食制的体现。

根据考古发现，商周时期人们的进食方式是手抓与使用餐匙、餐叉和筷子进食并存。餐匙在古代被称为"匕""柶""匙"，是用来辅助进食饭和粥的餐具。与餐匙一样，新石器时代文化遗址中还出土有骨叉。骨叉被认为是先秦时代上层社会的专用品，用于辅助进食肉类，在普通民众中并无用处，因而也不流行。最早的铜箸出土于殷墟墓葬，由于体积较大被认为是一种烹饪工具，或者被认为是一种祭祀的礼器，因为献祭的食物应避免用手直接接触。类似于现今的筷子被认为出现于春秋时期。

4. 饮食哲学

春秋之后是中国思想史上空前活跃的时期，诸子百家的思考涉及宇宙、社会、人生的各方面，从饮食问题出发思考人生问题、社会问题和政治问题的也非常多。此时，儒家和道家都从不同的角度肯定了人对饮食的合理要求，如“口至于味，有同嗜焉”（《孟子》），“心平愉则疏食菜羹可美”（《荀子》），“五味使人口爽”“恬淡为上，胜而不美”（《老子》）。

二、中国传统饮食文化中的五重理念

李曦在《中国烹饪概论》一书中曾将中国的饮食文化归纳为重食、重养、重味、重利和重理5个方面，这是对我国民族食文化表征的典型概括。学习时，应注意将表征与理论相结合，深刻理解中国传统饮食文化的成因。

1. 重食

中国国土面积广阔，物产多样，但同时，却也因人口稠密导致人均资源非常有限。一些地区耕地面积不多，生产条件恶劣，如黄河流域的土壤易于板结和水土流失，故农业生产效率不高。另一些地区的经济开发较晚，如江南经济开发是在东晋以后，岭南的经济开发是在唐代以后，东北的农业开发则是在晚清以后。为此，先人对食源进行了广泛大胆的尝试，除了尽力寻找新食源，同时还不断丰富食物的储存方法，发明了腌渍、风干、熏、腊等方法，由此衍生出许多创新食品，如腊鱼、腊肉、熏肉、风鸡、榨菜、霉干菜、香肠、火腿、冬菜、八宝酱菜、甜酱、咸酱、各色腐乳等。

一个民族食生活原料利用的文化特点，不仅取决于生存环境中生物资源的存在状况，同时也取决于该民族生存需要的程度及利用、开发的方式。中华民族食生活充分体现了自然和人工培育食物原料的广泛性，人们加工利用这些原料的最大可能性。中国饮食文化重食的传统和观念，正是在人口比例失调引起的长期食物缺乏和饮食资源的艰难开发中逐渐形成的。因此，“民以食为天”也是中国历代具有民本思想的统治者们重视和强调的治国根本。

我国具有悠久的农耕文明，农业的产量直接影响国计民生。历朝历代自上而下也将农业当作万物之本，并通过祭祀农神来表达对农业丰收的祈愿，是古人朴素哲学观的表现。每年立春后，帝王都会亲自进行扶犁耕田的示范，以号召全体国民积极春耕劳作，鼓励农业发展。这块由皇帝耕作的田被称为“演耕地”，皇帝的示范活动被称为“亲耕礼”或“耕藉礼”。根据对甲骨卜辞的研究，发现商代已有亲耕礼；对西周早期鼎内铭文的研究，发现此时亲耕礼的规制已比较完备；据战国《穀梁传·恒公十四年》记载，皇帝在春耕时期会亲自耕田以供奉农神。皇帝亲耕礼在历朝一直延续，并在明清时期表现得更加具体化和丰富化。洪武二年（1369年），朱元璋在南京南郊建造先农坛，每年祭祀农神并亲自耕田。永乐十八年（1420 年），朱棣仿造南京先农坛的规制，在北京正阳门南端西侧建造山川坛。万历四年（1576 年），山川坛更名为先农坛，清代继续沿用。清代皇帝十分重视亲耕礼，雍正年间甚至会在亲耕礼之前在丰泽园进行预演。

此外，祭天作为人类祈求神灵赐福禳灾的一种文化行为，曾是中国古代先民生活中的重要组成部分，绵延数千年。明清两代皇帝每年也会在北京天坛祭天和祈求五谷丰登。天坛（Temple of Heaven：an Imperial Sacrificial Altar in Beijing）于 1998 年被列入《世界遗产名录》。

2. 重养

中国人的重养是以重食为基础而产生的。养者，养生也，即通过养的方式以求得人体保持健康状态并达到长寿的最佳效果。中医认为"药补不如食补"，因而食养是最基本的养生。如若说重食的目的是为了生存，那么，重养则是追求生存的质量。

视频资源：重食与重养

尽管养生是古代上层社会的生活内容，但作为一种观念，它已无孔不入地渗透于社会的各个阶层之中，特别是在现代社会。中国人由"重养"衍生出了"药膳""食疗"等概念。我国传统中草药是以天然植物、动物和矿物的原形式入药，其中许多药物品种本来就是可食之物，如茯苓、芦根、茶叶等，因而又有"药食同源"的说法。在中医"辨证施治"的理论指导下，将中药与食物搭配起来，用传统的饮食烹调技术和加工方法，制成色香味形效俱佳的膳食。总体而言，膳食中的"养"一方面是指用药膳来调理身体疾患，另一方面是指针对个体需要持续供给缺失的营养素，以合理膳食、均衡营养、增强体魄、恢复健康，实现饮食的营养、保健两大功能。

3. 重味

中国人一向注重食味，并一直把味作为衡量美食的第一标准。中国古代将烹饪风味流派称作"帮口"。口者，即口味，是区别不同风味流派的重要标准。就低级的生存需求而论，有食不必有味，但对高级饮食生活而言，重味必出美食。故在中国有"食为味之本，味为食之魂"的说法。

中国饮食文化在发展历程中，形成了以"齐和"为基本发展规律、以"中和"为基本美性特征的文化模式。和，就是调和，是调制美味的过程。中国烹饪讲求"五味调和百味香"，因而味道间是相存相依的关系。至于品味，这在中国也是一门审美艺术。品味不但要品食之味，而且要品环境、人事之味等。

4. 重利

此处的“利”表示吉利，在饮食中追求吉利，表现了国人求福避祸的民族心态。在中国饮食文化中，无论是宫廷菜、官府菜，还是寺院菜、市肆菜，“重利”重点表现在食物选材和菜肴命名上。春节的酒席上，江西奉新大获岭一带的农家必上两道菜，一道是“长吉”，即白糖拌柑橘；一道叫“有余”，即油炸鲤鱼。在扬州，人们过年时必吃两道炒菜，一道是“安豆”，即豌豆苗，寓意“平平安安”；一道是“路路通”，即水芹菜，寓意“心想事成，万事如意”。又如“子孙饽饽”“长寿面”“消灾饼”“发糕”等米面食品，其名称无不流露出老百姓祈福禳灾的心理。

视频资源：趋吉避凶

在全国许多地方，将对食物的命名与老百姓祈福纳祥的愿望直接联系在一起更是普遍现象。在江西的农村，猪头被称作“神户”；猪舌头被称作“招财”；猪耳朵被称作“顺风”。这种叫法，最初与祭祀有关。至今，猪头仍然是民间过年或祭祖的重要供品。在浙江沿海地区，猪头被称作“利市”，猪舌头被称作“赚头”。而广东人的筵席上也常见“烤乳猪”，因烹制后上席的小猪保留了头、尾、手、脚，而取意“十全十美”，颇受欢迎。

5. 重理

中国古代的哲学家和思想家对人类饮食生活的理性思考是中国饮食文化中“重理”的重要体现，主要表现为对饮食问题的哲学思辨和道德规范。这与西方烹饪理论和烹饪哲学有着巨大的差别。

以《国语·郑语》中的一段话为例，“是以和五味以调口，刚四支以卫体，和六律以聪耳，正七体以役心”“声一无听，物一无文，味一无果，物一不讲”，大意是讲酸甜苦辣咸可满足人们的口味，四肢强健则保身体康泰，六种音律协调则悦耳动听，七窍顺畅则可辅导心智。由此古人认为多种因素相互配合可组成新的事物或达到更理想的效果。与之相反，如果只有一种声音则无法成就动听的音乐，只有一种颜色则无法成就缤纷的景象，只有一种味道也无法成就美味。古人以此强调百家争鸣，和而不同的观念。

《左传·晏婴论和与同》：“和如羹焉，水、火、醯、醢、盐、梅，以烹鱼肉，燀执以薪，宰夫和之，齐之以味，济其不及，以泄其过。君子食之，以平其心。君臣亦然。”晏子在这里强调：和谐就像做肉羹，用水、火、醋、酱、盐、梅来烹调鱼和肉，用柴火烧煮。厨工调配味道，使各种味道恰到好处；味道不够就增加调料，味道过重就用水冲淡一下。君子吃了这种肉羹，可平和心性。国君和臣下的关系也是这样。

除了从哲学的角度讨论饮食活动，古人还喜欢从道德修养（礼）的角度对人的饮食行为加以思考和规范。其中最著名的是《论语·乡党》中孔子倡导的“食不厌精，脍不厌细”“席弗端不坐”“割不正不食”“色恶不食”等。

三、中国饮食文化的理论基础

中国菜的食源广、菜品多、技巧高，发展至今经受了时间的考验和选择，成为中国文化的一种重要且鲜活的表现形式。味是感觉，为表象；道是思想，为内涵。食思想在漫长的历史过程中逐渐成为中国文化思想中的一个独立分支，造就了丰富多彩的中国饮食文化（见图 3–1）。

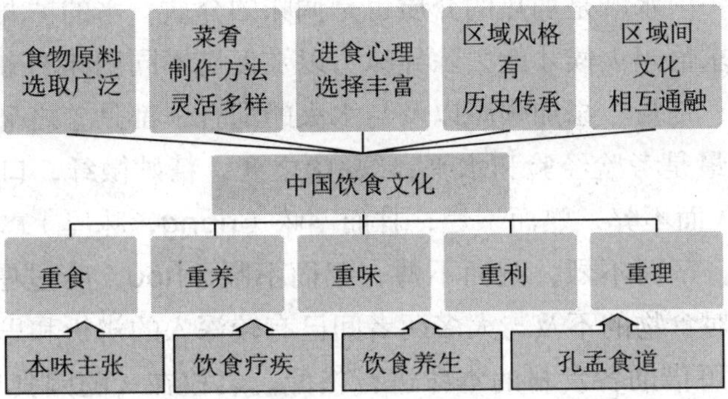

图 3–1 中国饮食文化特征与理论基础

1. 本味主张

“本”含有探求“本源”之意，“味”即原料的天然味性。本味主张可引申为注重讲求食物的隽美之味，这是中华民族饮食文化很早就明确并不断丰富发展的一个原则。所谓“味性”，具有“味”和“性”两重含义，“味”是鼻、舌等器官可以感觉和判断的食原料的自然属性，按照现代研究成果说就是由食物挥发出的醇、醚、酮、酯、酚、萜和烯等化合物的气味；而“性”则是人们无直接感觉的物料的功能。中国古人认为“性”源于“味”，故对食物原料的天然味极其重视。而“味”除了可表味感，即某种物质刺激味蕾所引起的感觉，还包含有触感，即指食物含在口中的感觉。如《吕氏春秋》中讲，“若人之于滋味，无不说甘脆”，甘是味感，而脆则是触感。

视频资源：中国饮食文化特征与理论基础

视频资源：本味主张

《礼三本》中说：“大飨尚玄尊，俎生鱼，先太羹，贵饮食之本也。”其中，“玄尊”即为清水，“太羹”是不具五味的肉羹。在祭祀和隆重的宴会上，“太羹”势必会摆放在重要位置，因为在宗法社会中敬天法祖必须是意识形态的出发点和核心，引用到食物即为本源本味。当然，这种“礼学”范畴的“本味论”并不能广泛应用到日常生活中。苏轼的《菜羹赋》序言中说：“煮蔓菁、芦菔、苦荠而食之。其法不用醯酱，而有自然之味。”这时他连番被贬，家境贫穷而只能煮蔓菁、荠菜食用，不加佐料而夸其有自然的美味，又是典型苏式苦中作乐。所以这种完全不调味的“本味论”在日常生活中只能是小范围偶尔为之。

日常的“本味主张”更多是一种“变味论”。《吕氏春秋·本味》集中论述了“味”的道理，“凡味之本，水最为始，五味三材（水、木、火）相互影响，多次混腾，多次变火，可用火调节，时用猛火，时用文火”，强调调水、火候、齐（调料的剂量）的统一。水既是加热的介质也是调味的介质；水的“九沸九变”是区分火候的变化，讲求恰当火候才能去除异味，以及促进不同调味的融合；调料的配伍也是如此，种类、剂量、添加顺序以及与水火的配合，都是差之毫厘失之千里。烹调过程中的适度最是考验经验和水平，“鼎中之变，精妙微纤，口弗能言，志不能喻”，要做到“久而不弊，熟而不烂，甘而不哝（nóng，味厚），酸而不酷（烈），咸而不减（涩），辛而不烈，淡而不薄，肥而不睺（hóu，味过厚）”需要长时间反复练习。人们对食物的不及与太多两者间已有较深入的辨析和思考。调味除了可以借助香料，也可借助各食材的本味进行搭配。袁枚在《随园食单》中记载：“求香不可用香料”“一物有一物之味，不可混而同之”“一碗各成一味”“各有本味，自成一家”。袁枚记录的却并非菜肴烹制不加调料，而是指调和加味后还能保持各食材原本之味，是一种讲究保持原味基础上的“调剂之法，向物而施”的“变味”理论。

《本味》篇是对先秦烹调实践和理论的总结，为中国烹调理论发展定下了基调，即本味主张涵盖有食物原料的自然之味、调味品的相互作用和变化、水火对味的影响等，体现了人们对清除食物原料中的恶味、调和隽美味性的追求与认识水平。数千年来，中国食文明中对味的追求从未停歇，可谓精益求精、变化无穷，其中又以川菜为最，有“食在中国、味在四川”“一菜一格，百菜百味”的赞誉。中国饮膳中的“味”正是中国饮食文化中最突出的特色。

2. 饮食疗疾

上古的采撷实践中，先人逐渐注意到部分食物的功能超出了普通食物的充饥之用，由此派生出了中国“药食同源”的认识与实践，并逐渐成就了特色的“医食合一”等医药学理念。贾思勰《齐民要术》、李时珍《本草纲目》中记录的药物大多是人们正在吃的或曾经吃的食物，而人们吃的食物也总是被赋予某种药性。随着社会发展，人们对食、药的区别与联系认识更为深刻，食疗理论和食疗专著更加丰富。晋代葛洪精习医术，编撰医书《玉函方》，又把方便的经验方编撰为《肘后要急方》，用以救急。南朝陶弘景是著名药学家，所著《本草集注》，把原来的《神农本草经》中的365种药物增加了一倍，对每种药物的性能、形状、特征、产地都加以说明。

唐代出现了多部有关食疗的专著，如孙思邈《千金要方》中的食治篇和《千金翼方》中的养老食疗，孟诜、张鼎《食疗本草》，昝殷《食医心鉴》等，这些著作已将食疗和药疗分得清清楚楚，食能治病亦能致病，书中明确食疗的辅助性作用，论述了通过饮食治疗疾病的一般理论、食品类药物及其治疗范围、饮食治疗的基本方法等，奠定了中国食疗保健学的基础。食疗为先的原则最早是由孙思邈提出的，他主张医生诊病“当须先洞晓病源，知其所犯，以食治之，食疗不愈，然后命药”。孙思邈肯定了“救急之速，必凭于药”，明确药物性有偏颇只宜救急的医学原理，劝诫人们“人体平和，惟须好将养，勿妄服药”，肯定食性平和、食疗为先为辅的原则，这是对传统“药食同源”“药食同用”认识局限性的突破。孙思邈采用药物和食疗两种方法治病，对食疗保健学的发展起到很大的推动作用。此后历代皆有食疗专著，如《养老奉亲书》《食物本草》《日用本草》《食物本草》《食鉴本草》《调疾饮食辨》等，都是我国饮食文化中的宝贵财富。唐代食疗的形式也从常规的羹、粥、汤类拓展到浆、乳、饮、饼、点心、菜肴等更多品类，药膳、药酒也陆续出现。

3. 饮食养生

青春、健康、长寿被认为是中国传统文化中饮食养生所追求的重要目标。饮食养生的思想正是源于食医同源的认识和食医合一的思想与实践，是中国饮食思想中最独特的文化理念。但饮食养生与饮食疗疾是完全不同的概念，前者是旨在通过特定意义的饮食调理达到健康长寿目的的理论和实践，后者是针对已发疾病的医治行为。严格来讲，饮食养生也不同于一般意义上的饮食保健。

我国古人历来重视饮食养生，最迟在周代，王宫里开始出现有食医制度。据《周礼·天官·食医》记载“食医，掌和王之六食、六饮、六膳、百羞、百酱、八珍之齐”。食医，虽管膳食却非厨师，而是掌管食、饮、膳、羞之间的调和，以及饮食与五味、气候、季节搭配的医官，所谓“春多酸、夏多苦、秋多辛、冬多咸，调以甘滑”，相当于现代的营养师。当时人们认为春天多吃酸味食品，夏天多吃苦味食品，秋天多吃辛味食品，冬天多吃咸味食品。但无论哪一季节都要以甘甜滑润的食品加以调和食用，以润肠通便。至于肉食与主食的配合则遵循牛肉配粳米饭食用，羊肉配黏黄米饭食用，猪肉配高粱米饭食用，狗肉配小米饭食用，鹅肉配麦饭食用，鱼肉配菰米饭食用。这些配搭的科学性虽无从证实，但2000多年前古人对饮食养生的重视和理解已初见端倪，食医职司的原则具有超越等级界限和历史时代的重大意义，是国人对饮食的一次重大认识飞跃。

视频资源：饮食养生思想和实践

先秦时期，老子、庄子就倡导“吐故纳新”的“导引”气功来帮助健身长寿。《吕氏春秋》记载：“凡养生，莫若知本，知本则无由至矣。”“凡食之道，无饥无饱，是之谓五藏之葆。口必甘味，和精端容，将之以神气。”是指大凡饮食应既不要饿肚子也不要吃得过饱，如此可使脾、肺、肝、肾、心五脏得以安适；“饮必小咽，端直无戾”，是指饮食一定要一点点慢咽，食物也端正地进入食道才不会伤害人体。《吕氏春秋》一书可视为我国饮食养生思想的荟萃，但我国饮食养生思想的明确乃至成为一种社会性的实践活动是在汉代以后。

两汉时期，为饮食养生的独立发展创造了必要的社会条件。当时经济发达，贵族生活较为悠闲，政治上推崇老庄思想，贵族阶级中仙道之风盛行，道家思想逐渐向宗教化演进。道教与道家是不同的，道家是学问，是哲学思想流派，创于春秋战国，而道教是宗教，创于东汉末年。道教是指在中国古代宗教信仰的基础上，承袭了方仙道、黄老道和民间天神信仰等大部分宗教观念和修持方法，逐步形成的以“道”作为最高信仰，并以老子的《道德经》等为修仙、修真境界主要经典，追求修炼成为神仙的一种崇拜诸多神明的多神教原生的宗教形式。

道教崇尚自然，重生恶死，追求长生不老，认为人的生命可以自己做主，而不用听命于天，认为人只要善于修道养生，就可以长生不老，得道成仙，秉持“道法自然”的饮食原则。许多道教徒如葛洪、陶弘景、孙思邈等都是著名的医药学家。孙思邈主张饮食卫生，主张多餐少吃，细嚼轻咽，饭后行数百步等。又如“饮食有节，起居有常”“不欲极饥而食，食不过饱，不欲极渴而饮，饮不过多，凡食过则结积聚，饮过则成痰癖”等，都是从饮食习惯角度提出的养生长寿之法。生活上主张清静无为，认为“先除欲以养精、后禁食以存命”，于是产生了许多修炼方法，如炼丹、服食、吐纳、胎息、按摩、导引、房中、辟谷、存想、服符和诵经。

《黄帝内经·素问》一书中记载“毒当攻邪，五谷为养，五果为助，五畜为益，五菜为充，气味合而埌之，以补精气”为理想的膳食模式。按照现代营养学分析，谷物含有丰富的碳水化合物和纤维素，是人体热能的主要来源，这种膳食结构模式和西方以动物性食物为主食的膳食结构模式相比，其人群的心、脑、血管性疾病，高血压、糖尿病、癌症等“现代文明病”的发病率明显低得多。五畜是指动物性肉食，每天进食适量的肉、蛋、奶、鱼等食品，有利于儿童发育、生长，有助于孕妇和哺乳期妇女的营养补充，有利于营养缺乏及体衰病人恢复体质。果蔬中含有人体必需的大量维生素和矿物质，与人体新陈代谢关系密切。杨上善也指出，“五谷、五畜、五果、五菜，用之充饥，则谓食，以其疗病，则谓之药。是以脾病宜食粳米，即其药也；用饥虚，即为食也。故但是入口资身之物，例皆若是。此谷畜、果、菜等二十物，乃是五行五性之味，脏腑血气之本也，充虚接气，莫大于兹，奉性养生，不可斯须离也”，充分强调了饮食在养生中的重要作用。五谷、五果、五畜、五菜的膳食配伍原则正是中华民族膳食结构的指导思想。

唐代的医学家们在孙思邈“安身之本，必资于食”“不知食宜者，不足以存生也”的思想影响下，对前代流传下来的饮食养生经验进行了全面总结，使中国古代的饮食养生术更为全面、系统，包括合理膳食、平衡食味、明察食性、饮食有节、因人而膳、因时而膳、因地而膳、讲究饮食卫生、不可过度饮酒。

4. 孔孟食道

孔子对饮食问题非常重视。他的饮食观完整而自成系统，涉及饮食原则、饮食礼仪、烹饪技术等多方面，为我国的古代饮食理论拓展了思维空间。但孔子等人却是一生恓恓惶惶，奔走列国，食生活消费水平不高，甚至可以说是“饭疏食饮水”简陋粗糙，这不仅是由于他们的消费能力所致，更是他们“君子凛道不谋食”“忧道不忧贫”的准则所致。奢华繁复的生活会消磨人的意志，不利于孔孟二人宏道济世的伟大事业。孔子的饮食思想是根植于他对人生意义的深切理解之中的，而他的食生活实践，则严格受制于他自我约束修养的规范之中。所谓孔孟食道，严格来说即春秋战国时代孔子和孟子两人的饮食观点、思想、理论及其食生活实践所体现的基本风格与原则性倾向。

（1）王者以民人为天，民人以食为天

备受孔子推崇的《周礼》有云，“饮食男女，人之大欲存焉”，一语道出繁衍与进食乃人之本性，无可厚非。孔子肯定了合理满足人性两大基本欲望的必要性。孔子向子贡传授治国之道时说：“足食，足兵，民信之矣。”即国家要取得百姓的信赖，需要粮食充足和兵力强盛。换而言之，治国需要仰赖充足的粮食、强盛的兵力和拥护信任你的人民。子贡追问孔子道，如果情势所迫，必须舍其一时，该如何？孔子答曰：舍军备。这里孔子强调满足民众的物质欲求，使人民过上富足的生活，是国家稳定中根本的根本。这是古代思想家对民生、民望对政权影响的认识。也是后世劝农、屯垦、实仓廪等措施的思想源头。

民以食为天

“王者以民人为天，民人以食为天”的说法实际也是儒家思想的体现。儒家承认饮食是人的最大需求，从巩固统治者政权的角度，对解决老百姓的吃饭问题极为重视。孔子还主张先富而后教：“既富之”，再“教之”（《论语·子路》），这表明他看到了民众基本物质利益的满足对教化的重要性，也就是说他承认对人欲的合理满足是“求仁”的前提。将饮食与治国安邦紧密联系，是以儒家思想能够被统治者推崇。

（2）食不厌精，脍不厌细

“食不厌精，脍不厌细”常被现代人用来形容中国菜肴的多姿多彩、精益求精。这八个字出自《论语·乡党第十》：“食不厌精，脍不厌细。食饐而餲，鱼馁而肉败，不食。色恶，不食。臭恶，不食。失饪，不食。不时，不食，割不正，不食。不得其酱，不食。肉虽多，不使胜食气。唯酒无量，不及乱。沽酒市脯，不食。不撤姜食，不多食。祭于公，不宿肉。祭肉不出三日。出三日，不食之矣。”文中孔子对祭祀所用膳食定下精工细作的总要求，祭祀所用原料应为最新鲜，加工烹调应为最精细和精准，食材与烹调要搭配。可见，孔子“洁”“美”的饮食思想是建立在尽“仁”尽“礼”的意愿基础之上的，通过准备最好的膳食表达人们对天地自然的敬畏、对祖先的缅怀和对美好未来的憧憬与祈盼。

视频资源：食不厌精，脍不厌细

《论语》中虽有“食不厌精，脍不厌细”的饮食主张，但仅是孔子对祭祀膳食的记录，而非日常饮食，是一种饮食原则与礼仪规范的紧密结合，完整而自成体系，为我国的古代饮食理论拓展了思维空间。尤其追求美好而不过分，加工烹制量力而为，遵时守节，注重卫生，恪守礼法的主张。时至今日，依然值得遵循和推广。

（3）注重礼仪规范，提倡礼制

儒家在政治上提倡修身、齐家、治国、平天下，称“天下如一家，中国如一人”，说明个人、家庭、家族、国家的密切关系即家国同构。儒家认为社会秩序主要存在于君臣、父子、夫妻、长幼之间，以君、父、夫、长为尊、为先，尊卑分明。进而形成了贵贱有等、夫妻有别、长幼有序的思想和行为准则。儒家提倡的礼一方面指的是行为上的礼仪，人的善恶藏于内心故需要以“礼”约束，使在“欲”前知有所止，在“恶”前知有所取。“礼”的作用是“辨异”，是把人与人、群体与群体之间的区别表现出来。凡同等之人礼教相同，有相同的权利和义务。所以儒家提倡的礼另一方面又指阶级等级长幼尊卑之礼，使各阶层的人按照适合自己所属之等级的礼数去做、去生活，这是维护天下安定的根本途径。

饮食活动中除为祭祀准备恰当的膳食体现对天地的敬畏、对祖先的崇敬是一种礼仪外，还有进食进餐礼仪。《论语》一书是孔子的弟子编辑成册的孔子生前主要言论的书籍，其中“礼”字出现74次，其次是“吃”和“食”共出现71次。儒家认为影响天下安定的争斗生于互相侵略，相侵生于长幼无序、贵贱混乱等，所以倡导要教之以“敬”和“让”，以此实现社会的和谐。如“乡人饮酒，杖者出，斯出矣”，即孔子和本乡人一道喝酒，喝完之后，一定要等老年人先出去，然后自己才出去。“子食于有丧者之侧，未尝饱也。”孔子在有丧事的人旁边吃饭，从来没有吃饱过。因为服丧者不会饱食，参加丧事者应有悲哀恻隐之心。又如“共食不饱，共饭不泽手”是说共同吃饭要谦让对方，不要过饱；饭前要把手洗干净，以免用手抓饭时影响对方。“毋抟饭，毋放饭，毋流歠（通啜，饮也），毋咤食，毋啮骨，毋反鱼肉，毋投与狗骨，毋固获，毋扬饭。饭黍毋以箸。毋嚃羹，毋絮羹，毋刺齿，毋歠醢。客絮羹，主人辞不能亨。客歠醢，主人辞以窭。濡肉齿决，干肉不齿决。毋嘬炙。”“抟饭”指把饭放在手中捏成团，“放饭”指吃饭时没有约束，“反鱼肉”指从“俎”或“豆”中取鱼肉再返还“俎”或“豆”中，“投与狗骨”指在宴席上把吃肉剩下的骨肉扔给狗，“固获”指专吃一样菜肴。这些都属于对共食者缺少尊重，故要禁止。“流歠”指吃饭时汤汁流淌到嘴边，“刺齿”指剔牙，“咤食”指咀嚼食物时发出很大响声，“啮骨”指啃骨头，“扬饭”指饭太热使用匕扬之以待其速冷（显得很心急），“饭黍毋以箸”指吃黍饭应用匕，箸是用来夹菜的。这些行为食相不雅，或不够文明，故要禁止。“毋歠醢”指不要喝酱汁，“濡肉齿决”指煮肉用牙咬断而不要用手去掰，“干肉不齿决”指干肉不要用牙咬断，“毋嘬炙”指烤肉不要一口吃掉一串。总之，礼要求自尊和尊重他人，食礼也如是。

孔子在终其一生的传教中，提倡用“克己复礼”的方法实现“为仁”，即中国崇尚礼法的思想根源是为实现大爱的思想道德境界。在儒家思想形成的时代，“克己复礼”的“礼”指周礼，这是一部在西周时期著成的记录官制和政治制度下周代礼制的著作，也是儒家推崇的重要典籍之一。“克己复礼”作为一种方法论，倡导人们主动依礼行事、非礼不行，在自我约束中体会和提升自我修养，最终成为“仁者”。“仁”指大爱，是一种完美而理想的道德境界。比如，孔子以遵循社会行为准则为人生目标，那种以献身社会放弃自我为荣的信念，也促使许多传统的中国人甘于也敢于为家庭、亲友和社会献出自己的劳动、财富甚至生命。将“礼”理解为现行的社会与道德规范，那么“克己复礼”的方法论在当今社会依然有重要的现实意义。“礼”的主旨在于强调区别，但这并不是目的，儒家推崇礼的最终目的是人与人之间的沟通与融合，所以有“来而不往非礼也”的说法。礼反映了人意识中对人群、团体和社会的需要，是人的社会性体现。“以礼治国，以礼治家”，使礼成为处理人际关系、维护等级秩序的重要社会规范和道德规范，是中国饮食文化的重要组成部分。

（4）君子远庖厨

孟子曾说："听其（指被屠宰的牛）声而不忍食其肉，是以君子远庖厨者也。"儒家不赞成"君子"（统治者）亲自操刀宰杀他即将食用的动物，为此甚至远离庖厨，免得听到被宰杀者的哀嚎。仁政发自于不忍之心，如果时常接触动物宰杀场景，再食其肉，难免会激发出残酷丑陋的心思。孟子"仁政学"的出发点旨在揭示人们心理健康对治国理政的重要性。但这在一定程度上使得烹饪和许多服务性行业的社会地位每况愈下，很多从业者没有受教育的机会，也不被社会认可和尊重。在中国这个烹饪大国，一方面把吃饭看作是头等大事，追求菜点华美、技艺精湛、口味突出，另一方面烹饪从业人群文化水平普遍不高，虽然拥有高超技艺，但科技知识、理论水平相对滞后。厨师是中国传统文化的主要创造者与传播者，他们的劳作和成就理应得到公正的评价，从业者的社会地位与待遇也应进一步提高。

（5）孔府菜/官府菜

随着历史的演变，在许多时候，人们对孔孟食道的理解已经脱离了祭祀的前提，离开了孔子的食生活准则和孔子饮食思想的根本。经过千百年历朝历代的推崇，特别是到明清两代，被封为"衍圣公"的孔子嫡系世袭家族，锦衣玉食，富贵荣华。孔子家族成为中国最大的贵族世家，有"天下第一家"之称。曲阜孔庙、孔林和孔府（Temple and Cemetery of Confucius and the Kong Family Mansion in Qufu）也因具有独特的艺术和历史特色，于 1994 年被列入《世界遗产名录》。

贵族统治阶级将"食不厌精，脍不厌细"用于指导日常饮食，自然是食物、食器都要精细、精美、奢华。尊孔子饮食思想创建的孔府菜，成为中华美食大家族中的一枝独秀，是最典型、级别最高的官府菜，它具有选料珍贵、烹调精细、技艺高超、形象完美、盛器讲究、菜名典雅、礼仪隆重的特点，与古齐鲁"雅秀而文"的风气一脉相承。

四、中国饮食名人名著

1. 中国饮食名人

上古时期，由于烹饪活动常用于祭祀，故厨师的地位也比较高，传说很多圣人都善于烹饪。《楚辞 · 天问》中写道："彭坚斟雉，帝何食，受寿永多，夫何长久。"相传彭坚是黄帝的第八代孙，受封于大彭，故称彭坚，他烹饪的雉羹，被誉为"天下第一羹"。古时的厨师具有一定的社会地位，至少还未到"君子远庖厨"的地步。

中国古代将以烹调为职业的人称为庖人，包括了宰人和膳夫，分别负责食物的加工和制作。

饮食文化在长期的发展过程中，与中国传统思想相互影响、相得益彰，古代许多思想家和政治家都善于运用饮食之道阐发自己的政治见解和处世哲学。如《吕氏春秋》和《晏子春秋》都有关于烹饪中五味调和和治理国家道理相通的论述，人民在物质和精神中都调和才能不乱。

① 少康

《古今图书集成·食货典》中记有“少康作秫酒”，秫为黏高粱，秫酒即为烧酒。少康又叫杜康，是中国夏朝第六任君主。因其父被叛臣杀害，母亲逃回娘家有仍氏（任姓，今山东济宁任城），生下少康。少康长大后为有仍氏牧正，又逃至有虞氏（今河南商丘虞城南）任庖正（掌厨），后娶有虞氏君主虞思的女儿为妻，并最终复国，还都阳夏（今河南周口太康）。少康也是我国唯一做过厨师的帝王。

② 伊尹

伊尹名阿恒，是有莘氏的媵臣，生活在约公元前16世纪的夏末商初，幼年被卖至莘国，在宫中做膳夫，技术高超。伊尹认为，尽管水生动物的肉味腥，肉食动物的肉味臊，草食动物的肉味膻，但只要烹饪方法适宜，靠五味和水、木、火三材烹调，都可烹成美味佳肴。菜肴应久而不败、熟而不烂、甜而不过头、酸而不强烈、咸而不涩舌、辛而不刺激、淡而不寡味、肥而不腻口。因为伊尹在烹饪理论和实践上的杰出贡献，尤其是“五味三材”“鼎中之变”等烹饪工艺理论对后世发展有着积极的指导意义，而被后世尊为烹坛始祖或厨师始祖。

更难得的是，伊尹具有独到的政治眼光，《史记·殷本纪》中记载：“负鼎俎，以滋味说汤，致于王道。”说的是，伊尹背着全套的做饭工具，以烹饪之道解说天下大势，劝汤承担灭夏兴商的大任。伊尹谓治国如烹饪美味佳肴，用加工制作山珍海味、飞禽走兽比喻为天子治理的对象；对水量火候的把握、调料的运用象征天子治国所要具备的匠心、个人修养；用食物的不同味道和气味可以用不同的方法祛除的事实比喻治道应有针对性，一事一议；以水、火两端比喻能得天下的基础和天下的关键，即“凡味之本，水最为始”“九沸九变，火为之纪”，贤主与臣子间就犹如水火相辅相成，“不谋而亲，不约而信，相为殚智竭力，犯危行苦”。烹饪过程把握火候很重要，治国也如此，不能操之过急，也不能松弛懈怠。伊尹主张凡当政者都要像厨师一样善于调味，即通过五味调和满足用餐者的需要，作为国君也要体察民众疾苦，洞悉民众心愿，从而满足民众的需要。这些都是伊尹从烹饪技艺实践层面提升了思想高度的体现，商汤为其折服，拜伊尹为右相。《吕氏春秋·本味》也有伊尹与商汤谈话的详细记载。钱钟书先生曾在《写在人生边上》一书中写道："伊尹是中国第一个哲学家厨师，在他眼里，整个人世间好比是做菜的厨房。""他将最伟大的统治哲学讲成惹人垂涎的食谱。这个观念渗透了中国古代的政治意识，所以自《尚书·顾命》起，做宰相总比为'和羹调鼎'。"

（3）孔子

孔子（Confucius）是春秋时期鲁国人，中国古代思想家、政治家、教育家，儒家学派创始人。孔子重视民食，将民食作为立国的三大基本条件之一。他的饮食思想从"仁爱"出发，认为一个国家的人民的饮食重于军队。以孔子为代表的儒家饮食思想观念是中国古代饮食文化的核心，其所追求的平和社会秩序在饮食生活中也有体现。

视频资源：周礼

《论语》不只是记录了孔子的思想，也记录了他日常饮食生活等事。孔子主张饮食简朴，讲究饮食卫生，注重饮食礼仪。在饮食方面有"食不厌精，脍不厌细""割不正，不食"等名言。孔子还提倡"食不言"，认为吃饭时候说话过多会影响消化功能，菜肴中的葱姜也不要扔掉，能促进消化，对老人益处很多，同时认为要少吃酒肉，吃肉的量不应该超过吃饭等。

（4）管仲

管仲是春秋时期法家的代表人物，中国古代经济学家、哲学家、政治家、军事家和散文家。管仲主张粮食是人民赖以生存的必需品，为保障粮食供应主张推行"相地而衰征"的政策，激起了农民的劳动热情和积极性，荒地被开垦，农业发展，仓廪充实，社会稳定。

（5）老子

老子，姓李名耳，字聃，春秋时期陈国人，中国古代思想家、哲学家、文学家和史学家，道家学派创始人和主要代表人物。老子在《道德经》中曾言："治大国若烹小鲜，以道莅天下，其鬼不神。非其鬼不神，其神不伤人。非其神不伤人，圣人亦不伤人。夫两不相伤，故德交归焉。"2012年3月，习近平总书记在接受金砖国家媒体联合采访时，曾答道："这样一个大国，这样多的人民，这么复杂的国情，领导者要深入了解国情，了解人民所思所盼，要有'如履薄冰，如临深渊'的自觉，要有'治大国若烹小鲜'的态度，丝毫不敢懈怠，丝毫不敢马虎，必须夙夜在公、勤勉工作。"

"小鲜"指小鱼或美味菜肴，"烹小鲜"的前提是熟知"小鲜"的特点，在此基础上控制火候，调和五味，使每条小鱼都入味，又不咸不淡；烹制时不能过多翻动，多搅则易烂。以烹调比喻治国，治国则要掌握社会发展的客观规律，要有"治大国”的历史使命感和审慎的责任感，在充分了解国情、体察民意的基础上科学执政、合理施政。

（6）庄子

庄子，战国中期的思想家、哲学家、文学家，道家学派代表人物，与老子并称“老庄”。庄子也善于运用饮食之道比喻政治，在《庄子·天运》中，以山楂、梨、橘子和柚子虽味道不同但都很可口为例，来比喻应时变法的合理性。

2. 烹饪典籍和饮食文献

我国自西周以来，陆续出现了一批有关烹饪的典籍，但先秦和秦汉时期的食谱大都已经佚失，主要通过《周礼》《楚辞》《尚书》《诗经》《春秋》等进行典籍研究。如《周礼》中出现了“六食”“六饮”“百酱”“八珍”等饮食名称。《吕氏春秋·本味篇》也记载了古代的烹饪理论，具有较强的实用性。例如，其中关于调味的论述中，强调了五味调和及准确掌握放调料的次序、用量的重要性。书中还记载了战国及之前一段时间的佳肴美馔和各地特产。《左传》一书中也对春秋时期王室贵族的不同宴饮活动进行了详细叙述，包括宴饮赋诗、饮食器具、礼仪等，是研究中国古代饮食文化的重要史料。

魏晋南北朝时期，有关烹饪的典籍尤丰。如西晋何曾的《平安食单》和《时蔬》、南齐虞棕的《食珍录》、北齐谢讽的《食经》、南北朝王微的《服食方》等都是当时的烹饪专著。可惜这些专著只留有书目，原书已无存，仅在其他古籍上有部分记载。西晋束皙的《饼赋》更是一部关于饼的专著，记录了饼的产生、品种、功用和制作。

《美食方》号称“湘菜第一菜谱”，是出土于湖南沅陵虎溪山西汉初年沅陵侯吴阳墓葬中的食品遣册。它留存了汉代烹调食物的多种方法，将植物性饭食和动物性馔品分别记录，菜肴烹制讲究，作为菜肴的动物性食材有：马、牛、羊、鹿、豖、犬、鱼、鹄、鸡、雁等。湖南长沙马王堆汉墓食品遣册记录的是西汉初年长沙轪侯利仓家的食单，包括肉食馔品、调味品、饮料、主食、果品和粮食等。湖南长沙为古楚地，食俗为荆楚风格，但随葬的大量羹品和炙品却体现了中原和北方食俗，整体反映了当时南北食俗的相互影响与融合。东汉崔寔的《四民月令》也是一部农书，但其中记有关于烹饪的制酱、酿酒、造醯及制作饼、脯、腊等内容，以及有关饮食事项、宴饷活动等方面的内容。

北魏时期贾思勰所著的《齐民要术》是中国保存最完整的综合性农学著作，其中关于烹饪方面的内容包括许多已经亡佚的烹饪史料。《齐民要术》一书架构出了中国古代饮食学的学科体系，奠定了后世饮食学的基础和写作模式。全书第一卷至第六卷记述了粮食、油料、纤维、蔬果等的栽培技术和禽畜、鱼类的养殖；第七、八、九卷则较多记录饮食方面内容，约占全书总量的三分之一，分别是食物的加工、烹饪，包括酿造、果品加工、制糖、饮浆等，和成品的形态与口感。如粮食方面，仅粟一项就记载了近百个品种，记述的蔬菜有30多个品种，记述的果品有枣、葡萄、桃、李、杏、林檎、柿、木瓜等14种，还分别介绍了它们的不同品种、加工食用等，如枣可制成枣脯、枣油等。各种肉类、鱼类菜肴的烹饪，如畜肉食物中，如畜肉食物中以牛羊猪肉为多，驴马犬肉为次；禽类食物中以鹅鸭为多，鸡肉为次；鱼类食物中，以鲤鱼等淡水鱼为多，鳖类为少。涉及的烹调技术有酱、汤、羹、蒸、烧、炙、糟、鲊、奥等近30种。还有盐酱醋豉和脯腊的加工制作及各种酒类的加工酿造。书中还收录了当时以黄河流域为中心，涉及南方和极远少数民族的数十种烹饪方法和200多种菜点，具有很高的史料价值。例如，"胡羹"是以羊肉为主料，并葱头、胡荽、安石榴为调料制作而成，菜肴的调料都是西域出产，体现出魏晋南北朝时期饮食文化胡汉融合的特征。

初唐时，开始流行在人们升官时要宴请宾朋同僚，俗称"烧尾宴"。这一说法源于民间传说鲤鱼跃龙门，必有天火烧掉其尾巴，故以此比喻荣升高官。韦巨源拜尚书令，曾宴请唐中宗，留下著名的《烧尾食单》。烧尾宴菜品从原料的选择到菜肴的烹饪都极其讲究，不仅追求食材名贵，而且花样翻新，出奇制胜，是研究唐代饮食的重要资料。此外，唐代段成式的《酉阳杂俎》共20卷，续10卷，其中《酒食》卷中收录了历代百余种食品原料及食品，参考价值极高。唐代刘恂的《岭南录异》记录了当时岭南一带的饮食风物趣闻，为今人研究提供了难得的研究素材。

与唐人豪迈粗犷的饮食风格相比，宋人更加专注于生活的细节，注重饮馔精致，喜欢素食也是宋代士人饮食生活的重要特点。《山家清供》书名即为乡野人家待客所用清淡饮食的含义，作者为南宋的林洪，全书共两卷，以蔬食为中心，介绍了许多与文人相关的、极富情趣的肴馔，为研究宋代的烹饪技艺和历史提供了极其珍贵的重要素材。元代贾铭所撰写的《饮食须知》则将水火、谷类、菜类、果类、味类、鱼类、禽类、兽类分门别类8卷，对食物的性味、禁忌、毒性、保藏等进行阐述介绍，对了解食材属性有重要的参考价值。书中的鱼类总结记载已多达60余种。自宋、元开始，中国烹饪工艺体系已完全建立。自此对原料的选取和加工有了更为科学的总结，可参见《吴氏中馈录》《饮膳正要》《随园食单》，除考虑食材自身特性和烹调过程中的配伍内在联系外，对原料的配用量越来越重视。在熟制工艺方面，总结于《山家清供》《居家必用事类全集・煮诸般肉法》《宋氏养生部》《饮膳正要》等书中。

以清代袁枚著的《随园食单》为代表，书中记录了我国从14世纪到18世纪中叶流行的326种食品，全书分为须知单、戒单、海鲜单、江鲜单、特牲单等14个部分。比如须知单阐述的是饮食文化和烹饪的诸多理论，以及操作实践的20个要求。戒单则论述了宴饮、烹饪等诸多方面14个注意事项。《随园食单》将细微难言的鼎中之变阐述得层次分明，在体现了作者的饮食美学思想、烹饪技艺思想和食疗养生之道外，将中国烹饪理论推向了成熟阶段。袁枚在这本烹饪著作中的重要论述有：①注重原料选择，指出“大抵一席之肴，司厨之功居其六，买办之功居其四”；②强调原料搭配，讲究菜肴的色香味美和原色原香，指出“一物有一物之味，不可混而同之”；③强调烹调诸要素的作用及相互制约的关系，将烹调美食看成一个系统工程，需要各方面的条件；④主张破除陈规陋习，创造符合实际需要的食物，指责那种片面追求食物名贵的做法和力求以多为胜的虚名，认为如果仅仅是为了炫耀富贵，不如就在碗中放上百粒明珠，岂不价值万金；⑤讲究装盘，即根据菜肴特点选择搭配的器皿，有“美食不如美器”的论断；⑥重视上菜顺序和进食艺术，认为上菜顺序应先咸后淡，先浓后薄，先无汤后有汤。书中的《厨者王小余传》为家厨立传，为中华厨者传之始。

此外，流传下来的古籍还有，史游的《急就篇》，扬雄的《方言》，刘熙的《释名》，高承的《事物纪原》以及《后汉书》《晋书》《齐书》《荆楚岁时记》等；唐代韦巨源的《食谱》，郑望之的《膳夫录》；五代陶谷的《清异录》；宋代的《太平御览 饮食部》，陈达叟的《本心斋蔬食谱》，赵希鹄的《条变类编》；元代倪瓒的《云林堂饮食制设》，贾铭的《饮食须知》；明代韩奕的《易牙遗意》，宋诩《宋氏养生部》，宋公望的《宋氏尊生部》，高濂的《饮馔服食笺》《遵生八笺》，张岱的《老饕集》，周履靖的《群物奇制》，穆世锡的《食物辑要》，韩奕的《易牙遗意》和《居家必用事类全集》；清代袁枚的《随园食单》，李渔的《闲情偶寄·饮馔部》，张英的《饭有十二合》，曾懿的《中馈录》，顾仲的《养小录》，李化楠的《醒园录》，王士雄的《随息居饮食谱》，薛宝辰的《素食说略》，朱彝尊的《食宪鸿秘》，童岳荐的《调鼎集》等。这些饮食著作中，既有总结前人烹饪理论方面的，也有记录古菜谱大全和地方名食、居家饮膳的，更有指导炉案操作的，从烹饪原料、器具、工艺、产品到饮食消费，都有不同程度的理论研究和概括，并形成了较为完善的体系，对我国烹饪业的发展起到了很大的指导作用。

3. 药膳食疗文献

秦汉以后，随着中医药学发展，药膳理论与实践更加丰富。我国最早的一部药学专著《神农本草经》记载了多种药食同源的食材，如薏仁、大枣、芝麻、葡萄、蜂蜜、山药、莲米、核桃、龙眼、百合、菌类、柑橘等，并记录这些食材具有延年益寿的功效。《黄帝内经》不仅是重要的医学著作，也是一部我国古代的百科全书，其中包括了药膳理论和药膳方剂。东汉张仲景的《金匮要略》一书中记有“禽兽鱼虫禁忌并治”和“果实菜谷禁忌并治”两个专篇，对“食禁”进行了阐述，对饮食卫生有重要指导意义。他首创的桂枝汤、百合鸡子汤、当归生姜羊肉汤等药膳方剂也流传甚广。

魏晋南北朝时期，中国药膳有了新的发展，著名炼丹家陶弘景著《本草经集注》收录更多新药品种，并按自然属性分为玉石、草木、虫、兽、果、菜、米以及有名未用药七大类。药膳发展到隋唐时期已有相当高的水平，有专著或相关著作《新修本草》《食疗本草》《食医心鉴》《食性本草》《千金要方》《外台秘要》等。唐代著名医学家孙思邈认为“夫为医者，当须先洞晓病源，知其所犯，以食治之，食疗不愈，然后命药”“食能排邪而安脏腑，悦神爽志，以资血气”。

宋、辽、金、元时期，医书的印刷条件大大改善，至宋代唐慎微著《证类本草》，后又增写《重修证和经史证类备用本草》，共30卷，保存了早前食疗中的佚文，如《食疗本草》《食性本草》《食医心镜》《孙贞人食忌》。元代宫廷御医忽思慧所作的《饮膳正要》共3卷，反映了当时宫廷饮食文化特点，即以蒙古、西域食风为主，充满了异国情调。忽思慧的撰写初衷是要为皇帝、贵族进行保健服务，希望他们在进食时考虑食物的药性，使进食更加有益于健康。书中继承和吸收了我国古代饮食学的经验，除记录有药膳菜肴、汤类、抗衰老药膳方剂，以及各种肉、果、菜、香料的性味和功能外，还阐述了饮食营养与健康的关系、饮食禁忌和妇幼保健的重要性等，从营养学角度提出了许多关于身体健康的重要观点。忽思慧认为饮食固然应注重营养，而科学的饮食习惯也很重要。书中记载“故善养性者，先饿而食，食勿令饱；先渴而饮，饮勿令过。食数而少，不欲顿而多；盖饱中饥，饥中饱。饱则伤肺，饥则伤气。若食饱，不得便卧，即生百病”。饮食应薄滋味、节嗜欲、不过饥、不过饱、不挑食、起居有常、饮食有节、夜不可多食、莫吃空茶、食宜少些、食宜早些、食宜暖些、食宜软些、食宜缓些、食宜淡些，这些都是宝贵的饮食养生经验之谈，对时人的饮食生活具有重要的指导意义。

此外，我国药膳参考书还有王怀隐《太平圣惠方》、陈直《奉亲养老书》、宋代官修《圣济总录》、吴瑞《日用本草》、娄居中《食治通说》、郑樵《食鉴》、李汛《日用本草序》、李时珍《本草纲目》、徐青甫《古今医统大全》、吴禄辑《食品集》、沈李龙《食物本草会纂》、卢和《食物本草》等，都记载了许多药膳方剂及功效、应用和制作方法，对促进我国药膳学发展做出了重大贡献。

4. 文学创作中的饮食文化

中国历代文学作品都有以饮食为题材的，尤其不乏将饮食习俗和饮宴场景作为叙事描人烘托手段的经典。毛泽东同志曾在《在延安文艺座谈会上的讲话》中提道："一切种类的文学艺术的源泉究竟是从何而来呢？作为观念形态的文艺作品，都是一定的社会生活在人类头脑中的反映的产物。"

人类饮食活动作为文学艺术创作的源泉，留下了许多名篇著作，是研究中国饮食文化的宝贵资料。例如，先秦流传下来的我国最早的文学著作《诗经》，作为一部诗歌总集收集了西周初年至春秋中期的诗歌300多首，有《风》《雅》《颂》三部分。其中，大量的诗歌都与饮食有关，一些关于西周宴会礼仪的诗作更是把宾客出场、礼仪形式、宴席食物、食器陈列、音乐侑食等情景描绘得详细生动，使人仿佛能感受到当时宴会热烈活跃的气氛。成书于战国时期的《楚辞》中收录了屈原、宋玉、景差等人的作品，歌颂了当时楚国（今湖南、湖北一带）的饮食名品。尤其在《招魂》篇中，屈原深痛楚怀王被拘禁而客死他乡，因而备陈楚国宫室和食物之美以招怀王之魂，体现了鲜明的荆楚饮食文化风格。两汉魏晋南北朝时期，是赋发展和兴盛的时期，其中也有一些是以当时饮食文化状况为题材的，如《饼赋》专门写麦面饼的起源和品种，描述了厨师制饼的过程和娴熟技巧；《荈赋》记录了茶树的生长环境、采茶、烹茶用水、茶器和茶汤的样子，被视为中国茶道文化萌芽的标志。更有以李白为代表的酒中仙，在酒后微醺状态下激发了创作灵感，留下传世诗句、书法和画作。明清小说中更是记有不少饮食文化资料，如明代的《西游记》《水浒传》《金瓶梅》等，清代的《红楼梦》《儒林外史》《老残游记》《醒世姻缘传》等。

扩展阅读

中国美食多吃货也多，吃货中当数苏轼的诗句和故事流传最广。苏轼（1037~1101年），字子瞻，号铁冠道人、东坡居士，眉州眉山（今四川眉山）人。北宋著名文学家、书法家、画家、美食家，著有《东坡集》《东坡乐府》等。"唐宋八大家"之一，与其父苏洵（1009~1066年）、其弟苏辙（1039~1112年）合称为"三苏"。

苏轼写过大量的饮食诗文，如《老饕赋》《菜羹赋》《猪肉颂》《酒经》等，多以诗句记录美食体验的同时抒发其宦海沉浮的自嘲自伤和对权势者的嘲讽，然而难得的是苏轼总能在逆境中寻求生活的乐趣——唯诗和美食不可辜负，"盖聚物之夭美，以养吾之老饕"，表达了随遇而安、洒脱豁达的乐观态度。

《六月二十七日望湖楼醉书五首·其三》

乌菱白芡不论钱，乱系青菰裹绿盘。

忽忆尝新会灵观，滞留江海得加餐。

在苏轼为父丧守制期满还朝后，因与王安石政见不合，反对推行新法，自请外任后在杭州（任通判）、密州（今山东诸城，任知州）、徐州（任知州）、湖州（任知州）等地任职。宋神宗熙宁五年（1072 年），苏轼在杭州任通判，这日游览西湖，写下五首七言绝句。这首诗中介绍此地常见的黑色菱角（乌菱）、白色芡实、青色茭白（青菰），使诗人突然想起曾在京城一处道观尝鲜，提醒自己在滞留乡野时，应该保重身体加个餐。看似描写吃食，实则以野生植物表明自己外放杭州的事实，“滞留江海”是外放之地远离朝廷，“得加餐”是隐喻希望能被朝廷再次重用之意。

《於潜僧绿筠轩》

宁可食无肉，不可居无竹。

无肉令人瘦，无竹令人俗。

人瘦尚可肥，士俗不可医。

旁人笑此言，似高还似痴。

若对此君仍大嚼，世间那有扬州鹤？

苏轼与僧人慧觉游绿筠轩时，写下此首。慧觉在於潜县南二里的丰国乡寂照寺出家，寺内有绿筠轩，以竹点缀环境，十分幽雅。诗的语言通俗易懂，借《晋书·王徽之传》中记录的王徽之寄居在一座空宅中，令人马上种竹，并说“何可一日无此君！”的典故，比较了物质与精神、美德与美食的价值，歌颂风雅高节，批判物欲俗骨，警示缺少节操之辈。最后一句反问，面对竹林仍能大吃大嚼，既想要清高之名，又想要甘味之乐，世上哪有这种鱼和熊掌兼得的美事呢？名节高的人难得富贵，反之亦然；做官的人无暇学仙，得道的人无暇做官。两种好处都不能兼得，多种好处就更不能兼得了。

《初到黄州》

自笑平生为口忙，老来事业转荒唐。

长江绕郭知鱼美，好竹连山觉笋香。

逐客不妨员外置，诗人例作水曹郎。

只惭无补丝毫事，尚费官家压酒囊。

元丰二年（1079 年），苏轼罹“乌台诗案”被御史台逮捕，解往京师。下狱 103 天后，在多方上书求情后才免遭杀身之祸，最终贬去黄州（今湖北黄冈）。这一打击也成为苏轼一生的转折点。《初到黄州》作于诗人初抵黄州时，此时苏轼已 45 岁，故自称“老来”。全诗以自嘲开篇，此前苏轼本就官卑职微（通判或知州），此次更是落到最低点，团练副使，不得签书公文，年轻时的抱负已成泡影。所以，“事业转荒唐”指“乌台诗案”，“荒唐”二字包含了牢骚、否定和自嘲之意。第二句画风立刻转变，苏轼因黄州三面为长江环绕而想到有鲜美的鱼吃，因看到许多竹子而犹如闻到竹笋的香味，使人的感觉形象转化到视觉、味觉和嗅觉，表现出作者对未来生活的憧憬，紧扣“初到”题意。后四句诗也是作者在自我调侃，“不妨”“例作”又在传递作者的安之若素、以苦为乐、以祸为福的宽慰心态。尾联中的“压酒囊”是苏轼的工资，虽然钱不多，可对于一个“无补丝毫事”（没为国家出力办事）的人来说，还要付这工资作者很是惭愧。

这首诗一反古代诗人在遭受打击时鸣冤叫屈、叹老嗟卑的惯例，而是以平实清浅、质朴自然的语言，记录了苏轼初到黄州时复杂矛盾的心情，虽无奈但又能豁达自得、随缘自适，表现了一种“能从黄连中嚼出甜味来”的生活态度。后世评价黄州的五年政治生涯成就了苏轼一生词与文章创作的顶点，也使苏轼成了古代文学家中身处逆境而大有作为的典范。

《猪肉颂》

净洗铛，少著水，柴头罨烟焰不起。
待他自熟莫催他，火候足时他自美。
黄州好猪肉，价贱如泥土。
贵者不肯吃，贫者不解煮。
早晨起来打两碗，饱得自家君莫管。

工作之余，苏轼带家人开垦城东的一块坡地，种田帮补生计，“东坡居士”的别号由此而来。黄州虽地处偏僻，但猪肉产量丰富且价格便宜，当地百姓还没研究出猪肉的吃法。此时，《猪肉颂》中猪肉做法正是苏轼发明，并被认为是东坡肉的雏形。开篇记录了猪肉烹调前把锅洗干净“净洗铛”，烹饪时加水适量“少著水”，微火“柴头罨烟焰不起”，慢炖“待他自熟莫催他，火候足时他自美”是核心。现代制作东坡肘子时，同样讲究微火煨炖直至肉皮一戳即烂，当肉煮烂时水刚好耗尽最佳，这时肉质软糯、鲜嫩、不腻，五味俱全。由此可见，苏轼对烹饪这道菜肴一定有非常丰富的经验，在追求最佳烹调效果的过程中一定是反复尝试、仔细总结、锲而不舍、一丝不苟，才能对关键工艺和出品标准做出精准总结。

“自熟”“莫催”“火候足”都透露出一种不急不火的从容心态，展示了诗人心情平静、悠然自得的形象。诗歌既是描写烹饪猪肉，也是诗人借机进行自我剖析和宽慰。“他自美”源于猪肉自身具有微火慢炖后成为美食的潜力，人亦同理，一个在学识和能力上储备深厚的人，总会有用武之地。黄州有这样好的猪肉，价钱却非常便宜，富贵人家不肯吃，贫困人家又不会煮。苏轼此时生活拮据，发明新的猪肉烹调方法后非常自得，不仅苦中作乐，满足口腹之欲“打两碗”“饱得自家”，更是体现诗人乐观积极的生活态度和善于发现、钻研小事的治学态度。他风趣地说，我吃猪肉腹满心惬，如鱼饮水冷暖自知，外界的褒贬尽可置之度外“君莫管”。

《惠崇春江晚景二首·其一》

竹外桃花三两枝，春江水暖鸭先知。

蒌蒿满地芦芽短，正是河豚欲上时。

元丰七年（1084 年），苏轼奉诏离开黄州，赴汝州就任。由于长途跋涉，旅途劳顿，苏轼的幼儿不幸夭折，再加上路费也已不足，苏轼便上书请求暂不赴任转去常州居住。苏轼在常州期间能与家人和朋友朝夕相处，既无饥寒之忧，又可享美景之乐，远离京城政治纷争。这样的惬意，也使得苏轼选择常州（今属江苏）作为自己的终老之地。常州水网交错，风景优美。苏轼学生张耒在《明道杂志》中记载长江一带用蒌蒿、荻笋（即芦芽）、菘菜一起烹煮河豚。诗中，苏轼由河滩上满布蒌蒿，芦苇正在抽芽联想到逆流而上的河豚，自然而生动。

《浣溪沙》

元丰七年十二月二十四日，从泗州刘倩叔游南山。

细雨斜风作晓寒，淡烟疏柳媚晴滩。入淮清洛渐漫漫。

雪沫乳花浮午盏，蓼茸蒿笋试春盘。人间有味是清欢。

这是一首纪游词，以时间为序来铺叙景物，上片写早春景象，下片写作者与友游山时清茶野餐的风味。“雪沫乳花”形容茶表面上浮的白泡，正是宋代点茶法的特点。“蓼茸蒿笋”，即蓼芽与蒿茎，皆是立春的应时节物。旧俗立春时有将鲜嫩春菜、水果、饼饵等（称“春盘”）馈赠亲友的风俗，因而用在此处应时应景。最后一句“人间有味是清欢”更是全诗点睛之笔，发人深省。简单的、朴素的、平淡的、远离城市喧嚣的、忘却名利欲望的状态是人生的真谛与归宿。“清欢”成为一种至高的精神境界，进则能廉洁自律，知足常乐；退则能不忘忧国，与民同乐。

元丰八年（1085 年）宋哲宗即位，高太后临朝听政，苏轼复为朝奉郎知登州（今山东蓬莱），4 个月后以礼部郎中被召回朝，半月余升为起居舍人，月余又升为中书舍人，再升翰林学士、知制诰、知礼部贡举。苏轼在朝中依然是直言不讳，针砭时弊，这使得他受到保守势力的反对，再遭诬告陷害后再次申请外调。元祐四年（1089 年），苏轼任龙图阁学士、知杭州。西湖旁的苏堤（古称苏公堤）即为纪念苏轼在此开浚西湖，用挖出的葑草和淤泥堆积筑堤而命名。元祐六年（1091 年）苏轼被召回朝，同年又因为政见不合调往颍州任知州，后改任扬州知州、定州知州、宁远军节度副使，被远贬惠州（今广东惠阳）。岭南两广一带在宋时为蛮荒之地，此时苏轼已经 59 岁，不多久苏轼就发现此地实则气候温和，物产丰富，更是赞美惠州是“风土食物不恶，吏民相待甚厚”。

《四月十一日初食荔支》

南村诸杨北村卢，白华青叶冬不枯。

垂黄缀紫烟雨里，特与荔支为先驱。

海山仙人绛罗襦，红纱中单白玉肤。

不须更待妃子笑，风骨自是倾城姝。
不知天公有意无，遣此尤物生海隅。
云山得伴松桧老，霜雪自困楂梨粗。
先生洗盏酌桂醑，冰盘荐此赪虬珠。
似闻江鳐斫玉柱，更洗河豚烹腹腴。
我生涉世本为口，一官久已轻莼鲈。
人间何者非梦幻，南来万里真良图。

此诗作于他在惠州初食荔枝后。荔枝的外壳好似海上仙女的大红袄，荔枝的内皮便是仙女红纱的内衣（“海山仙人绛罗襦，红纱中单白玉肤”）。不需要皇家（杨贵妃）的赏鉴喜爱，荔枝自身已美好到倾城绝世（“不须更待妃子笑，风骨自是倾城姝”），本句也是诗人以荔枝“厚味”“高格”作自喻。洗净杯盏，斟满美酒，用洁白的盘子盛出红色龙珠般的荔枝（“先生洗盏酌桂醑，冰盘荐此赪虬珠”）。荔枝味美似烹制的江鳐柱，又像鲜美的河豚腹（“似闻江鳐斫玉柱，更洗河豚烹腹腴”）。我做官不过为了糊口养家，为求得一官半职早把乡土之念看轻。（“我生涉世本为口，一官久已轻莼鲈”）哪知人生无常，居然能在异乡品尝到如此佳果，贬谪到这遥远的南方也是一件好事啊。（“人间何者非梦幻，南来万里真良图”）。苏轼在惠州期间，还多次作诗表达他对荔枝的喜爱，其中最有名的就是“日啖荔枝三百颗，不辞长作岭南人”（《惠州一绝》）。此外还有“荔子几时熟，花头今已繁”（《新年五首》），“留师笋蕨不足道，怅望荔枝何时丹”（《赠昙秀》），“愿同荔枝社，长作鸡黍局”（《和陶归园田居》）。

《荔枝叹》

十里一置飞尘灰，五里一堠兵火催。
颠坑仆谷相枕藉，知是荔枝龙眼来。
飞车跨山鹘横海，风枝露叶如新采。
宫中美人一破颜，惊尘溅血流千载。
永元荔枝来交州，天宝岁贡取之涪。
至今欲食林甫肉，无人举觞酹伯游。
我愿天公怜赤子，莫生尤物为疮痏。
雨顺风调百谷登，民不饥寒为上瑞。
君不见，武夷溪边粟粒芽，前丁后蔡相宠加。
争新买宠各出意，今年斗品充官茶。
吾君所乏岂此物，致养口体何陋耶?
洛阳相君忠孝家，可怜亦进姚黄花。

苏轼在岭南时，除了关心自然风光和民情风俗外，更作《荔枝叹》先对汉和帝永元年间（“十里一置飞尘灰，五里一堠兵火催。颠坑仆谷相枕藉，知是荔枝龙眼来。”）和唐玄宗天宝年间（“飞车跨山鹘横海，风枝露叶如新采。宫中美人一破颜，惊尘溅血流千载。”）的荔枝进贡史实进行复述，指出朝廷为饱口福而草菅人命，再感慨批判统治者的荒淫无耻与朝臣的毫无底线、阿谀奉承，最后以史为鉴联系到当朝戕害百姓的各种贡品，只顾享乐而不关心民生疾苦的丑恶本质和影响都如出一辙。苏轼爱国惜民，对国运民生的忧患情怀在《荔枝叹》一诗中表现得淋漓尽致，“我愿天公怜赤子，莫生尤物为疮痏。雨顺风调百谷登，民不饥寒为上瑞”。

绍圣四年（1097 年），62 岁的苏轼又被贬到儋州（今海南儋州市）。据说在宋朝，放逐海南是仅比满门抄斩罪轻一等的处罚。他在此处又发现了美味的生蚝，写信给儿子说“东坡在海南，食蠔而美，贻书叔党曰：无令朝士大夫知，恐争谋南徙，以分此味”，意思是我在海南发现了好吃的生蚝，这个美食你千万不要告诉朝中那些人，我怕他们过来和我抢。但是，苏轼绝不是在此就游手好闲了，相反，他把儋州当作第二故乡，“我本儋耳氏，寄生西蜀州”。他在这里办学堂，以致许多人不远千里追至儋州，从苏轼学。海南琼山人姜唐佐更是成为见之史载的海南第一位举人，意义非凡。为此苏轼题诗：“沧海何曾断地脉，珠崖从此破天荒。”人们一直把苏轼看作是儋州文化的开拓者、播种人，把姜唐佐看作东坡遗泽，开一代文风的榜样。

徽宗即位，苏轼被调离儋州。元符三年（1100 年），朝廷大赦，苏轼复任朝奉郎。北归途中，建中靖国元年（1101 年）在常州逝世，享年 66 岁。

第三节　宗教信仰中的饮食观念

一、道教饮食观念

1.“天人合一”观念的传承

中华文明的根基是农业。尤其在生产力水平不发达的年代，农业生产受到自然环境的深刻影响和制约，所以中国先民很早就建立了天人合一、人与自然亲和的思想意识。按照姚伟钧在《中国饮食史》中的总结，“天人合一”思想包括：其一，人和大自然是一个不可分割的整体，人是大自然的一部分，即天人一体。人与自然息息相关，一损俱损，一荣俱荣。其二，重视生命价值，爱护自然万物；其三，人与自然的和谐发展（人的主观能动性必须尊重自然规律），即天人和谐。

道教认为道是先天地而生的，为宇宙万物的本原；又认为道是清虚自然、无为自化为，所以要求人要清静无为，恬淡寡欲。在修身方面，道教讲究“人天合一”“人天相应”“无为而治，不言之教”，讲究“虚心实腹”“归根复命”“深根固柢”“长生久视”“知足不辱，知止不殆，可以长久”“乘天地之正，而御六气之辩，以游无穷”等。其中“天人合一”“道法自然”“重人贵生”观念是道教伦理的重要内容，它试图解决如何建立人与自然的和谐共生关系，反映了人与自然的息息相关、相依共存的关系，反映了人对自然的一种依赖感和亲和感。

2. 道教饮食主张

道教对长生的追求是其珍视生命的一种体现，因为道教认为生命一旦消失就再不会出现。加之道教对“天人合一”思想的传承，使其在饮食上主张“回归自然、崇尚绿色、身心和谐”，形成了“道法自然”、生态和谐、身心和谐的饮食原则。

道教产生于东汉顺帝年间，这时人们的日常饮食原料和调味品都已相当丰富，早期道教徒的饮食也与普通民众一样。根据南朝陶弘景《神农本草经集注》选用的食物和食疗药物有195种，包括禽兽、果菜、米食等类。唐代孙思邈在《急救千金药方》的“食治”一篇中，仅药用食物就收录了164种，分为果实、菜蔬、谷米、鸟兽四大门类。又如元代成书的道经《三元延寿参赞书》的《食物》一卷中分果实、米谷、菜蔬、飞禽、走兽、鱼类六大类，分类介绍百余种食物的性能和宜忌。这些文献都反映了道教饮食原料的丰富性和自然生态性。

道教认为人禀天地之气而生，气存人存，而物、荤腥等都会破坏“气”的清新洁净，所以逐渐开始主张“少食荤腥多食气”（《养性延命录》）。道教认为“禽兽及虫鱼，等血肉食，皆能致食危，荤茹既败气，饥饱也如斯，生硬冷须慎，酸咸辛不宜”，即最能败清净之气的是荤腥及“五辛”，所以忌食鱼肉荤腥与葱、韭、蒜等辛辣刺激的食物。相对应的以绿叶菜、果品、菇类、菌类、植物油为原料的素食就是首选。道教推崇的理想食物是“餐朝霞之沆瀣，吸玄黄之醇精，饮则玉醴金浆，食则翠芝朱英”（《抱朴子·内篇·对俗》）。希望通过自然生态的饮食生活来维持身体健康，进而达到人与自然协调统一的理想境界。这种饮食态度是中国道教哲学的生活体现。

道教还主张少食，进而追求辟谷的境界。辟谷，也称断谷、绝谷、休粮、却粒等。《史记》记载汉初名臣张良“预从赤松子（传说是神农时的雨师，发明了辟谷术）游，乃学辟谷，导引轻身”，后经吕后劝阻，张良不得已才进食。长沙马王堆汉墓发现的《却谷食气》是我国现存最早的辟谷文献。道教认为人体中有三虫，亦名三尸，是欲望产生的根源，是毒害人体的邪魔。三尸在体内靠谷气生存，所以人如弃食五谷，则可断谷气，去三尸，摒邪欲。辟谷并非什么都不吃，只是不吃粮食，但可服食药物，饮水浆等。辟谷者可食大枣、茯苓、巨胜（芝麻）、蜂蜜、石芝、木芝、草芝、肉芝、菌芝等，即服饵。但长期辟谷会导致人体营养不均衡，是不宜提倡的。

服食就是选择一些草木药物来吃。道士服食的药物大体有两类：一类有滋养强壮身体的效果，一类可安神养心或炼化的丹砂之类。尤其是食丹之术，为道教独有。道家为了修炼成仙，首先得去病疗疾，所以“为道者，莫不兼修医术”。道教把药也分为上、中、下三品。上品药服之可以使人长生不死，尤其是道士炼成的金丹大药，中品药可以养生延年，下品药才用来治病。道教认为丹砂、黄金等金石类性质稳定的物质可以炼成“金丹”（又称“还丹”）。但现代科学已经证实，这些丹药往往不能长生不老和强身健体，反而会使人中毒甚至死亡。古人也有云“服食求神仙，多为药所误”，所以后来食丹术渐不为人所信。上述丹药被道教称为外丹，而内丹不是药物，而是把人体比作炉鼎，以人的精神作为烹炼对象。在长期炼丹过程中，道士对火候和火力的观察和判断变得十分敏锐，这也对烹饪食物时用火的灵活性和烹调技术的多样化带来有益影响。

二、佛教饮食观念

佛教作为一种宗教的哲学体系，对人的食欲以及饮食与修行、传教的关系有着许多独到的研究和规定。佛教认为“食”是众生生死症结的根本所在，若调试不当则不能与道相应，因而把饮食列为必备的四种供养之一，但强调饮食非目的而只是一种手段，即借假以修真。所以，佛教奉行中道哲学的饮食，即不自苦也不纵欲。

佛教自汉代传入中国，在魏晋南北朝时期发展迅速，并在唐代达到了鼎盛。除云南傣族地区等少数区域信奉小乘佛教，西藏、内蒙古等地佛教与当地的本教结合形成藏传佛教（喇嘛教）外，我国其他大部分地区均信奉大乘佛教，而汉族地区的佛教与我国传统文化相融合，又形成了典型的中国式佛教。

1. 佛教饮食戒律

佛教根据环境和修行的需要制定了许多戒律，其中和饮食相关的，除酒戒外，还有以下几个方面：

（1）托钵乞食制度

《智度论》云：“食为行道，不为益身”，意思是有饮食即可，不必在乎食物是粗简还是精致，只要能支撑身体基本需要即可，使修行者可以安心修行，便是符合佛意的。至于饮食的来源，在印度主要靠托钵乞讨，我国除傣族地区的小乘佛教徒仍沿此习俗外，其他区域则提倡“一日不作，一日不食”“农禅并重”的独特习俗，这主要是由于古时中国人往往普遍面临较大的生存挑战，寺庙中的僧人也就只能尽力自给自足。

（2）过午不食戒

佛教《毗罗三昧经》云：“食有四时：旦，天食时：午，法食时：暮，夸生食时：夜，鬼神食时。”按经中所言，出家人只能在午时进食，日过正午则不许进食，但可饮水或浆，称为持午或吃斋。从修行的角度看，这既可避免过于扰民，以节制食欲，又有利于节省时间，有助于禅修。但在中国由于僧人还需参加田间劳作，劳动消耗体力较大，很难做到“过午不食”，因而晚餐多进食粥类，被称为“药食”。

（3）素食规定

佛教戒律原本只有不准饮酒、不许杀生的规定，传入中国后，衍化出许多宗派，其中大乘佛教遵循严格的茹素饮食主张，且禁断五辛，即葱、蒜、韭、薤、兴渠。这时翻译的《楞伽》《楞严》《涅槃经·四相品》等经文都提倡“不结恶果，先种善因”“戒杀放生”“素食清净”等思想，这与中国儒家“仁”“孝”等思想颇为契合。中国佛教吃素得以推广，与南北朝时期的梁武帝萧衍（464~549年）反对吃荤有莫大联系。他在宫里受戒，著《断酒肉文》四篇，主张僧尼一律断鱼肉，不食蛋类，但可以食用奶制品。虽然酒为谷类或水果制成，但因为喝酒会乱性，故不可食用。梁武帝以帝王之尊笃信佛教，对素食身体力行，逐渐形成了佛教徒茹素的戒律。为守杀生戒，他规定祭祀用的牲牢都改用面制，甚至禁止当时的丝织品上出现鸟兽纹样，以避免剪裁时破坏动物身体。南朝之后，尽管佛教食素的戒律已逐步形成，但仍有僧徒不遵守，特别是在唐朝，违戒现象增多，以至于唐朝政府不得不发布诏书以整饬规矩。至此，断酒禁肉，终身吃素，成为佛门子弟的严格戒律。

而小乘佛教奉行托钵乞食，对于乞得肉类食物，只要属于“净肉”，即不自己杀生、不叫他人杀生和没有亲眼见到动物被宰杀的肉，又或者是食者不听杀、不言杀、不看杀，也是可以食用的。在藏传佛教中，因教众所生活的高原地区气候恶劣，蔬菜种植不易，生存条件艰苦，也没有禁止食肉的戒律。

（4）过堂仪轨

寺庙中设专供僧人吃饭的斋堂，吃饭时以击磬或击钟来召集僧徒。寺中僧众集体就餐，实行分餐制，每人饭菜相同，一人一份。但遇到生病或特别事务者可以另开小灶。佛寺僧人一般早餐食粥，时间是晨光初露，以能看见掌中之纹为准。午餐大多食饭，时间为正午之前。晚餐即“药食”，一般是粥。本来“药食”应该取回房间自己吃，但因为是大家都吃，所以也在斋堂就餐。过堂虽仅是吃饭，但在佛教也是一堂法事，包括供佛、施食、进食、结斋等。进食前需按《二时临斋仪》的规定念供，以所食供养诸佛菩萨，为施主回报，为众生发愿，然后方可进食。斋堂中供护侍菩萨像，传为“洪山大圣”，元代后多为供奉“紧那罗王”像。

进食过程按照《百丈清规·日用规范》中的记载：“吃食之法，不得将口就食，不得将食就口。取钵放钵，并匙箸不得有声。不得咳嗽，不得搐鼻喷嚏；若自喷嚏，当以衣袖掩鼻。不得抓头，恐风屑落邻单钵中。不得以手挑牙，不得嚼饭啜羹作声，不得钵中央挑饭，不得大搏食，不得张口待食，不得遗落饮食，不得手把散饭，食如菜滓，安钵后屏处。……不得将头钵盛湿食，不得将羹汁放头钵内淘饭吃，不得挑菜头钵内和饭吃。食时须看上下肓，不得太缓。”这些规定或为进食清洁，或为食相雅观，或为考虑对他人的影响，总体来说在于保持进食时的肃穆气氛，并在这种气氛中加强宗教意识。

2. 佛教对中国饮食文化的影响

（1）素食文化

苏东坡曾撰有《菜羹赋》，把素食与安贫乐道、好仁不杀及向大自然回归联系起来，极力提倡。一般来说，素食清淡、鲜美、营养丰富，不易伤脾胃，是一类有益健康长寿的理想食品。虽然我国的素食并非源于佛教，但佛教对素食的发展确实起到了极大的推动作用。南北朝后，我国僧众大增，素食人群众多。此时的寺庙大多有丰厚的庙产，一些有名的寺院开始对外供应素食。据《梁书》记载，当时建业寺有位和尚擅烹调，能用一种瓜，做十余种菜，且一品一味。随着寺庙中烹饪技艺高超的僧厨越来越多，佛寺素菜迅速发展，形成了素食文化中的一个主流。

佛寺素菜的主要特点有：其一，清鲜淡雅，擅烹蔬菽。佛寺素菜制作喜欢就地取材，主要原料有三菇六耳、瓜果鲜蔬、花卉和豆类制品，以芝麻香油、笋油、蕈油调味，独具特色。其二，工艺考究，以素托荤。到了宋代，面筋在素菜中普遍使用，为“托荤菜”的产生奠定了基础，陆续创造出素鸡、素鸭、素鱼等“托荤菜”。其三，历史悠久，影响至今。现今的扬州素菜就善于用竹笋、香蕈、豆腐、面筋烹制，其中又以扬州大明寺、镇江金山寺、浙江普陀寺、四川宝光寺的素食最为知名。佛寺素菜中的传世名菜有：桂花鲜栗羹（创于杭州灵隐寺）、罗汉斋、鼎湖上素、半月沉江（创于厦门南普陀寺）、糟烩鞭笋（创于杭州孤山广元寺）、桑莲献瑞（创于泉州开元寺）、糖醋素鲤（创于成都宝光寺）等。

扩展阅读

目前，世界上许多素食者是基于宗教的因素而食素。如佛教主张不杀生，但允许三净肉；提婆达多派主张完全素食，不食用肉类、鱼类与牛乳；中国大乘佛教的素食包括不食荤腥和禁断五辛（葱、蒜、洋葱、韭菜及兴渠）；印度教提倡非暴力，认为越有文化的人越食素，因此婆罗门大多数吃素；巴基斯坦信德省一些穆斯林受印度教影响也不吃肉；道教有《道经》云:“斋食（即素食）者，洁净身心，涤除邪秽”;《易经》中也有记载，“圣人以此斋戒，以神明其德”等。

世界上其他素食者的起因还有诸如传染病等环境因素、道德因素、保护动物因素、健康因素、减重或其他个人因素等。例如，偶发性克雅二氏病是一种发生在人类身上的传染性海绵状脑病，病因可能是病患食用了含有非典型疯牛病病原体的肉。全球约有一百万分之一的人会得此病，目前也没有任何医治的方法。据此，一些人转而发起了拒食肉类的行动。又另据联合国的报告和科学证据显示，就全球变暖而言，甲烷的有害性比二氧化碳强 21 倍，氧化亚氮的有害性比二氧化碳约强 300 倍。大气中的甲烷约有 25% 由畜牧业饲养之家畜排放，氧化亚氮也是牲畜的副产品。再如，据统计美国超过半数的用水都直接用来灌溉牧场以饲养牲畜，还有大量的水被用来冲洗牲畜的栏圈。生产一磅的肉平均会消耗掉相当于一个普通家庭一个月的用水量，而生产相同单位肉类食物的耗水量也远高于植物类食物耗水量。而这样的用水会造成严重的经济和生态方面的影响。因此，有人建议应以更多植物类食物替代动物类食物。

素食主义（Vegetarianism）是一种有关饮食的文化，实践这种饮食文化的人被称为素食主义者（Vegetarian）。素食主义最早源自古印度的宗教、哲学传统，地中海东部的文明也是其一个来源，但两者关系并不大。素食主义在世界范围内的传播和流行起来也只是现代的事情。1801 年第一个素食协会在伦敦成立，1908 年国际素食联盟成立。目前拥有最高素食人口比例的地方是印度，但在世界各国或不同文化中的素食主义种类其实非常多样。

1. 纯素食主义或严守素食主义（俗称“吃全素”，Veganism）：会避免食用所有由动物制成的食品，如蛋、奶类、奶酪和蜂蜜。除了食物之外，部分严格素食主义者也不使用动物制成的商品，如皮革、皮草和含动物性成分的化妆品。

2. 半素食主义（Semi-vegetarianism），可能基于健康、道德或信仰而不食用某些肉类，如不食牛、羊、猪等哺乳动物的红肉是最普遍的类型，这些人会食用部分禽类和海鲜。这不是传统的素食主义，而是介于两者之间。半素食主义包括：

弹性素食主义（Flexitarianism），这类人主要是以素食为主，偶尔会食用肉类，又可细分为：方便素食主义，这类人会在生活中尽量选择素食，但如果条件不允许（比如在没提供素食的餐厅用餐时），也可以食用肉类；锅边素食主义，这类人会在生活中只食用素食，但这些素食可允许和动物制成的食品混杂在一起。比如说，当餐桌上有一盘青椒炒肉丝时，这类人会只食用青椒的部分，而不会完全不吃。

斋食（Buddhist Vegetarianism），会避免食用所有由动物制成的食品，但大多接受乳制品及蜂蜜，也有些接受蛋类；持大乘佛教者须戒五荤，即青葱、大蒜、洋葱、韭、薤、包括葱在内的葱属植物。

乳蛋素食主义（Ovo-Lacto Vegetarianism），此类素食主义者会食用奶蛋类食品来取得身体所需之蛋白质，如蛋和奶。由于多数奶酪是使用到小牛胃内的凝乳酶制造，因此有些素食者不接受奶酪，或只接受不杀生来源的凝乳酶。奶素主义（Lacto Vegetarianism），这类素食主义者不吃蛋及蛋制品，但会食用奶类和其相关产品，如奶酪、奶油或酸奶。蛋素主义（Ovo Vegetarianism），这类素食主义者不吃奶及奶制品，但会食用蛋类和其相关产品。

耆那教素食主义（Jain Vegetarianism），可以食用奶制品，但不食用蛋制品、蜂蜜和任何形式的根茎食品。鱼素主义（Pescetarianism），这类人主要是以素食为主，偶尔会食用鱼和其他水产品，但不食用其他陆地动物。禽素主义（Pollotarianism），这类人主要是以素食为主，偶尔会食用鸡肉，但不食用哺乳动物的肉，即所谓的“红肉”。白肉素食主义（Pollo-pescetarianism），这类人主要是以素食为主，偶尔会食用鱼和鸡肉，但不食用哺乳动物的肉，即所谓的“红肉”。长寿健康饮食法（Macrobiotic Diets），食物仅包括谷类和豆类，但偶尔会食用鱼和其他水产品。免费素食主义（Freeganism），这类人以素食为主，除非肉类的来源是免费的。

3. 生素食主义（Raw Vegetarianism），这种食用方法是将所有食物保持在天然状态，即使加热也不超过47℃。生素食主义者认为烹调会致使食物中的酵素或营养被破坏。有些生素食主义者叫做活化生食主义者，在食用种子类食物前，会将食物浸泡在水中，使其酵素活化。有些生素食主义者的饮食理念与果食主义者相似，有些生素食主义者仅食用有机食物。

4. 果食主义（Fruitarianism），仅食用水果、果汁或其他植物果实，不包括肉、蔬菜和谷类。

5. 苦行素食主义，这类人为坚定心中的信念，以苦行的方式进行素食，不仅戒蛋、牛奶，甚至戒大豆、食盐。甘地为其代表人物。

6. 道德杂食主义（Ethical Omnivore），这类人的食物来源必须是天然的、有机的和道德的，不含抗生素、荷尔蒙等人工饲料添加剂。

（2）茶文化

茶在佛教饮食中也占有重要的地位。有古语云“寺必有茶，僧必善茗，茶以佛传，茶随佛香”。早在魏晋南北朝时期的南方寺院中，僧人饮茶就很普遍。唐朝封演著《封氏闻见记》第六卷“饮茶”记载:“南人好饮之，北人初不多饮。开元中，泰山灵岩寺有降魔师，大兴禅教。学禅务于不寐，又不夕食，皆许其饮茶。人自怀狭，到处煮饮，从此转相仿效，遂成风俗。……于是茶道大行，王公朝士无不饮者。……穷日竟夜，殆成风俗。”可见，中国茶文化的兴起也与禅宗密不可分。僧人们坐禅，彻夜清修，茶就成为其禅定入静不可或缺的提神之物。同时，茶的清淡平和，正与佛的与世无争相合。佛教寺庙通常选在山清水秀的地方，气候适宜种植茶树，加之僧侣细心管理，遂多有佳品问世，在客观条件上也增加了禅与茶的结合。

唐代佛教文化盛行，在僧人饮茶助修的基础上，泡茶、饮茶也随之成为寺庙生活中的一种礼节，有重要节日或者重要访客就会举办隆重茶会，规模较大的寺庙开始专门设有茶堂作为禅僧讨论佛理、招待宾客的地方。唐代长安西明寺所在地曾出土大量邢窑白瓷茶碗、执壶以及带铭的“西明寺石荼碾”，可概知当时寺院的饮茶盛况。而西明寺正是当时日本留学僧学佛学茶之地。陕西扶风法门寺地宫出土的一套由唐懿宗和唐僖宗供奉的华丽皇家茶器，材质贵重，与一般文人用具不同，极具考古价值。

（3）腊八食俗

一年中围绕纪念释迦牟尼和菩萨的佛教节日很多，其中对后世影响最大的莫过于腊八节吃腊八粥了。古代将农历十二月称为腊月，此时人们祭祀的诸神共有八种，故称为腊八。自汉代以来，行祭的日子逐渐固定在腊月初八这一日。

另据佛教《佛本行集经》记载，释迦牟尼佛出家后在雪山苦行六年，一日仅食一麻一米，饿得骨瘦如柴，却始终未能悟得解脱境界，于是放弃苦行。后接受牧牛女提供的乳糜状的粥以后得以恢复身体状态，并于菩提树下很快进入禅定境界。东向端身正坐，静坐冥想七七四十九日，终于夜睹明星，成就“无上正等正觉”。这一日正值腊月初八，后佛教徒称此日为“佛成道日”。

后世僧侣为不忘佛祖成道以前所受苦难，便仿效熬粥供佛。唐佛教经典《百丈清规》记载:“腊月八日，恭遇本师释迦如来大和尚成道之辰，率比丘众，严备香花灯烛茶果珍羞，以申供养。”寺院诵经并效法乳糜供养的典故，选用精良谷物与干果熬粥供佛，称为“腊八粥”。各地佛寺在供奉之余还以此馈送四方善男信女，所以腊八粥也称“佛粥”“福寿粥”，并流传开来。宋代《东京梦华录》记载:“初八日，街巷中有僧尼三五人作对念佛。以银、铜、沙罗或好盆器，坐一金铜或木佛像，浸以香水，杨枝洒浴，排门教化。诸大寺作浴佛会，并送七宝五味粥与门徒，谓之‘腊八粥’。都人是日各家亦以果子杂料煮粥而食也。”其中“七宝五味粥”取意佛教中“七萨提分”和“五善”“五萨提”之一，如枣、杏仁、核桃仁、莲子、花生和米豆等。自此，在民间腊八食腊八粥的习俗就流行开来，或阖家聚食，或祀先供佛，或分赠亲友。腊八也由“佛成道”节演变为包含着庆祝丰收、家族团圆、退寒驱疫的民间节日。

三、伊斯兰教饮食观念

伊斯兰文化圈，又被称作阿拉伯文化圈、中东文化圈，是一个涉及范围小于伊斯兰国家的概念。伊斯兰文化圈的区域主要包括：印度半岛西部、中亚、北高加索、阿拉伯半岛、东南亚（泰南、马来西亚、印度尼西亚及菲律宾棉兰老岛）及非洲的部分地区。以土耳其菜为代表的阿拉伯饮食文化（清真饮食文化），与以中国菜为代表的东方饮食文化、以法国菜为代表的西方饮食文化，并称为世界三大饮食文化。

1. 伊斯兰教和伊斯兰国家

伊斯兰教（al–Islam）是世界三大宗教之一。7世纪初，由麦加的古莱什部族人穆罕默德（570~632年）复兴于阿拉伯半岛。信奉伊斯兰教的人统称为“穆斯林”（Muslim）。伊斯兰国家是指以伊斯兰教为国教和多数居民信奉伊斯兰教的国家和地区，主要分布在中东、阿拉伯半岛，以及非洲、亚洲的其他一些区域。

中世纪，阿拉伯地区一直是东西方交流的纽带，因而伊斯兰教对中西方文化都具有一定的影响。尤其在“二战”后，伊斯兰教在西欧、北美、非洲等地区迅速传播，是上述地区中发展最快的宗教。根据2020年的统计结果，全球伊斯兰教信徒约20亿，其中80%~90%为逊尼派穆斯林（Sunni Islam），12%~17%为什叶派穆斯林（Shia Islam），约1%为艾哈迈德派穆斯林（Ahmadiyya）。按照穆斯林总人口数由高到低依次排在世界前十位的国家分别是印度尼西亚、巴基斯坦、印度、孟加拉国、尼日利亚、埃及、伊朗、土耳其、中国、阿尔及利亚。由此而知，世界上大多数穆斯林并非阿拉伯人。

2. 伊斯兰教在中国

中国关于伊斯兰教的最早记录出现于公元7世纪中叶的唐高宗时期，由阿拉伯商人、士兵和阿訇从阿拉伯传入中国。伊斯兰教的入华路线有两条：一条是自西亚、中亚，经陆上丝绸之路，从西北的敦煌传入；另一条是自西亚、北非、东非，经海上丝绸之路，从东南的广州、泉州传入。

在元代文献里，“回回”一词已大量出现，专指信仰伊斯兰教的中亚各族人、波斯人和阿拉伯人，而“回纥”和“回鹘”一般指现今的维吾尔族人。由于伊斯兰教徒认为“真主原有独尊，谓之清真”，元明时期开始，“清真”（Halal）一词被专用于伊斯兰教，主要用于描述清真寺和清真饮食。清代以来，这一用法和概念已经得到系统阐述和普遍接受。不过作为一个中文词汇，“清真”仅指符合伊斯兰教教法的饮食，因此清真菜一般也是对中国的穆斯林（如回族、维吾尔族等少数民族）饮食的称谓。但在伊斯兰国家，“清真”不仅指可食之物，更指穆斯林的一套生活方式，其中包括了饮食、言语、行为、衣着等。

目前，中国穆斯林大多数聚居在中国西北的新疆维吾尔自治区、宁夏回族自治区，以及甘肃、青海和云南等省。在回族、维吾尔族、哈萨克族、乌孜别克族、塔吉克族、塔塔尔族、柯尔克孜族、东乡族、撒拉族、保安族等少数民族中，大多数信仰伊斯兰教。在其他的汉、满、蒙古、藏、傣等民族中，也有伊斯兰教信仰者，如蒙古族中的托茂人、藏族中的卡力岗人等。这些穆斯林因所在地域不同，饮食习惯也各有特色，如甘肃、青海一带的回族以小麦、玉米、青稞、马铃薯为主食，宁夏的回族则偏爱面食，其他还有牛羊肉泡馍、葱爆羊肉、绿豆粉、牛肉米粉、烤全羊、涮羊肉、它似蜜、馓子等。

3. 伊斯兰教饮食禁忌

尽管穆斯林们分布于世界各地，国籍、民族、肤色和语言各不相同，却恪守着相同的教义《古兰经》。经中指出，“人们啊！你们应食地面上合义的、清洁的食物”；“真主为世人创造了各种佳美的食物，人们可以通过自己的劳动来获得它、享用它，以维持生命、增强体力，以便建设好这个世界、管理好这个世界”。伊斯兰教对饮食非常重视，认为若要保持人的纯洁灵魂，滋养人的热诚精神，保持人的清洁和健康体魄，就要特别注意饮食。

同西亚、北非阿拉伯伊斯兰教国家的菜肴相比，中国清真菜的风味迥异，但在饮食禁忌上则完全相同。这种饮食禁忌主要表现在食材选择和处理上，而不限烹饪方法。清真菜在中国又可分为三个地域流派。一是西北地区的清真菜，善于运用当地的特产，如牛羊肉、牛羊奶及哈密瓜、葡萄干等原料制作菜肴，保留了较多的阿拉伯人饮食特色，风格古朴；二是京、津、华北地区的清真菜，取料广博，除牛羊肉外，海味、河鲜、禽蛋、果蔬无不具备，讲究火候，精于刀工，色香味形并重；三是西南地区的清真菜，善于使用家禽和菌类植物，菜肴清鲜，注重保持原汁原味。总之，抛开清真菜在食材选择和处理上的讲究后，各地清真菜的烹制均带有鲜明的本地烹调特色。

伊斯兰教的择食基本原则是：选择美、善、洁的食物，摒弃丑、恶、污的食物。除忌食血液、忌食毒品外，还需注意五点基本饮食禁忌。

（1）忌食自死物

自死物是指非人为屠宰的牲畜，如病死、老死、吃了有害食物中毒而死、跌死、饿死、摔死等原因死亡的动物。凡自死物，除鱼类外，皆不可食用。

（2）忌食丑、恶、污的食物

《古兰经》指出："一切异形之物不食"，"暴目者、锯牙者、环喙者、钩爪者、吃生肉者、杀生鸟者、同类相食者、贪者、吝者、性贼者、污浊者、秽食者、乱群者、异形者、妖者、似人者、善变者"等鸟兽均不可食。所以牲畜中那些奇形怪状、污秽不洁、性情凶恶、行为怪异的飞禽、猛兽及不反刍的动物，都属于禁食范围。包括猪、狗、猫、青蛙、驴、骡、虎、狼、豹、狸、狮、猿、鹰、鹞、刺猬、熊、猴、蛇等动物的肉。

（3）忌食形状不端的水族

形状不端的水族有螃蟹、鲨、章鱼、鲸、鳖等。选择鱼类进食时还要遵循有头有尾、脊有刺、腹下有翅、身上有鳞的规定，如鲤、鲫、草、鲢等鱼属于可食用范围。另外，因穆斯林认为鱼的血气在水，离开水，血气之性即无，因而可直接食用，不用请阿訇等屠宰。

（4）忌食未诵真主之名而宰的动物

伊斯兰教认为真主是万物的创造者，是生命的赋予者和终结者，只有结束该动物的生命是以真主的名义进行的，才是符合伊斯兰教教义的。所以，在宰杀符合《古兰经》教义的可食用的动物时，如牛、羊、驼、鹿、鸡、鸭、鹅、鹁、兔等畜禽，必须请阿訇或懂得神性规诫的人来宰杀。要首先检查动物的眼睛确保其适合食用，供水饮用以解其渴，然后使之面向麦加，祷告后以割断喉管的方式宰杀，并放尽血液后食用。

（5）忌酒

"信仰的人们啊！饮酒、赌博、拜像、求签，只是一种秽行，只是恶魔的行为，故当远离，以便你们成功""凡是使人麻醉的，都算酒；凡是酒，都是非法的"。伊斯兰教不但禁止穆斯林饮酒，而且还严厉谴责与酒有关的10种人："酿酒者、聘请酿酒者、饮酒者、运酒者、使人运酒者、斟酒者、卖酒者、分享酒价者、买酒者、使人买酒者。"

《古兰经》中除了对穆斯林的食源有所规定外，对于信众的饮食习惯也有相关规诫，如见月封斋和开斋，又如通过"你们应当吃，你们应当喝，但不要过分，真主确是不喜欢过分者""人的胃应该保持这样一种状态，1/3的食物，1/3的水分，1/3的空气"要求穆斯林饮食有节、适量。而禁食之物在迫不得已的情况下食之无过，“凡为势所迫，非出自愿，且不过分的人（虽吃禁物），毫无罪过”（《古兰经》）。

扩展阅读

习近平主席在文化传承发展座谈会（2023 年 6 月 2 日）讲道：“中华文明从来不用单一文化代替多元文化，而是由多元文化汇聚成共同文化，化解冲突，凝聚共识。中华文化认同超越地域乡土、血缘世系、宗教信仰等，把内部差异极大的广土巨族整合成多元一体的中华民族。越包容，就越是得到认同和维护，就越会绵延不断。中华文明的包容性，从根本上决定了中华民族交往交流交融的历史取向，决定了中国各宗教信仰多元并存的和谐格局，决定了中华文化对世界文明兼收并蓄的开放胸怀。”

本着尊重、包容、认同、维护的理念，我国在大型活动保障中都会针对清真饮食的特殊性制定专门保供方案。如全国民族运动会中遵循 6 个“单独”和 1 个“统一”的做法，即厨房单独、厨具单独、厨师单独、餐厅单独、餐具单独、服务员单独和供货渠道统一。又如北京 2022 年冬奥会和冬残奥会期间，清真饮食遵循运输单独、库房单独、厨房单独、厨具单独、厨师单独、送餐单独、餐台单独、餐具单独、服务员单独和供货渠道统一原则。

4. 伊斯兰教节庆食俗

（1）斋月

每年伊斯兰教历的 9 月，是一年之中吉祥尊贵的月份，教规中规定每一位虔诚的健康的成年穆斯林，应全月封斋，即每日从拂晓至日落，禁绝饮食和房事。对于封斋有困难者，如病人、年老体弱者、出门旅行者、婴幼儿和小孩、孕妇、哺乳者、经期中的女性等可以暂免，或过时再补，或缴纳一定的祭品或施舍。

斋戒的核心是“省过”“节欲”“清心”，通过斋戒使人们尝到饥饿和干渴的痛苦，用忆苦思甜的方法磨练意志、坚定信心，体会人生创业的艰难，鼓励人们用勤劳和智慧创造财富，教育子女做一个勤劳、善良、正直和守法的穆斯林。

（2）开斋节

开斋节在伊斯兰教历 10 月 1 日，为庆祝一个月的斋戒圆满完成。封斋第 29 日傍晚如见新月，次日即为开斋节；如不见，则再封斋一日，共为 30 日，第二日为开斋节。开斋节也称为小年，中国新疆地区又称为肉孜节（Roza）。

开斋节是伊斯兰教的重大节日，通常欢庆三日。届时，穆斯林男女都要沐浴净身，点香，穿节日服装，打扫房屋，整理宅院，到清真寺参加会礼，互致节日问候，向圣地麦加古寺克尔白方向叩拜，听阿訇诵经。礼拜后，给亡故的亲友走坟。每家都炸油香、搓馓子、喝盖碗茶等，并相互赠送。有的还要宰鸡、羊，烹制本民族本地区独具风味的佳肴美馔，如宁夏回民的清炖羊肉、手抓羊肉、涮羊肉，新疆的抓饭、烤全羊，兰州的牛肉拉面、清蒸鸡，西安的羊肉馅饼、羊肉泡馍等。

（3）古尔邦节

一般在开斋节后 70 天庆祝，即伊斯兰教历 12 月 10 日举行，类似于春节。古尔邦节又称献生节、宰生节、忠孝节，意为宰生、献祭之意。节前要把家中打扫干净，过节这一天不吃早点，赶在太阳升起前来到清真寺听阿訇念诵《古兰经》，互致节日问候。然后再回家举行盛大的庆祝活动，宰杀牛羊，炸馓子、烤全羊、烤羊腿等，有些阿拉伯人还宰杀骆驼庆祝。

第四节　中国饮食礼俗

一、中国饮食礼俗的基础形制

中国礼俗在汉唐时期已发展较为成熟，孔子“非礼勿视，非礼勿听，非礼勿言，非礼勿动”训条已被具体化到日常生活中，饮食生活也不例外，如餐制、饮食方式、饮食礼仪等。

1. 餐制

所谓餐制，即每日吃饭的次数。在中国食文化发展萌芽时期，进食时间并没有一定之规，只有在人类进入农耕定居以后才有餐制的讲究。据文献记载，先秦时期一般为一日两餐，以适应日出而作、日落而息，称为饔飧。《孟子》有云：“贤者与民并耕而食，饔飧而治。”赵岐对此注曰：“饔飧，熟食也。朝曰饔，夕曰飧。”这与甲骨文中的“大食”“小食”记载相呼应，根据董作宾的《殷历谱》中商代计时法记载，上午 7~9 时为“大食”，下午 3~5 时为“小食”。其中大小两字体现了两餐食量的关系，大食对应食量大，小食对应食量少。如《周易·系辞下》记载：“日中为市，致天下之民，聚天下之货，交易而退。”人们白天需要劳作，所以早饭需要吃得多，而随着太阳落山无须继续劳作，所以晚餐吃得少。

汉唐时期，是中国三餐制习俗确立与巩固的时期。汉代初年，一日两餐与一日三餐并行。汉代以后，我国大部分地区都主要实行早、午、晚三餐制，古称“三食”。早餐也被称为朝食，或早食。《礼记》中有：“男女未冠笄者……昧爽而朝，问何食饮矣，若已食则退，若未食，则佐长者视具。”这是说，未成年的男女，在天色微明以后要去向父母请安，问候饮食。如果父母已用毕早餐，即可告退；如未进食，就在一旁侍奉，等候差遣。可见，早餐一般是在天色微明时。而“急应河阳役，犹得备晨炊”（杜甫《石壕吏》）和“是时直突烟，发自晨炊徒”（刘禹锡《武陵观火诗》）都是歌咏晨炊的诗歌。第二顿饭为昼食，汉人又称为馀食，即中午之食。如今江浙一带称午饭为“昼饭”，华北一带称午饭为“晌午饭”，都是汉唐时期语言的遗风。第三顿饭为餔食，也称飧食，即晚餐，解释为“日加申时食也”。申时为下午 3~5 时，这与现代人的晚饭时间相比要早很多。《史记 · 吕太后本纪》有：“日铺时，遂击产。”是说周勃等人诛灭诸吕，正是利用禁卫军吃晚饭时进行突袭而成功的。

汉唐时期，在一些穷苦人家或者由于季节不同、生产需要等原因，仍采用两餐制。而与此相对应的是社会上层，尤其是皇帝的饮食，按照当时礼制为一日四餐，如《白虎通义》所说，天子“平旦食，少阳之始也；昼食，太阳之始也；晡食，少阴之始也；暮食，太阴之始也”。可见，餐制已与人们的作息规律、生活内容和社会地位相呼应。

2. 分餐制与合餐制

一般认为，中国传统的宴席方式是共享一席的合食制，但其实合食存在的历史只有一千多年。相反，从商周时期开始到汉唐时期，人们的饮食方式都是分食制。汉代画像石、画像砖和壁画上，常可见一人面前一个食案（俎案），席地而食的进餐场景（见图 3–2）。承托食物的盘如果加上三足或四足，便是案。如颜师古《急就章》注“无足曰盘，有足曰案，所以陈举食也”。文献中有不少关于分食制的案例，《史记 · 田叔列传》中载，汉高祖经过赵地，“赵王张敖自持案进食”；又如《汉书 · 外戚传》中有：“许后朝皇太后，亲奉案上食。”据此可推测食案很轻，女子都可举得起，并且是一人一案。再有出自《后汉书》的典故“举案齐眉”，东汉隐士梁鸿，返乡娶妻孟光，后又转徙吴郡（今苏州），梁鸿“为人赁舂。每归，妻为具食，不敢于鸿前仰视，举案齐眉”，就是说孟光每日为梁鸿准备饭菜，将食案举得和眉毛一样高而不敢抬头直视梁鸿，被视为夫妻相敬如宾的佳话，这里的案是一种承食器之案，像大型浅盘，可以连同放在上面的食器一起端起。

图 3-2　汉画像砖宴饮图拓本中食案的形象

西晋以后，床榻、胡床、椅子、凳子等坐具相继问世，席地跪坐的习惯逐渐被改变。随着传统床榻几案高度的持续增高，新式高足家具品种也在增多，桌子、椅子开始使用和普及。敦煌的唐代壁画中已经出现人们在四足直立桌子上切割食物。家具的革新改变了人们的进餐姿态，在一定程度上促使就餐方式由分食制向合食制转变。南唐画家顾闳中的《韩熙载夜宴图》（见图 3-3）中，呈现了一种围桌进餐姿态改变的过渡状态。图中南唐名士韩熙载盘膝坐在床上，而几位士大夫分坐在旁边的靠背大椅上，每人面前都各自摆放了长方形的几案，几案上放有一模一样的食物。碗边还摆放了包括餐匙和筷子在内的一套餐具，互不混杂。这里人们虽然是围桌而食，但仍是一人一份。唐朝末年，合食制成为潮流后，分食的方式也并未完全消除。

图 3-3　韩熙载夜宴图卷（局部）（故宫博物院藏）

与唐代相比，宋代的饮食坐姿日渐统一，跪坐和盘腿坐已基本消失，唐代相对低矮的食床或大案均被取代。转而使用更高的餐桌。此时名菜佳肴不断增多，一人一桌一份的进食成本过高，且已不符合人们嗜食多种菜肴风味的需求，围桌合食更显宴会氛围，与当时社会文化发展相适应。所以，我国到宋代才开始确定和普及合食制，并成为后世的主流饮食方式。

3. 宴席座次礼仪

汉唐时期，中华礼俗已臻于完善，在座次上遵循室内宴席以东向为尊，其次为尊位的左手位，即南向位，再次为尊位的右手位，即北向位，最后是西向。中国历史上著名的鸿门宴以“项王、项伯东向坐。亚父南向坐，亚父者，范增也。沛公北向坐，张良西向侍”（《史记·项羽本纪》）。这五人，一人一案。从座次安排上看，项羽自诩为主，不仅傲慢，而且对刘邦十分轻视侮辱。项羽不认为自己与刘邦处于平等地位，安排了自己和叔父项伯并坐主位，然而项羽也不把刘邦当作贵客，反而是将南向位安排给自己的谋士范增，只将宴席中的最末两席留给刘邦和他的侍从张良，显得主客颠倒。一般而言，古代普通房屋或营帐中，都以东向为尊，这一礼俗始于先秦。

汉唐时期，堂上宴席座次尊卑是以南向为尊（见图 3–4）。堂是古代宫室的主要组成部分，位于宫室主要建筑物的前部中央，坐北朝南。堂前没有门和两根楹柱，堂东西两壁的墙叫序，堂内靠近序的地方分别叫东序和西序；堂东西两侧有东堂、东夹和西堂、西夹；堂的后面有墙，把堂和室、房隔开，室、房有门和堂相通。宫室坐落于高台之上，因而堂前有两个阶，东面的叫东阶，西面的叫西阶。堂多用于举行典礼、接见宾客和饮食宴会等，并不用于寝卧休息。根据《仪礼》记载，堂上席面安排为主人在东序前，西向而坐；主宾席在门窗之间，南向坐（主人左手方）；介（陪客）席在西序前，东向坐。这里主宾为首席，主人席次之，介更次之。

现代社会交往中，就餐座次依然是宴请时需要重点考虑的因素。一般而言，中式餐桌座位安排以圆桌离进门入口最远处属于上座（面门为上），传统以主陪（宾主）的左手边为尊，最接近入口的座位是下座。在中国古代，以左为尊还是以右为尊也不是一成不变的，如西汉和元朝都侧重于尊右。所以，在生活和工作中可以多询问，以遵循本地惯例或宴请方惯例为宜，如国际惯例遵循以右为尊。我国宋代还有一个职业，“以至托盘、下请书、安排座次、尊前执事、歌说劝酒，谓之白席人”，属于会食制的产物。白席人的职责是统一食客行动、掌握宴饮速度、维持宴会秩序。

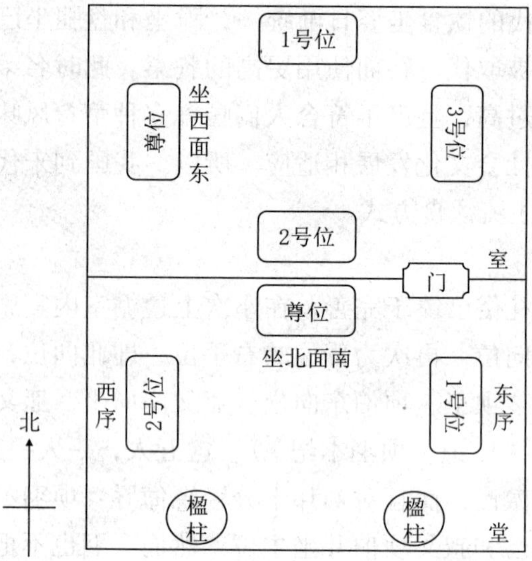

图 3-4　中式堂屋结构及方位尊卑示意

4. 餐桌礼仪

餐桌礼仪是进餐时的各种公认礼貌标准，由于文化各异各国餐桌各有不同。但一般来说，还是有些基本常识是中外通用的，如提早预约餐厅；接受他人邀请时，应尽早回复；进入餐厅时，需由侍者（领台）带领入座，不可贸然入位；一般椅子是由左侧入座，而上位则是在离出口最远，能看清楚全场的安静位子；如为分餐制，点菜的道数需和用餐人数配合；通常按照上菜的顺序来点菜；用餐时，补妆要到化妆室，避免在众人面前补妆；尽量避免中途离席；不可大声喧哗；用餐速度宾主需互相配合；留意残留在杯子边缘的口红印；进餐时不可抓头；不可乱动餐具；不可在公共场合中擤鼻涕，且特别是在餐桌上；将餐点吃光，才是得体的表现；饭前或饭局中不应谈及影响食欲的话题；在用餐时打嗝儿是不礼貌的行为。

中国宴席多采用圆桌围坐，从形式上营造一种团结、礼貌、共趣的气氛。美味佳肴上桌，既是一桌人欣赏、品尝的对象，又是一桌人感情交流的媒介。与西式饮宴上仅限邻座客人间交流的礼仪不同，中式宴会更多地体现了全席的交谊。人们相互敬酒、相互让菜、劝菜，在美好的事物面前，体现了人与人的尊重、礼让等美德，符合我们民族“大团圆”的普遍心态，反映了中国古典哲学中“和”这个范畴对后代思想的影响，便于集体的情感交流。

通常餐具的摆放遵循：正面的最前面是餐巾，右前方是取菜的盘子，左侧是汤匙与布菜的深盘，右侧是汤匙和筷子，水杯或酒杯置于右侧，正面的内侧是骨碟。

其他需要注意的餐桌礼仪还有，旋转桌旋转的方向由主客向左转，即顺时针方向；不能把自己的餐具放在旋转桌上；转动旋转桌时不能太用力，也要注意旁边的餐具；用餐时注意维持餐盘的整洁；汤碗不可端起来直接喝，更不能发出声音。

二、民俗与饮食民俗

1. 民俗的概念

民俗，又称风俗、习俗、民风、风尚、风俗习惯等，是民间社会生活中传承文化事象的总称，是一个国家或地区、一个民族世代传袭的基层文化，是通过民众口头、行为和心理表现出来的事物和现象。

民俗是一种错综复杂、良莠并存的文化，它的形成有着经济、政治、地域、宗教、民族、语言、心理等诸多方面的因素。民俗具有群体性与社会性、传统与变异、传放与传播、盲目与从众、非理性与神秘性等属性，也具有历史功能、教育功能、群体聚合功能、娱乐功能。民俗不仅在人类社会的发展中起着承前启后的作用，而且在现代物质文明和精神文明建设中也有不可低估的重要作用。

2. 饮食民俗的概念

饮食民俗是指人们在筛选食物原料、加工、烹制和食用过程中，即民族食事活动中，所经久形成并传承不息的风俗习惯，是人类饮食文化中的社会性规定和约定俗成的社会行为，也称饮食风俗、食俗。饮食风俗是诸多风俗中最活跃、最持久、最有特色、最具群众性和生命力的一个重要分支。食俗一般包括年节食俗、居家日常食俗、人生仪礼食俗、宗教信仰食俗等内容，而若按民族成分来认识，又可以有汉民族食俗、少数民族食俗等类别。

三、中国传统年节食俗

年节是有固定或不完全固定的活动时间，有特定的主题和活动方式，约定俗成并历代传承的社会活动日。在中国，节日的本意是指节气相交或转换之日，没有民俗意义上的“节日”的含义，但一部分节气节日逐渐演变成了民俗日，如清明、夏至、冬至等。其他节庆还有来自重大历史事件，如国庆节、劳动节、建军节、青年节等，以及来自宗教信仰的节庆，如腊八节、泼水节（浴佛节）等。

1. 春节食俗

春节俗称新年，是中华民族最隆重的传统节日。辛亥革命后，我国采用公历纪年，以公历元月一日为元旦，以农历正月初一为春节。旧时，从过小年（腊月二十三或二十四）到元宵节（正月十五），都属新年范围，其中以除夕至正月初三为高潮。春节的活动因民族、地域不同而有所不同。以汉族为例，过春节讲究年前置办年货、制作新衣、举行掸尘、祭灶、祀祖、吃年饭、守岁、贴春联、挂年画等活动，节日期间互相拜年、放爆竹、喝元宝茶、喝春酒、吃年糕、吃饺子、吃元宵等风俗。

除夕又称“大年三十”，民间家家户户要吃年饭，又称年夜饭、宿岁饭、团圆饭。年饭是全家团聚的家庭宴会，外出的人要纷纷赶回家过年，赶不回来的人在吃年夜饭时也要给他留一个席位，摆上碗筷，象征他也回家团聚了，这是中国家庭具有凝聚力和向心力的表现。传统上吃年饭的时间多选择在夜间（黎明或晚上），取一家人团聚不被人打扰之意。年夜饭的食品丰富、种类繁多、荤素菜肴齐备，席中一定要有酒有鱼，取喜庆吉祥、年年有余（鱼）之意。一些地区在除夕吃饺子，并在包饺子时往其中置钱、糖、枣等，有枣的饺子寓意早得子，有钱的饺子象征发财致富，有糖的饺子象征生活甜如蜜。一些地区在除夕时，皆多煮年饭，称为隔年饭、隔年陈、留岁饭、年根饭、岁饭，其他春节食品也如此，吃年饭时有吃有剩，寓年年有余之意，剩饭作来年的“饭根”，意为“富贵有根”。

春节期间，民间又有食年糕和拜年用年糕之俗。清代《天津志略》记录天津地区元旦食黍糕，曰“年年糕”。道光年间《安陆县志·风俗》记录湖北德安一带春节时“村中人必致糕相饷，名曰‘年糕’”。年糕多由糯米或黏小米制成，谐音年（黏）年（黏）高（糕），寓意“步步登高”，一年更比一年好。

拜年客人进门后，主妇们先给客人敬元宝茶。元宝茶是取红枣沿腰切口，四周嵌入瓜仁，冲白糖开水，考究一点则是红枣莲子桂圆羹做元宝茶。此时饮茶饮酒也多选元宝杯，即酒杯上绘有元宝或钱币图形，以示吉祥发财之意。1915 年刊《汉口小志》记载“拜年客来，多留吃元宝茶，或摆果盒以待”。果盒中常装有年糕、蜜枣、糖莲子、柿饼、花生等，分别寓意年年高、早生贵子、早日高中、连生贵子、事事如意、花着生。

喝“年酒”也是拜年活动的重要组成部分。年酒的主要形式有普通客人走亲拜友，主人所设的酒宴，这一类最为普遍；第二类为专为“新婿”“新客”以及其他特殊需要而专门设置的酒宴；第三类为“团拜酒”。拜年喝年酒的时间一般为正月初一至十五，多在正月初十以内，有的至正月底。年酒除酒必不可少外，主人当尽其所能制作美味佳肴。

2. 元宵节食俗

元宵节又称正月十五、上元节、元夕节、灯节。该日为满月，即“望”日，象征团圆、美满，因此常要进行祭天，祈求阖家团圆和丰年。元宵以形寓意，意在团圆，又因时在正月十五，春节延至半月，寓意春节如意圆满。

元宵节俗主要是结彩灯和吃元宵。元宵又称汤圆、灯圆，因是水煮的也叫“汤饼”，又因是由米粉制成也称“粉果”，还因为是圆形的又谓“油画明珠”。我国唐代开始有“吃粉果”的习俗，元宵大概就是由此演变而来。《明宫史》记载：正月初九日后，吃元宵，其制法，用糯米细面，内用核桃仁、白糖为果馅，洒水滚成，如核桃大。

3. 清明节食俗

清明节，农历三月间（公历 4 月 5 日前后），与农历七月十五日、十月十五日合称“三冥节”，都与祭祀鬼神有关。清明本为二十四节气之一，但由于其在季节变化中的特殊地位，加上寒食节的并入，遂成为一个重要的节日。

寒食节又称冷节、禁烟节，一般在清明节前的一两天，古代有禁用烟火，只食先期做好的熟食（冷食）之俗。寒食节起源于重耳与介子推的传说：春秋战国时代，晋献公的妃子骊姬为了让自己的儿子奚齐继位，就设毒计谋害太子申生，申生被迫自杀。申生的弟弟重耳为了躲避迫害，流亡出走，受尽侮辱。在最后留下的少数几位忠心耿耿的人中有一人叫介子推，在一次重耳饿晕时，介子推从自己腿上割下了一块肉，用火烤熟后送给重耳吃，救其一命。19 年后，重耳回国做了君主，即著名的春秋五霸之一晋文公。

晋文公执政后，对那些曾与其同甘共苦的臣子大加封赏，却忘了介子推。后有人在晋文公面前为介子推叫屈，晋文公猛然忆起旧事，心中有愧，马上派人去请介子推上朝领赏受封。可是差人去了几趟，介子推都不来，于是晋文公只好亲自去请。当晋文公来到介子推家时，只见大门紧闭，介子推不愿见他，已经背着母亲躲进了绵山（今山西介休县东南）。晋文公让御林军上绵山搜索，也都无功而返。这时，有人出了主意说，不如从三面点火烧山，唯留下一方可以令介子推逃生。于是，晋文公下令举火烧山，孰料大火烧了三天三夜，直至熄灭后也始终不见介子推出来。晋文公上山再看，却见介子推母子俩抱着一棵烧焦的大柳树已经死了。为了纪念介子推，晋文公下令把绵山改名为“介山”，在山上建立祠堂，并把放火烧山这一天定为寒食节，晓谕全国：每年这天忌烟火，只吃寒食。

第二年，晋文公领着群臣，素服徒步登山祭奠，表示哀悼。行至坟前，只见那棵老柳树死而复活，绿枝千条，随风飘舞。祭扫后，晋文公把复活的老柳树赐名为“清明柳”，并把这天定为清明节。大约到了唐代，寒食节与清明节合二为一，节日里有扫墓祭祖、踏青、插柳、植树、荡秋千等活动。

每逢清明，浙江一些地区的孩童妇女便纷纷采集野荠、青蓬等，回家浸泡在水中，再捞起挤去其汁，然后切碎和入粉中，揉成面团，以作青粿，故称清明粿。有的做成畚斗状，谓之“畚斗粿”，意为粮食丰收，有粮可装；有的做成犁头形，寓耕作顺利；有的做成羊、狗形状，称为“清明羊”“清明狗”。江南一些地区，认为清明生子最佳，谓“聪明儿”，并有抱婴儿向邻里乞讨清明锞的习俗，俗称“讨清明”，因“清明”和“聪明”谐音，谓孩子日后容易抚养，健康聪明。

扩展阅读

北京 2022 年冬奥会开幕式以二十四节气为序曲，从“雨水”开始，一路倒数至“立春”，恰与开幕式当日为立春相呼应。二十四节气是中国古人通过观察太阳周年运动，认知一年中天文时令、气候、物候等方面变化规律所形成的知识体系，用以指导农业生产等社会实践。二十四节气起源于黄河流域，今河南省登封市告成镇告成村的观星台成为我国古代天文活动的中心。据史料记载，从西周时期开始，最先有了两至两分；春秋时期确认仲春、仲夏、仲秋和仲冬（四立）；到秦汉年间得以齐备和定名；西汉初年（公元前 104 年）制定《太初历》正式把二十四节气订于历法，明确了各自的天文位置。二十四节气中承载了中国人对生命的体验和感悟，更是中国人与自然、人与农业生产、人与社会体制关系的体现。与中国的农历历法相比，二十四节气可以看作农历中的阳历部分，更简化也更方便使用。因为，农历历法既要兼顾太阳位移，还要兼顾月亮位移。

“春雨惊春清谷天，夏满芒夏暑相连；秋处露秋寒霜降，冬雪雪冬小大寒。”是在中国广为流传的节气歌。二十四节气又分为 72 候，每个节气间相隔约 15 天，每 5 天为一候。从立春开始，自然界最显著的特点是寒冬过后，万物复苏，所以立春三候是东风解冻、蛰虫始振、鱼陟负冰。中国古人将四季变化产生的自然现象通过物候的方式记录下来，这本身就是一种浪漫哲学的体现。“时雨及芒种，四野皆插秧”“接天莲叶无穷碧，映日荷花别样红”等古诗词，皆与二十四节气相关；小寒、大寒等节气的对称，也不难看出中国古人讲究对称美的执着。

二十四节气对于农民开展农事活动的实用性更是不言而喻的。其中反映太阳高度变化的有春分、秋分、夏至、冬至。反映四季变化的有立春、立夏、立秋、立冬。反映气温变化的有小暑、大暑、处暑、小寒、大寒。反映降水变化的有雨水、谷雨、白露、寒露、霜降、小雪、大雪。反映物候现象的有惊蛰、清明、小满、芒种。

作为中华文化传统智慧和浪漫美学，二十四节气——中国人通过观察太阳周年运动而形成的时间知识体系及其实践（The Twenty-Four Sola Terms，knowledge in China of Time and practices developed through observation of the sun’s annual motion）于 2016 年被列入世界

人类非物质文化遗产名录。

立春（Beginning of Spring），立春之日东风解冻，又五日蛰虫始振，又五日鱼上冰（鱼陟负冰）。雨水（Rain Water），雨水之日獭祭鱼，又五日鸿雁来（候雁北），又五日草木萌动。惊蛰（Awakening of Insects），惊蛰之日桃始华，又五日鸧鹒鸣，又五日鹰化为鸠。春分（Spring Equinox），春分之日玄鸟至，又五日雷乃发声，又五日始电。清明（Pure Brightness），清明之日桐始华，又五日田鼠化为鴽，又五日虹始见。谷雨（Grain Rain），榖雨之日萍始生，又五日鸣鸠拂其羽，又五日戴胜降于桑。

立夏（Beginning of Summer），立夏之日蝼蝈鸣，又五日蚯蚓出，又五日王瓜生。小满（Grain Buds），小满之日苦菜秀，又五日靡草死，又五日小暑至（麦秋生）。芒种（Grain in Ear），芒种之日螳螂生，又五日鵙始鸣，又五日反舌无声。夏至（Summer Solstice），夏至之日鹿角解，又五日蜩始鸣，又五日半夏生。小暑（Minor Heat），小暑之日温风至，又五日蟋蟀居辟，又五日鹰乃学习（鹰始鸷）。大暑（Major Heat），大暑之日腐草为蠲，又五日土润溽暑，又五日大雨时行。

立秋（Beginning of Autumn），立秋之日凉风至，又五日白露降，又五日寒蝉鸣。处暑（End of Heat），处暑之日鹰乃祭鸟，又五日天地始肃，又五日禾乃登。白露（White Dew），白露之日鸿雁来，又五日玄鸟归，又五日群鸟养羞。秋分（Autumn Equinox），秋分之日雷始收声，又五日蛰虫培户，又五日水始涸。寒露（Cold Dew），寒露之日鸿雁来宾，又五日雀入大水为蛤，又五日菊有黄华。霜降（Frost’s Descent），霜降之日豺乃祭兽，又五日草木黄落，又五日蛰虫咸俯。

立冬（Beginning of Winter），立冬之日水始冰，又五日地始冻，又五日雉入大水为蜃。小雪（Minor Snow），小雪之日虹藏不见，又五日天气上腾地气下降，又五日闭塞而成冬。大雪（Major Snow），大雪之日鹖旦不鸣，又五日虎始交，又五日荔挺生。冬至（Winter Solstice），冬至之日蚯蚓结，又五日麋角解，又五日水泉动。小寒（Minor Cold），小寒之日雁北乡，又五日鹊始巢，又五日雉始鸲。大寒（Major Cold），大寒之日鸡使乳，又五日鹫鸟历疾，又五日水泽腹坚。

4. 端午节食俗

端午节，农历五月初五又名端午、端五、端阳、重午、重五、五月五、端节、蒲午、蒲节、天中节、诗人节、粽包节、龙船节。关于端午节的起源，众说纷纭，有认为是龙图腾崇拜民族的祭祖活动日、认为起源于越王勾践为复国在此日训练水师、纪念介子推、纪念楚国爱国诗人屈原、纪念伍子胥、纪念曹娥、祭“地腊”等。直到南北朝时，食粽和龙舟竞渡的意义向崇拜屈原转化，以集尊严人格、事业成就、深刻思想、行为风格、悲剧命运于一身的屈原为民族文化的人性化身，这是中华文化经过汉代整合与其后数百年裂变的结果，是粽子文化的一种升华。2009年，端午节（Dragon Boat Festival）被列入世界人类非物质文化遗产名录。

节日里，民间有赛龙舟，食粽子、咸蛋，饮雄黄酒、菖蒲酒，放艾草，挂香袋，吃蒜挂蒜，插菖蒲等风俗活动，其中最重要的就是裹粽、食粽和龙舟竞渡。赛龙舟起初是为了祭神，龙舟中供的天妃是保佑平安的大神，后演变为有祈求农业丰收、以龙舟送鬼、驱邪避瘟、去灾求吉、强身健体等功能。

粽子定型于距今3000多年前，类似于滋饭团。粽子定型伊始为北黍南糯，且具有始见于北、后重于南的历史特征。在汉代《说文解字》等文献中，粽子记为“粽”，又称“角黍”，做法是把粽叶（即芦苇叶或竹叶）泡湿，糯米用水泡好，以肉、豆沙、枣仁等为馅，包成三棱形、方形、枕头形等蒸、煮而成。

5. 七夕节食俗

七夕节，又名乞巧节、少女节、女儿节、双七节、双星节、鹊桥会、巧节会。除五代时期以七月六日为七夕节外，历代均以七月七日为七夕。相传农历七月七日夜牛郎织女在天河相会，民间有妇女乞求智巧之事，故名。

七夕节的主要饮食活动是在当晚陈瓜果食品，如瓜、果、酒、饼、蔬菜、肉脯等，焚香于庭以祭祀牵牛、织女二星乞巧。其中，以南方江浙一带的巧果最具特色，以糯米加糖后油炸成各种小花果子，认为是甜蜜幸福的象征。七夕节的常见食品还有菱子、瓜子、瓜、花生等。旧时节日里，姑娘们备彩线，着盛装聚会，并争穿针孔、抛绣针等，竞赛女红，气氛欢乐。现代社会，商家已将七夕节打造成中国的情人节，赋予传统节日新的含义。

6. 中秋节食俗

中秋节，农历八月十五，因恰值三秋之半故名中秋，又名仲秋节、秋节、团圆节、八月节、八月半。此夜月亮又圆又亮，民间以合家团聚赏月为主要内容，寓意团圆美满。民间的赏月、祭月、迎寒等活动到了宋代正式定为中秋节。

赏月、吃月饼、瓜果，摸秋，送瓜（西瓜）是各地中秋节流行的习俗。月饼原为祭月供品，苏东坡诗云“小饼如嚼月，中有酥和饴”，又有云“民间以月饼相遗，取团圆之义”。清代有“男不拜月，女不祭灶”的说法，所以多由妇女儿童进行拜月。拜祭前，人们先将月饼、瓜果供月，然后参拜，再将祭月之饼按人数切开分食。

7. 重阳节食俗

重阳节，又名九月九、重九节、登高节、茱萸节、菊花节。九为阳数，两九相重，故为“重九”；日月并阳，两阳相重，故名“重阳”。重阳节由来已久，一般认为始于先秦，它可能起源于秋游去灾风俗，后来演变为九月九日登高活动，并深受道家的影响。民间有登高野游、赏菊、放风筝、蒸花糕、饮菊花酒、食蟹、插茱萸、迎出嫁女归宁等活动。唐代诗人王维《九月九日忆山东兄弟》云“独在异乡为异客，每逢佳节倍思亲，遥知兄弟登高处，遍插茱萸少一人。”

重阳节以吃糕驰名。陕西临潼从九月初一起，娘家要给女儿、外孙送糕，取谐音“高”，即步步登高之意。后因当地缺米，便用面塑宝塔，上附蟾蜍、鸡、鱼、龙等形象。湖南民间多在重阳节造酒，称为“菊花酒”。如澧州民间在“重阳”之日，士大夫携酒登高，各家采蓼及菊叶为曲，酿秫和芦稷为酒，以备终年祭祀、宾客之用；酿糯秫米酒，熬而藏之，作为养老之需，统称“菊花酒”，也叫“万年春”。

8. 冬至节食俗

冬至节，农历十一月间，公历12月22日前后，又名冬节、交冬、亚岁、贺冬节、小年。冬至这一天北半球白天最短，夜间最长，标志着冬天的到来。

冬至节历史悠久。周代以十一月为正，已有祭神仪式。秦代沿其制，也以冬至为岁首，这就是把冬至视为“过年”“过小年”的历史原因。汉代称冬至为“冬节”“日至”，官场互相庆贺。南北朝时，民间有拜父、拜母之礼，吃赤豆粥以辟邪之俗。节日期间，有祭天、祭祖、送寒衣、宴饮、腌制鱼肉等习俗。

冬至节日饮食有鲜明的冬令特点，北方有“冬至饺子夏至面”之谚，认为冬天寒冷，耗热量多，应该多吃有营养的食品，饺子、馄饨是冬令佳品。朝鲜族在冬至日必须吃冬至粥，粥由大米、小豆制成，加入糯米圆子。一些地区在冬至节还喜欢吃狗肉、羊肉，认为是冬补食品。福建有冬至吃糯米丸之俗，将所制糯米食品，用红糖拌匀，祀神祭祖之后，合家分食。北方地区还喜欢在冬至前后腌制酸菜，供春节和开春后食用；南方地区则有在冬至后腌鱼腌肉习俗。

9. 送灶节食俗

农历十二月二十四日前后，民间有祭祀灶神的风俗，不少地区以腊月二十四日前后为小年，因此送灶节又称灶神节、灶王节、小年节、小年等。灶神俗称灶君、灶王，也称“东厨司命”，管理灶事。

送灶，即此日灶王爷要上天向玉皇大帝汇报人间的善恶事，所以人们要为他送行，祭拜他，以便灶王上天述职时多说好话，祈求天神保佑家庭安宁，达到“上天言好事，下界降吉祥”的目的。因古语“男子不拜月，女子不祭灶”之谚，送灶者都为男子。祭灶首先是祈求五谷丰登，其次是祈求人丁兴旺。

为了实现祭灶目的，民间有给灶去灰、屋去尘，准备特殊祭品祭灶神等。鸡骨糖即灶糖，又称胶牙糖，用麦芽熬制而成，黏性很强。祭灶必用这种黏性很强的糖，为的是叫灶神吃了它，粘住嘴，上天不说这家人的坏话。用黄羊祭灶最早见于东汉。据载，汉宣帝时，阴识的祖父阴之方以家里的黄羊祭祀灶神，此后果然发了大财，成了巨富，遂开始流行用黄羊祭灶。但黄羊是一种野生动物，由于捕猎过度，后来渐被灶糖替代。

思考题

1.“中国饮食文化中表现出的食物原料选取广泛的特性，完全是由于国人爱食、善食，不断追求尝试的结果”这一论述是否正确，为什么？

2. 请举例说明中国饮食文化的特点，如何继承、发扬和创新？

3. 解释“孔孟食道”的含义，举例说明其对中国饮食文化形成和发展的影响？“孔孟食道”在当今社会有哪些现实意义，如何继承和发扬？

4. 中国民间信仰饮食习俗有哪些？请举例说明其中的饮食禁忌。

5. 撰写一份依托中国饮食文化现象（如中国风味流派）向国际友人传递中国文化的宣传策划书，可以海报、视频或宣讲形式进行呈现。

6. 世界范围内，素食有哪些分类？试分析人们选择素食饮食习惯的原因。

7. 案例讨论

随着科技日新月异，人们的生活发生了极大改变，但人与粮食需求间的问题始终存在。怎样维护传统农业系统，并以可持续方式利用生物多样性和自然资源，保持人与环境和自然资源的和谐关系，已引起全世界的关注与探讨。2002 年 8 月，联合国粮农组织（FAO）、联合国发展计划署（UNDP）和全球环境基金（GEF）一起联合联合国教科文组织（UNESCO）、国际文化遗产保护与修复研究中心（ICCROM）、国际自然保护联盟（IUCN）、联合国大学（UNU）等 10 余家国际组织或机构以及一些地方政府开始全球重要农业文化遗产项目（Globally Important Agricultural Heritage Systems，GIAHS）的准备工作。2004 年 4 月 GIAHS 项目正式开始，由 7 个国家挑选出具有典型性和代表性的 5 个传统农业系统作为试点，分别是中国青田的稻鱼共生系统、菲律宾伊富高山坡的稻米梯田系统、秘鲁安第斯高原沟渠农业系统、智利的智鲁岛农业系统和阿尔及利亚、摩洛哥、突尼斯的绿洲农业系统。

按照 FAO 的定义全球重要农业文化遗产在概念上等同于世界文化遗产，是农村与其所处环境长期协同进化和动态适应下所形成的独特的土地利用系统和农业景观。① 这种系统与景观适应当地的自然条件，具有丰富的生物多样性，而且可以满足当地社会经济与文化发展的需要，有利于促进区域可持续发展，是对传统农业对保护具有复原力和可持续的农业粮食体系贡献的肯定，具有显著的生态效益、经济效益和社会效益。粮农组织希望通过这些试点项目，开发一个方法论框架，逐步探索农业文化遗产参与式发展和“动态保护”的模式，对于当今人类社会协调人与自然的关系、促进经济社会可持续发展具有全球意义。

健康且充满活力的生态系统，包括与人类共存的植物和动物，是人类日常生活不可或缺的组成部分，是人类满足水、粮食、药物、生境和能源等需求的重要保障。几千年前，我们的祖先在长期观察和模仿自然后，学会了种植作物与饲养牲畜，进而获得了自身发展，改变了人与自然的关系。中国作为一个农业大国和农业古国，传统的生态农业模式很多，既有在国际上产生很大影响的桑基鱼塘、梯田种植、坎儿井、淤地坝、农林复合等系统，尤其在有些少数民族生态文化中占有重要地位，也有稻—鱼—鸭、猪—沼—果、“四位一体”等在传统结构模式基础上新发展的系统类型。截至 2024 年 1 月，我国在册的生态系统共计 22 项（全球共有 86 项，涉及 26 个国家），其中茶文化体系有 3 个（占全世界 3/5），同时被列入《世界遗产名录》的 1 个（红河的哈尼稻作梯田，2019）。

在中国，农业是小农村社聚居于一定生态条件下的一种生活方式，体现了与人们定居社区的生产、生活、生存紧密相连的一种中华民族长期延续下来的文化，“强本”“利农”思想已贯穿中国五千年文明发展史。饮食文化作为一种以食品和饮品为物质载体的文化，其表现形式和发展基础与所在区域的农业水平有着直接和紧密的联系（见表 3–1）。

表 3–1　中国在册全球重要农业文化遗产②

序号	全球重要农业文化遗产名称		饮食文化资源
1	浙江青田稻鱼共生系统	Qingtian Rice–Fish Culture System，Zhejiang，China，2005	1200 多年前开始综合水稻种植和田鱼养殖，使稻田内的水、杂草、水生动物、昆虫以及其他物质和能源为田鱼和水稻所利用，以稻养鱼，以鱼促稻，生态互利，实现双丰收。

① 闵庆文. 全球重要农业文化遗产——一种新的世界遗产类型［J］. 资源科学，2006，28（4）：206–208.

② http：//www.fao.org/giahs/

续表

序号	全球重要农业文化遗产名称		饮食文化资源
2	江西万年稻作文化系统	Wannian Traditional Rice Culture System，Jiangxi，China，2010	万年仙人洞与吊桶环遗址内保存着距今约12000年的稻作遗存，据考证是华夏原始稻作文化的开始。万年贡米是迄今为止人类保留下来最早的栽培稻之一，米质优良、香味独特、柔糯可口、营养价值高。
3	云南红河哈尼稻作梯田系统	Honghe Hani Rice Terraces System，Yunnan，China，2010	有1300多年的开垦历史，将哀牢山区三江流域的野生稻驯化为陆稻，又将陆稻改良为水稻，形成“江河—梯田—村寨—森林”四度共构的良性原始农业生态循环系统和梯田文化。
4	贵州从江侗乡稻鱼鸭系统	Dong's Rice-Fish-Duck System，Guizhou，China，2011	1400多年的历史，源于溪水灌溉稻田，逐渐形成在田中“种植一季稻、放养一批鱼、饲养一群鸭”的农业生产方式，实现三丰收。
5	云南普洱古茶园与茶文化系统	Pu'er Traditional Tea Agrosystem，Yunnan，China，2012	包含完整的古木兰和茶树的垂直演化过程，栽培多样的农业物种，拥有多种形态的茶园和茶树利用发展体系，布朗族、傣族、哈尼族等少数民族茶文化，是茶马古道的起点和茶文化传播的中心节点。
6	内蒙古敖汉旱作农业系统	Aohan Dryland Farming System，Inner Mongolia，China，2012	以粟、黍为代表的传统耕作模式是中国古代北方旱作农业的起源地（8000年的历史）。农作物品种丰富，粟有黑、白、黄、绿四种颜色，黍有大粒黄、大支黄、大白黍、小白黍、疙瘩黍、高粱黍和庄河黍等，及谷子、糜黍、荞麦、高粱、杂豆等绿色杂粮等。
7	浙江绍兴会稽山古香榧群	Shaoxing Kuaijishan Ancient Chinese Torreya System，Zhejiang，China，2013	会稽山古香榧群，起源于唐代以前，扩大栽培于宋代，在元、明、清三代种植规模得到发展。“香榧树—梯田—林下作物”的复合经营体系，间作茶叶、杂粮、蔬菜等作物，构成了独特的水土保持和高效产出的陡坡山地利用系统。
8	河北宣化城市传统葡萄园	Xuanhua Tradition Vineyard System，Hebei，China，2013	拥有1300多年的葡萄栽培历史，是中国最古老的葡萄产区之一，传统漏斗架栽培方式沿用至今，是牛奶葡萄的原产区。
9	陕西佳县古枣园	Jiaxian Traditional Chinese Date Gardens，Shanxi，China，2014	是世界上保存最完好、面积最大的千年枣树群。红枣文化是佳县人日常生活中的重要组成：人们视枣树为“保命树”“铁杆庄稼”；敬拜“枣神”，祈求丰收；逢年过节，做枣糕、枣馍、枣焖饭等传统食品；长辈给孩子吃红枣、戴枣串，盼望健康茁壮生长。
10	江苏兴化垛田传统农业文化系统	Xinghua Duotian Agrosystem，Jiangsu，China，2014	在独具特色的沼泽洼地中巧妙利用垛形土地的，将农业、林业、渔业相结合的湿地生态农业系统，已有上千年的造田耕作历史，克服了遇水先淹、无水先旱的生存困难。

续表

序号	全球重要农业文化遗产名称		饮食文化资源
11	福建福州茉莉花与茶文化系统	Fuzhou Jasmine and Tea Culture System，Fujian，China，2014	在江边沙洲种植茉莉花，在海拔 600~1000 米高山上种植茶树，在 2000 多年的协同进化过程中形成适应当地生态条件的茉莉花基地（湿地）—茶园（山地）循环有机生态农业系统，并创制茉莉花茶窨制生产工艺。
12	甘肃迭部扎尕那农林牧复合系统	Diebu Zhagana Agriculture-Forestry-Animal Husbandry Composite System，Gansu，China，2017	藏汉文明交融的农林牧复合系统：农耕种植青稞和蔬菜，牧业供给肉和奶类，森林既提供建材也生长菌菇和药材，使游牧、农耕、狩猎和樵采等多种生产活动的合理搭配。
13	浙江湖州桑基鱼塘系统	Huzhou Mulberry-Dyke and Fish-Pond System，Zhejiang，China，2017	形成起源于春秋战国时期，发明和发展了“塘基上种桑、桑叶喂蚕、蚕沙养鱼、鱼粪肥塘、塘泥壅桑”的桑基鱼塘生态模式，最终形成了种桑和养鱼相辅相成、桑地和池塘相连相倚的江南水乡典型的桑基鱼塘生态农业景观，并形成了丰富多彩的蚕桑文化。
14	山东夏津黄河故道古桑	Traditional Mulberry System in Xiajin's Ancient Yellow River Course，Shandong，China，2018	经千百年的利用和选育，夏津黄河故道古桑树群在防沙治沙、生物多样性保护、生物资源利用、农业景观维持等方面产生多重价值，桑产业也成为当地带民致富的特色产业。
15	中国南方山地稻作梯田系统，含湖南新化紫鹊界梯田、广西龙胜龙脊梯田、江西崇义客家梯田和福建尤溪联合梯田	Rice Terraces System in Southern Mountainous and Hilly Areas，China，2018	尤溪联合梯田开垦于唐开元时期，是中国历史上开凿最早的大型古梯田群之一，形成自山顶至山谷分别为水源林—竹林—梯田—村庄—河流的立体循环农业生态系统。联合梯田是传统水稻种质资源的宝库（传统品种 72 种），可满足不同海拔以及不同季节水稻栽种的要求，保障联合梯田水稻常年生产。另有稻薯轮作、稻瓜轮作、稻菜轮作、稻烟轮作、稻草轮作、稻田养鱼、稻田养鸭等复合种植方式，提供丰富多样的食物。
16	福建安徽铁观音茶文化系统	Anxi Tieguanyin Tea Culture System，Fujian，China，2022	安溪铁观音起源于唐末，兴于明清，盛于当代，是以传统铁观音品种选育、种植栽培、植保管理、采制工艺和茶文化为核心的农业生产系统，以及该系统在生产过程中孕育的生物多样性，发挥的生态系统功能，呈现的人文和自然景观特征。
17	内蒙古阿鲁科尔沁草原游牧系统	Ar Horqin Grassland Nomadic System，Inner Mongolia，China，2022	是中国入选的首个游牧农业遗产地，也是全球可持续牧业和脆弱牧场管理的典范。通过转场放牧，植被受到保护，水资源得以合理利用，当地肉制品和奶酪等畜产品供应稳定。

续表

序号	全球重要农业文化遗产名称		饮食文化资源
18	河北涉县旱作石堰梯田系统	Shexian Dryland Stone Nomadic System，Hebei，China，2022	为雨养农业系统，历史可追溯到13世纪，是缺土少雨的北方石灰岩山区打造成为生态循环可持续农业的样板，出品有核桃、花椒、小米、玉米、大豆、黑枣及其他农林产品，给当地人提供了稳定的生计和壮丽的梯田景观。
19	浙江庆元林菇共育系统	Qingyuan Forest-Mushroom Co-Culture System，Zhejiang，China，2022	以林—菇共育技术为核心的森林保育、菌菇栽培、农业生产有机融合的山地农林复合生产系统，实现了林菇共育、和谐共生、循环利用。这也是目前世界上唯一以食用菌为主的农业文化遗产。
20	河北宽城传统板栗栽培系统	Kuancheng Traditional Chestnut Eco-Planting System，Hebei，China，2023	最晚追溯到汉代，板栗便成为宽城最主要的经济栽培果树，并逐渐形成以板栗栽培为核心，作物、药材、家禽等合理配置的宽城传统板栗栽培系统。作为“中国板栗之乡”和“特色农产品优势区”，宽城县既是栗树原生产地和中国最早栽培板栗的地区之一，也是北方栗栽植的核心区之一。
21	安徽铜陵白姜种植系统	Tongling White Ginger Plantation System，Anhui，China，2023	铜陵白姜起源最早可追溯到西汉，北宋时当地人已掌握姜－稻轮作技术并创造了糖冰姜食品制作技术和“姜阁保种催芽”技术。此外，当地还有“高畦高垄种植”“搭棚遮阴”等独特的姜种植方法和“种姜、吃姜、送姜礼、信姜神、禅姜文化”等特色姜文化。
22	浙江仙居古杨梅群复合种养系统	Xianju Ancient Chinese Waxberry Composite System，Zhejiang，China，2023	仙居是世界人工栽培杨梅起源地之一，拥有超过1600年的杨梅栽培史。“梅－茶－鸡－蜂”复合种养模式也是仙居区别于中国其他古杨梅主产区最独特之处。

农业文化遗产保护的核心目的是提高农业、生态与传统社会的可持续性。由于现代化和工业化的冲击，大量珍贵的传统农业系统正面临消失的威胁，已经威胁到人类的生态和可持续发展。农业文化遗产不仅是继承下来的作为人类共同财富的文化形态，而且是一种经济社会生产方式，充分体现了系统要素之间、人与自然之间和谐的可持续发展理念。在这个系统中，人（农民）的参与是十分重要的，可以说，没有农民就没有遗产的存在。因此，在农业文化遗产保护中要充分考虑系统保护与发展的关系，体现“动态保护与适应性管理”的理念。动态保护就是要在发展中进行保护，要保证遗产地的农民能够不断从农业文化遗产保护中获得经济、生态和社会效益，如农民生活条件的改善和生活质量的提高等，这样他们才能愿意继续从事传统农事活动，并愿意参与到农业文化遗产的保护工作中。目前，在中国农业文化遗产动态保护中重点探索三种途径：有机农业、生态旅游和生态补偿。一般而言，农业文化遗产大多存在于落后、偏远、自然条件

比较差的地区，这些农业系统很好地适应了当地的特殊环境，因地制宜，规模小而分散。适应性管理则是指因地制宜地保护和管理农业文化遗产，这也是农业文化遗产保护的重要要求。

我国是全球拥有 GIAHS 数量最多的国家，也是通过 GIAHS 促进农民减贫增收方面取得的经验和成果最多的国家。根据 2021 年统计报告，当时中国 15 项 GIAHS 项目横跨东中西 13 省 18 县（市区），核心区覆盖农户 31.2 万户，91.3 万人。由于遗产地大多位于偏远地区，六成遗产地面临脱贫任务。围绕 GIAHS 保护与利用，各地通过加强政策支持、扩大品牌影响、发掘遗产地农业多功能性的潜力、促进一二三产融合发展、完善利益联结机制等方式，在有效保护的基础上，充分挖掘 GIAHS 的生物资源、文化底蕴、景观优势等，将 GIAHS 拥有的“绿水青山”转化为当地居民脱贫增收的“金山银山”，取得了良好成效。GIAHS 的品牌价值逐步显现，吸引了一大批年轻人返乡就业，为当地经济发展注入了新活力，增强了当地百姓的自豪感和文化自信。

阅读上文，并查阅资料后回答：

① 全球重要农业文化遗产项目成立的背景和目的是什么？

② 如何理解全球重要农业文化遗产的复合性、活态性和战略性特点？

③ 如何在遵循“动态保护与适应性管理”的理念下，通过开发饮食文化资源实现对农业文化遗产的保护和发展？请谈谈你的看法。

第四章

西方饮食特征与风俗

【本章引言】

本章过后，学习者应该能够达到知识和应用两个维度的学习目标。

知识维度：

➢ 介绍西方烹饪在原料选择、烹饪技法和摆盘装饰等方面的一般特点。
➢ 介绍常见西餐菜式、经典菜肴和西方节庆食俗。
➢ 辨识和举例说明宗教对西方饮食文化的影响。
➢ 根据西餐发展史，阐述饮食文化与社会发展、政治、经济、文艺、哲学、宗教、科技等的相互联系。

应用维度：

➢ 解释西餐菜单与餐具的搭配，熟练使用刀、叉、勺等餐桌礼仪。
➢ 把对中、西方饮食文化异同的认知应用到跨文化交流及合作上。
➢ 尊重各国、各民族饮食习惯，构建人与人、人与自然之间的良性连接。
➢ 比较不同国家饮食类世界非物质文化遗产案例，为中国饮食文化的发展传播、资源保护和开发献言献策。

俗话说："百里不同风，千里不同俗，万里不同食。"世界各国不同的自然地理环境、气候条件、资源特产、风土人情以及独特的历史发展经历，造就了迥异的世界各国饮食文化，展现了不同的食风食俗。西方烹饪作为西方文化的组成部分，发展至今有数千年历史。据资料记载，古代巴比伦人在象形文字中记录了当时西餐的种类和烹调方法。西餐是一种与东方饮食迥然不同的饮食文化，以用料和口味变化、厨具餐具考究、进餐礼仪隆重而闻名，本章将从其特点、历史发展、代表菜式、进餐礼仪等方面加以介绍。

第一节 西方烹饪发展历史

一、西餐的概念

"西方"（the Occident）作为一个地理概念，是与"东方"（the Orient）相对而言的，习惯上是指欧洲国家和地区，以及由这些国家和地区为主要移民的北美洲、南美洲和大洋洲的广大区域。作为文化概念，西方的概念发展不仅体现了时空发展，而且展现了历史文化变化。姜守明、洪霞著《西方文化史》指出："古代的西方是以希腊罗马文化所代表的文明区域；中世纪的西方是指基督教信仰所及地区，所谓的'基督教大世界'；近代以来，西方特指天主教势力和新教势力直接统治下的欧美地区。在现代政治中，'西方'概念更偏重于历史文化含义，主要指工业发达国家，不但包括欧洲和北美的工业发达国家，也可以包括大洋洲的澳大利亚、新西兰，亚洲的日本、新加坡等国。"从广义上讲，西餐是我国人民和其他东方国家和地区的人民对西方国家菜点的统称，也可以说是对西方餐饮文化的统称。西方饮食文化中西方的定义则应该是指欧洲和18世纪以后的北美国家。

由于欧洲各国的地理位置较近，历史上多次出现民族大迁徙，其文化早已相互渗透融合，彼此有很多共同之处。西方人信仰的天主教、东正教、新教都是基督教的主要分支，因此在饮食思想和禁忌、进餐习俗上也大体相同。南、北美洲和大洋洲由于欧洲移民占大多数且占有统治地位，因此其餐饮文化也与欧洲基本相同。虽然存在很多共同之处，但西方人并不会将各国家菜看看成整体，更没有"西餐"的概念。相反，法国人认为自己做的是法国菜，英国人认为自己做的是英国菜。"西餐"的概念只是中国人和其他东方国家的一个共识，是对这种与东方饮食迥然不同的饮食的称呼。而未来，西方餐饮文化作为一个整体概念还会继续存在。

我国古人常以为中国就是世界的中心，把东方称为“夷”、西方称为“番”、北方称为“胡”、南方称为“蛮”。当这些地理方位名词被用来命名外来食材时，则可以让人直观了解其背景，如番薯、番茄、西葫芦都属于来自西方国家的外来物种，胡瓜、胡麻、胡萝卜则属于经陆路丝绸之路从北方传入我国的食材。当西方文化和饮食刚进入中国时，国人还无法分清何为意餐，何为法餐，只能统称为“番菜”。与此不同，西方人并没有“东方菜”的概念，而是细细划分，依国名具体命名，如中国菜、日本料理、韩国料理等。这与他们对待西方各国菜肴的态度是一致的。

二、西餐烹饪发展简史

西餐的发展和整个西方文明的发展是分不开的，西方文明是从地中海沿岸发展起来的。西餐历经古代西餐、中世纪西餐、近代西餐和现代西餐，这些过程与其文化、政治、宗教等因素是分不开的。在政治上，西方发展上很少有国家始终保持统一大国的地位，分裂、割据状态频现，各国相对独立，发展无法平衡。在经济文化上，西方文明深受古希腊文明和基督教文化的影响，各国间相互独立又密切联系。所以由于政治上的长期分裂，经济、文化中心的不断迁移，在很大程度上导致了西方饮食烹饪历史呈现板块移动式、不平衡的发展格局，各国虽有各自不同的特点，但也有许多相同之处。

公元前3100年，埃及形成了统一的国家，创造了古埃及文明。当时埃及的法老自以为是地球的主宰，饮食的要求非常奢华，食物种类十分丰富。法老每天进餐5次，每次喝2种奶、4种啤酒、1种无花果酒、4种葡萄酒，品尝23种佳肴。那时尼罗河流域土地肥沃，盛产粮食，面包和蛋糕得到了发展。从宫殿和陵墓的壁画中，可以看到公元前1175年底比斯城的宫廷焙烤场面。画中展示出几种面包和蛋糕的制作情景。据说，普通市民把面包和蛋糕做成动物形状，替代活的动物来祭神。当时一些富人还捐款作为基金，以奖励那些在烘焙品种方面有创新的人。据统计，在当时面包和蛋糕的品种可达16种之多。

1. 希腊—罗马时期

公元前2000年左右，古希腊的克里特岛、爱琴海诸岛、爱奥尼亚群岛和小亚细亚半岛西部沿海地带的古希腊人逐渐吸取古埃及和西亚的先进文化，创造了欧洲最古老的文化——爱琴文化。受埃及文化和希腊神话的影响，贵族阶层很讲究食物，会根据神话中的标准组织安排食物及烹饪。日常食物已经有山羊肉、绵羊肉、牛肉、鱼类、奶酪、大麦面包、蜂蜜面包、芝麻面包、水果蛋糕、杏仁蛋糕塔和蜂蜜蛋糕，蜂蜜已得到广泛使用。

视频资源：希腊－罗马时期的西餐

古罗马是公元前10世纪初在意大利半岛中部兴起的文明，在1世纪前后扩张成为横跨欧洲、亚洲、非洲的庞大罗马帝国，从北非到小亚细亚，以及现在的法国和西班牙都包括在内。古罗马的文化和社会高度发达，在吸收古希腊文明的基础上，又为西餐文化创造了新的风格，被誉为“欧洲大陆烹饪之始祖”。古罗马宫廷的膳房已经形成了庞大的队伍，分有面包、菜肴、水果、葡萄酒四个专业部分组成，厨师不再是奴隶，技术高超的厨师受到社会尊敬，厨师总管的身份与贵族大臣相同。在哈德良皇帝（Publius Aelius Traianus Hadrianus）统治时期，罗马帝国在帕兰丁山建立了厨师学校，以发展西餐烹调艺术。公元4世纪，罗马还成立有专门的烘焙协会。

5世纪，西西里岛作为地中海的心脏，充足的食物原料使这里出现了高度的烹饪文化。由于当时的货物运输以海路为主，西西里岛成为中转站，欧亚非的食品原料都经过这里再转运出去。古罗马人的食品原料相当丰富，葡萄和小麦的栽种技术广为流传，尤其在地中海沿岸地区遍植橄榄树，因此以橄榄入菜大为盛行。当时宫廷的日常食品有麦片粥、面包及各种蔬菜，其中大蒜比较受欢迎，水果主要有橄榄和葡萄。肉食价格昂贵，普通人很少食用，但在宫廷则供应充足，且发明了香肠和火腿的制法，讲究进食野味。此外，还有西班牙的泡菜、法国高卢的火腿、利比亚的石榴、英国的牡蛎、印度尼西亚的香料等都出现在贵族的餐桌上。酒水方面则喜欢饮用一种由蜂蜜与水混合放入罐中发酵而成的高卢蜂蜜酒，其他酒水饮料中多掺有海水、石灰、松香等物质。当时烹调的方法有煎、炸、烤、焖、蒸、煮、炙、熏等，烹饪中增加咸、甜和辛辣味道，开始使用复合调料，发明并流传的少司（Sauce）有数十种。由蛋黄、素油、柠檬、胡椒粉、芥末等调和而成的调味品，就是现在的美乃滋（Mayonnaise）。有的贵族还用家族的名字作为调味品的名称，以显示家族的权威。此时，技术高超的厨师很受社会的尊敬，且分工明确，有采买、烧饭、服侍等，已接近现代厨房与餐厅分工的组织结构。

在古罗马，吃不仅是为了满足生理上的需求，同时也是满足社交和自尊等方面的需求。罗马贵族的宴会通常可长达数小时，十分讲究排场，食物的耗费量、餐具的豪华程度都是主人地位高低的标志。贵族在举行盛大宴会时聘用高级厨师招待客人，并以此为荣。席间还有奴隶朗诵诗歌，演奏乐曲。此时期，餐桌上以剁碎或泥状食物为主，因而食物上桌后难以辨别原料。进餐仍采用以手抓食，并视用三个手指取食为文雅，进餐时每人右边要摆上浸泡花瓣的洗手钵。

罗马帝国衰亡后，取代美食烹饪的是各种保存食物方法的发展，如烟熏及盐腌的猪肉和鱼肉、内脏加工、制作乳酪和面包等。欧洲各地的修道院在此时发挥了极大的影响力，不仅栽种蔬菜，饲养家畜，还发展酿制葡萄酒和制作乳酪的技术。另外，古罗马人还发明制作了最早的奶酪蛋糕。

2. 中世纪时期

视频资源：
中世纪的西餐

中世纪西餐通常指约公元476年到1453年。395年罗马帝国分裂为东、西罗马帝国，476年西罗马帝国亡后，居住在北欧的日耳曼人各部落向南迁移，建立起一系列封建割据的国家，并与当地居民融合。日耳曼民族以肉食为主，其饮食习惯影响了西方各国，这时整个欧洲进入了所谓的“黑暗中世纪”，在前后大约1000年的时间里，欧洲大部分地区的餐饮文明和其他文明一样发展得比较缓慢，社会上只有一些旅馆提供套餐服务。

1066年，法国诺曼底公爵威廉以亲属关系要求继承英格兰王位，遭到拒绝后，经过哈斯丁斯之战以武力夺取了英王之位。由于他们的征服和占领，使当时说英语的人们在生活习惯、语言、烹调方法等方面都受到法国人长期的影响。如英语的小牛肉（veal）、牛肉（beef）和猪肉（pork）等词都是从法语（veau、boeuf、porc）演变过来的。查理六世雇用了有“法王的伟大厨师”之称的泰优凡（Taillevent Guillaume Tirel），后者曾用法文写了第一本烹饪书《Le Viandier》。书里记载了许多珍贵的食谱，菜色丰富且使用了各式香料，使英国人打破了传统、单一的烹调方法。

谷类仍是中世纪欧洲人最重要的主食，以裸麦、大麦、荞麦、燕麦最为盛行。受限于运输方式落后和运费昂贵，鱼类在内陆地区价格昂贵，主要有鲱鱼和鳕鱼，其他常见鱼类还有梭子鱼、鲈鱼、七鳃鳗和鲑鱼等，常见软体动物有生蚝、青口、扇贝等。猪肉最为流行，且几乎会吃尽动物每一部分。常见肉类外，还食用刺猬和箭猪及狩猎获得的所有雀鸟（天鹅、孔雀、鹌鹑、山鹑、鹳鸟、丹顶鹤、百灵鸟）。常见蔬菜有卷心菜、甜菜、洋葱、蒜、胡萝卜。水果是另一种广为采用的食材，除枣椰树果实和无花果在欧洲各地流行外，中世纪南欧较多用柠檬、柚子、苦橙、石榴、葡萄，北欧多用苹果、梨、杨梅和草莓。

鼠尾草、芥末、香芹、香菜、薄荷、莳萝、茴香等欧洲原生香料等得到应用，黑胡椒、藏红花、肉桂、桂皮、孜然、肉豆蔻、姜、丁香等进口香料属于奢侈品。使用香料不仅体现了社会等级分层，贵族中开始有意识地进行菜肴装饰，更重要的是使用香料可以为菜肴增香并掩蔽原料不良味道，预防疾病。此时，香料主要由药剂师售卖。人们对风味的追求还表现在烹饪方法推陈出新中。如不用油脂烹饪家禽，避免香味被抑制；出现酸和辛辣的少司，由面包、酸葡萄汁、番芫荽、姜和醋制成的绿汁非常出名；肉用盐腌渍、风干或烟熏的方法，以及将蔬菜浸泡在醋中或蜂蜜中，均可延长食物的保存，并赋予食物新的风味。此外，煨、炖方法出现，所有的肉在烤制之前进行煮制可以使肉变得柔软鲜美，并弥补成熟过程的不足。

欧洲还出现了葡萄酒、蜂蜜酒、麦酒、啤酒和用骆驼奶或马奶制成的酸奶。12世纪，在玻璃水冷蒸馏器被发明后，欧洲开始大规模提炼液体精华，当时的学者将这种精华称为“Aqua Vitae”（生命之水）。从13世纪起，一种称作Hausbrand（德文：家中烧制之意）的蒸馏酒开始流行并成为日后白兰地的雏形。

中世纪时期，城市建设和发展变得越来越重要，相应的市场供应和集市管理也更有组织。城市周围开始种植蔬菜和饲养牲畜，以保障新鲜食材的供应。厨房常设在井边以保证干净水源，配有石槽用于冲洗餐具和工具。长柄平底锅、炖锅、煎盘等烹饪炊具陆续出现，但进餐时依然没有餐刀餐叉，只能用手抓饭吃然后用台布擦手，吃饭切肉仍使用匕首。没有盘子就以锯刀把大块面包切开并掏空后盛装食物，没有玻璃杯就共用圣餐酒杯。虽然餐具有限，但此时法国已讲究每道菜上桌都有相应的服务要求，头盘、主菜、甜点等每个步骤的服务都受到重视。

3. 文艺复兴时期

视频资源：文艺复兴时期的西餐

直到15世纪中叶，欧洲文艺复兴影响遍及文学、哲学、艺术、政治、科学、宗教等各方面，餐饮文化和其他文化一样，以意大利为中心发展起来。这个时期的意大利，烹饪成为一种时尚。意大利空心面、胶冻食品、小杏仁饼、香料面包和牛轧糖陆续被发明出来。6世纪，东罗马帝国发明了两齿的叉子，在厨房得以使用，餐桌上还没有普及。当时大多数人认为使用餐具是“文明的出了格”，主教认为“只有上帝创造的人类手指才配接触上帝的赐物”，人们也一致认为用叉子取食不像男子汉。所以直到18世纪，餐叉、餐刀才得到普及，同时餐叉也由2齿变为4齿，餐刀也由尖头变为圆头。圣餐杯被产自意大利穆拉诺岛（Murano）的水晶玻璃杯所取代。

1533年，意大利佛罗伦萨贵族美第奇家族的凯瑟琳·德·美第奇（Caterina de'Medici，意大利语）公主嫁给未来的法国国王亨利二世，这是西餐历史的一大转折点。当时法国宫廷非常奢华，晚餐多达十几道菜，但是进食仍为手抓，餐刀、餐叉、汤匙、餐巾等都没有出现。凯瑟琳公主将经过文艺复兴洗礼的饮食文化带入法国宫廷，如开始使用刀叉，餐宴也不再只限于男性参与，餐桌上出现冰激凌等新菜点。凯瑟琳公主从意大利带了许多随行人员，包括厨师、仆人、种菜及饲养家畜的农人、设计炉灶的工匠等。其中，厨师拉伯来（Rabelais）对法国烹饪和饮食习惯影响较大，人们食量逐渐变少，开始选用水果做菜，并在餐前食用开胃菜，挑选适合的菜品搭配。此后，玛丽·德·美第奇（Maria de'Medici，意大利语）与亨利四世的联姻，进一步推动了意大利烹饪技艺在欧洲的传播。

法国艺术家达·芬奇的油画杰作《最后的晚餐》，如实地描绘了基督教欢度复活节的圣餐场面，在餐桌上摆有面包、仔牛肉、冷盘、葡萄酒等餐品、餐刀以及玻璃杯等，勾勒出了现代西餐的雏形。此时，法国的一些宴会为了让客人预先知道宴席的菜品，在宴会前会用羊皮纸写好菜名，放置在每个座位前，成为菜单的雏形。

自从1492年哥伦布发现美洲大陆，新大陆的香料、番茄、玉米、马铃薯、咖啡、菊芋、辣椒、四季豆、巧克力等食物被带到西班牙。当时的巧克力被当作饮料饮用，相当珍贵。1660年，巧克力又被西班牙的玛丽亚·特蕾莎（María Teresa）公主当作嫁妆带到法国并流传开来。到路易十四执政时期，宫廷开始组织烹饪大赛，向优胜者发奖章和奖赏，进而推动了西方烹饪的蓬勃发展，一时间佳肴美馔迭出。

4. 17世纪和18世纪

17世纪被称为伟大的烹饪时代。《La Cuisinier Françcois》一书问世，书中强调重视食物原味，提倡使用本地食材，使用本地香草代替异域香料。此后，法餐开始脱离意餐影响，建立起自己的风格。路易十四统治时期，凡尔赛宫廷经常举办盛大的舞会和宴席，此时一道一道上菜的模式替代了一次性上菜的旧习，每上一道菜都有人对食材来源、烹饪艺术进行讲解，使得美食品尝的过程变得有趣而富有仪式感。路易十四还常在凡尔赛宫举办烹饪比赛，努力培养法国本土厨师，获奖厨师会被颁发蓝带奖章（Cordon Blue）。路易十五非常重视食物的装饰，此时涌现出大量配菜选择。法餐逐渐成为高级、精致、优雅菜肴的代表。厨师们的社会地位也大为提高，成为一项既高尚又富于艺术创造的职业。

视频资源：17世纪伟大烹饪的诞生

17世纪烹饪技法中出现焖汁和精品少司。讲究减少使用香辛料，尊重食物本身的口味；采用面包、面粉、蛋黄、黄油炒面和收汁等方式为汤汁增稠，获得浓缩汤汁；基础汤、慕斯、千层饼（拿破仑酥）等也被发明出来。上菜顺序进一步有了严格规定，遵循汤和头盘之后上烤肉，最后是甜品。餐桌卫生受到重视，各种专门餐具取代了餐具共用。

1765年，第一家真正意义的餐馆在巴黎开业，餐饮业随之诞生。这家餐馆的服务人员能够提供精细的服务，有包括多种菜品的菜单供顾客选择，主推羊腿佐白酱汁。餐馆（Restaurant）一词正源于法

视频资源：18世纪餐饮业的诞生

语的“Restaurer”，具有休息之意，即指吃了食物后让人休息并恢复体力。供应食材的店铺也有细分，如肉店、下水和熟食店。家庭烹饪也因为壁炉的使用而更加方便。

随着大量发现和发明涌现，通过与烹饪领域结合，促使西方烹饪向科学化的方向发展。1724 年发明华氏度，1742 年发明摄氏度，1751 年发明了面包揉搓机，1778 年拉瓦锡在氧气和公制度量系统方面做出贡献，1795 年食品密封加热灭菌法问世。同时，对肉类能够在汤中散发出香味物质的肉香质研究提上日程。农产品加工业、罐头食品业相继诞生。

5. 近代和现代西餐

从 18 世纪到 19 世纪，在近代自然科学和工业革命的影响下，西餐发展进入到一个崭新阶段。首先是先进的炊具、餐具问世，餐桌上开始普遍使用瓷器餐具，供餐形式为每人一份，餐桌礼仪逐渐定型，餐具有严格的摆放及使用方法，形成了高度的餐桌文明。社会上涌现出大量的饭店和餐厅，形成了高度的餐饮文明。

视频资源：法国美食黄金时代

现代餐饮业的真正起源当从 1793 年的法国大革命算起。在此之前，那些最好的厨师只为法国贵族服务，随着革命的发展和君主专制统治的结束，原本在皇室内工作具有精湛手艺的厨师开始走入民间，纷纷开起了餐馆。直到 19 世纪末 20 世纪初，法国菜在欧洲独占鳌头，其最大特点是对传统菜品的完善和精细化，简化华丽烹调、菜肴的分量及菜单项目，重新设计厨房，建立全新的厨房人员编制及职务内容，发展形成了当今厨房中一条龙式的流水作业模式。伴随着科技的发展，燃气炉灶（1850 年）、冰箱（1857 年）等设备问世，焖、烩、炸、煎、烧等技法被广泛应用，人造奶油、人造黄油、提取自甜菜的糖、浓缩肉汁、各种豆粉等也都促进了烹饪现代化、便捷化、多样化的发展步伐。

19 世纪中叶，影响法国菜深远的厨师有很多。安托尼 · 卡雷姆（Antoine Carême）被认为是现代法国糕点制作的奠基人，开创了现代婚礼蛋糕、糖塑、冰雕、奶油雕等，将蛋糕装饰艺术化、精致化提升到了全新境界，强调了摆装盘技艺和上菜顺序。他所著《法国大饭店之老板》（Le Maitre D'hotel Francais，1822），《巴黎皇室之糕饼师》（Le Patissier Royal Parisiam，1825），《十九世纪法国菜的烹调艺术》（L'Art de Cuisine au XIX Siele，1833），不仅公开了个人菜谱和蛋糕装饰创作心得，而且总结描述了欧洲五百年来的烹调演进史，分析新式和旧式烹调的不同等。

19 世纪后叶，法国的另一位有影响力的厨师奥古思特 · 埃斯科菲耶（Auguste Escoffier），承袭了卡雷姆的影响，进一步推动简化后的法国菜成为现今西餐的主流，重新设计安排了厨房人员的编制和职务内容，他也被誉为20世纪烹饪之父。埃斯科菲耶先后出版了三本对日后法国菜影响深远的著作。《烹饪指南》（Le Guide Culinaire），完成于1903年，内容有五千种古典食谱及装饰技巧，并教导厨师基本规范，材料介绍、烹调方法等，是第一本系统的厨艺用书。《菜单》（Le Livre des Menus），完成于1912年，是一本论述如何设计规划餐食的书。《我的烹饪》（Ma Cuisine），完成于1934年，是一本探讨中产阶级烹调技术的书。这些书籍也为法国菜成为现今西餐的主流奠定了坚实的基础。

1970年以来，以法国保罗·博古斯（Paul Bocuse）为代表的多位厨师开始新饮食运动，他们舍弃传统注重酱汁风味的思路，改为展现食物原味。自此厨师们不受传统束缚，将烹饪视为艺术，自由地创作与革新。从此，现代的西餐从回归传统与追求创新两方面着手，顺应时代的新兴美味逐渐成为主流。

自英国圈地运动开始，大批农民失去土地转而成为工人进入城市生活，但城市中的住房条件很差，燃料昂贵又缺水，烹饪条件简陋，而且由于工作强度大，没有时间进行烹饪。人们需要并且喜爱那些节省时间和精力的食品，所以简约大众化的烹饪流派开始流行。尤其是食品工艺开始后，食品集现代科学和机器加工技术于一身，如抽真空机器、超高温瞬时处理和超高温瞬时灭菌技术等，以标准化、规模化、工业化的手段，制作出简单、方便、快捷的食品，极大地满足了人们的需要，因而发展十分迅速。1920年，美国开始了汽车窗口饮食服务。20世纪50年代由于战后经济的迅速发展，生活方式改变，快餐业、连锁餐厅首先在美国发展起来。随着美国成为世界政治、经济等方面的超级大国，所有这些带有浓厚美国特色的烹饪成品和机器、餐饮经营新业态也在美国经济强大的实力支持下走入欧洲，并逐渐成为西方饮食烹饪的重要组成部分。1979年，第一家快餐店落户法国。

视频资源：20世纪后的西方烹饪

6. 21世纪西餐发展

21世纪西餐菜肴的创新和改革主要体现在科技对烹饪的改变。首先，新科技创造出更多现代化的烹调设备，如万能蒸烤箱、速冻机、去皮机、真空机、搅拌机等，保证了烹饪的简便、精确、有效，这也被称为21世纪最有发展潜力的厨房工业。其次，新技术开发出诸如速冻、罐装、干冻、真空包装、放射性处理等保鲜技术，再加上现代便捷的交通运输，不仅能够保证全年供应各季果蔬和全球美食，而且使食品的准备加工过程大大简化，方便食品也应运而生。事实证明，全球餐饮业都在新科技烹饪设备使用、新的饮食产品开发和应用、快捷新颖的烹饪方式、饮食营养化、餐饮卫生化和无国界饮食融合六方面快速发展。

一些厨师把方便食品和现代化的厨具设备看作是一种威胁，他们害怕这些产品最终会威胁到他们的生存，因为所有的食品都可以预先准备好或由机器来处理，没有必要再用技术熟练的厨师或专业人员了。但事实并非如此，即使是方便食品也需要专门的技术和知识才能妥善处理。食品的质量在很大程度上仍然依赖厨师的处理技巧。而新产品、新设备却可以把厨师从烦琐的基础劳动中解脱出来，使他们有更多的时间去做技巧性强的工作。

另外，随着全球成为地球村，无国界饮食开始流行。所谓无国界饮食（Fusion Food）是指使用之食材、方法不局限于本国，各国间的饮食交流不断，烹饪原料、烹饪方法、菜品装饰等相互融合互相利用。例如，美国加州菜，利用中、西方原材料集合的方式，以中西合并的烹调方法，创造了独特的风格，被视为无国界饮食的典型。

21 世纪，微生物学和营养学的发展对餐饮业产生了巨大的影响。人们对饮食的要求越来越高，不仅满足于吃饱，而且要求健康、平衡的饮食，因此厨师在选择食材和烹调方法时更讲究。例如，将西餐中的黄油以橄榄油取代，食物烹调减少油炸等。

三、西餐在中国

西方饮食传入我国的时间可追溯到 2000 年前丝绸之路时期。到 17 世纪中叶，更多的传教士和外交官在传播西方文化的同时也将西餐技艺留在了中国。西餐真正传入中国应该是 1840 年鸦片战争后，西方人大量进入中国，同时也带来了西方厨师，西餐厅也开始雇用中国厨师，使西餐技术逐渐被中国厨师掌握。光绪年间，在外国人较多的上海、北京、广州、天津等地出现了一批番菜馆，即西餐厅。

据清末史料记载：太平馆西餐厅创办于 1885 年（清光绪十一年），创办人徐老高曾在广州沙面外国洋行当厨师，善烹西菜，后在广州太平沙开办西餐厅，因地命名“太平馆”，成为广州最早的西餐厅。上海最早的西餐厅是福州路的“一家春”，北京最早的西餐厅是“醉琼林”。1900 年，两个法国人在北京创办了北京饭店。后又有西班牙人创办三星饭店，德国人创办宝昌饭店，希腊人创办正昌饭店。起士林是天津最早的一家西餐厅（1901 年，天津法租界）。据说创办人阿尔伯特·起士林曾是德国皇帝威廉二世的御用厨师，1896 年李鸿章访问德国时，阿尔伯特·起士林还亲手为他做过西餐。

20 世纪 20 年代初是西餐在中国传播和发展最快的时期。上海的礼查饭店（现浦江饭店）、汇中饭店（现和平饭店南楼）、大华饭店等相继开业。此外，广州的哥伦布餐厅、天津的维克多利、哈尔滨的马迭尔都是当时出现的西餐厅。1949年以后，在中国开办的西餐厅以俄式为主，如莫斯科餐厅、友谊宾馆、北京饭店的西餐厅。20世纪80年代后，随着中国对外开放政策的实施，中国经济和旅游业快速发展崛起，北京、上海、广州等地相继兴起了一批设备齐全的现代化饭店，如凯宾斯基、希尔顿、喜来登、假日饭店。这些饭店都聘请了西方厨师，带来了现代的西餐技术，从而适应了西方各国人来华投资、旅游的需求。

现在西餐和西方饮食文化已被中国人所熟悉，国内西餐市场上也是法式、意式、俄式、美式、西班牙式、德式等百花齐放，越来越多的人能够接受西餐的口味、菜式和礼仪。此外，国外快餐、酒店等饮食连锁机构，在国内也有广阔的市场。

第二节　西餐菜肴特点和分类

一、西餐烹饪加工特点

西方饮食文化基于牧、渔业经济，以肉、奶、禽、蛋等动物性食料为基础，膳食结构中主、副食界限不分明。西餐选料严格、讲究新鲜、奶制品多；烹饪加工以便于烹制、利于造型、易于食用为准；熟制工具多样，设备现代化，擅长以空气传热的烹饪方法（烤、焗）；调味技艺中重视少司制作，讲究加热后调味，广泛使用酒与香料；流派与筵席款式虽不丰富，但质量精、规格高，重视饮宴场合的文明修养。

1. 原材料的选用

通常会选用新鲜的原料，并对质量和规格有着严格的要求。

（1）肉类

畜肉中以牛肉居多，其次是羊肉、猪肉等；海鲜则以各种海鱼、甲壳、贝壳为主，鱼类原料一般肉质坚实、味美、刺少，其他水产品包括甲壳类、软体类、头足类、腹足类，如龙虾、扇贝、牡蛎、海虹、蜗牛、鱿鱼、章鱼、墨鱼；禽肉以鸡、鸭、鹅、火鸡、鸽子、鹌鹑为主，也使用较多的野味，如山鸡、雉、鸵鸟等。餐饮业中，习惯根据肉的颜色来划分畜肉的种类，红肉一般包括牛的肉及所有成年动物的红肉（包括牛的改良品种、绵羊、马等，马肉在市场上通常被单独分类出售），白肉指小牛肉、小绵羊肉、山羊羔肉（这些肉不会在家禽商铺内出售）、禽类和海鲜等，浅粉色肉则指猪肉。

西餐基本上不使用头、蹄、爪、内脏、尾等副产品，只有法国等极少数国家会使用动物原料的副产品，如鸡冠、鹅肝、牛肾、牛尾等。西餐用料注重原料质地的新鲜度，所以与中餐相比通常缺少干货涨发环节。

扩展阅读

牛肉的品质首先取决于牛的品种，如安格斯牛（Angus）、和牛（Wagyu）、利木赞牛（Limousine）、诺曼底牛（Normande）、夏洛莱牛（Charolaise）、西门塔尔牛（Simmental）、萨勒斯牛（Sales）等。其次，牛肉品质可以受到饲养时所用饲料的影响，有草饲和谷饲的区别。前者为新鲜牧草饲养，牛的成熟年龄在 30~36 个月，后者为混合谷物饲养，牛的成熟年龄在 18~24 个月。再有，公牛和母牛在不同年龄进行育肥时，育肥期的长短和牛肉的品质也各不相同。

畜肉中一般以后臀部（大腿）和腰部肉质最佳，适合快速短时间烹制，如烤、烧烤、煎；其次为前部（肩胛）肋骨，适合长时间烹制，如焖、烩、带汁煎；最后为颈部、胸部、腹肌和小腿，适合更长时间烹制，如煮、烩、炖。在欧洲，常采用 E、U、R、O、P 来表示肉的品质结构，并用数字 1~5 表示育肥状态，两者综合即代表肉的质量（见表 4-1）。

视频资源：牛排

表 4-1　牛肉育肥状态和品质结构

	编码	肉质描述
品质结构	E	整体外形轮廓外凸感强，肌肉质量卓越（Excellent）。
	U	外形轮廓有凸感，肌肉质量坚实（Very Good）。
	R	外形轮廓笔直，肌肉质量好（Good）。
	O	外形轮廓从笔直到凹陷，肌肉质量一般（Fairly Good）。
	P	外形轮廓从凹陷到特别凹陷，肌肉质量萎缩（Poor）。
育肥状态	1	无脂肪覆盖，胸内腔无脂肪（Very Low）。
	2	轻微脂肪覆盖，肌肉几乎全部外露，胸腹内腔肋骨间肌肉可见（Very Good）。
	3	除大腿和肩背部外，其他部位几乎覆盖脂肪，但胸腹内腔肋骨间肌肉可见（Medium）。
	4	大腿和肩背可看见少量肌肉，身体其他肌肉全部覆盖脂肪，胸腹腔内部存有脂肪，脂肪覆盖大腿并凸起饱满，肋骨间肌肉中会带有脂肪（High）。
	5	整个身体被脂肪包裹，胸腹腔内部存有脂肪，大腿几乎被脂肪完全覆盖，脂肪纹理显现，肋骨间肌肉中带有脂肪（Very High）。

牛排中常用“雪花”来形容脂肪在瘦肉间均匀分布的状态好似漫天雪花。牛肉脂肪中含有熔点接近人体温度的油酸，因而可以入口即化。牛肉中脂肪分布越均匀且含量越高，其品质也越好。顶级牛排中油酸含量可高达 55%，非常软嫩多汁。市场上，以日本和澳洲的雪花牛肉最为称赞。

牛排一般为牛肉中较嫩的部位，如里脊肉（菲力牛排）、3~6 脊椎间的净肉（肋眼牛排）、外脊肉（西冷牛排）、T 骨牛排。肉质越好的牛排对烹调加工的火候和时间越讲究，烹制开始时一般用较高的温度使其表面迅速形成硬壳，防止内部的血水渗出，烹制好后的牛排最好降低温度，醒置几分钟，让热度逐渐往内部渗透。

烹饪时为实现相应的熟制程度，要综合考虑肉的大小、厚度和火候等因素。根据牛排的熟制程度，可分为近生牛排，如鞑靼牛排（Beef Tartare）；一分熟（Blue Rare），牛肉每面煎制 30~40 秒，表面为棕色，牛肉内部温度约 46℃，接近全生，带有熟的肉汁，保持原始的肉味；三分熟（Rare），牛肉每面再继续煎制 2 分钟，牛肉内部温度约 48℃，中心为 75% 的红色生肉，切开时有血水渗出，肉嫩汁多，常被认为是牛排的最佳状态；五分熟（Medium Rare），每面再继续煎制 3~4 分钟，内部温度约 52℃，中心为 50% 的红色生肉；七分熟（Medium），每面再继续煎制 4~5 分钟，内部温度约 56℃，中心为 25% 的红色生肉；九分熟（Medium Well），每面再继续煎制 5~6 分钟，内部温度约 65℃，内部只有轻微的淡粉色；全熟（Well Done），内部温度约 71℃，颜色完全变为棕褐色，口感干硬，肉质变柴。

（2）乳和乳制品

乳和乳制品是西餐中必不可少的常用原料，主要为牛奶及其制品。经消毒处理的新鲜牛奶，有全脂、半脱脂、脱脂三种类型。鲜乳经过一定的加工处理，如分离、浓缩、干燥、调香、发酵、强化等工艺处理，制得的产品为乳制品，如酸奶、黄油、奶油、酸奶油、奶酪、炼乳、奶粉等。

甜炼乳是将砂糖加入鲜牛乳中，经过加热使部分水分蒸发所得浓缩产品，常用于制作布丁一类的甜食。鲜奶油是从鲜牛乳中分离出来脂肪和其他成分的混合物，又可细分为单奶油（含 28% 奶脂）、双奶油（含 48%~50% 奶脂）、起沫奶油或淡奶油（含 38%~40% 奶脂）。奶油经乳酸菌发酵可制得酸奶油，酸奶油比奶油更黏稠，风味也更浓郁。黄油是另一种西餐中非常常见的乳制品，上海一带习惯称为白脱，广州、香港等地称为牛油。黄油是通过对新鲜牛乳或奶油进行搅拌，使脂肪与蛋白质、水分离，是聚集在一起呈淡黄色的脂肪。黄油可分为鲜黄油（含脂率约 85%）和清黄油（含脂率约 97%）两种。

视频资源：奶酪

奶酪（Cheese），又名干酪、乳酪，音译称芝士、起司、起士，指原料乳经消毒后再用乳酸菌等微生物发酵的产品。奶酪在西方人餐桌上占有重要一席，较传统的食用方法一种是奶酪、面包或水果、葡萄酒一起食用，另一种方法是热食，比如烤奶酪、制作比萨、添加到烘烤的蔬菜或面包表面，甚至是制作成奶酪火锅，现在更常见的食用方法还有奶酪三明治、拌沙拉等。

奶酪的种类非常多样，乳源、发酵所用细菌和霉菌、处理方法和时间都可决定它们的形状、质地、口感和味道。制作奶酪的奶源有家牛、水牛、山羊或绵羊奶之分，是否经巴斯德消毒处理、乳脂的含量等也将会影响奶酪的品质。奶酪可以用香草、香料或者烟熏来调味。当然，不同细菌或霉菌参与发酵制得的奶酪，也会有特别的风味。

奶酪按照含水量可分为软、中软、中硬或硬质，按照做法和外形则可分为以下几种。

鲜奶酪。只是奶加热或加酶结块之后，包纱布挤干水分。要现买现吃，可以在冰箱短期保鲜，但不宜超过一周。这类奶酪包括乡村奶酪（Cottage Cheese），奶油奶酪（Cream Cheese），希腊的菲达奶酪（Feta，山羊奶酪），法国的新鲜软干酪（Fromage Frais），小瑞士（Petite Suisse），意大利的做比萨的马苏里拉奶酪（Mozzarella），做提拉米苏的马斯卡彭（Mascarpone），里科塔奶酪（Ricotta），和印度的奶豆腐（Paneer）。上述奶酪，除奶油奶酪含脂率在 30% 左右外，其他普遍含脂率在 0.1%~13%。

花皮软奶酪（又称白纹奶酪）。这种奶酪里心稀软，常为小圆饼形状，制备时不经压榨和煮熟。因在成熟过程中将溶有霉菌发酵剂的水喷洒在奶酪表面，随时间推移霉菌就会由奶酪外部向内渗透，成熟奶酪的表面常覆盖有白色真菌或霉菌的绒毛。通常含水量在 50%~60%，脂肪含量在 20%~26%。食用时，可切开后直接将软心涂在面包上。这类奶酪包括苏格兰的邦切斯特奶酪（Bonchester），法国的布利奶酪（Brie），金银毕（Camembert，又译成卡门贝尔）等。

富强奶酪。这种奶酪和花皮软奶酪做法相似，但所用奶源是添加奶油后的牛奶，脂肪含量由 40%~50% 升到 75%。这类包括法国的波尔斯因奶酪（Boursin）。

洗皮奶酪。这种奶酪也和花皮软奶酪做法相似，但在整个成熟期需要频繁淡盐水水洗，泡好的皮比较亮，呈杏色或红色。这类奶酪包括丹麦的艾斯诺姆奶酪（Esrom），荷兰的古乌达奶酪（Gouda，又译成高达奶酪），德国和比利时的林堡奶酪（Limburger），爱尔兰的 Milleens，德国的芒斯特奶酪（Munster），比利时的 Renmoudou（Piquant），意大利的 Taleggio，英格兰的 Caerphilly，瑞士和法国的

Vacherin，法国的 Bergoues 等。

青（蓝）纹奶酪。这种奶酪无须挤压，也无须煮熟，凝乳先是变成小块状，装入模具沥干后加盐，再在奶酪团上用针戳空引入娄地干酪青霉素或戈尔贡左拉青霉素。所以青霉菌是在凝乳过程中就开始深入奶酪内部，待奶酪成熟时其内部就会形成特殊的蓝绿色纹理。青纹奶酪质地柔软而易碎，风味强烈，通常带有辛辣或明显的咸味。最有名的是意大利的古冈左拉奶酪（Gorgonzola），法国的罗克福奶酪（le Roquefort）和英国的斯蒂尔顿奶酪（Blue Stilton）等。

此外常见还有硬质未熟奶酪，如谢达尔奶酪（Le Cheddar），圣·耐克泰尔奶酪（Saint-Nectaire），莫尔碧叶奶酪（Morbier），托姆奶酪（Tommes），亚当奶酪（Édam），古达奶酪（Gouda），冈塔尔奶酪（Cantal）和勒布罗匈奶酪（Reblochon）；硬质成熟奶酪，如孔泰奶酪（le Comté），埃曼塔奶酪（l'Emmenthal），格鲁叶尔奶酪（le Gruyère），博福尔奶酪（Beaufort）；山羊奶酪，如圣·摩尔·杜热内奶酪（Sainte-Maure-de Touraine），瓦郎塞（Valençay）奶酪等。

视频资源：
奶酪火锅和烤奶酪

扩展阅读

奶酪的产品种类丰富，是全球重要农产品（见表 4-2）。从产量看，美国虽然是全球最大的奶酪生产国，但其产品主要用于供应国内消费市场，较少出口。从奶源选择上看，全球以全脂牛奶（Whole Cow Milk）产奶酪主要在美国，以脱脂牛奶（Skimmed Cow Milk）产奶酪主要在德国，以山羊奶（Goat Milk）产奶酪主要在南苏丹共和国，以绵羊奶（Sheep Milk）产奶酪主要在希腊，以水牛乳（Buffalo Milk）产奶酪主要在埃及。

表 4-2　2019 年全球十大奶酪生产国或地区

国家 / 地区	产量 / 百万吨
欧盟	9.83
美国	6.16
德国	2.56
法国	1.61
意大利	1.3
荷兰	0.95
波兰	0.77

续表

国家 / 地区	产量 / 百万吨
加拿大	0.6
埃及	0.53
俄罗斯	0.48

奶酪能很好地保留奶源中的蛋白质，同时为机体提供丰富的脂肪、钙、磷、维生素 A 和维生素 B_{12}。表 4-3 中列出了常见乳和乳制品的营养成分。

表 4-3　每百克乳和乳制品营养成分[①]

成分	纯牛奶（全脂）	纯牛奶（低脂）	纯牛奶（脱脂）	羊乳	酸奶（全脂）	奶酪	黄油	奶油
热量（kcal）	65	47	34	59	70	328	888	879
蛋白质（g）	3.3	3.5	3.5	1.5	2.8	25.7	1.4	0.7
脂肪（g）	3.6	1.5	0.3	3.5	2.6	23.5	98	97
碳水化合物（g）	4.9	4.8	4.6	5.4	12.9	3.5	0	0.9
胆固醇（mg）	17	9	4	31	8	11	296	209
总维生素 A（ug）	54	45	37	84	23	152	–	297
硫胺素（mg）	0.03	0.02	0.03	0.04	0.03	0.06	–	–
核黄素（mg）	0.12	0.16	0.16	0.12	0.12	0.91	0.02	0.01
烟酸（mg）	0.11	0.07	0.07	2.1	0.1	0.6	–	–
维生素 E（mg）	0.13	0.07	0.05	0.19	0.13	0.6	–	1.99
钙（mg）	107	111	116	82	140	799	35	14
磷（mg）	90	106	98	98	90	326	8	11
镁（mg）	11	10	12	–	11	57	7	2
铁（mg）	0.3	0.2	0.3	0.5	0.3	2.4	0.8	1.0
锌（mg）	0.28	0.2	0.28	0.29	0.43	6.97	0.11	0.09

（3）调味品

西餐烹调中常用到多种调味品或香辛料，鲜干均可，鲜香草有细香葱、番芫

① 杨月欣 . 中国食物成分表标准版（第 6 版，第二册）[M] . 北京大学医学出版社，2020.

荽、莳萝、薄荷、罗勒、蛇蒿、鼠尾草等，常用香料有白胡椒、绿胡椒、黑胡椒、八角、丁香、迷迭香、百里香、咖喱等。西餐烹调中还善用酒类调味，以葡萄酒最为常用，其他还常用到威士忌、白兰地、朗姆、金酒、雪莉酒等。

2. 加工和烹调

西餐厨刀的种类非常多，针对不同原料都备有相应的刀具，如劈刀、剁刀、厨刀、小刀、剔鱼刀、蔬菜刀、切鱼刀、片肉刀、火腿刀、锯齿刀、去骨刀、牡蛎刀、哈喇刀、拍刀、抹刀、去鳞刀、去皮刀、挂丝刀、去核刀、挖球刀、面包刀、火腿刀等。西餐烹调前，肉类、鱼类原料的骨头通常会被预先剔除掉，且很少会把原料加工成细小的刀口，大都是体积较大的排、卷、块等形状。

视频资源：西餐厨房常用刀具

西餐烹调主要采用平底锅、平头灶或暗火灶，并带有烤箱、扒板等设备。烹调方法主要是煎、炸、烤、焖、烩、铁扒等，制作时讲究火候。西餐中食物加工通常以方便食用为前提，菜肴装盘形态美观，色彩丰富。重视追求菜肴的鲜嫩效果，如牛排、羊排、海鲜等菜肴。通常西餐厨师会根据原料自身品质和特点，选择烹饪方法，肉质粗老的采用烩、炖烹饪工艺，肉质细嫩的采用铁扒、烧烤等烹饪工艺。

视频资源：炒小牛柳

视频资源：炸土豆饼

菜肴组成遵循由主菜、配菜、少司（也就是酱汁）三部分构成的原则。少司（Sauce）的制作非常讲究，而且种类繁多，专指搭配热菜的调味汁，通常口味清淡，不会过于浓稠，便于消化，品质结构好，可以和主菜搭配。另一类调味汁（Dressing）则指用以搭配沙拉的酱汁。西餐厨房中分工明确，一道菜的主菜、配菜（装饰菜）、少司会由不同厨师分别完成后再组合。传统的基础少司制作往往需要以西餐基础汤为基础，再加入各种蔬菜、肉类、调味品、增稠原料（奶油、黄油、蛋黄、蔬菜泥、淀粉、明胶等）等原料制作而成。基础少司中再通过加入各种原料（香草料、葡萄酒、奶油、奶酪、烈酒等）可继续演变出多种少司。

视频资源：蘑菇汁

二、中西方饮食比较

1. 饮食思维差异

“用心思考”是中式思维的一个显著特点，其特征是注重心物交融、直观体悟，优势是对事物的定性把握和整体把握。这使得中国人对事物认识更富有情感和体验，把握事物更灵活与变通。但获得的知识和技艺往往也会带有“可意会不可言传”的标签，常常无法用逻辑推理加以论证，也无法用精确的量化加以表达。这在我国厨师编制的菜谱中最为明显，“适量”“少许”的描述使得口味难以标准化，火候、温度、时间等过程状态的模糊描述使得菜肴品质难以稳定。所以，我国餐饮业菜肴标准难以统一，同一款菜肴一店一味甚至是一个厨师一种风味。将中餐进行标准化定量是近年来中式烹饪发展的方向之一。我国传统食疗把食物分成四性（温、热、寒、凉）、五味（酸、苦、甘、辛、咸），然后根据食用者的身体情况，利用食物的性与味相互配伍以达到预防疾病和辅助治疗的目的。

与中国注重“天人合一”思想不同，西方注重“以人为本”，讲求“动脑思考”，这通常是一种按部就班、条分缕析的理性思维过程，强调主客二分、逻辑推断、理性至上，因而也更加易用精确的量化表达。西方厨师编制的菜谱均有清晰的量化指标，如体积、重量、温度、时间等，标准化的菜谱使餐厅菜肴的口味与质量稳定统一，也有助于菜肴的推广和传承。西方营养配餐也和中国食疗一样，遵循按人下菜碟的原则，但中西定义食物的方式不同。西方的营养配餐要分析不同人群对各种营养素的需求量，再分析食物中的营养成分，然后兼顾能量和营养素两个方面需求制定食谱，同时还要考虑这些营养成分是否能为进食者充分吸收，有无其他副作用等问题。

由于中西方不同的思维方式，导致了我国与西方对事物的不同把握方法，也导致了不同的饮食文化。两种饮食文化间不存在孰优孰劣的比较，都是各自国家生存环境下的必然产物。到了现代，中西方饮食文化仍在不断发展、不断碰撞，逐渐趋于相互借鉴、求同存异、优势互补。

2. 食材选择差异

受政教合一的历史影响，西方人在选择食材时受到宗教文化影响较大。肉类中多不食其筋和血，也很少吃内脏。水产品中只吃有鳞鱼，其他无鳞、无骨和有壳的海产品较少食用。犹太教、伊斯兰教饮食方面的禁忌也更为严格。这种把食物分为洁净与不洁净的饮食思想，对后世整个西方世界的饮食思想有着潜移默化的影响。

中国历史上不存在政教合一的政权，而是倡导《神农书·教篇》中“民为邦本，食为民天”的理念。人民是国家的根本，而吃饭是民生的最大问题，只有解决了老百姓的吃饭问题，国家政权才能稳定。北京紫禁城右侧的社稷坛，就是祭江山社稷的地方，社是土神，稷是谷神，帝王每年必定要在社稷坛上摆上五谷，躬身祭拜。这种把吃饭问题和稳固江山社稷紧密相连，可以说是我国饮食思想的一大特点。中国人在饮食上几乎没有饮食禁忌，加之人口众多，为解决吃饭问题，也要多方觅食，因而在食源上可谓非常广泛。据西方的植物学者的调查，中国人吃的蔬菜就有 600 多种，比西方多六倍。

3. 烹饪技法差异

我国菜点品种繁多且流行变化快、创新多，可根据不同的原料、时间、地点随时演变出不同的品种。中国各大菜系都有自己的风味与特色，菜肴品质与厨师关系紧密，有时不仅不同厨师烹调同一个菜的风味不同，就是同一厨师做同一个菜也会依不同季节、不同场合、用餐人身份的不同加以调整。如冬季味浓郁，夏季味清淡，婚宴须色彩鲜艳，丧宴忌红色，穷汉杀馋应浓油厚汁，老饕会餐宜新鲜别致。因此中国烹调不仅不讲求精确到秒与克的规范化，甚至还特别强调灵活性。另外，我国厨师讲究技法和基本功。一把菜刀使用起来出神入化，可以把原料加工成细小的丝、丁、片、末等，并能雕刻出美观形象的造型。再有，我国厨师动作敏捷，物料的投放不使用计量器，全靠感官把握“鼎中之变”。

西方厨师更讲究专门刀具的使用，这样降低了操作难度，也可弥补操作者刀功技法的不足。西方人往往不依赖自己的感官，所以在制作菜肴中普遍使用计量器。1995 年第一期《海外文摘》刊载的《吃在荷兰》一文中还描述了“荷兰人家的厨房备有天平、液体量杯、定时器、刻度锅，调料架上排着整齐大小划一的几十种调味料瓶，就像个化学试验室”。到了现代各种兼具控温、控湿、计时等功能的烹饪设备和新型加热熟制方式也往往在西方国家首先问世和投入使用。

由于西方设计菜品要有理论依据，而且讲究营养成分，菜肴标准也要求统一，菜品的制作工艺和配方一经确定后，就不再轻易改变，所以研发一款新的菜品往往需要很长时间，这样菜点的品种和菜品的变化相对受限。这种相对较为单调的饮食状况，对我国追求口腹之欲的食客来说似乎很难接受，但对一丝不苟的西方人来说却是习以为常。

4. 饮食追求差异

中国饮食的魅力在于味道，美味的产生又在于调和，要使食物的本味、加热以后的熟味、加上配料和辅料的味以及调料的味，交织融合协调在一起，互相补充、互助渗透。调和之美也是中国烹饪艺术的精要之处。在中国，饮食的美性追求显然压倒了理性，这种饮食观与中国传统的哲学思想也是吻合的。作为东方哲学代表的中国哲学，其显著特点是宏观、直观、模糊及不可捉摸。中和之美正是菜肴的整体把握。中国的现代烹调术则旨在追求营养与味道兼顾下的最佳平衡，这也是中国“中庸之道”的一种体现。

现代营养学理念是 20 世纪 60 年代现代烹调思潮的重要组成。自 1900 年发现碳水化合物之后，现代营养学逐渐成为一门专业学科，并从机体生理和营养健康观念方面影响与改变着人们的饮食健康和生活饮食观。用于强调养生、减肥，从而追求清淡少油，强调采用新鲜原料，强调在烹调过程中保持原有的营养成分和原有的味道。

三、西方饮食文化分类

西方饮食系统以法国菜为主干，以俄罗斯菜和意大利菜为两翼，还包括英国菜、德国菜、瑞士菜、希腊菜、西班牙菜、波兰菜、芬兰菜等。

1. 法国饮食文化

法国菜顾名思义源自法国，被认为是现代西餐之首。法国是476年西罗马帝国灭亡后，在其废墟上逐渐建立起来的国家，古罗马时期奠定了法国菜的基础。16世纪欧洲文艺复兴时期意大利盛行的一些名菜、少司的制作方法传到了法国，到法王路易十四时期法式菜发展到一个高峰。路易十四规定男主人和女主人相对而坐，这种形式一直影响至今。法国厨师一直享有较高的社会地位，厨师成了一个受欢迎的职业，名厨和烹饪著作繁多。17世纪，法国厨师逐渐形成少用调料的烹调风格，对香草料和奶油的使用更加灵活多变，这标志着现代烹饪的诞生。奶酪和葡萄酒成为烹饪的主要原料，并通过法律对它们的原产地实施监控（Appellation d'Origine contrôlé，AOC）。19世纪后叶，奥古思特·埃斯科菲耶把法国菜作为现代“高级烹饪”介绍给世人，同时让人们认识了很多法国地区特色菜。1900年，法国知名轮胎制造商米其林出版《米其林指南》，开创了一种美食的新概念，加深了人们对法国中产阶级以及乡村饮食的认识。米其林一书对餐厅评星定级的做法不仅刺激了法国烹饪的推陈出新，而且促生了美食旅游的雏形。20世纪60年代，法餐迎来了创新的时代，来自葡萄牙的移民带来的葡式风味更是对这股革新潮流贡献不少。他们带来了很多新的菜式和烹饪技巧，使这个时期被称为“新烹饪”。2010年11月，法国菜被联合国教科文组织评为世界“非物质文化遗产”。

法国有着得天独厚的物产资源，三面环海的海洋性气候使法国的农牧业都很发达，粮食和肉类除自给外也部分出口。法国菜不仅口感细腻、美味可口，而且菜肴种类繁多、烹调方法独到、餐具摆设讲究。法国人对于食物绝不只是停留在填饱肚子的阶段，而是当作一种享受，因此享用一顿正餐花上四五个小时是常事。

法国菜的主料烹调往往较为清淡，保留原有的风味，在配料特别是酱汁的制作上较费功夫，一般由专门的厨师制作，讲究菜肴和少司的搭配。一般而言，牛肉菜肴的少司要用牛肉汤制作，鱼类菜肴的少司用鱼汤制作。法国人喜欢品尝略带生口的菜肴，因而十分注重原料的质地和鲜度，多选鲜活。烹制的牛排一般只要求三四成熟，烤牛肉、烤羊腿只需五六成熟，而牡蛎则大都配柠檬汁生吃。法国菜的原料选用广泛，除西式常见食材外，也善于烹饪名贵稀有的原料，如蜗牛，松露、鹅肝及鱼子酱等。使用的材料无论是高汤、酒、鲜奶油、黄油或各式香料、水果等，都运用得非常灵活。同时讲究营养的合理组成和色彩的巧妙搭配，菜肴装盘时，呈现出各种使人赏心悦目的图案，促进食欲。

法国菜的制作擅长以酒作调料，做不同的菜用不同的酒，如红葡萄酒、白葡萄酒、雪利酒、香槟、白兰地、朗姆酒、利口酒等。同时，葡萄酒、啤酒或苹果汁也是法国菜单中不可缺少的，菜肴和酒的搭配同样非常讲究。酒的搭配规则是饭前饮用较淡的开胃酒；沙拉和海鲜搭配白葡萄酒或玫瑰酒；食用肉类时饮用红葡萄酒；而饭后则饮用少许白兰地或甜酒类。两种食物进食之间可以借助柠檬水帮助清除上一道菜残留在口中的余味，以便品尝下一道菜。

经典的法国菜有鹅肝酱、牡蛎杯、焗蜗牛、马、洋葱汤、沙朗牛排、马赛鱼羹、红酒牛排、海鲜沙拉、酒焖仔鸡等。

扩展阅读

《米其林指南》(Le Guide Michelin)是法国知名轮胎制造商米其林公司(1889 年创立)所出版的美食及旅游指南书籍的总称，诞生于 1900 年的巴黎万国博览会期间。其中以评鉴餐厅及旅馆的书皮为红色的“红色指南”(Le Guide Rouge)最具代表性，有时《米其林指南》一词特指“红色指南”。除了红皮的食宿指南之外，还有绿色书皮的“绿色指南”(Le Guide Vert)，内容为旅游的行程规划、景点推荐、道路导引等。

第一版《米其林红色指南》是由米其林轮胎公司印制给司机作为行路指南的小册子，包括地图、寄存、加油、车辆维修、住宿、餐饮等资料，免费供客户索取，从而促进汽车和轮胎的销售。1920 年的一次偶然间，米其林兄弟注意到他们费心制作的指南手册被维修厂员工当作工作台的桌脚补垫来用，因而意识到免费提供的书籍会被人视为没有价值的东西，所以决定从当年开始取消免费提供，改为贩售(售价 7 法郎)。同时，指南中首次列出了巴黎酒店名单、分门别类写出餐厅名单、放弃了刊登付费广告。

当米其林兄弟意识到指南中餐厅部分的影响越来越大时，开始招募一支神秘食客团队，也就是如今被熟知的美食评审专员，对餐厅进行匿名访问和评价。1926 年《米其林指南》开始使用星级评价优良的餐厅，最初只授予一颗星，1931 年开始启用 0~3 颗星级的评定系统，并于 1936 年公布了星级排名标准。现在，《米其林红色指南》在每年三月的第一个星期三出版，推荐的餐厅和旅馆涵盖全球，具有多语种和国家版本，已在全球售出 3000 多万(在线版本等资讯可查询 http：//www.viamichelin.com）。

米其林指南上的餐馆等级非常明确（见表 4-4）。要想被列入指南，首先要参与指南对餐馆的基础品评，这种评定表现为餐馆的舒适度，并以“一副刀叉”作为标记，并从最高级的 5 副到 1 副不等。在此之上的评选，将综合考量产品的品质（Quality of the Product）、食物味道和烹调情况（The Mastery of Flvor and Cooking）、菜色个性（The Personlity of the Cuisine）、物超所值（The Value of the Money）、评鉴有效期内菜品品质的稳定性（Consistency Between Visits）等因素，才会有米其林星级（一颗星到三颗星）。

表 4-4　米其林指南基础评定标准

米其林餐厅标志	餐厅评价	
三星	“值得特别安排一趟旅行”去造访的餐厅，有着令人永志不忘的味道，精致上佳的佐餐酒，零缺点的服务和极雅致的用餐环境	Exceptional cuisine，worth a special journey
二星	“值得绕远路”去造访的餐厅，有一流的厨艺，提供极佳的食物和美酒搭配	Excellent cooking，worth a detour
一星	“值得”去造访的餐厅，是同类饮食风格中特别优秀的餐厅	A very good restaurant in its category
五副刀叉	豪华餐厅	Luxury Restaurant
四副刀叉	顶级舒适的餐厅	Top Class Comfortable Restaurant
三副刀叉	很舒适的餐厅	Very Comfortable Restaurant
二副刀叉	舒适的餐厅	Comfortable Restaurant
一副刀叉	还算舒适的餐厅	Quite Comfortable Restaurant
米其林轮胎先生头像	是米其林推荐的地道小馆 Bib Gourmand，这里有价格合理的美食（Good food at moderate price）	

米其林餐厅的评选一向以中立可靠的评价著称，即匿名拜访、不事先告知餐厅和不同人多次秘密测试等方式。法国高档餐厅的餐厅经理和主厨也都会对单身定位用餐的陌生人格外留意，因为这些评鉴员都是以个人身份进行工作，而且只有在告诉餐厅他要看厨房或餐厅其他设备的时候，身份才会曝光。评鉴员在一次拜访和评鉴后，随后的若干年里都不允许再次出现或评鉴该餐馆，以此确保下一次检查的公允。评鉴员的工作是全职的，但其身份要对公众甚至是家人严格保密。在进行定期与不定期的暗访时，如果监察员感到餐厅菜品品质有所下降或能够胜任客人更高要求，会对餐厅星级进行相应调整。

评上星级，尤其是三星餐厅，对一家餐馆和主厨来说是无限的荣耀和极高的经济效益。对于仅有叉匙标识的餐厅，每一年半到两年才会有一次评鉴，而一到两颗星的餐厅，每年要接受 15 次的匿名重复评鉴，三颗星餐厅则更多。因为三颗星不但象征绝对完美的美食，也是指不会犯任何错误的主厨或餐厅，荣誉与压力并存。2005 年全世界的米其林三星级餐厅有 45 家，2012 年升至 106 家。根据最新公布情况，法国的米其林三星级餐厅最多，有 29 家（2023 版），日本有 21 家（2022 版）美国（2022 版）和意大利（2020 版）各有 14 家，西班牙和葡萄牙共有 11 家（2020 版），德国有 10 家（2021 版）。目前，中国在榜的米其林三星级餐厅也有 15 家，分布在北京（2 家，2021 版）、上海（2 家，2023 版）、香港和澳门（10 家，2019 版）、台北和台中（1 家，2021 版）。

早期的米其林餐厅评定仅限于欧洲大陆，直到 2005 年底米其林公司才出版了第一本欧洲外米其林餐厅指南——美国指南，涉及 500 家餐厅（集中在纽约）和 50 家酒店（仅限曼哈顿地区）。随后推出的有《米其林指南——东京篇》（2007），《米其林指南——香港、澳门篇》（2008）等。截至 2013 年，米其林红色指南已出版印刷 14 次，餐厅涉及 23 个国家或地区。

2. 意大利饮食文化

意大利菜源起于罗马帝国的强盛时期，当时依赖盐田买卖制度，意大利对外拓展了良好的经贸关系，并在经贸往来之际吸收了许多国家的饮食文化。意大利菜在西方烹饪发展史上占有重要位置，被认为是欧洲大陆的烹饪鼻祖，其古典的宫廷菜式曾对法国烹饪产生巨大影响。

意大利地处南欧的亚平宁半岛上，优越的地理条件使意大利的农业和食品工业都很发达，其中意大利面、比萨饼、奶酪、萨拉米香肠著称于世。杜兰小麦是制作意大利面（Pasta）的法定原料，是最硬质的小麦品种，具有高密度、高蛋白、高筋力等特点。利用杜兰小麦面粉（Durum Semolina）制作的意大利面通体呈黄色、耐煮。

根据外观形状（见图 4-1），意大利面可以分为细直意面（Spaghetti，实心且可按粗细程度细分 1~16 号，1 号最细称为天使发丝面（Angel's Hair/Capellini），常见意面为 5 号；此类意面中极细者可通称为 Spaghettini，粗者可通称为 Spaghettoni）、比细直意面稍扁的意面（Linguine）、扁长意面（Fettuccine）、宽扁意面（Pappardelle）、空心直管意面（Rigatoni）、空心斜管意面（Penne）、空心弯管意面（Macaroni）、螺旋意面（Fusilli）、蝴蝶型意面（Farfalle）、贝壳型意面（Conchiglie）、猫耳朵面（Orecchiette）、米粒意面（Orzo）、千层面（Lasagna）等上千种。意大利面搭配的酱汁也十分讲究，可分为以番茄为底料的红酱（Tomato Sauce），以面粉、牛奶和奶油为底料的白酱（Cream Sauce），以罗勒、松子和橄榄油为底料的青酱（Pesto Sauce），以墨鱼汁为底的黑酱（Squid-Ink Sauce）。细长型意面适合浓稠且口味重的酱汁，比表面积大的面条（如宽意面、斜管意面等）宜搭配汁多但味道淡的酱汁。此外，肉馅、蔬菜馅或奶酪馅的意面也非常常见，如意式馄饨（Tortellini）、意式方形饺（Ravioli）、意式半圆形饺（Mezzaluna）、大贝壳面（Jumbo Shells）、袖筒面（Manicotti）、意式肉卷（或乳酪卷）（Cannelloni）、意式土豆球（Gnocchi）。

一般而言，北意大利菜与接壤区域的法国菜相近，口味厚重，多用鱼（威尼斯）、土豆、米、玉米、香肠、猪肉、牛肉、松露和不同种类的乳酪、鲜奶烹饪。宽扁意面、千层面、烩饭、玉米粥都很受欢迎。中部意大利的海陆山地食材资源均很丰富，多用番茄、各种肉类和鱼、羊奶酪入菜。南意大利饮食则带有典型的地中海风味，多用新鲜番茄、大蒜、胡椒、橄榄和橄榄油、洋蓟、橘子、茄子、西葫芦和凤尾鱼、沙丁鱼、金枪鱼入菜。这里最典型和最受欢迎的比萨是玛格丽特比萨（Marcherita），极薄的白饼底仅佐以新鲜番茄酱、马苏里拉奶酪（Mozatella）和一两片鲜罗勒叶，这也与北部地区偏重厚饼底和搭配足量肉类和菌菇馅料形成鲜明反差。

总体而言，意大利菜注重传统，以红烩、红焖的菜肴最为多见，注重突出食物本味，讲究利用原料自身味道，调味直接、简单，常用西红柿、番茄酱、橄榄油、罗勒、藏红花调味。谷物品种丰富，以面食著称。

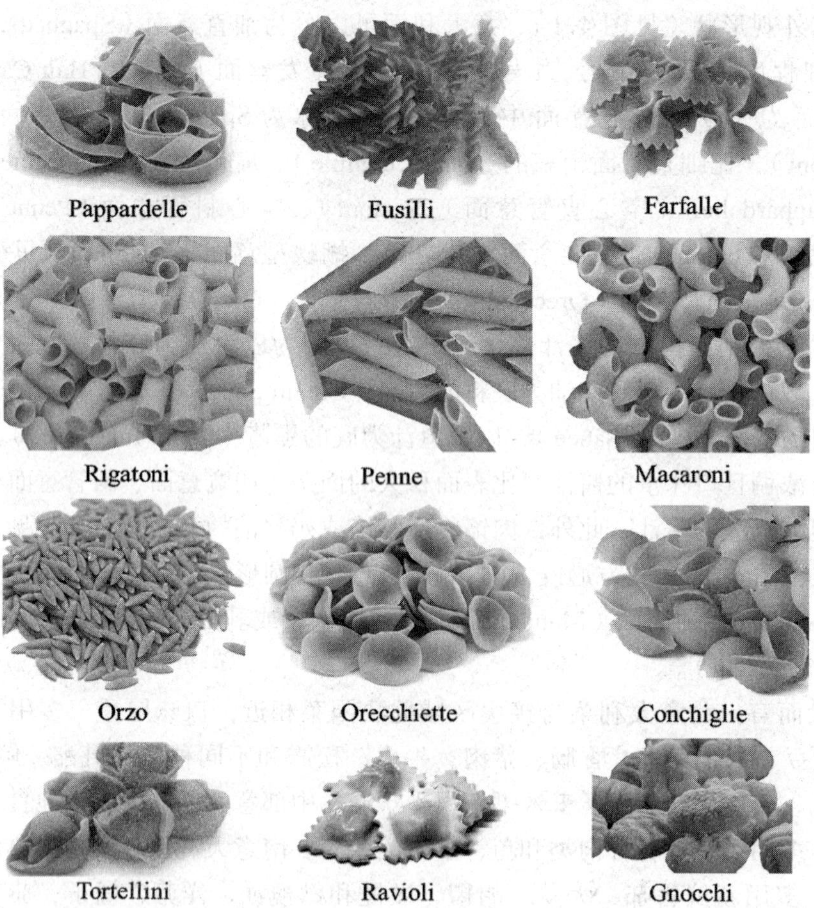

图 4–1　常见意大利面

典型的意式菜肴有米兰式猪排、意大利菜汤、比萨饼、各式意大利面和意式馄饨、红花米饭等。

3. 俄罗斯饮食文化

俄罗斯横跨欧亚大陆，地域广阔，大部分人口居住在欧洲。9 世纪左右出现基辅、车尔尼雪哥夫等早期国家，当时的烹调还比较简单。964 年，基辅国大公斯维亚托斯拉夫出征时，进食方式为将马肉、牛肉或兽肉切成薄片，在炭火上烧烤。到了 15 世纪莫斯科成为首都后，饮食文化得到了发展，沙皇和亲王们常在家里举行盛大筵席。现在，在莫斯科克里姆林宫有一幅表现 16~17 世纪俄罗斯饮食状况的《沙皇大公筵席壁画》，描绘和记述的虽是 17 世纪初莫斯科公国的宫廷菜，但由于莫斯科克里姆林宫严格遵守俄国古老的习俗，因此可以设想，这个文献中涉及的有关菜肴也反映了俄国十五六世纪，甚至更早时期俄式菜肴的特点。

彼得大帝时代俄罗斯文化受到西欧文化的强烈影响，在饮食文化方面俄罗斯贵族比较崇尚法国，所以俄式菜受法式菜影响较大，同时也吸收了意大利、奥地利、匈牙利等国菜式的特点，结合本国的饮食习惯，逐渐形成颇具特色的俄式菜。18 世纪末，第一部独创的专业烹饪书籍《烹饪札记》(谢尔盖·特鲁柯甫夫编著，莫斯科 1779 年出版）问世。此后，大量有关烹饪的书籍相继问世，烹饪文化在俄罗斯开始走向大众化，俄罗斯民族的菜肴进入了新阶段。

俄罗斯地处高纬度的亚欧大陆，气候寒冷，食物原料有丰富的鱼、家禽、野味、蘑菇、浆果和蜂蜜，粮食作物有黑麦、小麦、大麦、小米，饮品有格瓦斯、啤酒和伏特加。因人们生活需要较多热量，所以传统菜油脂较大，口味重，酸、甜、咸、辣各味俱全，喜欢用酸奶油调味，喜欢生吃大蒜、葱头。随着社会的进步，人们的生活方式也在发生改变，20 世纪六七十年代后，俄式菜也逐渐趋于清淡。俄式点心用油炸的品种较多，烩水果也作为点心食用。各种各样的荤素包子也是俄罗斯人喜爱的食品。因气候原因，俄罗斯饮食中肉类占有较大比例，因此其烹调方法以烤、焖、煎、炸、熏见长。

俄式菜讲究小吃，擅做菜汤。俄式小吃主要是指各种冷菜，其特点是生鲜、味酸咸。如，鱼子酱（红鱼子、黑鱼子）、酸黄瓜、冷酸鱼、腊肠、熏鱼等。俄罗斯人还喜欢做菜汤，他们每日膳食中必有用肉、鲜白菜、酸白菜及其他多种蔬菜和调料制成的菜汤。常见的菜汤有 60 多种，鱼汤的款式也不少，其中以莫斯科的红菜汤最具盛名。

典型的俄罗斯菜有：莫斯科红菜汤、莫斯科式烤鱼、黄油鸡卷、罐焖牛肉等。伏特加酒也是世界知名的烈酒之一。

4. 英国饮食文化

英国是在西罗马帝国灭亡后，由日耳曼民族逐渐建立起来的国家。罗马帝国的占领影响了英国的早期文化，但当时的大多数烹饪知识都已失传。1066 年法国的诺曼底公爵继承了英国王位，带来了法国和意大利的饮食文化，为英式菜的发展打下了基础。

英国的农业不发达，粮食每年都要进口，也不像法国人那样崇尚美食，因此英国菜相对来说比较简单，英国人也常自嘲不擅烹调。但英国人对圣诞餐非常重视，常常要延续 8~9 小时，每上一道菜都要吹号。最早时候，英国人讲究吃烤孔雀，后来改吃烤鹅，直到 16 世纪后开始吃烤火鸡，一直延续至今。

英国菜肴在烹调上用油较少，味清淡，调料很少用酒。调味品如盐、醋、胡椒粉、色拉油、各种酸果等，都放在餐桌上由客人自己选用。烹调方式以清煮为主，蒸、炸、烩为辅。下午茶和威士忌非常有名。

英式菜选料的局限性比较大，英国虽是岛国，但渔场不太好，海产品不多，所以英国人不讲究吃海鲜，反倒比较偏爱牛肉、羊肉、禽类、蔬菜等。英式菜的制作大都比较简单，肉类、禽类、野味等大都整只或大块烹制。另外，调味也比较简单，口味清淡，油少不腻，但餐桌上的调味品种类却很多，由客人根据自己的爱好调味。英式早餐非常丰盛，一般有各种蛋品、麦片粥、咸肉、火腿、香肠、黄油、果酱、面包、牛奶、果汁、咖啡等，受到西方各国的普遍欢迎。

近年来，保守的英国菜肴也发生了不少变化，逐渐吸收了法国、意大利等国的优点，在烹饪中增加各种香辛料，菜肴的原料、品种增多，款式和造型也变得新颖。例如：很多菜带有夹馅，装盘立体化，用少司在盘中打底以突出主料，而不像以前把少司浇在主料上了。

英式菜代表菜肴有烤牛肉、土豆烩羊肉、烤鹅填栗子馅、牛尾浓汤、炸鱼薯条等。

5. 德国饮食文化

德国也是在西罗马帝国灭亡后由日耳曼诸部落逐渐建立起来的国家，直至 1870 年才真正统一。在生活上德国人一直保留着喜爱运动、食量较大且以肉食为主的日耳曼遗风，德式菜肴以丰盛实惠、朴实无华著称。

德国菜以酸、咸口味为主，调味较为浓重。烹饪方法以烤、焖、串烧、烩为主。但一些德国人有吃生牛肉的习惯，如著名的鞑靼牛扒。像大多数西方国家一样，德国人爱食土豆，土豆是主食和维生素 C 的主要来源。大多数蔬菜则洗净后直接切片或切丝，再配以不同口味的沙拉酱食用。德国的奶类生产业发达，质量与数量均在国际乳品行业中名列前茅，含脂量不同的各种鲜牛奶、冰激凌、酸奶、奶酪等琳琅满目。

德国香肠有 1500 多种，其中仅水煮小香肠就有 780 多种，最受欢迎的是肉肠，原肠类包括耐储腊肠和调味浓厚的瘦肉香肠。此外，水煮肠中还包括 60 种不同的肝和风味特色肠，如著名的普法尔茨灌肠。吃香肠必与面包相配，德国在面包的生产方面也称得上是质量和数量的世界冠军，品种有精白粉、黑麦粉、燕麦粉、混合粉面包等。德国盛产啤酒，啤酒的消费量也居世界之首，一些菜肴也常用啤酒调味。

德国菜代表菜肴有德式清豆汤、德式生鱼片、德式烤杂肉、德式肉肠、柏林酸菜烤猪肘、汉堡肉扒、鞑靼牛扒、德式苹果酥等。

6. 美国饮食文化

美国是典型的移民国家，自 1492 年哥伦布发现美洲大陆后，欧洲人就不断移民至此，直至 1776 年 7 月 4 日正式独立。由于早期英国移民较多，美国菜基本是在英国菜的基础上发展起来的。另外，由于美国的历史短，在生活习惯上不墨守成规，善于利用当地丰富的农牧产品，结合欧洲其他移民和当地印第安人的生活习惯，形成独特的美国餐饮文化。

目前美国菜大致分为三个派系：以加利福尼亚州为主带有都市风格的派系，比较时尚；以英格兰移民为主的派系，既保留有传统菜点，又增加了一些富有当地原料的新式菜点；以得克萨斯州为主的墨西哥派系，受南美菜肴影响而带有辣味和浓烈的香料。

总体而言，美国菜喜欢用水果做菜，如把水果和蔬菜（芹菜、生菜、土豆）等混合在一起做沙拉。口味上有咸里带甜的特点，如菠萝焗火腿、苹果烤鸭、炸苹果、苹果派等。结合美洲当地风土，开创了火鸡菜肴，并逐渐将其作为感恩节、圣诞节等重大节日的必备美食。快餐食品源于美国，并迅速影响到世界各地的餐饮业。同时，美国农业部还是健康饮食、营养配餐的倡导者，美国有很大一部分素食主义者，低脂肪、低胆固醇的菜肴流行其间。

典型的美国菜有华道夫沙拉、烤火鸡配苹果、苹果派等。

第三节　西餐进餐礼仪

西方人很重视礼仪，餐桌的礼仪更加复杂，从入座、拿取餐巾、取用餐具、进餐、离席，皆有一套规矩，用餐者应熟悉餐具的使用顺序、位置和功能，才能表现得优雅得体。

一、西餐宴会

1. 宴会形式

在西方宴会中，最常见的是正式宴会、鸡尾酒会和冷餐会。

正式宴会是以在固定座位上进餐的形式进行，设置有长台、方台或圆形餐桌，配餐椅，主客人均有固定座位，由服务人员统一上菜。其服务方式严格，对宾客就餐礼仪有一定程度的要求。

鸡尾酒会则是以酒水为主，略备小吃，不设专门的餐台和座椅，仅设小桌或茶儿，宾客可以随意走动，有利于广泛接触交谈。鸡尾酒会的举行时间比较灵活，中午、下午、晚上均可；进行时间相对较短，一般为一小时左右；服务方式灵活，气氛轻松，宾客的到达和离开时间相对自由。

冷餐会的特点是菜肴以冷食为主，也可冷热兼备。食物和餐具均由客人自取，属于自助餐的一种形式，不规定座位。举办地可以在室内也可以在室外，一般持续90分钟左右。客人通常站立进餐，活动自由，边吃边谈。

2. 西餐上菜顺序

西餐宴席讲究道数，所谓道数，就是正餐所要上菜的次数。正式宴会菜肴上菜顺序主要参照如下。

视频资源：西餐组成

①餐前点心或零食。

②开胃菜（Appetizer），也称头盘，属于数量不多、质量高、色彩鲜艳的菜肴。口味通常以咸和酸为主，以达到增进食欲的目的。头盘又可分为冷头盘和热头盘。冷头盘常为黑鱼子酱、生蚝、鹅肝酱、奶酪等冷制食品，热头盘顾名思义由热制食品制成。开胃菜会配以开胃酒（Aperitif），如香槟、茴香酒、马提尼酒等。

③汤（Soup），如清汤、奶油汤、蔬菜汤，喝汤的作用在于润滑口腔、咽喉、食道，方便后续食物的咀嚼摄入，防止干硬食物刺激消化道黏膜。

④主菜（Main Course），正式为3~4道，普通则为1~2道，是宴会的主角，通常由肉类构成。如果有2道以上的主菜，一般遵循先白肉后红肉的规律，即先上以鱼类、贝类等海鲜类为主要原料的菜肴，这种水产菜肴与蛋类、酥盒类菜肴也被称为副菜，再上牛羊类主菜，这属于整个宴席的最高潮。

⑤甜点（Dessert），如蛋糕、派、塔、泡芙、起酥类点心（拿破仑酥等），或者慕斯、冰激凌等冷冻甜食；

⑥餐后酒、茶或咖啡。

如果是便餐，当然不用按照上面介绍点全套。一般而言，就座后服务人员会先摆上面包和清水，如果不确定这项服务是否收费，也可向服务人员询问确认。便餐点餐十分灵活，通常先选择一道主菜，鱼、牛排、猪排都比较常见，再结合胃口与喜好另外搭配一道前菜（沙拉），或者汤，又或者甜品。总之，点餐要根据实际情况，丰俭由人，避免浪费。

西式菜肴命名多采用烹饪方法 + 主料 + 配料的命名法，这样做最大的好处是保障就餐者能够根据自己的饮食禁忌或口味喜好选择最恰当的食物，而且保证后厨出品的稳定性与标准化。例如，D’Anjou Pear Salad with Farmstead Goat Cheese Fennel，Black Walnuts，and White

视频资源：宴会菜单

Balsamic 是一道用新鲜梨为主料的沙拉，配有山羊奶酪、黑胡桃和白香醋；Poached Maine Lobster Orange Glazed Carrots and Black Trumpet Mushrooms 是白灼缅因州龙虾搭配胡萝卜和黑色菌菇；Dry Aged Rib Eye with Buttermilk Crisp Onions Double Stuffed Potatoes and Creamed Spinach 是肋眼牛排配脆洋葱、瓤土豆和奶油菠菜；Old Fashioned Apple Pie with Vanilla Ice Cream 是美式传统苹果派配香草冰激凌。

3. 餐具的摆放与使用

正式宴请或高档餐厅中，西餐餐具的摆放讲究与就餐菜品和酒水严格搭配。西餐常用餐具为刀、叉、汤匙，其各自又可再细分，刀、叉可分为肉类用、鱼类用、前菜用、甜点用；而汤匙除了前菜用、汤用、咖啡用、茶用之外，还有调味料用汤匙。刀、叉、汤匙通常会提前摆放好，而且与后续菜肴相匹配，即每道菜都有其对应的刀叉或勺子。所以就餐者也往往可以通过摆放好的餐具，直接了解到接下来的上菜信息，例如有几道菜肴，是什么菜肴等。因此，一旦定下餐单，侍者应在上菜前将所需餐具全部摆放得宜。

（1）餐具摆放位置

通常，每人面前的中央为装饰盘，餐巾一般置于装饰盘上或置于它的左侧。装饰盘会自始至终都摆放在餐桌上，而后续每道菜都会被摆放在装饰盘上，随着进餐完毕，撤走，再换上新的菜肴。

视频资源：
西餐餐具与使用

装饰盘左前方是面包盘和黄油刀，而且黄油刀也不开刃。装饰盘右前方是水杯和酒杯。除食用甜点所需餐具外，其他所需餐具均应摆在装饰盘两侧，刀叉通常都配套使用，遵循左叉右刀右汤匙的原则。甜点类所需小汤匙和小餐叉因最后才会被用到，且体积较小，常摆放在装饰盘前方靠近餐桌中心的一侧，匙柄朝右、叉柄朝左。吃蚝所需的叉子是例外，使用时一般置于装饰盘右方餐具的最外侧。汤匙也放在右手边位置。

装饰盘右前方是酒水杯，从外形上看，最大的玻璃杯通常是装水用的高脚杯，次大的是红葡萄酒杯，略瘦长的玻璃杯是白葡萄酒杯，视情况也会摆上香槟或雪莉酒所用的玻璃杯。正规西餐讲究餐酒搭配，尤其是鱼类和肉类等主菜，每一款佐餐酒都有自己的专用酒杯。按照菜肴口味由淡转浓，如鱼类菜肴搭配白葡萄酒、肉类菜肴搭配红葡萄酒时，此时酒杯的摆放同餐叉摆放的规律一致，由外向内摆放和取用，依次为白葡萄酒杯、红葡萄酒杯和水杯。酒杯可以随搭配的菜肴一同撤下，这时原来在里侧的酒杯就成了外侧，这样在搭配下一道菜肴时，既方便侍酒，也方便取用（见图 4-2）。

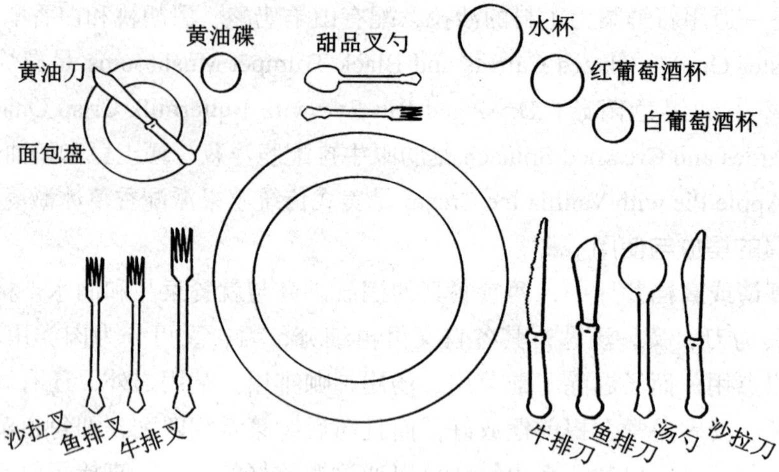

图 4-2　西餐餐具摆放示意

（2）餐具使用通则

西餐就餐时最常见的情况就是装饰盘两侧同时摆放多副刀叉，此时应该遵循餐具由外向内取用的原则，按照上菜顺序依次取用。

如前菜、汤、鱼类、肉类、甜点的顺序，则装饰盘旁最外侧摆放的应为前菜刀叉，前菜食毕，前菜刀叉随前菜一同撤下。但有时，沙拉所需刀叉会随沙拉一同送上，并不摆放在装饰盘两侧。当食毕沙拉，此时装饰盘旁最外侧摆放的应是喝汤用的汤匙，汤匙最圆，体积也比较大，为单独使用。汤毕，汤匙随汤一同撤下。此时装饰盘旁最外侧摆放的应是肉类用刀叉，以此类推。

餐后如需咖啡和茶，随饮品会一同上搅拌匙，所以很少会事先摆放在桌子上。需要注意的是，搅拌匙仅作搅拌之用，不能用于移取调味的糖，也不用于盛饮，搅拌后应将搅拌匙取出放在托盘上，再开始饮用。

（3）餐刀叉的使用方法

餐刀、餐叉的使用方法是左手拿叉，右手拿刀，并以食指压着刀叉的背柄使用，便于使力。叉子不只用来压食物和叉东西，也可以用来舀豆子和米饭。餐刀则用来切分食物。牛排刀的特别之处在于它的刀尖比一般的刀要更尖，刀齿更大、更锋利，以便于牛排的切割。与之相反，因为鱼肉肉质细嫩，所以鱼刀没有齿也不开刃。

刀叉的使用方法主要有两种：一种是欧洲式，即右手持刀，左手持叉，切一次，叉食一次；另一种是美国式，即先右手持刀、左手持叉，将餐盘中食物全部切好后，再把右手餐刀斜放在餐盘前方，将左手所持餐叉换到右手，再继续叉食。如今，在西方国家最流行的还是欧洲式使用方法，边切边食用可以保证肉质的口感与风味。

在使用刀叉时要注意，一是切割食物不能发出响声，二是切割食物时要双肘下沉，三是任何时候手臂和双肘都不能压在桌子上，四是食物切割大小需参照一口食完的原则，五是临时放下餐刀叉时刀刃应朝向自己。席间，如果是谈话，可以拿着刀叉，无须放下，但刀叉应始终处于低位，不可持刀叉于空中挥动。不用刀时，也可以只用右手持叉。但如需有肢体表情或传菜时，应将刀叉放下。不能一手拿刀或叉，而另一只手拿餐巾擦嘴。不可一手拿酒杯，另一只手拿叉取菜。

餐刀叉一旦拿取就不会再放回到桌子上。用餐中，如需放下刀叉或有事离席时，须把刀叉摆成八字形放在餐盘上（见图 4-3），刀锋朝己，叉齿朝下，表示进餐未毕。刀叉使用完后，应平行横放在餐盘中央或斜放在餐盘五点钟位置，而不是放在盘边或餐桌上，放置时刀锋朝己、叉齿朝下，以便侍者取走时的安全。一字形刀叉摆放（见图 4-4）代表了用餐完毕，这时即便盘中仍有少量剩菜，服务人员也会主动为您撤去餐盘。餐盘用完后，无须往外推，留在原处即可。

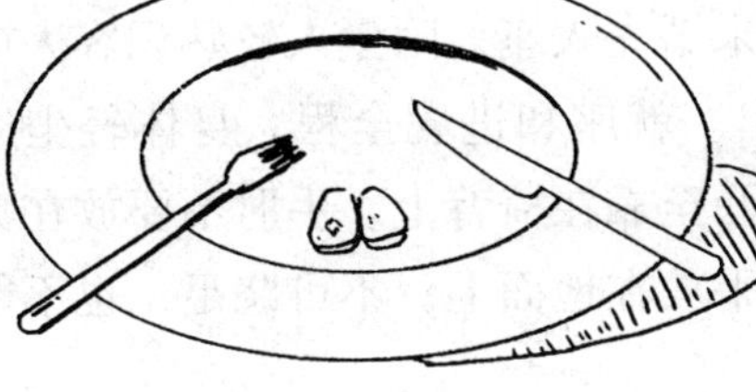

图 4-3　用餐中断

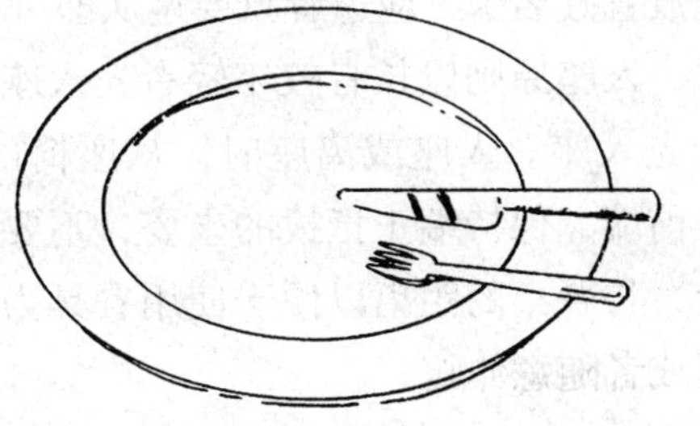

图 4-4　用餐结束

二、进餐礼仪

受邀出席西餐宴会时，我们应该熟悉主办方的礼仪风俗，准时赴宴，着装得体，按位就座，遵守就餐礼节，积极参与社交。

视频资源：西餐就餐礼仪

1. 女士优先原则

西方文化中有女士优先理念。如进入餐厅时，男士应开门请女士先进入；跟随领位的侍从时，请女士走在前面。入座时，不仅要请女士先入座，而且要将最好的座位留给女士坐，即能看到较好景观的位置、能看到餐厅内全景的位置、背靠墙的位置、远离人来人往过道的位置。如有多位女性在场时，以长者为尊。

西方宴请时，入席、点餐、开餐、进餐、交谈和宴席结束的进程控制都要参照女主人的进度。当女主人打开餐巾放在膝上，则表示筵席开始；当女主人将餐巾取下，放在桌上，则表示筵席完毕。若进餐时没有服务生，菜肴则以传取方式进行，传取顺序由女主客优先。传菜时男士不可帮女士拿菜，只能从旁代为帮忙拿住菜盘，而由女士取其所需。席间，客人即使已吃饱，也应继续保持进餐和交流状态，直到餐会结束。

2. 就座

西餐宴席一般采用长方桌，女主人与男主人相对而坐。排定座次时，以右为尊，面门为上。如男主客优先入座，其位置在女主人右边，而女主客则在男主人右边。其他座位的优劣则首先以距离主人位的远近而定，近则优。在同时有男女宾客的情况下，正规宴会需遵循男女间隔就座的原则，这也是为了方便男士照顾身边的女士。生人与熟人间隔就座，夫妇通常也不会安排在邻座，而是常以对角方式就座，这样可以促进就餐过程的社交氛围。一般而言，西餐的座次与餐具安排，会由主人于餐前准备妥当，餐桌上放置姓名卡，应邀者只要遵从即可，不要随意更换座位引起麻烦。

视频资源：西餐座次与坐姿

入座原则以长者较年轻者先入座，已婚较未婚先入座，陌生人较熟识客人或家人先入座。入座或离座时，从座椅的左侧进出。就座和进餐全程，身体轻坐于椅子前端，保持端正挺拔的坐姿，不要向后倾倒乃至靠在椅背上。手肘不要放在桌面上，与餐桌的距离以便于使用餐具为佳。双脚平放在地面上，不可跷足，也不能跷腿或者随意伸腿。

3. 餐巾的使用

餐巾的正确位置应对折放在膝上，而非夹在衣领或衣带间。如果餐巾尺寸比较大，可以折成三角形，开口朝外，铺在腿上。餐巾可起到防止掉落的食物弄脏衣物的效果，此外用于擦嘴，尤其是喝饮料前，以免杯口尽是油渍。与人交谈前，也可先擦拭口部或遮挡一下口中的食物。餐巾不可用作擦鼻涕，也不可用来擦桌上污渍，如不小心弄脏了桌布向主人道歉即可。用餐完毕，应稀松的（无须整齐叠放）将餐巾放在餐盘左侧，如餐盘已移走，则放在正中即可。如就餐中途暂时离席，则应将餐巾留在座椅上，表示未走远，很快回来。

4. 喝汤的礼仪

以右手像握笔一样手持汤匙，一般英国式采用从靠向身体的里侧向外侧舀取；反之则是法国式。喝汤时，建议每次仅盛取汤碗中的表面部分，少量多次食用。这样一是避免盛取太多，无法一口食用完毕。需保持一匙一口食净，然后继续盛取食用。二是避免汤内部温度过高，因席间不可进行把汤吹凉的动作而无法食用。当碗中还有少量汤剩余时，如需继续盛取，可用左手稍稍抬起盘子的外侧（靠向桌子中心的一侧），继续盛取食用。有些人喜欢用面包沾着汤碗把最后的汤汁都吃掉，但在正式宴会中这种做法并不可取。如果是参加家庭聚会，有时这种方式可以表示我们对主人招待的喜爱和感谢，需要视情况而定。

喝汤时，不能发出声音。食用完毕后应把汤匙放在靠自己身前的底盘上，或是放在盘中，并遵循汤匙的柄朝向右边，汤匙凹陷的部分向上的原则。

5. 其他用餐礼仪

取菜时，应直接拿取最靠近自己的，不要在盘中翻搅。当某道菜或调味品无法取到时，可要求最靠近该道菜的男宾客传给你，而不要自己站立起来取食。当盐、胡椒等调味品在餐桌上看不到时，可以请女主人或餐厅侍者取递。

餐台上已摆好的餐具不要随意摆弄。就餐时每次送入口中的食物不宜过多，在咀嚼食物时不要说话，更不可主动与人谈话。面包一般左手取用，右手掰成小块后送入口中，不可整块面包直接咬食。抹黄油和果酱时也应先将面包掰成小块再抹。就餐时不可狼吞虎咽，对自己不喜欢的食物也应选一点放在盘中以示礼貌。进餐时应注意与左右客人交谈，但应避免高声谈笑。用餐时打嗝儿是大忌，如发生应立即向周围的人道歉。

第四节　西方节庆食俗

一、基督教饮食观念

在各种宗教中，对西方国家影响最大的是基督教（Christianity）。基督教是信奉基督耶稣为救世主的各教派的统称，包括罗马公教、东正教、新教以及其他一些较小的教派。基督教与伊斯兰教、佛教被视为世界三大宗教。

1. 基督教概述

基督教发端于 1 世纪罗马帝国统治下巴勒斯坦地区的犹太团体。1 至 5 世纪是基督教创立并从以色列传向希腊罗马文化区域的时期，是基督教发展的早期阶段，是使徒和早期教父建立基督教基本教义和神学学说的时期，并逐渐成为区别于犹太教、崇奉基督为主的新教派。基督教的教会在 4 世纪按教义中耶稣升天后建立，第一间教会约于33年出现，约于325年由罗马帝国皇帝君士坦丁大帝宣布合法化，狄奥多西时成为罗马帝国国教，遂成为欧洲封建制度的重要支柱。11世纪，教会分裂而形成罗马公教（天主教，Catholicism）为首的西方基督教，和君士坦丁堡正教会（东正教，Orthodox Church）为首的东方基督教。16世纪，英国在亨利八世推动下建立了独立于罗马教廷的英国国教会（圣公会），瑞典、挪威、芬兰、丹麦等国也相继改革以路德派教会代替天主教为国教。基督教（新教，更正教，Protestantism）由此开始了在全世界的发展。

全世界信奉东正教的主要有俄罗斯、乌克兰、白俄罗斯、希腊、罗马尼亚等东欧国家，信奉天主教的主要有意大利、法国、比利时、卢森堡、奥地利、爱尔兰、波兰、捷克、匈牙利、斯洛伐克、西班牙、葡萄牙等西欧国家；信奉新教的主要有英国、美国、澳大利亚、新西兰、丹麦、挪威、瑞典、冰岛、芬兰、爱沙尼亚、拉脱维亚等。

基督教的一个派别曾于唐初（7世纪）传入中国，称为景教；另一派别则于元代（13世纪）传入中国，称为也里可温教，但后皆中断。天主教曾于元代、明末分别传入，新教则于清代传入。至中华人民共和国成立前夕，中国约有天主教教徒300万人，新教教徒70万人。1945~1951年，外国传教士从中国大陆撤走，中国天主教与新教走上了自治、自养、自传的道路。

2. 基督教饮食观念

早期的基督教饮食遵照圣经记载："始终吃来自上帝的桌子上的食物：树的果实，田地里的谷物和草，动物的奶，以及蜂蜜。一切这些之外的都来自撒旦，引至罪恶之路，直到生病、死亡。"后来由于圣·保罗变革，基督教中的很多禁忌被解除，发展到今天，基督教里对食物的禁忌已基本没有了。但普遍而言，仍然较少食用猪肉、动物内脏、无鳞鱼和无骨水产品。

由于基督教的基本思想注重心灵的救赎、信仰和感恩上帝等，并不主张重视饮食，所以节庆食俗中的宗教性内容并不多。但不食血是《圣经》对基督徒的一种要求，因为血象征着生命，是旧约献祭礼仪上一项重要的内容。新约则把血的作用解释为耶稣在十字架上流血舍命而带给人的救赎能力。《圣经》中另一段关于食物的重要描述出现在耶稣被捕前的逾越节晚餐上。那天，耶稣跟12个门徒坐在一起，共进最后一次晚餐，他忧郁地对12个门徒说，"我现在告诉你们，你们中有一个人要出卖我了"，他把饼分给门徒，说"这是我的身体"，又把葡萄酒分给众门徒，说"这是我的血"。并要求门徒们如此做，以纪念他。意大利艺术家列奥纳多·达·芬奇据此创作了著名的《最后的晚餐》，表现了这一重要时刻。因此，基督教以麦面饼和葡萄酒作为耶稣为救赎人类被钉于十字架的象征，具有感恩祭献之意。在这种象征意义下，面饼与葡萄酒构成圣餐（The Lord's Supper，Holy Communion）出现在弥撒等基督教仪式中，信徒分食以铭记耶稣的牺牲与教诲。

3. 基督教节庆食俗

（1）圣诞节食俗

圣诞节（Christmas），又称基督弥撒、耶诞节，多数国家和地区为 12 月 25 日，是纪念耶稣降生的节日，是西方国家等以基督教文化为主流的地方的公共假日。圣诞习俗众多，教会活动多选择在圣诞前夜（平安夜，12 月 24 日）举行特殊礼拜活动，即聚集在教堂内重温圣经和唱歌称颂耶稣等。但如今人们所熟悉的圣诞树、圣诞火腿、圣诞老人、姜饼屋、冬青、槲寄生等圣诞元素均与宗教教义无关。在教会以外的场合，圣诞节已转化成一种世界流行的民俗节日，并常与日期相近的公历新年合称“圣诞与新年季”。

圣诞节盛宴的菜肴各国各不相同，但都非常重视，会精心准备。在丹麦，传统的圣诞节餐点在平安夜置办，内容为烤猪、烤鹅或烤鸭三者择一，伴以马铃薯、紫色包心菜与大量的浓汤肉汁，甜点多为米糕布丁，通常会把一颗杏仁藏在里面，幸运发现的人可获颁杏仁礼盒之类的礼物。传统的圣诞节饮品是格罗格甜酒和特别为当季酿造的传统圣诞啤酒，这些酒类的酒精浓度通常都偏低。

英国的圣诞晚餐通常包括白兰地奶油酱、面包酱、圣诞节布丁（或葡萄干布丁）、蔓越莓酱、烤火鸡、烘焙蔬菜、填馅类食物。中世纪的英格兰，圣诞主餐是孔雀或野猪择一，野猪通常是首选。但自从火鸡被出口到英国后，火鸡在 18 世纪开始成为圣诞节主餐。英国的另一个圣诞传统是使用火鸡的三叉骨来许愿。通常做法是两人一对，各执许愿骨的一端拉开，断裂后掰到较大部分的人便可许一个愿望。

在德国，圣诞菜肴一般是烤鹅肉、通心粉沙拉、杏仁糖、麦片粥、圣婴水果甜面包、小乳猪、德式白香肠。奥地利与德国基于文化与历史上的联系，圣诞佳肴风格也非常相似，炸鲤鱼和巧克力蛋糕都是圣诞节常见的餐点。在波兰、乌克兰、立陶宛区域，通常会精心置办一种仪式用的十二道素食佳肴，这是因为从圣诞节前一季开始到圣诞节当天为止都是斋戒期。捷克共和国的传统圣诞晚餐是炸鲤鱼和马铃薯沙拉。

加拿大的圣诞晚餐与它的殖民祖先英格兰以及邻居美国多有相似之处，传统圣诞节晚餐特色有填馅火鸡、马铃薯泥、肉汤浓汁、蔓越莓酱、蔬菜及作为甜点的葡萄干布丁。蛋酒，是一种牛奶为底混合蛋汁、砂糖等的饮料，通常会加酒类调配，在节庆时分也很受欢迎。其他的圣诞节餐点包括奶油塔和奶油酥饼，依传统都会在节日前烤好，用于招待各种圣诞节与新年派对时造访的朋友，以及圣诞节当天食用。在加拿大的法语省份，其传统习俗较趋近于法国。

在美国举行的许多圣诞节习俗都传自英国和德国。圣诞餐桌主食中蔓越莓酱、火鸡、填馅类食物、南瓜派、青豆、玉米都非常普遍。火腿常被作为火鸡的交替性取代物或是搭配物，填馅类食物会包含栗子、牡蛎、水果或基本的香草面包。常见甜点有南瓜派、水果蛋糕或甜馅派。此外，南方有威士忌酒蛋糕，夏威夷有照烧火鸡，弗吉尼亚州有牡蛎和火腿馅饼，在西南方，特别是新墨西哥，一顿传统的圣诞晚餐可能会包含墨西哥式猪肉香蒜浓汤、墨西哥碎肉玉米饼、西班牙式半圆馅饼和大茴香饼干。

澳洲由于圣诞节时正值南半球高温的夏季，肉类比如火腿、火鸡和鸡肉通常都是冷盘，诸如牛排或鸡胸肉、鸡腿和鸡翅，以及常见的对虾类（小虾、淡水龙虾）都被切块作为烧烤菜色，当季水果包括了芒果与樱桃。

（2）复活节食俗

复活节（Easter），又称主复活日，是基督徒的重要节日之一，定在每年春分月圆之后的第一个星期日。但现今罗马教会和东正教会的计算仍略有差异，所以存在不同教派中复活节日期不相同的情况。

基督徒认为，复活节象征重生与希望，是纪念耶稣被钉死在十字架上后又复活的圣迹。不过现在的许多与复活节相关的民间风俗却并不源于基督教，如复活节兔和复活节彩蛋，以蛋象征初春一切恢复生机，以兔子象征多产和生命力。

（3）万圣节食俗

万圣节（All Saints Day）为每年的 11 月 1 日，是天主教和东正教的节日之一。一般在万圣节前夜（Halloween，10 月 31 日）进行庆祝，主要流行于美国、不列颠群岛、澳大利亚、加拿大和新西兰等国，而其他发达国家则于 20 世纪末受美国流行文化影响也开始庆祝万圣前夜，且以商业营利性质为主。

万圣夜起源于不列颠凯尔特人的传统节日，以 10 月最后一天作为夏天的终结和冬天的开始，这一天是一年的重要标志，被称为“死人之日”，或者“鬼节”。因此，万圣节通常也与灵异的事物联系起来。欧洲传统上认为万圣夜是鬼怪世界最接近人间的日子，凯尔特人会戴上面具以吓走邪恶的鬼魂。

在宗教方面，早期的大公教会受到罗马政府的强烈逼迫，有很多基督徒因此殉道，后世常有基督徒到这些殉道者殒命之处举行追思活动。故此，就有教会设立了专门的日子来纪念。在苏格兰和加拿大的某些区域，在万圣节会举行专门的弥撒以纪念圣人。

万圣夜流传到现在，常以鬼怪、吓人，以及与死亡、魔法、怪物有关的事物，如南瓜、鬼魂、食尸鬼、女巫、蝙蝠、黑猫、猫头鹰、精灵、僵尸、骷髅、恶魔、吸血鬼和科学怪人等联系起来。又以黑色和橙色作为万圣夜的传统颜色，而诸如南瓜、稻草人等秋天的元素也成为万圣节的象征。在英国和爱尔兰，当地人在挖空的芜菁中点燃蜡烛做成杰克灯，但美国人很快便采用南瓜代替，成为万圣夜最广为人知的象征物。

万圣夜的另一个主要活动是“不给糖就捣蛋”（Trick-or-treat）。小孩装扮成各种恐怖样子，逐门逐户讨要糖果、巧克力或是小礼物。在苏格兰，小孩要糖果时会说：“The sky is blue，the grass is green，may we have our Halloween.”（天是蓝色，草是绿色，齐来庆祝万圣节前夜），然后以唱歌跳舞等表演来博得糖果。

此外，还有一些和万圣节派对有关的游戏。如“咬苹果”，游戏中，苹果会漂浮在一个装满水的大盆子或是木桶的水面上，参加者要设法用牙齿咬起漂浮在水面上的苹果。由于万圣夜临近苹果的丰收期，太妃糖苹果（Toffee Apples）也是万圣节的庆祝食品。制法是把苹果插上竹签，然后手持竹签把苹果放在太妃糖浆中转动，有时会再粘上果仁。其他特色食品还有粟米糖（Candy Corn）、热苹果酒、烘南瓜子等。

二、犹太教饮食观念

1. 犹太教概述

犹太教（Judaism）是世界三大一神宗教（另外两个为基督教和伊斯兰教）中，最早且最古老的宗教，是一个民族性的宗教，虽信仰人口并不多也不传教。如“传教”也只是针对已经不遵守犹太教规的犹太人。犹太教以希伯来圣经（即基督教的《旧约圣经》部分）为根本，与基督教本质不同在于犹太教不承认耶稣的神性，不承认人能通过耶稣得救，也不承认原罪。他们认为上帝是纯精神的，不能接受上帝的有形。

2. 犹太教饮食观念

犹太人在饮食方面需要遵行饮食诫命，这些诫命记载于《利未记》（Leviticus）中，包括奶与肉不可以一同烹饪及同时食用，人道的宰杀动物，不吃血，不吃猪肉，不吃无鳍和无鳞的水产食品，兽类只吃牛羊等分蹄会反刍的动物，植物、禽类都可以吃。这些按照犹太教教礼屠宰和烹饪加工的食物被称为“洁食”（Kosher）。

3. 犹太教节庆食俗

（1）逾越节食俗

逾越节（Passover），又称无酵节、除酵节、巴斯卦节，是犹太教的三大节庆之一，在犹太教历尼散月（公历 3 月、4 月间）14 日黄昏举行。现代犹太教逾越节庆祝的时间与古代不尽相同。现代犹太人的历法是按照天文上的新月日子而定，而古代犹太人的历法则是按照耶路撒冷出现新月的那一天日落后，作为一个月的第一天，两者会有 18~30 小时的误差。此外，因不洁（接触过死尸）或远行不能参加逾越节的人，还可在 4 月至 5 月间补过逾越节。

此节源于《旧约圣经》中《出埃及记》的记载：摩西召集了以色列的众长老来，对他们说："你们要按著家口取出羊羔，把这逾越节的羊羔宰了。拿一把牛膝草，蘸盆里的血，打在门楣上和左右的门框上。你们谁也不可出自己的房门，直到早晨。因为耶和华要巡行击杀埃及人，他看见血在门楣上和左右的门框上，就必越过那门，不容灭命地进你们的房屋，击杀你们。这例，你们要守着，作为你们和你们子孙永远的定例。日后，你们到了雅威（耶和华）按著所应许赐给你们的那地，就要守这礼。你们的儿女问你们说：'行这礼是什么意思？'你们就说：'这是献给耶和华逾越节的祭。当以色列人在埃及的时候，他击杀埃及人，越过以色列人的房屋，救了我们各家。'"

逾越节晚餐通常会遵循固定的进餐步骤：点燃火烛，示意晚餐开始；祝祷，喝第一杯酒；洗手；头盘，以青菜浸入盐水，象征在埃及被奴役的辛酸；掰开一块无酵饼，把其中一半藏起；打开覆盖饼的布，邀请穷人进餐；重述逾越故事；第二杯酒，象征救赎；洗手；祝福无酵饼，然后夹苦菜食用；仪式暂停，享用事前烹调好的晚餐；寻找之前被藏起来的半个饼；饭后祷告；第三杯酒；以利亚之杯（邀请弥赛亚来临）；赞美诗；歌曲；第四杯酒，并祝福"明年在耶路撒冷过逾越节"；晚餐盘。晚餐桌中间有一专用的盘，通常盛有象征奴役的苦菜、象征砖土的一种由果仁、酒、苹果和肉桂煮成的酱、象征泪水的青菜、象征在节日牺牲的羊骨（不食）、象征对不能在圣殿举行节日哀悼的蛋类（不食）、盐水和饼分开盛放。

根据圣经记载，耶稣受难前最后的晚餐是与门徒共进逾越节晚餐，而根据犹太人对一天的定义起于日落、终于第二天日落的算法，耶稣是在当年逾越节的这天死去的。但一般基督教教会遵循耶稣是在星期五（安息日前一天）被杀害的，并在周日复活。因为不可能每年逾越节正好是星期五，所以大部分教会的庆祝日很少和犹太人的节日吻合。

（2）赎罪日食俗

赎罪日（Yom Kippur）是犹太人一年中最重要的圣日，在犹太教历七月初十。对虔诚的犹太教教徒而言，此日也为禁食日，即一整天完全不吃、不喝、不工作，并前往犹太会堂祈祷，以忏悔请求宽恕过去一年中所犯的或可能犯下的罪过。

在圣经时代，根据《利未记》记载，犹太人在赎罪日当天会进行一种古老的赎罪仪式。挑选两头拈阄过的公山羊，由大祭司当着会众的面在祭坛上将其中一头宰杀，作为全体以色列人对上帝的献祭；然后，大祭司用双手按在另一头活着的山羊头上，承认以色列人可能犯下的种种罪孽，把这些罪统统归到羊身上，再派人把这头羊送到旷野去，让它承担以色列人的一切罪孽。

（3）住棚节食俗

住棚节（Sukkot），又称收藏节，是犹太教的三大节庆之一，在犹太教历七月十五日开始，即赎罪日后的第 5 天，为期 7 天或 9 天。这期间，犹太人会用树枝茅草搭建棚屋暂住，以纪念古代以色列人离开埃及后在旷野中漂泊的日子，并呼求神和感谢神的恩赐。住在棚屋期间，犹太人需遵守每天以右手握住枣椰树枝条、番石榴枝条和柳树枝条，左手握住香橼（类似柠檬）枝条，摇动的同时口述祝福语。住棚节之后的那一天为“圣会节”，是另外一个单独的节日。

三、感恩节食俗

感恩节（Thanksgiving Day）是一种常见的西方传统节日，如美国、英国、希腊等国都有各自的感恩节。

1. 美国感恩节

1620 年，五月花号船满载英国受迫害的清教徒到达美洲。当年冬天，不少人饥寒交迫，染病身亡。在印第安人帮助下，新移民学会了狩猎、种植玉米、南瓜，并在来年迎来了丰收。他们邀请印第安人庆祝节日，感谢其帮助。初时感恩节没有固定日期，由各州临时决定，直到美国独立后，感恩节才成为全国性的节日，并于 1941 年起定为每年 11 月的第四个星期四。这一天是美国人合家欢聚的节日，也通常被认为标志着圣诞采购季节的开始。

每逢感恩节这一天，美国举国上下热闹非常，基督徒按照习俗前往教堂做感恩祈祷，城乡市镇到处都有游行、戏剧表演或体育比赛等。分别了一年的亲人们也会从天南海北回家团聚，品尝以火鸡为主的感恩节美食。美国当地最著名的庆典则是从 1924 年开始的梅西百货感恩节游行。而美国总统每年都会在感恩节这天赦免一只火鸡。

火鸡一直是感恩节的传统主菜，通常要在火鸡的肚子里塞上各种调料和拌好的食品，然后整只烤出，由男主人用刀切成薄片，并由女主人分送给大家。通常的配菜有肉汁土豆泥、蔓越莓果酱、甜玉米以及各种蔬菜。此外，南瓜派、樱桃派、坚果派都是常见的饭后甜点。这些食材大多原产自美洲，在欧洲人到达后才被引进回欧洲。只有火鸡虽然也原产自美洲，但西班牙人早在17世纪就从中美洲将驯化过的火鸡带回欧洲，随后火鸡风靡欧洲，在英格兰火鸡更是取代鹅成为圣诞节的主菜。

在感恩节，亲友通常都会聚在一起共进晚餐，因此感恩节周末是一年中交通最为繁忙的日子之一。每年感恩节的次日被称作黑色星期五，美国的商场等会有超低折扣的促销，所以很多人家在团聚之后都会举家出动，昼夜排队以求购买到物美价廉的商品，这也逐渐成为一种新的习俗。

2. 加拿大感恩节

加拿大的感恩节起始于1879年，为11月6日，属于全国公众假期。随后，经过多次时间变更，直到1957年才确定为现在的每年10月第二个星期一，与美国的哥伦布日在同一天。与美国人缅怀清教徒先辈定居新大陆的传统不同，加拿大感恩节主要感谢上天给予的成功的收获。因为加拿大更靠近北部，其收获季节相对于美国更早，所以这一感恩丰收的庆祝也早于美国的感恩节。

加拿大的感恩节也是无关宗教的欢庆节日，通常被认为受三个传统习惯的影响。其一，来自欧洲传统的影响。当欧洲移民来到加拿大，将其庆祝丰收，感谢大自然的富饶、恩施和好运的传统带入加拿大。其二，是1578年英国探险家马丁·法贝瑟（Martin Frobisher）在寻找连接东方的新航道时，没有成功，而是在加拿大纽芬兰省建立了定居点，并举行了一个庆祝生存和收获的宴餐，这被认为是加拿大的第一个感恩节。其三，是受后来美国的感恩节影响。

在风俗习惯上，加拿大和美国有很多相似之处，食俗有吃烤火鸡、南瓜派配蔓越莓果酱等，讲究家人团聚和豁免火鸡、黑色星期五购物等习惯。

3. 希腊 Thesmophoria 节

古希腊人信奉很多神，其中墨忒耳被奉为掌管农业、结婚、丰饶的谷物女神，希腊人每年秋天举行的Thesmophoria节就是为了纪念这位女神。在古希腊，每年10月、11月也是种植大麦和冬小麦的季节。节日的第一天，由已婚妇女搭起盖满树叶的小屋，里面放上用植物做的长椅。第二天是斋戒日。第三天便举行宴会，并以玉米种子、蛋糕、水果和猪为礼物供奉女神。

思考题

1. 西方烹饪在原料选择、烹饪技法和摆盘装饰等方面有哪些特点?

2. 现代法国菜、意大利菜、俄罗斯菜、英国菜和美国菜各有哪些特点，代表菜肴有哪些?

3. 纵观历史，西餐发展具有何种轨迹和特点，具有哪些重要时间节点和典型事件，饮食文化与社会发展、政治、经济、文艺、哲学、宗教、科技发展间有哪些相互联系?

4. 举例说明宗教对西方饮食文化和节庆风俗的影响。

5. 举例说明西餐菜肴与餐具摆放间的关联、西餐基本餐桌礼仪。

6. 案例讨论

2010 年，法国美食（Gastronomic Meal of the French）作为一种用于庆祝个人和团体生活中重要时刻（如出生、婚礼、生日、纪念日、成就和团聚）的社会习俗被列入人类非物质文化遗产代表名录。对法国人而言，美食“gastronomic”一词代表了享受餐食酒水的一种大众文化，在语意上与 festive meal, feast, banquet, gourmet meal 和 blow-out（口语化，流行于年轻人）相近。对应申遗范围要求，法国美食主要属于社会实践、仪式和节庆活动范畴，同时也反映了口述传统和表达（如餐桌对话、专有名词）、与自然和宇宙相关的认知和实践（如食材选择、当地物产特性等）。

法国美食是一种能够将人们欢聚一堂，带来美食和美酒艺术享受的节庆聚餐，强调团聚、味觉的愉悦以及人与自然的平衡。其中的重要元素包括：从不断增加的菜谱中精心挑选菜肴；精选原料，且更偏向于味道相配的本地产品；餐食与酒的搭配；布置精美的餐桌；手写的餐单；座次安排；以及进餐过程的仪式感，如餐桌上美食的诱人气味和味道。一般而言，法餐具有固定的结构组成，即从开胃酒（Aperitif，餐前饮料）开始，到利口酒（Liqueurs）结束，两者间至少包含四道连续的菜肴，即开胃菜、鱼和/或肉类配蔬菜、奶酪和甜点。能被称为“美食家（Gastronomes）”的人都拥有深厚的传统知识，并积极参与传统的保护工作，如监督传统仪式的实践，从而促进仪式的口头和/或书面传承，尤其是对年青一代的传承。

申遗的法国美食囊括了整个法兰西民族的饮食文化，具有群体庞大、多样化和统一性特点。2009 年的民调显示，95.2% 的法国人认同美食是其文化遗产和身份认同的一部分，98.7% 的法国人希望保护和传承这一习俗。法国美食的集体经验已经积累了几个世纪，保持了不断的变化和传承。作为社会和文化交融、地区多元化和移民贡献的产物，人们通过美食这一共同习俗而团结在一起。个人和群体生活中的重要时刻都会通过这种聚餐的仪式/形式来庆祝。法国美食的影响并非局限在法国本土，而是凭借区域流通、民间交流、移民和人口流动等传播到许多国家。

这一社会习俗代表了人们对美食的共同理念，而不是某种特定菜肴。法国美食的群体同质性源于：

①它所赋予的意义，即团结、为他人着想、分享味觉的喜悦、人与食物间的平衡，因而具有强烈的文化功能，能够拉近个人与群体、社会间的关系。

②它所遵循的特定礼仪，包括寻找高品质的美食、参考编纂的食谱、烹饪知识和技巧、摆放精美的餐桌、上菜的顺序、菜肴与葡萄酒的搭配、关于美食的对话。尤其是节庆聚会餐食在准备中，需要更多计划和准备时间。这一筹备过程，也使得人与人之间的尊重得到了最大化。

美食的开放性和兼容并蓄、推陈出新，使其得以越来越多样，但又具有历史延续性。法国美食不仅拉近了亲朋好友间的距离，而且加强了社会联系。它既是身份认同的重要参考也是增强群体归属感的媒介。在准备非物质文化遗产申报材料的过程中，法国公众对非物质文化遗产的重要性，以及遗产在日常生活、生活方式和意识形态中的体现得以提升，并对申遗抱有极大的热情。

在对法国美食这一非物质文化遗产进行保护传承方面，进行了如下行动：

①自20世纪80年代以来，开展了与生产制作和传统技术相关的饮食遗产普查，由此起草并出版了《法国烹饪遗产清单》（Inventaire du patrimoine culinaire de la France）。

②从2000年开始，在教育和科学研究方面进行了一系列重大活动，使得人们对饮食相关的社会风俗、历史和表现形式有了更广泛的了解。

③通过每年举办“品尝周”（Taste Week）活动，提高了儿童对食物的认知。学校将教育活动的重点放在营养和味觉培养上，如各种味道的组合、味觉带来的愉悦感、选择适宜的产品、美食讨论与对话等。

④在国家支持下，法国食品和文化申遗小组为提名文件准备做出了巨大贡献。这是一个非营利性社会组织，致力于食品遗产元素对文化多样性和创造力的重要性研究与宣传，如在公众活动中进行宣传，在全国范围内组织会议和辩论，以引导和启发群体意识、汇集申遗和传统保护意见建议。其工作、会议、聚会和出版物为提高人们对美食作为法国非物质文化遗产的重要性的认可度做出了积极努力。

阅读上文，并查阅资料后回答：

①参照人类非物质文化遗产评选标准，阐释法国美食申遗成功的原因。

②法国美食申遗成功向世人展示了一种基于饮食的文化多样性，这对中餐申遗有何种启示？

③试分析总结中餐申遗的理由、优势和劣势。

第五章

茶文化

【本章引言】

本章过后，学习者应该能够达到知识和应用两个维度的学习目标。

知识维度：

- 介绍中国茶文化发展历程，茶的初识、萌芽、形成、兴盛和普及的阶段划分依据、社会背景和茶文化特点，列举各阶段典型饮茶方式、茶事件和茶思想。
- 列举中国茶的分类、代表产品和产区分布情况，解释说明不同加工方式对茶品质的影响。
- 比较说明唐、宋和明清时期饮茶风俗差异和文化延续性。
- 凝练总结中国茶文化的特点。
- 分析阐述“中国茶世界香”背后的文化传播与交融现象，以及科学技术的推动作用。
- 介绍传统英式下午茶的内容和礼仪规范。

应用维度：

- 辨识和鉴赏中国古代茶具和茶的诗歌、书画、著作等，阐述其中蕴含的社会背景、风俗习惯、科学技术和艺术审美。
- 调动五感，参与茶的品鉴，并将对茶文化的理解认识融入生活，辅助中西方文化交流。
- 比较不同国家的茶和其他饮品的世界非物质文化遗产案例，在中国茶文化发展与传播、资源保护和开发等问题中积极思考，献言献策。

第一节　中国茶文化形成与发展

中国是世界上最早发现茶树、利用茶叶和栽培茶树的国家，植物学家与历史学家考证表明，中国不仅是茶树的原产地，还是茶文化的发祥地。中国茶和茶文化发展演变已有千年，不仅制茶工艺和茶叶品种繁多，而且茶与茶人的匹配度极高，每种口味和特点的茶都能在中国找到恰当的受众，饮茶的方式更是随着社会发展过程中生产技术、生活方式、精神生活的变化而不断变化，从简单到复杂，再到简单，然后又繁杂。

茶文化是以茶为载体的一种茶俗文化现象，从属于饮食文化的范畴。茶文化的起源与茶的起源有着时间和性质的区别。茶叶作为植物的一种，本身是不具备文化发展这一特征的，但作为一种文化现象的载体，它又具备了文化的内涵。

一、早期茶的认识

关于国人饮茶的起源，可谓众说纷纭。《茶经》中说："茶之为饮，发乎神农氏。"《神农本草经》又云："神农尝百草，日遇七十二毒，得荼而解之。"这里的"荼"（tú）被认为是最早的"茶"，意为苦菜。虽然神农氏的传说无从考证，但先秦人们以茶为食却有出处。《晏子春秋》中有云："婴相齐景公时，食脱粟之饭，炙三戈五卵，茗菜而已。"茗菜推测为将茶做汤，与下文茗粥或为同种食用方法。《晋书》中有记载："吴人采茶煮之，曰茗粥。"可见，中国古代先民对茶的药用功效和可食用性认识颇早。

继认识到茶的食用功效后，茶叶的日常饮用功效也逐渐被挖掘出来。三国时期魏人张揖在《广雅》中记载了煮茶的方法，"荆巴间采叶作饼，叶老者，饼成以米膏出之。欲煮茗饮，先炙令赤色，捣末置瓷器中，以汤浇覆之，用葱、姜、橘子芼之"（陆羽《茶经》卷下《七之事》）。在两湖、重庆一带，人们采集茶树叶制成饼状，如果茶叶老，需用米汁封口，称为茶饼。要用茶饼煮汤汁饮用时，则先将茶饼烤至赤红松脆，取下一部分捣成粉末放进瓷器中，用开水冲泡，再放入少量葱、姜、橘子末或片进行调味。不难发现，早期的饮茶仍有羹饮食用的影子。这种加入调味料或香料的饮茶习惯，直至宋代才逐渐被纯茶清饮所代替。时至今日，混饮的饮茶方式还是在一些少数民族地区完美地保留了下来。

二、茶文化的萌芽时期

1. 饮茶范围

中国西南地区（主要是云南省）是世界茶树源中心，但中国茶文化的起源却是在巴蜀地区。大约商末周初，巴蜀人已开始饮茶，随后还以茶作为纳贡珍品；西汉初期，蒙顶山甘露寺的普慧禅师便开始人工种植茶树。西汉的司马相如和扬雄都是巴蜀人，也都是早期的著名茶人，前者作《凡将篇》，后者作《方言》，分别从药用角度和文学角度谈到了茶。东汉名医华佗的《食论》中记载“苦茶久食，益意思”等，茶的主要药理功能。饮茶能够解表去渴、提神醒脑、健胃消食的功效，逐渐得到科学总结。《僮约赋》中记载有蜀郡资中（今四川资中）人王子渊规定僮仆的任务有“烹茶尽具”“武阳买茶”，说明当时西南地区不仅文人、雅士和僧人已有饮茶风气，而且奠定了“逸”“闲”的茶文化基调。

视频资源：饮茶的发展演变

魏晋南北朝时期，是我国茶文化的萌芽时期。如果说汉代茶的传播主要还只限于荆楚或长江中游，那么三国和两晋时，茶叶的饮用和生产在江南和浙江沿海的我国东部地区逐渐传播开来，茶被广泛用于食料、药料、饮品、贡品、供品。随着茶树种植逐年增加，约到东晋时，茶也从宫廷望族之间的专属品变为建康、三吴地区（江浙一带）的一般待客之物。

2. 以茶代酒

茶文化最初是由儒家积极入世的思想开始的。受骚乱等局势所限，文人无以匡时救国，只能聚众办席、高谈阔论，但宴席之上能饮者并不多见，且酒后失态不雅，此时以茶代酒既可长饮又可保持清醒，遂饮茶之风兴起，相关的诗词歌赋也日渐增多。据《三国志》记载，吴国皇帝孙皓“每飨宴，无不竟日，坐席无能否率以七升为限，虽不悉入口，皆浇灌取尽，曜素饮酒不过二升，初见礼异时，常为裁减，或密赐茶荈以当酒”，即因韦曜不胜酒力，孙皓允他以茶代酒。此时，政客们还提出“以茶养廉”的倡议，并将这种以茶代酒的宴会称为茶宴，以对抗奢侈之风。齐武帝临死前下诏曰：“我灵上慎勿以牲为祭，唯设饼果、茶饭、干饭、酒脯而已。天下贵贱，咸同此制。”以茶饭代替牲祭，也是一种节俭主张。对此，《茶经》中也开宗明义地指出：“茶者，南方之嘉木也。茶之为用，味至寒，为饮最宜精行俭德之人。”

3. 中国茶文化萌芽

魏晋南北朝时期，各种文化思想交融碰撞，又恰逢佛教在中国传播发展和本土宗教道教形成和发展的时期，茶以其清淡、娴静的本性和提神醒脑的功效而受到玄

《荈赋》

《荈赋》	
灵山惟岳，奇产所钟。 瞻彼卷阿，实曰夕阳。 厥生荈草，弥谷被岗。 承丰壤之滋润，受甘灵之霄降。	茶树的生长环境
月惟初秋，农功少休。 结偶同旅，是采是求。	采茶
水则岷方之注，挹彼清流。	→ 烹茶用水
器择陶简，出自东隅。 酌之以匏，式取《公刘》。	茶器
惟兹初成，沫沈华浮。 焕如积雪，晔若春敷。 若乃淳染真辰，色殨青霜。 氤氲馨香，白黄若虚。	茶汤
调神和内，倦解慵除。	→ 饮茶裨益

图 5-1 《荈赋》辑文解析示意

学家、文人、宗教徒的青睐，成为聚会雅谈、禅定入境等修行的必备之物。最迟在北魏时期，茶饮已传至北方中原地区。当时朝廷和贵族的宴会上常设茗饮，以茶待客在社会上层中开始出现。茶的文化和社会功用已开始显露，逐渐超越了它的自然使用功能。

晋代杜育撰有《荈赋》（见图 5-1）被看作是中国茶道文化萌芽的标志，后世《茶经》的撰写更把《荈赋》看作是立论的基础。《荈赋》① 全文已佚，现仅有辑文传世。

三、茶文化的形成时期

隋唐时期，被认为是中国茶文化的形成期。中国茶文化的形成具体表现为：第一，茶叶的生产、加工具备一定规模。第二，茶叶科学已形成较为完整的体系，茶事活动由实践开始上升到理论水平。第三，饮茶在精神领域有了较完美的体系，如茶道、茶礼、茶文化与中国的儒家、佛家、道家思想紧密结合。第四，与茶相关的文学著作、诗画作品众多。第五，统治者开始施行“茶政”，唐德宗始征茶税和确立贡茶制度。

1. 茶叶种类

按陆羽《茶经》卷下《六之饮》记载，当时的成品茶可分为“觕茶、散茶、末茶、饼茶者”四类。这四类茶，只有原料老嫩、外形整碎和松紧之别，而制作方法基本相同，都属于蒸青不发酵茶。觕茶（粗茶）是用梢枝老叶加工或加工粗糙的茶；散茶是呈碎叶状的散条形古老绿茶；末茶是经蒸舂加工成末，没有加以拍制的茶末；饼茶是这一时期成品茶的主要形式。

① 该赋 3~11 句辑自欧阳询《艺文类聚》卷八二《草部下》（上海古籍出版社，2013 年版，第 2112 页）。12~14 句辑自虞世南《北堂书钞》卷一四四《饮篇》（天津古籍出版社，1988 年版，第 645 页）。

饼茶的加工比较复杂费工，按陆羽《茶经》卷上《三之造》记录，唐代饼茶要经过采、蒸、捣、拍、焙、穿、封七道工序。具体为采下茶叶要先用釜甑蒸熟，再用杵臼捣碎，并经拍打成形和焙干，然后用竹签将茶饼串起来，封装保存。这样可以有效去除茶叶中的青草味，但茶的苦涩味仍然很重。后又改进为将蒸过的茶叶榨出茶汁再制成饼的加工方法。这种榨汁工艺，唐人称为“出膏”。陆羽评价说“出膏者光，含膏者皱”，即茶汁被压出来的饼茶光滑，未被压出来的就皱缩。无论采用哪种制法，茶饼都是各种茶中最便于储藏和运输的，为叶茶储藏增香和扩大饮茶区域带来了极大便利，具有重大意义。

2. 贡茶和商品茶

隋唐时期，宫廷所消费的茶是南方的贡茶。贡茶制度开始于晋，直到唐代才基本定型，唐代贡茶制大抵始于唐玄宗天宝年间。据《新唐书·地理志》载，当时贡茶产地遍及5道17州府，较有名的贡茶有湖州顾诸紫笋、雅州蒙山石花等。所谓“上有好者，下必甚焉”的情况甚烈，隋文帝以及许多唐代帝王都对茶极为酷爱，引得一些趋炎附势之人为博青睐，而研究茶、贡献茶。曾有人用“穷春秋，演河图，不如载茗一车”来讥讽隋文帝时期的这种不正之风。通过各地上贡，皇室积累了大量的上等茶叶，如元和十二年（817年）五月，内库一次拿出30万斤茶叶，足见朝廷的存茶数量之大。除少量被皇室成员消耗外，更多被用于赏赐臣僚将士，或变卖后投入流通领域以缓解财政危机。

北方中原地区普通百姓所消费的茶叶多是通过贩茶商人在各地市场的贩售。隋朝以后，由大运河沟通的南北贸易和黄河、长江两个流域航运，使得饮茶从流行于长江以南的四川、湖南、湖北、浙江、福建等产茶地带传播到中原等更广大的北方地区。杨晔《膳夫经手录》的记载大致反映了北方中原地区饮茶的传播情况，“至开元、天宝之际，稍稍有茶”，开元（713~741年）和天宝（742~756年）都是唐玄宗年号；“至德、大历遂多”，至德（756~758年）是唐肃宗年号，大历（766~779年）是唐代宗年号；“建中以后盛矣”，建中（780~783年）是唐德宗年号。这时北方中原居民对饮茶的接受度已大大提升。

3. 茶的理论总结

唐代是中国茶文化的辉煌时期。此时，人们认识到茶是木本植物，用“茶”指茶名不副实，于是把“禾”改为“木”。茶字最早的官方记载为唐高宗时期的《本草》。中唐以后，所有茶字意义的茶字都变为茶字。而茶字刚好为上草下木中间人，微妙暗示了人与自然的和谐关系。

视频资源：《茶经》

人们在鉴茗、品水、观火、辨器、雅室、煮水、烹茶、品饮等方面都进行了细致总结，其中最重要的茶人茶事当数陆羽和他撰写的《茶经》。陆羽身世凄凉，幼为弃儿，后被和尚收养，虽长于佛门，却倾心儒学，但一生未曾致仕。陆羽为研究茶叶的生产等，跋山涉水，深入当时五大茶区（山南、淮南、浙西、浙东、剑南）调研，参与茶树种植和茶叶采摘，并研究茶水、茶器等。茶树的天然性质、采摘茶叶的工具和精选茶叶的方法均被梳理记录在《茶经》前三章中。

《茶经》共三卷十章，记载了我国茶叶生产历史、源流、现状、生产技术、饮茶技艺和“精、行、俭、德”的茶道四谛等，是关于唐朝及以前茶人茶事的最早、最完整、最全面的专著。书中第一章说明茶的起源，第二章说明制茶、采茶的用具，第三章解释制茶和鉴别茶的方法，第四章说明煮茶、饮茶的器皿，第五章提示煮茶的要领和水质的重要，第六章论述饮茶的沿革和饮茶的方式、方法和习俗，第七章叙述自古以来有关茶的历史资料，第八章论述唐代的茶叶出产地区和优劣，第九章说明在不同环境泡茶时茶具和茶器的取舍，第十章指出把《茶经》写出来一目了然。《茶经》一书同时涵盖了茶的自然和人文两个学科，探讨了饮茶艺术，把儒、释、道思想融入饮茶中，首创了中国的茶道精神，对我国乃至世界许多国家的茶文化的建立和发展都起到了奠基作用。

《茶经》之外，张又新的《煎茶水记》中把天下水分为二十等，提出水的品质会影响茶汤色香味，而茶汤品质的好坏与茶、泡水乃至茶具都有关系。陆羽也认为泡茶的水以山泉水最佳、江水次之、井水又次之。关于茶叶的专著还有温庭筠《采茶录》、斐汶《茶述》等。

4. 茶的饮用方法

唐朝主要为烹茶法，也称煮茶法或煎茶法，此外还有痷茶，类似以茶叶泡茶的方式；芼茶，为茶粥煮饮的方式。

视频资源：唐茶

陆羽在《茶经》卷下《五之煮》中介绍了“三沸煮茶法”，所用茶器有煮茶的“茶釜”“茶锅”和煎茶的“茶铛”，遵照炙烤茶饼、研碾茶末、罗筛茶末、茶釜或茶铛煮水、投茶末入釜或茶铛、以茶匙或箸搅拌茶末、培育汤花、酌茶于碗的顺序制茶（见图 5-2）。即将茶饼在火上烤热，把茶饼存放时吸收的水分用缓火烘干，使其变硬。饼茶炙热后立即放入纸囊中，不使泄香气，待茶冷却后，用茶碾加工成茶末，并经“罗合”罗成均匀细碎的茶粉备用。煮茶时，先将水放入釜中烧至“如鱼目，微有声”（如鱼目般大小的水泡浮上表面）的“一沸”程度。这时，向水中加入少许食盐，使茶汤去苦增甜。继续烧水至“边缘如涌泉连珠”的“二沸”程度。此时，先舀出一瓢水，随即用竹夹搅动釜中的水，使沸度均匀，再取适量备用的茶粉从中间投入，继续轻轻搅动。不久，釜中之水如波涛翻滚，即为“三沸”程度。此时，有茶沫浮出，即为汤花。把事先舀出的一瓢水徐徐倒入釜中，缓和热度，使水中浮现出更多汤花。汤花可分为花、沫、饽三种，细而轻者为花，薄者为沫，厚者为饽。饽是茶的精华，至饽生成，茶汤方煮成。茶汤煮好后，将茶从炉上取下，放在交床上，将茶按汤花分于茶碗之中，以供饮用。

受传统“粥茶法”的影响，当时社会上还流行煮茶添加作料的习俗，所加作料有葱、姜、枣、橘皮、茱萸、薄荷等。陆羽反对大加作料的饮茶方法，只认可加少量盐去苦增甜，这为后人纯茶清饮提供了依据。

（三彩煎茶坐俑和炉模型
唐　巩义市博物馆藏）

图 5-2　唐代煮茶示例

5. 茶的文化拓展

唐代饮茶风气由禅院开始，在陆羽与湖州刺史颜真卿、僧人皎然、御史大夫李季卿等文人的往来中，相互影响，继而在文人雅士中逐渐流行开来。中唐以后，随着品茗风气兴盛，茶饮逐渐由饮用变为品饮，从采制、煎煮与品饮以及与之相关的茶具、环境、水品、人品都异常考究，由一种习惯和爱好被打造成一种能够显示高雅素养、寄托感情、表现自我的修养和艺术。茶事（煎茶、品茗、鉴赏茶器）成为文人、诗人、禅僧竞相吟咏的题材。这些专著和茶诗，不仅是当时饮茶之风盛行的具体体现，而且对当时和后世茶文化的发展起到了极大的推动作用。茶从解渴之物，变为交流媒介、洗涤心灵、松弛精神之物，奠定了中国茶文化的基调。

唐代皇亲国戚、地方官员以及百姓都好茶，还喜欢斗茶。斗茶又称“斗茗”“茗战”，是以竞赛的形式品评茶质优劣的一种风俗和茶事活动，对茶、水、器皿和烹制方式都有严格的要求，因而具有很强的技巧性和趣味性，也直接推动了茶文化的形成与发展。

6. 茶的传播

唐代是我国历史上疆域辽阔、国泰民安、经济繁荣的封建王朝，国力的强盛、交通的发达、经济文化交流的活跃都为茶叶的流通和茶文化的传播创造了有利条件。《封氏闻见记》“饮茶”一卷记载：“始自中地，流于塞外。”唐代开元以后，外交往来频繁，文成公主和亲西藏，带去的茶叶与当地饮食习惯结合产生了酥油茶；此后通过茶马互市，喝茶逐渐传到其他草原民族活动地区，并结合当地放牧吃乳品习惯与乳制品结合，形成满蒙喝奶茶的习惯；日本遣唐使也将习得的种茶、制茶、饮茶方法带回日本，后世发展成独树一帜的日本茶道。

四、茶文化的兴盛时期

古语云：“茶兴于唐，而盛于宋。”随着茶业的兴盛，饮茶风俗深入到社会的各个阶层，正是“夫茶之为民用等于米盐，不可一日以无”。民间有茶坊、茶铺，茶叶流通非常兴盛。民间日常茶俗也十分丰富，比如有，人们迁徙时，邻里要“献茶”；有客来，要敬“元宝茶”；订婚时，要“下茶”；结婚时，要“定茶”；同房时，要“合茶”。文人墨客、达官显贵以及僧侣信众间也出现了许多品茗的专门组织，如茶社团、汤社、千人社等。

1. 茶叶和贡茶

宋徽宗爱茶嗜茶，著有《大观茶论》（1107 年）一书，对北宋时期蒸青团茶的产地、采制、烹试、品质、斗茶风俗等做记载。根据《宋史》记载茶有片茶和散茶两类，片茶即饼茶，散茶即草茶、末茶。草茶又称茗茶、叶茶，即类似于现代散条形茶叶。末茶是草茶的继续加工品，是将蒸过的茶叶捣碎制成的茶末。饼茶又称团茶、片茶，是将末茶继续加工印制成饼而得，被视为人们交往礼仪中的高级礼品。宋代还开创了以茉莉、玫瑰、蔷薇、兰蕙、菊花、水香梅花等与茶叶相伴制作花茶的方法。但是花茶（香片茶）的真正普及是在明代。

北宋饼茶的制作工艺比之唐朝又有进步，如将唐代的巨大茶饼改为小巧雅致的团茶。就碎茶而言，唐朝主要用杵臼手工操作，北宋改杵臼为碾。尤其将水磨用于茶叶加工，是茶叶加工工具的重大革新，提高了劳动生产率，降低了茶叶的生产成本，使茶叶出品质量更稳定。北宋在饼茶“饰面”上有了改良。如“饼茶多以珍膏油其面”，所以表面光滑如蜡，也被称为蜡茶或蜡面茶。

宋太祖好茶，沿南唐制度设置北苑贡茶于建安，又在宫廷中开设茶事机关，对茶叶分派等级，将茶仪归入礼制，以茶叶作为赏赐之用，茶宴遍行朝野。自宋太宗太平兴国二年（977 年）起，朝廷开始派转运使（贡茶使）至福建北苑（今福建省建瓯市）督造贡茶。贡茶茶面上龙腾凤翔，栩栩如生，称为龙凤团茶。宋徽宗曾赞“龙凤团饼，名冠天下”，又有“黄金易求，龙团难得”的说法。由于团茶制作工艺复杂，又在“饰面”上极尽追求精致，反而偏离了团茶的制作初衷。到宋朝后期，饼茶的主导地位已被散茶取代。

2. 榷茶制度和茶马交易

北方中原地区消费的茶叶主要来自秦岭淮河以南的产茶区。北宋在东南地区和川陕地区先后实行榷茶制度。北宋榷茶的基本特征是：官府首先严密控制茶叶生产，几乎完全垄断茶叶资源，然后高价把茶叶批发给商人，再由商人转运到各地销售。北宋政府在各茶产区和交通要地设置了六个榷货务和十三个山场，专管茶的生产和贸易。茶农采茶加工后，要把茶全部卖给政府，交榷货务或山场。商人贩茶时，要先向榷货务交纳钱帛，由榷货务按款给付茶引（提茶凭证），茶商凭茶引到指定的山场和榷货务领茶进行贩运。东南地区榷茶制度自宋仁宗嘉祐四年（1059 年）实行，川陕地区榷茶制度自宋神宗熙宁七年（1074 年）实行。北宋时期陕西和汴京等大中城镇是茶叶的重要销售市场，官家设御焙、官焙，茶的税赋收入已成为国家财政的重要组成部分。

北宋灭亡后，北方中原地区并入金朝的版图，该区域所需茶叶“自宋人岁供之外，皆贸易于宋界之榷场”。元朝统一全国后，继续实行榷茶制度，让商人买引贩茶，并在北方非茶区征收茶税。王祯《农书·百谷谱十》记载：“夫茶，灵草也。种之则利博，饮之则神清。上至王公贵人之所尚，下而小夫贱隶之所不可阙。诚生民日用之所资，国家课利之一助也。”

陕西茶叶市场的茶叶主要来自四川，即宋政府与西北少数民族进行茶马交易。川茶从成都府北行，经绵州（今四川绵阳）、剑州（今四川剑阁）、利州（今四川广元）至兴州（今陕西略阳）、兴元府（今陕西汉中）进入陕西。蜀道自古艰险，川茶入陕也极为困难。起初，在沿途设搬茶铺，由当地厢军充役，在人烟稀少难以置铺的地方就雇佣百姓以牲口驮运。在宋哲宗元祐之后，川茶搬运制度有所改进，在成都府设排岸司，在兴州长举县设装卸库，在两地之间设多处转搬库。

扩展阅读

茶马古道是指中国西南、西北地区，以茶叶和马匹为主要交易内容，以马帮为运输方式的商品贸易通道。它兴于唐、宋，盛于明、清，主要线路为滇藏线、川藏线和陕甘线等，辅以众多支线和附线，地跨今陕、甘、贵、川、滇、青、藏、新等省区，并外延至南亚、东南亚等国。茶马古道为区域间的经济文化交流提供了有效途径，也催生出新的茶饮形式。

3. 茶的饮用方法

宋的饮茶方式有煎茶和点茶两种。煎茶可分为煎茶末和煎茶芽两种。煎茶末即为前文所述唐的饮茶方式，宋朝某些文人士大夫为怀古计，仍会效仿。更多时候，宋人一改唐人加盐和香料的习惯，改为纯茶清饮。煎茶芽就是把散条形茶叶放入沸水中煎煮的一种饮茶方式，草茶烹煮时不碾成碎末，也不用盐姜调味，这与后世饮茶方式更为接近。但也不乏有些居民因不容易得好茶，因而觉得茶叶味道不好或判断不好味道而爱在其中添加调料。

宋代饮茶方式的主流是依托搅拌粉茶冲茶的点茶法（分茶法）（见图 5-3）。北宋末年宋徽宗著有《大观茶论》一书，对当时的点茶技术进行过总结，点茶注水分为七步（第一到第七汤）。点茶时，先将磨好的茶粉末直接加入茶盏中，注入少量沸水调成糊状，然后再沿杯盏注入适量沸水，边注水边用竹片制成的茶筅搅动，使茶与水均匀混合，如此分多次加水搅打，使茶最终成乳状茶液，即为点茶。茶的表面形成白色茶沫布满盏面，白色茶沫称为汤花，汤花多且持久方为点茶成功。

宋人总结点茶汤花的成败与茶水比例有直接关系，蔡襄《茶录·点茶》云："茶少汤多，则云脚散；汤勺茶多，则粥面聚。""云脚散"是指茶与水分散，未做到水乳交融，茶的表面未形成白色的茶沫，或形成的茶沫较少不能持久。"粥面聚"则是茶汤表面浓稠如粥，难以形成茶沫。此外，茶筅击佛茶盏中的茶沫也是关键，只有茶沫与水均匀混合，才能成为乳状。

视频资源：宋茶

图 5-3　宋代点茶示意

点茶中的“点”实为注水之意。为利于激起汤面、泛起泡沫而形成汤花，点茶中对注水入杯要求很高。唐代执壶（见图 5-4）壶嘴粗短直立，壶身敞口、高颈、深腹、大肚。与之相比，宋代执壶（见图 5-5）的壶颈变为细长，壶身变为瘦高，壶嘴长而弯曲，曲线更加优美。长而弯曲的壶嘴有助于倒水时形成漂亮的抛物线，注水准确、有力、不滴沥，更适宜宋茶。宋茶碗（见图 5-6）也特意做成大口小底、碗身浅，形状好似一个倒置的斗笠，顾也被称为茶盏。这种造型同样是为了斗茶需要，用茶盏接抛物线似的落水可以形成更多汤花。由此而见，执壶和茶盏也成为宋代最具象征性的茶具。此时，铜和陶瓷茶具逐渐代替古老的金、银、玉制茶具，紫砂茶具也开始崭露头角。

鲁山窑雪灰花釉汤瓶（唐）（中国国家博物馆藏）

褐釉双系壶（唐）（安溪县博物馆藏）

图 5-4　唐代执壶示例

青白釉印花花卉纹执壶（宋）（安溪县博物馆藏）

青白釉瓜棱执壶（宋）（故宫博物院藏）

图 5-5　宋代执壶示例

这时吃茶的茶盏都会放在茶托（盏托）（见图 5-6）之上，这种习惯约始于唐朝中后期。宋代的茶托比唐朝要精细很多，托底中凹，托口突出，且远远高出下面的托盘，有些茶托本身就像一个盘子上又加了一个小碗。

酱釉盏托（宋）（故宫博物院藏）　白釉盏托（宋）（故宫博物院藏）　白釉托盏（宋）（故宫博物院藏）　青白釉葵口托盏（宋）（故宫博物院藏）

图 5-6　宋代茶盏和盏托示例

4. 茶百戏

陆游曾写道“矮纸斜行闲作草，晴窗细乳戏分茶”。这里的“分茶”又称“茶百戏”，是一种使茶汤文脉形成物象的古茶艺。茶百戏是仅用茶和水，而不用其他原料，借助汤花在茶汤中显现出文字或图案的技艺，也叫水丹青。“纷如擘絮行太空，影落寒江能万变”是诗人杨万里对茶百戏变幻特征的生动描写。茶中画要求作画者在有限时间内根据汤花的纹理，当机立断完成作画和成画。据记载，茶百戏在唐末五代时期已见雏形，在两宋时期最为流行，但之后就开始衰亡，清代基本消失。

5. 斗茶

斗茶始于唐朝，最初只流行于茶叶产地，目的是比赛茶叶的质量。宋代斗茶之风盛行，斗茶的主体从制茶者拓展为卖茶者，并走进寻常百姓。斗茶是以竞赛的形式品评茶质优劣的一种风俗，对用料、器具和烹制方式都有严格的要求，因而具有很强的技巧性和趣味性。北宋范仲淹《斗茶歌》把斗茶的原因和场景都描述得十分清楚：“北苑将期献天子，林下群雄先斗美。鼎磨云外首山铜，瓶携江上中泠水。黄金碾畔绿尘飞，紫玉瓯心雪涛起。斗茶味兮轻醍醐，斗茶香兮薄兰芷。其间品第胡能欺，十目视而十手指。胜若登仙不可攀，输同降将无穷耻。”

汤花、咬盏、茶色都是宋朝斗茶评判茶的标准。汤花泛起后，如果茶末研碾细腻，点汤、搅动都恰到好处，汤花匀细，就可紧咬盏沿、久聚不散，这种效果叫作咬盏，即为好茶。一般以“水痕”（茶沫与水离散的痕迹）出现的早晚判断咬盏情况。茶色顾名思义是指茶汤的颜色，与茶质、水质均有关。汤色鲜白，表明茶质鲜嫩，制作精良；如果色偏青，则表明蒸时火候不足；色泛灰则蒸时过了火候；色泛黄则茶叶采制不及时；色泛红则烘焙时火候太过。选用团茶斗茶时，宋人崇尚白色茶汤，如选用浅色茶碗盛茶就很难表现茶汤，于是就有了“茶色白、宜黑盏”的说法，此时的黑釉茶盏以福建建窑兔毫盏、吉州窑木叶纹盏、剪纸贴花茶盏最为著名。但对于以草茶茶末点茶时，则多使用白瓷、青瓷、青白瓷，甚至银器和石器茶盏，即为宋代茶诗中的“冰瓷雪碗”。

五、茶文化的普及

1. 茶和茶的饮用方法

中国饮茶历史上，一般可分为唐宋以片茶为主（饼茶、团茶）和明代以后以叶茶（散茶）为主的两个阶段（见图 5-7）。明洪武二十四年（1391 年）明太祖体恤民情，正式废除福建团茶进贡，散茶泡饮终于流行开来。“泡饮法”（见图 5-8）是将茶置于容器中，加入沸水冲泡后直接饮用。明末清初，随东南沿海的移民活动，饮茶习俗传至台湾。台湾茶文化在继承福建工夫茶和潮汕工夫茶的基础上，进而发展出以乌龙茶为主的泡法。

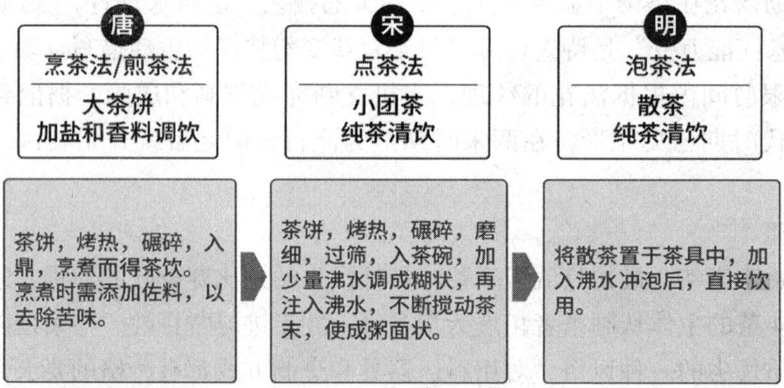

图 5-7 饮茶方式的发展

图 5-8　泡饮法示意

元代是中国茶史上重要的过渡时期。元代统治者是马背上的民族，饮茶粗放、崇尚简约，但北方宫廷依旧保留了宋制的官焙茶园，只是御茶园改为武夷四曲附近为主，末茶点茶（末子茶）依然保有重要占比。游牧民族的饮食以肉为主，菜蔬较少，茶对他们而言除了解渴，更是生理需要，即补充饮食中缺少的微量元素和膳食纤维，而饮茶的文化因素几乎被完全忽视。元代忽思慧《饮膳正要》中有记载一种“香茶”配方，“白茶（一袋）、龙脑成片者（三钱）、百药煎（半钱）、麝香（二钱），同研细，用香粳米熬成粥，和成剂，印成饼”，是一种用药物佐料配置而成的茶。此时散茶（茗茶）从南方地区开始流行，《农书》载：“凡茗煎者择嫩芽，先以汤泡去熏气，以汤煎饮之，今南方多效此。”元代青花瓷茶具以其白瓷缀青纹、古朴典雅而又清丽恬静的特点，声名鹊起。

明清时期，茶叶的生产方式也发生了许多变化，如创立半发酵茶和发酵茶的制作工艺，开始出现蒸青、炒青、烘青等工艺。与唐代团茶重蜀茶和宋代团茶重建茶相比，炒青名茶的地域范围则可以扩大到浙江、江苏、安徽、江西、湖南、河南、福建多省（见表 5-1）。针对炒青茶和时令季节，张源在《茶录·投茶》中总结了不同的泡茶方式，“投茶有序，毋失其宜。先茶后汤曰下投。汤半下茶，复以汤满，曰中投。先汤后茶曰上投。春秋中投。夏上投。冬下投”。

表 5-1　清代贡茶列表 *

	清代贡茶地点	现代区划	主要贡茶种类
1	宜兴县	江苏省宜兴市	阳羡茶
2	苏州府	江苏省苏州市	碧螺春

* 摘自故宫博物院“茶·世界——茶文化特展”。

续表

	清代贡茶地点	现代区划	主要贡茶种类
3	杭州府	浙江省杭州市	龙井茶
4	绍兴府	浙江省绍兴市	黄茶
5	普陀山	浙江省普陀山	紫竹灵山茶
6	六安州	安徽省六安市	六安茶（银针茶、雀舌茶、梅片茶）
7	徽州府	安徽省黄山市	松萝茶
8	宁国府	安徽省宣城市	松萝茶
9	武夷山	福建省南平市	武夷茶（小种花香茶、岩顶花香茶、花香茶等）
10	仙游县	福建省仙游市	郑宅茶
11	赣州府	江西省赣州市	储茶、岕茶、茶砖
12	安远县	江西省安远县	安远茶
13	庐山	江西省庐山市	庐山茶
14	武昌府	湖北省武汉市	通山茶
15	安化县	湖南省安化县	安化茶
16	巴陵县	湖南省岳阳市	君山茶
17	雅安为中心的蒙山山系	四川省雅安市	仙茶、陪茶、菱角湾茶、名山茶、春茗茶、观音茶
18	邛州府	四川省邛崃市	邛州茶砖、锅焙茶
19	青城山地区	四川省青城山	青城芽茶、灌县细茶
20	贵阳府	贵州省贵阳市	贵定芽茶、龙里芽茶
21	湄潭县	贵州省湄潭县	湄潭芽茶
22	普洱府	云南省普洱市	普洱茶
23	紫阳县	陕西省紫阳县	紫阳茶
24	同州府	陕西省大荔县	吉利茶

2. 茶具

随着以茶筅击佛的点茶法渐渐消失，茶具整体朝矮小而秀美、简约而精致的方向发展，开始出现小茶壶，以及向明显的艺术化方向发展（见图 5-9）。茶壶也终于从执壶中分离出来而独立存在，因为明代以前没有专门的茶壶，冲茶时以执壶盛放开水即可，平时执壶还会用以盛放酒或其他果饮。明代开始推崇陶制、瓷质茶具，如白瓷、青花瓷、宜兴紫砂壶等。尤其是紫砂壶，因其形制和材质都迎合当时社会追求的平淡、端庄、质朴、自然、温厚、娴雅的精神需要，而最终形成了一门独立的艺术。

紫砂提梁壶
（明）
（南京市博物总馆藏）

“归复初制”锡壶
（明）
（中国国家博物馆藏）

鸭形锡茶壶
（清）
（中国国家博物馆藏）

图 5-9　明清时期茶壶示例

清代饮茶风尚与明代大致相同，在清宫还保持了满族塞外居住时饮用奶茶的习俗和祭祀茶礼的特殊奉茶方式。例如，宫中帝后用膳时，席间也并先用奶茶，再上酒菜。在各大庆典、祭祀及接待蒙古各部族王公贵族与外国使臣筵席上的重要茶礼，都有餐前皇帝举行赐奶茶仪式。庆宽等绘《光绪帝大婚典礼全图》册中第二册《纳采礼筵宴图》之《纳采宴图》中，再现了在桂祥府邸按照满族饮食传统举行的纳采筵席，局部（见图 5-10）绘有司茶官手执藏式筒状多穆壶依次轮倒奶茶的情景。宾客手捧奶茶碗，敬后父等，先喝奶茶、吃饽饽，然后再吃酒席。此时，清宫内外及皇家御苑均设有专供熬制奶茶的“奶茶房”。如郎世宁绘《弘历射猎聚餐图》中也有皇家射猎时斟奶茶的场景（见图 5-11）。

图 5-10　光绪帝大婚典礼全图之纳采宴图（局部）（故宫博物院藏）

图 5-11　弘历射猎聚餐图（局部）（故宫博物院藏）

熬制奶茶的贡茶主要有安徽的黄茶、云南的普洱茶团茶饼和湖南安化的砖茶等。茶叶加入奶油、牛奶、盐和水等小火熬煮，香醇味甘。熬制奶茶的茶壶有筒型壶和奶茶壶两种（见图 5-12），其中筒型壶形制与藏式筒状多穆壶甚为接近。多穆壶是蒙、藏、满等民族盛装奶茶或熬制酥油茶的器皿，多穆为藏语发音，即奶茶壶之意。自康熙时期开始，清宫制作有木质、珐琅、漆器、瓷器等各种材质的多穆壶。清代皇帝大婚典礼中，也十分重视茶及茶器（见图 5-13）的运用，饮茶也被赋予了更多的礼制意义。

包饰鎏金银陶奶茶壶（清）（中央民族大学民族博物馆藏）

紫漆描金缠枝莲纹皮胎多穆壶（清）（故宫博物院藏）

图 5-12　清代奶茶茶壶示例

金錾刻双喜团寿字茶碗（清）（故宫博物院藏）

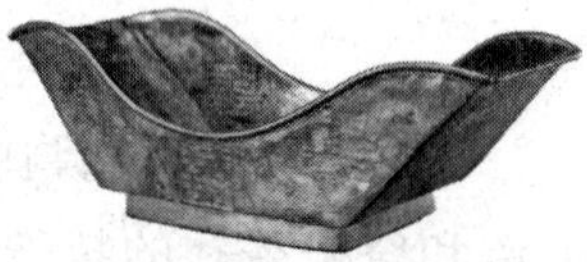

银镀金錾刻双喜字茶船（清）（故宫博物院藏）

图 5-13　同治皇帝大婚茶器

3. 茶研究和文化创作

明清以来，茶文化研究增强，大量茶著问世。如明代朱权的《茶谱》、徐献忠的《水品》、钱椿年的《制茶新谱》、田艺蘅的《煮泉小品》、陆树声的《茶寮记》、张源的《茶录》、许次纾的《茶疏》、罗廪的《茶解》、黄龙德的《茶说》、何彬然的《茶约》、夏树芳的《茶董》、屠本畯的《茗笈》、万邦宁的《茗史》、冯正卿的《岕茶笺》、周高起的《阳羡茗壶系》、顾元庆的《茶谱》、闻隆的《茶笺》、熊明遇的《罗岕茶记》等。

清代的许多诗歌、小说中都记录民众“以茶待客、以茶祭礼、以茶为聘、以茶赠友”的风俗。不仅传世的与茶相关的诗文画作不计其数，而且品饮境界也有了进一步提升，有意识地追求自然美和环境美。张源在《茶录》中阐述茶道的追求应是茶汤之美、茶味之真，力求目视茶色、口尝茶味、鼻闻茶香、耳听茶涛、手摩茶器。张大复认为，“世人品茶而不味其性，爱山水而不会其情，读书而不得其意，学佛而不破其宗”，以此强调世人品茶可不必计较水的味道，而应该注重身心的放松愉悦，以达到超然物外、情致高洁的境界。

第二节　中国名茶

中国是世界上最早发现茶树、利用茶叶和栽培茶树的国家，植物学家与历史学家考证表明中国不仅是茶树的原产国，还是茶文化的发祥地。

一、茶产区

视频资源：茶树的种植分布

自然生长情况下的茶树植株高度和分枝习性决定了树型，而按照树型可分为乔木型、小乔木型和灌木型。茶树对生长环境的土壤、雨量、阳光、温度、地形都有较高要求，因而传统茶叶加工技艺与地理位置和自然环境也密切相关，主要分布在我国北纬 18~37°，东经 94~122° 地区。这些地区包括浙江、江苏、江西、湖南、安徽、湖北、河南、陕西、云南、贵州、四川、重庆、福建、广东和广西等省、自治区和直辖市。而与之相关的社会习俗则广泛分布于全国各地，为多个民族所共享。

目前，我国的一级茶区共有四个，即华南茶区、西南茶区、江南茶区和江北茶区（见表 5-2）。

西南茶区位于中国西南部，包括云南、贵州、四川三省，重庆以及西藏东南部，是中国最古老的茶区。西南茶区的茶树品种资源丰富，有灌木型和小乔木型茶树，部分地区生长有乔木型茶树。如云南仍能找到树龄达数百年甚至更久的古茶树，在滇南、滇西南、川南和黔贵等地也分布有许多野生大茶树。早在千年以前，这里的紧压茶就已经随着马队的铃声在茶马古道上流通到全国，甚至到达周边和更远的国家和地区。西南茶区以“中国茶馆数四川”和云贵地区少数民族特色饮茶习俗等茶旅文化资源著称。

华南茶区位于中国南部，包括广东、广西、福建、台湾、海南等省（区），为中国最适宜茶树生长的地区。这里茶树品种资源也十分丰富，有灌木型和小乔木型茶树，部分地区还有乔木型大叶种，以产乌龙茶、红茶为主，还有黑茶、白茶、绿茶、花茶等。华南茶区的广州“茶市”和潮州“工夫茶”是当地极具特色的茶旅文化资源。

江南茶区位于我国长江中、下游南岸，包括浙江、湖南、江西等省和皖南、苏南、鄂南等，为中国茶叶主要产区，年产量大约占全国总产量的2/3。种植的茶树基本为灌木型中叶种和小叶种，还有很小一部分的小乔木型中叶种和大叶种，适宜制作绿茶、花茶和红茶。江南茶区的茶文化发展悠久，茶产业发达，特种名茶多，如西湖龙井、黄山毛峰、洞庭碧螺春、君山银针、庐山云雾、太平猴魁、祁门红茶等；茶旅文化资源分布，如以龙井、径山茶、安顶云雾等为线串联的西湖、余杭、富阳等地，沿途可观宋代茶宴、访中国茶博物馆、走安顶古道等，又如以安吉白茶、紫笋茶、莫干黄芽等为线串联的安吉、长兴、德清等地，可参观大唐贡茶院、陆羽著经地等；禅茶文化底蕴深厚，如苏州的水月寺茶、南京的栖霞寺茶、苏州的虎丘寺茶等。

江北茶区位于长江中、下游北岸，南起长江，北至秦岭、淮河，西起大巴山，东至山东半岛，是我国最北的茶产区。茶树大多为灌木型中叶种和小叶种，主要生产绿茶。据《东京梦华录》记载，北宋都城开封城内有茶肆、茶坊、茶楼、茶亭、茶室、茶店等，而位于淮北市濉溪县的临涣古镇作为大运河交通枢纽地，茶馆文化颇为独特，尤其是临近回龙泉、金珠泉、饮马泉、龙须泉四大古泉，配以用六安茶的叶梗做成的“棒棒茶”，滋味独特，显示了当地浓郁的饮茶风尚和悠久的饮茶历史。

表 5-2　中国一级茶区分布概览

	西南茶区	华南茶区	江南茶区	江北茶区
地理位置	云南、贵州、四川、三省，重庆以及西藏东南部	广东、广西、福建、台湾、海南等省（区）	浙江、湖南、江西等省和皖南、苏南、鄂南等地	河南、陕西、甘肃、山东等省和皖北、苏北、鄂北等地
主产茶类	黄茶、绿茶、红茶、普洱茶	红茶、乌龙茶、白茶、黑茶	绿茶、黄茶、红茶	绿茶
名茶出品	蒙顶黄芽、蒙顶甘露、蒙顶石花、滇红、普洱生茶、普洱熟茶、都匀毛尖、滇红工夫	大红袍、铁罗汉、水金龟、白鸡冠、金骏眉、正山小种、白毫银针、白牡丹、凤凰单丛、英红九号、铁观音、冻顶乌龙、六堡茶、东方美人	西湖龙井、洞庭碧螺春、安吉白、君山银针、黄山毛峰、太平猴魁、庐山云雾、莫干黄芽、九曲红梅等。	崂山绿茶、六安瓜片、信阳毛尖、紫阳毛尖、霍山黄芽、舒城兰花、汉中仙毫等。

扩展阅读[①]

当地时间 2023 年 9 月 17 日，在沙特阿拉伯利雅得召开的联合国教科文组织第 45 届世界遗产大会通过决议，将中国“普洱景迈山古茶林文化景观”列入《世界遗产名录》。

“普洱景迈山古茶林文化景观”位于云南省普洱市澜沧拉祜族自治县，是公元 10 世纪以来，布朗族先民发现和认识野生茶树，利用森林生态系统，与傣族等世居民族一起，探索出“林下茶”种植技术，历经千年的保护与发展，形成林茶共生、人地和谐的独特文化景观。“普洱景迈山古茶林文化景观”是保存完整、内涵丰富的人工栽培古茶林典型代表，由 5 片古茶林，9 个布朗族、傣族村寨以及 3 片分隔防护林共同构成，至今仍保持着蓬勃生命力，是我国农耕文明的智慧结晶，也是人与自然良性互动和可持续发展的典范。

“普洱景迈山古茶林文化景观”申遗历时 13 年。2010 年，针对世界遗产领域茶主题“空白”，国家文物局首倡景迈山古茶林申遗，并于 2012 年将其列入《中国世界文化遗产预备名单》。2013 年，国家文物局报请国务院将“景迈山古茶园”公布为全国重点文物保护单位，支持和指导云南省、普洱市系统提升遗产保护、管理、展示水平。2021 年 1 月，国务院批准“普洱景迈山古茶林文化景观”作为我国 2022 年世界遗产申报项目。

文化和旅游部副部长、国家文物局局长李群表示，中国将在加强规划、应对气候变化、鼓励村民参与、规范旅游发展等方面持续发力，确保“普洱景迈山古茶林文化景观”突出普遍价值永续传承，并进一步加强国际交流与合作，在世界文化遗产保护传承中承担更多责任，为推动各国文明交流互鉴、共同构建人类命运共同体贡献力量。

二、茶的分类

我国是产茶、饮茶大国，茶叶种类众多，品名逾 2000 种。

划分茶叶的依据有很多，根据采制季节可分为春茶、夏茶、秋茶，品类繁多的中国茶制作工艺中，最为核心的工艺有杀青（使酶失活）、闷黄（使茶色变黄）、渥堆（堆放）、萎凋、摇青（摇叶和冷却）、发酵（氧化反应）和窨制（增香）；根据茶叶生产加工方法分为炒青、烘青、蒸青、工夫茶、窨花茶；根据制造工艺和茶多酚氧化程度可分为绿茶、黄茶、白茶、青茶（乌龙茶）、红茶、黑茶，又被称为基本茶类；根据茶叶发酵程度分为不发酵茶、半发酵茶、全发酵茶、后发酵茶（见图 5-14）。以基本茶类为原料，经过再加工制成的茶类称为“再加工茶”，包括花茶、紧压茶、非茶之茶、含茶饮料等。2023 年 4 月，我国六大茶类分类体系正式上升为

① 人民日报客户端，“普洱景迈山古茶林文化景观”成功列入《世界遗产名录》，2023-09-17

国际标准《茶叶分类》(ISO 20715：2023)。这是我国在茶叶标准国际化领域取得的具有里程碑意义的成果。

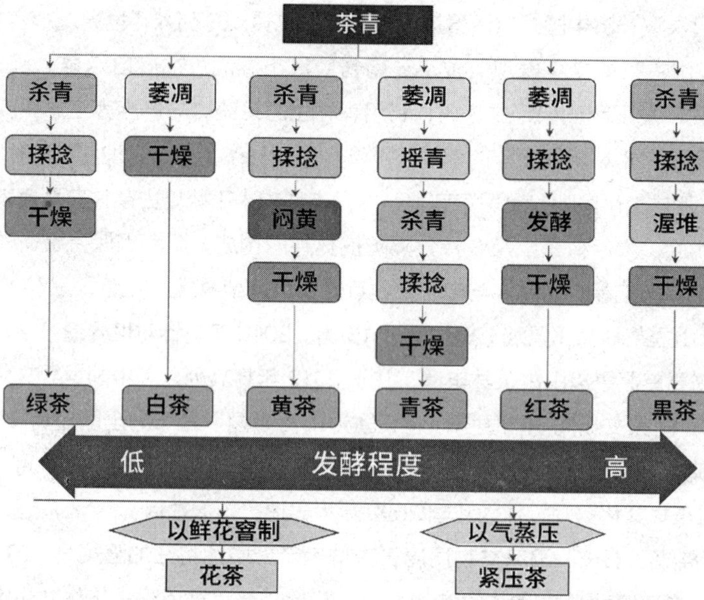

图 5-14　制茶工艺和分类示意

1. 绿茶

绿茶(Green Tea)是我国产量最大的茶类，主要产茶地区为江苏、浙江、安徽、四川四省。绿茶为不发酵茶，以茶树嫩芽嫩叶为原料，制成的干茶以及其冲泡后的茶汤、叶底均以绿色为主调，味淡微苦。绿茶中保留了较多的天然物质，如茶多酚、咖啡因、叶绿素和维生素等，因而具有一定的防衰老、防癌、抗癌、杀菌、消炎的功效。

视频资源：茶的种类

绿茶的制作工艺是最早被发明的，也被认为能够最大限度地保持茶叶的鲜度。每年都备受追捧的明前龙井就是绿茶。明前是指清明节前采制的茶叶，这时气温低，芽叶细嫩但数量非常有限，又因是经过一冬后的头采茶，嫩芽中的香气物质和滋味物质含量丰富，因此品质上乘。由于质优量少，所以尤其珍贵。乾隆皇帝曾在第一次“南巡”在西湖观茶品茶后说道：“火前嫩，火后老，惟有骑火品最好。”诗中的骑火指的正是清明时节，因为清明节前一两日为寒食节，有禁烟火，只吃冷食的习俗。

绿茶制茶工艺中的杀青是绿茶形状和品质形成的关键因素。杀青是通过高温破坏和钝化鲜叶中的氧化酶活性，抑制鲜叶中的茶多酚酶促氧化，蒸发鲜叶的部分水分，使茶叶变软，便于揉捻成型，散去青臭味，促进良好香气形成。目前杀青工艺有炒青、烘青、晒青、蒸青四种，如龙井、碧螺春、雨花茶等采用的是炒青工艺，黄山毛峰、太平猴魁、高桥银针等采用的是烘青工艺，滇青、川青、陕青等采用晒青工艺，煎茶、玉露等采用蒸青工艺。

绿茶的主要名品有西湖龙井、洞庭碧螺春、黄山毛峰、六安瓜片、太平猴魁、信阳毛尖、庐山云雾、竹叶青、雨花茶、安吉白茶。

2. 黄茶

黄茶（Yellow Tea）属于发酵茶，发酵度为10%，发酵程度不高。黄茶香气清纯，滋味爽口，茶性微凉，具有黄汤黄叶的特点。黄茶是中国特有茶类之一，与绿茶的加工工艺相比，多了一道闷黄工艺。主要产于我国四川、湖南、湖北、浙江、安徽等省，其中又以湖南岳阳的君山和宁乡的沩山为两大茶乡。明代许次纾的《茶疏》中就有关于黄茶采制、生产和品尝的记载。

黄茶的主要名品有以君山银针、蒙顶黄芽、霍山黄芽等为代表的黄芽茶，以广东大叶青、霍山黄大茶为代表的黄大茶，以及以温州黄汤、沩山毛尖等为代表的黄小芽。

3. 白茶

白茶（White Tea）属于轻微发酵茶，也是中国特有茶类之一，主要产于福建省。白茶采摘时要求原料嫩芽及其以下1~2片嫩叶都满披白毫，制作加工时不炒不揉，晒干或文火烘干，从而使得白茸毛完整地保留下来。所以茶叶成品外表满披白色绒毛，整体看起来色白隐绿，茶汤色泽浅淡晶黄，甘冽爽口。在宋徽宗的《大观茶论》中有“白茶自为一种，与常茶不同”的记载。

白茶的主要名品有以白毫银针为代表的白芽茶和以白牡丹、寿眉为代表的白叶茶。

4. 乌龙茶

乌龙茶（Oolong Tea），又称青茶，属于半发酵茶，也是中国特有茶类之一，主要产于福建、广东和中国台湾三地。乌龙茶的制作工艺综合了绿茶与红茶的工艺特点，因而其品质也介于两者之间。干茶颜色为青绿色或青褐色，汤色呈翠绿、蜜绿、金黄色，香气浓郁，常有花香、果香、熟果香，入口回甘带蜜味。乌龙茶对人体分解脂肪有一定的促进作用，在日本又被称为“美容茶”“健美茶”。

乌龙茶的主要名品有安溪铁观音、安溪黄金桂、凤凰水仙、武夷岩茶（大红袍、铁罗汉、白鸡冠、水金龟）、闽北水仙、安溪色种（本山、毛蟹、梅占、奇兰)、台湾东方美人茶、台湾冻顶乌龙。乌龙、水仙的称谓就像铁观音一样，都只代表了该类茶树种。

5. 红茶

红茶（Black Tea）属于全发酵茶，因干茶色泽暗红、茶汤色泽红艳明亮而得名。这是茶叶中的物质被完全氧化成茶黄素、茶红素带来的变化。红茶可以帮助胃肠消化、提高食欲，有利尿、消水肿、强壮心肌等功效，因而适合饭前、空腹和日常饮用。在冬季品饮红茶有暖胃的功效。与绿茶清淡的茶汤和油煎豆瓣香的味道相比，红茶汤色和味道都更丰富，很多红茶自带熟果香、柑橘香、焦糖香，我国武夷山茶区的正山小种则具有桂圆香和烟熏香的独特味道，这都为红茶在世界范围赢得了更多青睐。

红茶制作时的萎凋是通过晾晒使鲜叶损失部分水分，增强茶的酶活性，同时叶片变柔韧，便于造型。其工艺中的发酵特指使叶片中的多酚类物质在酶促作用下发生氧化还原反应。这与其他发酵食品中利用微生物进行发酵的做法完全不同。

我国传统红茶因制作方法不同，又有工夫红茶、小种茶、红碎茶之分。工夫红茶的主要名品有祁红、滇红、宜红、川红、闽红、湖红、越红；小种茶的主要名品有正山小种、金骏眉、银骏眉。

扩展阅读

19 世纪末以手工制作为主的中国茶开始无法同工业流水线上产出的印度茶抗衡，导致中国红茶的国际市场份额全面萎缩。此时，安徽祁门诞生了一款可以说是救世之作的新红茶——祁门红茶。祁门红茶茶汤色泽乌润，口感滑润，香气浓郁高长，似蜜糖香，又蕴藏兰花香，这种独特香气也被称为祁门香（the Queen of Fragrance）。祁门香不仅帮助中国红茶重新杀回世界顶级茶叶市场。而且祁门红茶的 17 道制茶工序也成为精工细作的典范。祁门红茶在 1875 年创制后就深受欧洲上流社会追捧，并在 1915 年的巴拿马万国博览会上获得金奖。此后，中国祁门红茶一直与印度大吉岭和阿萨姆红茶、斯里兰卡的锡兰红茶，并称世界三大顶级红茶。

6. 黑茶

黑茶（Dark Tea）属于后发酵茶，是中国特有茶类之一，可长期存放，主要产于湖南、湖北、四川、云南、广西等地，为一些少数民族所喜爱。尤其是藏族、蒙古族和维吾尔族人民，把黑茶当作日常生活的必需品。黑茶由粗老的梗叶制成，汤色为橙黄色或枣红色，滋味醇厚，回甘好。黑茶具有降血压、降血糖、降血脂和增强肠胃功能的功能。

黑茶的主要名品有湖南黑茶、云南普洱茶、湖北老边茶、四川边茶、广西六堡散茶。

三、世界非物质文化遗产——中国传统制茶技艺及其相关习俗

2022 年 11 月 29 日，“中国传统制茶技艺及其相关习俗”（Traditional tea processing techniques and associated social practices in China）被列入联合国教科文组织人类非物质文化遗产代表作名录。2022 年 12 月，习近平总书记做出重要指示强调，此次加入名录工作对弘扬中国茶文化很有意义。要扎实做好非物质文化遗产的系统性保护，更好满足人民日益增长的精神文化需求，推进文化自信自强。要推动中华优秀传统文化创造性转化、创新性发展，不断增强中华民族凝聚力和中华文化影响力，深化文明交流互鉴，讲好中华优秀传统文化故事，推动中华文化更好走向世界。

1. 申遗内容

本次申遗内容包括有关茶园管理、茶叶采摘、茶的手工制作，以及茶的饮用和分享的知识、技艺和实践。茶在中国的历史发展与人们日常生活中的地位和重要性毋庸置疑。家庭、工作场所、茶馆、酒楼、寺庙等都有沏茶或煮茶的习惯，在社交和婚丧嫁娶、拜师学艺、祭祀等仪式中，茶也是重要的交流媒介。多民族共享以茶待客的习俗，并通过与茶相关的活动在家庭和邻里之间建立良好关系，为社区、群体和个人提供了认同感和延续性。在传承过程中，茶孕育了系统的知识、广泛的社会实践、成熟的传统技艺和丰富的手工作品。它体现了中华民族谦和、和谐、礼让、尊重的价值观，对道德修养和人格塑造产生了深远影响。茶文化也通过海上和陆路丝绸之路促进了不同文明之间的交流和相互学习，为社会的可持续发展发挥了重要作用。

2. 集体申遗

本次入选的“中国传统制茶技艺及其相关习俗”堪称我国历次人类非遗申报项目中的体量之最，共涉及 15 个省、市、区，包括福建省武夷山市、龙岩市，江西省全南县、婺源县，贵州省都匀市，云南省宁洱哈尼族彝族自治县、芒市、大理白族自治州；湖南省岳阳市君山区、安化县，四川省雅安市，广西壮族自治区苍梧县，陕西省咸阳市，浙江省磐安县，广东省潮州市等，共计 44 项国家级非遗代表性项目，其中包含 39 项传统制茶技艺和 5 项相关习俗。

根据申报文本，参与单位情况汇总如表 5-3 所示。

表 5-3 “中国传统制茶技艺及其相关习俗”集体申遗列表

	保护单位	负责内容	
1	武夷山市文化馆	武夷岩茶（大红袍）制作技艺	Wuyi Rock Tea（Dahongpao Tea）Processing Techniques
2	北京张一元茶叶有限责任公司	花茶制作工艺（张一元茉莉花茶制作技艺）	Flower-scented Tea Processing Techniques（Zhang Yi Yuan Jasmine Tea Processing Techniques）
3	北京吴裕泰茶叶股份有限公司	花茶制作工艺（吴裕泰茉莉花茶制作技艺）	Flower-scented Tea Processing Techniques（Wuyutai Jasmine Tea Processing Techniques）
4	福州海峡茶叶交流协会	花茶制作工艺（福州茉莉花茶窨制工艺）	Flower-scented Tea Processing Techniques（Scenting Techniques of Jasmine Tea，Fuzhou）
5	杭州市西湖区龙井茶产业协会	绿茶制作技艺（西湖龙井）	Green Tea Processing Techniques（West Lake Longjing Tea Processing Techniques）
6	浙江彩云间茶叶有限公司	绿茶制作技艺（婺州举岩）	Green Tea Processing Techniques（Wuzhou Juyan Tea Processing Techniques）
7	谢裕大茶叶有限公司	绿茶制作技艺（黄山毛峰）	Green Tea Processing Techniques（Huangshan Maofeng Tea Processing Techniques）
8	黄山区茶叶协会	绿茶制作技艺（太平猴魁）	Green Tea Processing Techniques（Taiping Lowkui Tea Processing Techniques）
9	六安市裕安区茶叶产业协会	绿茶制作技艺（六安瓜片）	Green Tea Processing Techniques（Lu’an Guapian Tea Processing Techniques）
10	苏州市吴中区洞庭山碧螺春茶叶协会	绿茶制作技艺（碧螺春）	Green Tea Processing Techniques（Biluochun Tea Processing Techniques）
11	长兴县紫笋茶文化研究会	绿茶制作技艺（紫笋茶）	Green Tea Processing Techniques（Zisun Tea Processing Techniques）
12	安吉中盛农业发展有限公司	绿茶制作技艺（安吉白茶）	Green Tea Processing Techniques（Anji Baicha Tea Processing Techniques）
13	江西省全南县文化馆	绿茶制作技艺（赣南客家擂茶）	Green Tea Processing Techniques（Hakka Leicha Tea Processing Techniques in Southern Jiangxi Province）
14	婺源县非物质文化遗产保护中心	绿茶制作技艺（婺源）	Green Tea Processing Techniques（Wuyuan Green Tea Processing Techniques）.
15	信阳市茶叶商会	绿茶制作技艺（信阳毛尖茶）	Green Tea Processing Techniques（Xinyang Maojian Tea Processing Techniques）
16	恩施玉露茶产业协会	绿茶制作技艺（恩施玉露）	Green Tea Processing Techniques（Enshi Yulu Tea Processing Techniques）

续表

	保护单位	负责内容	
17	都匀市非物质文化遗产中心	绿茶制作技艺（都匀毛尖茶）	Green Tea Processing Techniques（Duyun Maojian Tea Processing Techniques）
18	南京盛峰茶业有限公司	绿茶制作技艺（雨花茶）	Green Tea Processing Techniques（Yuhua Tea Processing Techniques）
19	雅安市名山区非物质文化遗产保护中心	绿茶制作技艺（蒙山茶）	Green Tea Processing Techniques（Mengshan Tea Processing Techniques）
20	祁门县祁门红茶协会	红茶制作技艺（祁门红茶）	Black Tea Processing Techniques（Keemun Black Tea Processing Techniques）
21	云南滇红集团股份有限公司	红茶制作技艺（滇红茶）	Black Tea Processing Techniques（Dianhong Tea Processing Techniques）
22	福安市茶业协会	红茶制作技艺（坦洋工夫茶）	Black Tea Processing Techniques（Tanyang Congcou Tea Processing Techniques）
23	江西省宁红有限责任公司	红茶制作技艺（宁红茶）	Black Tea Processing Techniques（Ninghong Tea Processing Techniques）
24	安溪县茶文化研究中心	乌龙茶制作技艺（铁观音）)	Oolong Tea Processing Techniques（Tieguanyin Tea Processing Techniques）
25	漳平市文化馆	乌龙茶制作技艺（漳平水仙茶）	Oolong Tea Processing Techniques（Zhangping Shuixian Tea Processing Techniques）
26	宁洱哈尼族彝族自治县文化馆	普洱茶制作技艺（贡茶）	Pu'er Tea Processing Techniques（Gongcha Tea Processing Techniques）
27	勐海茶厂（普通合伙）	普洱茶制作技艺（大益茶）	Pu'er Tea Processing Techniques（Tae Tea Processing Techniques）
28	安化县文化馆	黑茶制作技艺（千两茶）	Dark Tea Processing Techniques（Qianliangcha Tea Processing Techniques）
29	益阳茶厂有限公司	黑茶制作技艺（茯砖茶）	Dark Tea Processing Techniques（Fu Brick Tea Processing Techniques）
30	雅安市非物质文化遗产保护中心	黑茶制作技艺（南路边茶）	Dark Tea Processing Techniques（Nanlubiancha Tea Processing Techniques）
31	云南下关沱茶（集团）股份有限公司	黑茶制作技艺（下关沱茶）	Dark Tea Processing Techniques（Xiaguan Tuocha Tea Processing Techniques）
32	湖北省赵李桥茶厂有限责任公司	黑茶制作技艺（赵李桥砖茶）	Dark Tea Processing Techniques（Zhaoliqiao Brick Tea Processing Techniques）
33	苍梧县文化馆	黑茶制作技艺（六堡茶）	Dark Tea Processing Techniques（Liubao Tea Processing Techniques）

续表

	保护单位		负责内容
34	鑫鼎生物科技有限公司	黑茶制作技艺（长盛川青砖茶）	Dark Tea Processing Techniques（Changshengchuan Dark Brick Tea Processing Techniques）
35	咸阳市群众艺术馆	黑茶制作技艺（咸阳茯茶）	Dark Tea Processing Techniques（Xianyang Fu Tea Processing Techniques）
36	福鼎市茶业协会	白茶制作技艺（福鼎白茶）	White Tea Processing Techniques（Fuding White Tea Processing Techniques）
37	岳阳市君山区文化馆	黄茶制作技艺（君山银针茶）	Yellow Tea Processing Techniques（Junshan Yinzhen Tea Processing Techniques）
38	福建省南平市武夷山市武夷街道天心村村民委员会	武夷岩茶（大红袍）制作技艺	Wuyi Rock tea processing techniques
39	芒市文化馆	德昂族酸茶制作技艺	Sour Tea Processing Techniques of De'ang Ethnic Group
40	大理非物质文化遗产保护管理所	茶俗（白族三道茶）	Tea Drinking Practices（Three-course Tea of Bai Ethnic Group）
41	恭城瑶族自治县油茶协会	茶俗（瑶族油茶习俗）	Tea Drinking Practices（Practices Related to Youcha Tea of Yao Ethnic Group）
42	潮州市文化馆	茶艺（潮州工夫茶艺）	Tea Art（Chaozhou Congou Tea Art）
43	杭州市余杭区径山万寿禅寺	径山茶宴	Jingshan Tea Ceremony
44	磐安县文化馆	庙会（赶茶场）	Temple Fair（Tea Festival）
45	浙江省磐安茶场庙	庙会（赶茶场）	Temple Fair（Tea Festival）
46	扬州富春饮服集团有限公司富春茶社	茶点制作技艺（富春茶点）	Tea Refreshments Making Techniques（Fuchun Tea Refreshments Making Techniques）
47	中国茶叶博物馆	与茶相关的研究、传播、保存、展示和教育普及	As an academic group，we have been engaged in fields of tea research，teaching，promotion and foreign exchange.
48	中国茶叶学会	与茶有关的研究、教学、推广和对外交流	As an academic group，we have been engaged in fields of tea research，teaching，promotion and foreign exchange.
49	浙江大学茶叶研究所	茶科学、茶文化教学和研究	an institute specialized in teaching and research on tea science and tea culture

续表

	保护单位	负责内容	
50	江西婺源茶业职业学院	培养制茶专业人才	the cultivation of talents specialized in tea processing.
51	安溪铁观音女茶师非遗传习所	传统制茶技艺保护、传承	safeguarding and transmission of traditional tea processing techniques

3. 中国茶文化保护与传播

通过申遗，除了持续提升中国茶和茶文化的世界影响力，还可以借助文化、农业、商业和公共卫生等有关部门在国家层面采取立法、技术、行政和财政多措并举的方式进行非物质文化遗产保护，在提供可持续生计、促进性别平等和农村发展、保护陆地生态系统等方面发挥重要作用。

申遗成功有利于完善保护工作的协调机制，促进各群体之间就保护责任、能力建设、参与管理等问题进行进一步的讨论和交流。此外，申遗还可以鼓励社区中心、专业组织、非政府组织、专家学者共享信息，开展跨学科研究，促进利益相关方就非物质文化遗产在促进包容性社会发展和和谐人际关系方面的作用开展对话。

第三节　中国茶道与茶俗

一、茶艺与茶道

早在《茶经》中就有大量关于茶对身心益处的描述。茶具有生津止渴、提神醒脑、消食解腻、缓解压力、放松身心等功效。饮茶是中国人的一种生活方式和习惯，传承者和实践者通过制茶、泡茶、品茶，丰富生活内涵，保持平和包容的心态，从而培养温和内敛的性格，提升内在境界，促进自我修养。品茶、分茶是人与人之间交流的重要方式。以茶待客、长辈先上茶等礼仪习俗，彰显了谦和、和谐、礼让、尊重的人文精神，有助于家庭和睦、人际和谐，增强文化认同感和社会凝聚力。

1. 茶艺

广义的茶艺是指研究茶叶生产、制造、经营、饮用方法和探讨茶叶的原理、原则，以达到物质和精神全面满足的学问。狭义的茶艺是指如何泡好一壶茶的技术和如何享受一杯茶的艺术。

在人们的日常生活中，最常使用到的是茶叶的基本知识，如茶叶的分类、主要名茶的品质特点和茶叶的鉴别、选购、储藏等。茶叶的基本知识也是学习茶艺的基础。茶艺的技术和礼仪是人们饮茶和茶艺馆经营中最具观赏性的部分。茶艺的技术包括茶艺表演的程序、动作要领和讲解内容等。茶艺的礼仪包括服务过程中的仪容仪表、迎来送往、互相交流和彼此沟通的要求与技巧等。

2. 茶道

在科学的、艺术的泡茶煮茶基础上，中国茶文化朝更深层的精神层面发展，如人们在茶叶应用过程中形成价值观念和审美情趣，在茶艺成长过程中追求意境和茶韵，把饮茶当作励志、雅心、怡情的重要手段，进而将饮茶与人生哲学相结合上升到哲理高度的茶道、茶德等。

饮茶歌诮崔石使君

唐·皎然

越人遗我剡溪茗，采得金芽爨金鼎。
素瓷雪色缥沫香，何似诸仙琼蕊浆。
一饮涤昏寐，情来朗爽满天地。
再饮清我神，忽如飞雨洒轻尘。
三饮便得道，何须苦心破烦恼。
此物清高世莫知，世人饮酒多自欺。
愁看毕卓瓮间夜，笑向陶潜篱下时。
崔侯啜之意不已，狂歌一曲惊人耳。
孰知茶道全尔真，唯有丹丘得如此。

《饮茶歌诮崔石使君》是中国茶道一词的出处，诗中倡导以茶代酒的同时，描绘了茶的色、香、味、形，提到茶“涤昏寐”“清我神”“便得道”的逐渐递进的精神感悟，茶饮中超乎物质生活需要的人清、心清、神清的新境界呼之欲出。如果说陆羽是中国茶业、茶学的奠基人，那么佛学大师皎然则被认为是中国茶文化、茶道的开创者。在皎然的著作中，中国茶道已不局限于坐禅饮茶、以茶助修入定的外在形式和功能，而是突出“清、静、悦、达”，讲求调食、调睡、调身、调息、调心的行住坐卧都是禅。饮茶仪轨至此具有可饮、可观、可参、可修四个层次。

皎然在文学、佛学、茶学等多方面有深厚造诣，对于种茶采茶、品茶悟道有着独特体验和深刻认识，写下多首茶诗歌描述充满诗意的茶事活动，以及在品茶过程中悟道人生境界和哲学境界。这种茶道精神首先是煮茶、品茶时内心是自由潇洒的，动作是自然的；其次是自我身心和谐，这样才能跟茶水器和谐，和周围环境人文和谐；最后是在过程中自我认识、审视和反省。

形而上者谓之道（茶道），形而下者谓之器（茶艺）。道无器不显，器无道不明。中国茶道，是茶为载体、礼仪为核心、礼法教育为目的、修身养德为宗旨的饮茶艺术，是饮茶之道和饮茶修道的统一，包括茶艺、茶礼、茶境、修道四大要素。此处茶艺专是指艺术性和审美，包括茶室布置氛围、茶台布置、宾客服饰等都要与环境气氛和谐。茶礼是从主人发出邀请到接待形式、问候礼节、品茶过程动作、眼神、表情、语气都体现出尊重和谐，伸掌、奉茶、敬茶、品茶、送客都体现出恭敬。茶境，是指品茶需要营造一种平和、安静、和谐的意境，让品茶过程达到一种身、心、灵的享受。修道，是指通过煮茶、泡茶、品茶过程触发人们心理、生理直至心灵的多层次感受和多种因素的累积，通过茶的实际体会净化和升华心智，体验平和、宁静、豁达之美。

视频资源：禅茶一味

此外，盛行于宋朝的潮汕“工夫茶”也是中国茶道中的代表之一，是融精神、礼仪、沏泡技艺、品评质量为一体的完整茶道形式。“工夫”两字在潮语中为做事考究、细致用心的意思。日本的煎茶道和中国台湾地区的泡茶道都源于“工夫茶”。

古人对茶的认识，从实践走向理论。历代茶人著书立说，继承创新，逐步构建了与中国哲学精神相融相通的茶文化体系。茶之理，既包括茶、器、水、火等物质要素的相容互济，也包含人与环境、意境、心境的协调统一。道器并重的仪式美感，超然物外的精神向往，都汇聚于中国茶的世界。

二、茶具

品茶之趣，不仅关乎茶之色、香、形、味，也和品茶时的心态、环境、茶友、话题有关，而上述几点往往需要适宜的茶具烘托配合。明代许次纾《茶疏》中说，“茶滋于水，水精于器，汤成于火，四者相顾，缺一则废”，也点明了茶叶、泡水、茶器和火候间的紧密联系。《红楼梦》第四十一回对“贾母携刘姥姥等人来到栊翠庵，妙玉招待众人吃茶”的描写，就借助寥寥数语，却将古人饮茶时“择人、择茶、择水、择器、择境”的要求表现得淋漓尽致。书中写道：因贾母不喝六安茶，妙玉为她准备的是用旧年雨水泡的老君眉。茶水盛放在“成窑五彩小盖钟”内，由妙玉亲自用“海棠花式雕漆填金云龙献寿的小茶盘”端到贾母身前。而其他贾母随行的人则都用的是“一色官窑脱胎填白盖碗”。同样是本回，耳房内妙玉请宝钗、黛玉吃体己茶，则是用埋藏在地下的五年前在玄墓蟠香寺收的梅花上的雪冲泡的。

宝钗、黛玉、宝玉所用茶杯也是各有不同。曹雪芹在这里虽是借助一系列茶事，为他塑造人物性格、表达人物内心世界服务。我们更可借助这些文化现象的描写了解中国18世纪中叶封建贵族之家的风习和茶文化。

茶具，一般是指煎煮、品饮茶的各式器具，因而与茶叶、烹茶的方式、品茶的方式都有关系。中国的茶具种类繁多，形制复杂，质地迥异，一般分为陶土茶具、瓷器茶具、漆器茶具、紫砂茶具、玻璃茶具、金属茶具和竹木茶具等。《茶经》卷《四之器》中提到当时28种煮茶和饮茶用具，其中生火用具5种，烤茶、碎茶、量茶用具6种，盛水、滤水、取水用具4种，盛盐、取盐用具2种，煮茶用具3种，茶碗，清洁用具4种，盛贮用具3种。

中国现代茶艺中，按功能分类，有如下主要茶具。茶壶，紫砂壶比较适合沏泡乌龙茶或普洱茶；瓷壶比较适合沏泡红茶、中档绿茶、花茶；玻璃壶比较适合沏泡花草茶、红茶、高档绿茶。茶船，多为木制，也有陶制或石制。样式多样，如长形、方形、圆形或异形。闻香杯用来嗅闻茶香，品茗杯用来品尝茶汤。两者质地多样，如瓷、陶、紫砂、玻璃等。茶垫（杯托）与茶杯成套适用。茶海（公道杯、茶盅），用于盛放泡好的茶汤，起到中和、均匀茶汤的作用，有紫砂、陶、瓷、玻璃等质地。滤网，与茶海配套使用，用来过滤茶渣。

辅助工具有茶艺六用，包括茶则，用来盛取茶叶；茶匙，协助茶则将茶叶拨至泡茶器中；茶夹，代替手清洗茶杯用；茶漏，扩大壶口的面积，防止茶叶外溢；茶针，当壶嘴被茶叶堵住时用来疏通；茶筒，用来盛放上述茶艺工具。茶荷，用来欣赏干茶。茶巾，在整个泡茶过程中用来擦拭茶具上的水渍、茶渍，能够保持桌面干净整洁。茶仓（茶叶罐），用来盛装、储存茶叶。普洱刀（茶刀），用来撬取紧压茶的茶叶。茶趣，用来装饰、美化茶桌，可在泡茶过程中增加情趣，一般为紫砂质地，造型各异，有瓜果梨桃、动物或人物造型。

三、茶馆

茶馆是以营利为目的、供客人饮茶的固定场所，是饮茶商业化的高级形式，是把饮茶变成营生和服务的一种手段。茶馆在中国古代又被称为茶肆、茶坊、茶楼、茶店、茶社等。茶肆的出现是饮茶之风普及的产物，约在唐玄宗开元年间（713~741年），交通要道和城市中便出现了茶肆。最迟在唐文宗太和年间（827~835年），茶肆已深入京师长安的居民区之中。唐代末年，茶肆则已扩展到乡村地区。换而言之，唐代后期，茶肆业作为一种正式的行业已经形成，处于整体发展的初级阶段，服务功能仅为向客人提供茶水，其作为社会交际场所和娱乐场所的功能还远未被开发出来。

与唐代相比，宋代茶肆业有了较大发展，饮茶活动表现出高度商业化的倾向。此时，茶肆被称为茶坊，已取得与酒肆相同的地位。茶坊数目多，遍布于城内各处，与居民区混为一体。《清明上河图》中可以看到沿河的茶坊一字排开，而且在屋檐下、店门前都设有许多茶桌和正在把盏闲谈、各得其乐的饮茶者，图中还画有一些流动的茶摊、茶寮在分茶、贩茶，令往来游人流连其间、乐而忘返。茶肆的营业时间长，不再仅限于白天营业，出现夜间茶坊。受到当时人们将吃茶和焚香、插花、抚琴、填词、作画等活动一样被视为雅事的风俗影响，宋代茶肆向清雅化的方向发展，注意为客人营造雅致的吃茶环境。而且，宋代茶肆也不再局限于提供茶水，而是兼具更多的社交、娱乐、资讯三大社会功能。也存在一些与娱乐业、色情业、洗浴业、客栈业相互渗透的复杂类型，如花茶坊、水茶坊。本钱较少的经营者因没有固定营业场所，而通过茶担或茶摊盈利谋生。

明清时期，茶馆作为一种平民式的饮茶场所备受欢迎，其从经营和功能特色上看，兼具饮茶场所和听书场所的效用，有时也兼有赌博或者纠纷裁判场所的效用。清代是我国茶馆的鼎盛时期，据记载此时北京有名的茶馆已达 30 多家，清末上海的茶馆也有 66 家之多。而江苏、浙江一带，有的镇全部居民只有数千户，茶馆却多达百余家。

四、中国茶俗

1. 以茶为聘

聘礼指订婚时男家给女家的财礼。中国古代把婚礼过程分为六个阶段，古称“六礼”，即纳采、问名、纳吉、纳征、请期、亲迎。其中“纳征”即指男家将聘礼送往女家，又称纳币、大聘、过大礼等，是“六礼”中较为烦琐的礼仪环节。

视频资源：茶的象征意义

在宋代，茶叶已被列为聘礼中的必备之物。此时民间将送聘礼也称为“下茶”、“行茶礼”或“茶礼”；女子受聘，谓之“吃茶”或“受茶”。婚俗中的“三茶”是指订婚时的“下茶”、结婚时的“定茶”、洞房里的“合茶”。这种宋代盛行的茶礼婚俗，亦被元明清各代所承袭。明末冯梦龙在《醒世恒言》中，多次提到青年男女以茶行聘之事。在《陈多寿生死夫妻》一文中，就写到柳氏嫌贫爱富，要女儿退还陈家聘礼，另攀高枝，女儿说：“从没见过好人家女子吃两家茶。”又如，清代曹雪芹《红楼梦》里，凤姐笑着对黛玉道：“你既吃了我们家的茶，怎么还不给我们家作媳妇？”这里所说的“吃茶”都是指订婚行聘礼。

茶叶之所以能成为聘礼中的必备之物，主要与茶树的生长习性有关。明代郎瑛的《七修类稿》里记载："种茶下籽，不可移植，移植则不复生也，故女子受聘，谓之吃茶。又聘以茶为礼者，见其从一之义。"类似的记载也见于明代许次纾的《茶疏考本》中。清代曹廷栋的《种茶子歌》记载："百凡卉木移根种，独有茶树宜种子。茁芽安土不耐迁，天生胶固性如此。"古人认为：其一，茶树的种植以播种为宜，且成活后具有"不耐迁"的特性，以此寄托婚姻中男女忠贞，从一而终的愿望。其二，茶树的树龄可达百年乃至千年，因此也符合人们对长长久久、白首偕老的期望。其三，茶树花由授粉到果实成熟，大约需一年零四个月，在这期间，仍不断产生新的花芽，继续开花、授粉和产生新的果实，所以往往能同时间看到花与果，又称"花果同现"。茶树这种枝繁叶茂、花开朵朵、果实累累的特性，也符合国人子孙满堂、合家兴旺的美好愿望。

时至今日，以茶为聘的习俗依然保留着。如在湖南农村男女订婚，要有"三茶"，即媒人上门，沏糖茶，表示甜甜蜜蜜；男方第一次上门，女方送上一杯清茶，以表真情一片；结婚入洞房时，以红枣、花生、桂圆和冰糖泡茶，送亲友品尝，以示早生贵子、生活和美。

2. 广式叹早茶

"叹早茶"是广东传统文化中非常重要的一部分，粤语中的"叹"即享受的意思。茶楼也是广东最有代表性和最传统的吃早餐的地方。早茶时，人们既可倾谈生意、交换信息，也可以会朋聚友、谈天说地，再有就是扶老携幼、共聚天伦，生意人也可把茶楼当作商谈重地。但总体而言，广式早茶的核心主旨却是"为名忙，为利忙，忙里偷闲，饮杯茶去；劳心苦，劳力苦，苦中作乐，拿壶酒来"，是人们疏解压力、交流感情的媒介。广州著名的茶楼"陶陶居"也有一副对联写道："陶潜善饮，易牙善烹，恰相逢作座中君子；陶侃惜飞，夏禹惜寸，最可惜是杯里光阴。"这些对联形象地描绘出饮茶在广东人生活中的重要地位。

既名为"早茶"，茶水便是不可缺少的一部分。早茶的茶水以红茶为主，取其暖胃去腻，利于消化之功效。另外，安化黑茶、普洱茶、铁观音、大红袍等也都可选。广州人饮茶并无礼仪讲究，唯独在主人给客人斟茶时，客人要用食指和中指轻叩桌面，以示感谢。

时至今日，广式早茶中的茶水已渐成配角，茶点却越发精致多样。根据茶楼大小不同，饮茶时提供的茶点有几十甚至上百种。广式茶点分为干湿两种，干点有饺子、粉果、包子、酥点等，湿点则有粥类、肉类、龟苓膏、豆腐花等。比如虾饺，以澄面等粉类制皮，包裹入鲜虾馅，蒸熟后表面晶莹透亮，微微露出红色的鲜虾，咬下后汁水四溢，回味无穷，是每家茶楼必制的招牌。某些高级茶楼还会特制燕窝酥皮蛋挞，蛋液的香、燕窝的甜和外壳的酥脆，正是口味和口感的双重享受。虾饺、烧卖、娥姐粉果、蛋挞、肠粉、咸粽子、糯米鸡、叉烧酥、叉烧包、豉汁凤爪、炒河粉、及第粥、皮蛋瘦肉粥、生滚鱼片粥等各式点心放在推车里，推车来到客人面前即可随意选择。“叹早茶”这一广东传统文化随时代发展越来越被人们推崇，并成为粤菜的一张名片。

3. 少数民族特色茶俗

在千百年的发展历程中，各地区各民族的人们都凝练出了各具特色的因时、因地、因人而异的饮茶风俗，如白族的“三道茶”、傣族的“竹筒茶”、哈尼族的“土锅茶”、布朗族的“青叶茶”和“酸茶”、基诺族的“凉拌茶”、佤族的“烧茶”、拉祜族的“烤茶”、彝族的“土罐茶”、纳西族的“龙虎斗茶”、藏族的“酥油茶”等。

（1）藏族的酥油茶

喝酥油茶是藏族同胞一种独特的风尚。制作酥油茶的酥油是一种从牛奶、羊奶中提炼出的脂肪，类似于黄油。制酥油茶的茶叶一般选用紧压茶类中的普洱茶、金尖等。四川和云南与青藏高原比邻，是藏茶的主要生产区和供给地。古代为了运输方便，藏茶通常制成茶砖或茶饼，放入竹篓中，由人、马、驴、牦牛等翻山越岭运入藏区。

酥油茶的加工方法比较讲究，一般先用一口锅烧水，待水煮沸后，再用刀把紧压茶捣碎，放入沸水中煮约半小时左右，待茶汁浸出后，滤去茶叶，把茶汁装进圆柱形的打茶筒（多穆壶）内；与此同时，用另一口锅煮牛奶，一直煮到表面凝结一层酥油时，再把它倒入盛有茶汁的打茶筒内，再放上适量的盐。这时，盖住打茶筒，用手把住在直立茶筒之中能上下移动的长棒，不断舂打。根据藏民的经验，直到筒内声音由“咣当，咣当”变成“嚓吵，嚓咿”时，茶、酥油、盐、奶等即已混为一体，酥油茶就打好了。

打酥油茶用的茶筒多为铜质，也有用银制的。而茶具多为银质，也有用黄金加工而成的。茶碗虽以木碗为多，但常常是用金、银或铜镶嵌而成，也有用翡翠制成的，而用翡翠制成的茶具也常被视为传家之宝。不同等级的茶具是人们财产拥有程度的标志。

西藏地处高原，气候寒冷干燥，膳食以肉食为主，果菜甚少。酥油茶是一种以茶为主料的多种原料混合而成的液体，滋味多样，喝起来涩中带甘，咸里透香。饮用起来既可暖身御寒，又可为藏区人民补充其饮食中缺少的维生素等营养成分，再配合糌粑一起食用，更是美味。

在藏民家做客，喝酥油茶是必需的，而且需要讲究一定的礼节。宾客喝酥油茶时，不能端碗一饮而尽，而应该每喝一碗茶都留下少许，表示对女主人打茶手艺不凡的赞许，然后再由女主人斟满。如客人不想再喝了，就把剩下的少许茶汤有礼貌地泼在地上，表示酥油茶已喝饱了。

（2）蒙古族的咸奶茶

蒙古族人民喜欢喝咸奶茶，就是将茶、牛羊奶、盐巴一起在铁锅中煮沸而成的茶，所用茶叶多为青砖茶和黑砖茶。每日清晨起来，主妇们先煮上一锅咸奶茶，供全家整天喝用。蒙古族人平均茶年消费量高达 8 千克左右，多的在 15 千克以上。

煮咸奶茶看起来比较简单，其滋味、营养成分与煮茶时茶奶盐的量、添加先后顺序、用的锅、烧制的时间都有很大关系。如茶叶放得较迟，或者将茶与奶放入的次序颠倒了，茶味就会出不来；而烧煮时间过长，又会使咸奶茶的香味丧失。蒙古族同胞认为，只有器、茶、奶、盐、温五者相互协调，才能煮出咸甜相宜、美味可口的咸奶茶来。

蒙古族妇女都非常重视煮咸奶茶的功夫，一般从姑娘懂事开始，母亲就会用心向女儿传授煮茶技艺。姑娘出嫁时，婆家迎亲后，新娘就得当着亲朋好友的面显露一下煮茶的本领，并将亲手煮好的咸奶茶敬献给各位宾客品尝，以示身手不凡、家教有方。

（3）维吾尔族的奶茶与香茶

生活在新疆的维吾尔族以及其他兄弟民族也都酷爱饮茶，还喜爱用喝过的茶渣做饲料喂马饲驴，认为这样可使马、驴毛色油光明亮。维吾尔族虽然集中居住在同一自治区内，喝的又多是茯砖茶，但由于天山山脉横亘新疆中部，使得区内天山南北气候各异，饮茶的习惯也不一样。北疆以畜牧业为主，人们多以放牧为生，以喝加奶的奶茶为主；南疆虽为塔克拉玛干沙漠地区，但沙漠外围的冲积平原是水草丰茂、农产富饶的绿洲，人们多以农业为生，以喝加香料的香茶为主。

北疆牧民喝奶茶，早、中、晚三次是不可少的，中老年牧民还要上、下午各增加一次，有的甚至一天要喝七八次。如果有客从远方来，那就会迎客入帐，席地围坐，女主人会端上烤羊肉、馕、奶油、蜂蜜、苹果以及奶茶招待客人。在一边谈事叙谊，一边喝茶进食的同时，女主人始终在旁为客人敬茶劝吃。如果客人已经吃饱喝足了，按当地的习惯，只需在女主人献茶时，用右手分开五指，轻轻在茶碗上一盖，就表示“谢谢！请不用再加了”。喝奶茶，对初饮者来说，会感到滋味浓涩而不大习惯，但只要在高寒、少蔬菜、多食肉类的北疆住上十天半月，就会感到喝奶茶实在是一种补充维生素和营养，以及帮助去腻消食不可缺少的饮料。对当地牧民“不可一日无茶”之说，也就不解自通了。

南疆的香茶，用的茶叶与煮奶茶相同，只是最后加入的佐料并不是牛奶与盐巴，而是用胡椒、桂皮等香料碾碎而成的细末。煮香茶用的通常是一把铜质长颈茶壶或搪瓷茶壶，为防止倒茶时茶渣、香料混入茶汤，在壶嘴上往往套有一个网状的过滤器。南疆老乡喝香茶，大多是日喝三顿，于早、中、晚三餐时，一边吃馕一边进行。在南疆，与其说茶是一种饮料，还不如说茶是一种汤料，是一种以茶代汤、用茶做菜的做法。现代医药学表明胡椒能开胃，桂皮可益气，茶叶能提神。这样，三者相互调补，相得益彰，使茶的药理作用有所加强。

（4）白族的三道茶

白族散居在我国西南地区，主要分布在云南省大理白族自治州。白族人家不论在逢年过节、生辰寿诞、男婚女嫁等喜庆日子里，还是在亲朋好友登门造访之际，都会以“一苦二甜三回味”的三道茶款待宾客。

三道茶，白语叫“绍道兆”，是白族待客的一种风尚。宾客上门，主人一边与客人促膝谈心，一边吩咐家人忙着架火烧水。待水沸开，就由家中或族中最有威望的长辈亲自司茶。所谓司茶就是先将一只较为粗糙的小砂罐置于文火上烘烤，待罐烤热后，随即捏取一小撮茶叶放入罐内，并不停地转动罐子，使茶叶受热均匀，待罐中茶叶“啪啪”作响，色泽由绿转黄，发出焦香时，随手向罐中注入已经烧沸的开水。少顷将罐中沸腾的茶水倾注到一种叫“牛眼睛盅”的小茶杯中。小茶杯中茶汤容量不大，是因为白族认为，“酒满敬人，茶满欺人”。所以，茶汤仅半杯而已，一口即干。由于此茶是经烘烤、煮沸而成的浓汁，因此看上去色如琥珀，闻起来焦香扑鼻，喝进去滋味苦涩。冲好头道茶后，主人就用双手举茶敬献给客人，客人双手接茶后，通常一饮而尽。此茶虽香，却也味苦，因此谓之“苦茶”。白族称这第一道茶为“清苦之茶”，寓意做人“要立业，就要先吃苦”。

第一道茶后，主人会在小砂锅中重新烤茶置水（也有用留在砂罐内的第一道茶重新加水煮沸的）。与此同时，将“牛眼睛盅”换成小碗或普通杯子，内放红糖和核桃，冲茶至八分满时敬于客人。此茶甜中带香，称为糖茶或甜茶，第二道茶寓意“人生在世，做什么事，只有吃得了苦，才会有甜香来”。

第三道茶的制法是主人先将一满匙蜂蜜及3~5粒花椒放入杯（碗）中，再冲上沸腾的茶水，容量多以半杯（碗）为度。客人接过茶杯时晃动茶杯，使茶汤和佐料均匀混合后趁热饮下。此茶喝起来回味无穷，可谓甜、苦、麻、辣，各味俱全。因此被称为“回味茶”。有的主人更是别出心裁将牛奶熬制而成的乳扇置于文火上烘烤，当乳扇受热起泡呈黄色时，随即用手揉碎加入第三道茶中。这种茶喝起来，既能领略茶香茶味，还能尝到白族传统食品的风味，更是回味无穷。第三道茶的寓意也正是“回味”，要牢记“先苦后甜”的哲理。

白族人行三道茶之礼时，一般每道茶相隔三五分钟进行。另外，还得在桌上放些瓜子、松子、糖果之类，以增加品茶情趣。

（5）客家擂茶

擂茶是中国茶文化中一种较古老的吃茶方法，相传三国时期的蜀国大将张飞率军巡阅湖南武陵郡时，军中多有中暑现象，地方父老献上“三生饮”，即生米、生茶叶、生姜三样捣碎后加盐冲饮，饮后暑病即除。这种“三生饮”就逐渐演变成现在的“擂茶”，并逐渐在湖南、贵州、江西、福建、广东、广西等地的山区民间和台湾客家人间流行。

擂茶是以茶叶和花生、芝麻、大米、生姜、胡椒、食盐为原料，放入特制的陶质擂罐内，以硬木擂棍在罐内旋转将各物磨成细粉，然后取出用沸水冲泡，便调成擂茶，喝起来甜苦香辣风味特殊。擂茶的材料因地、因人而有所增减，但茶叶、花生、芝麻、生姜基本材料必不可少。湖南、江西两地大都使用绿茶，福建、广东则用乌龙茶，台湾省使用包种茶。茶汤一般为黄白的象牙色，看似豆浆，又似乳汁，但新鲜绿茶或包种茶占的比例较多时，则成绿黄色。

（6）回族八宝茶

回族也是一个具有饮茶习惯，并喜以茶待客的民族。回民常饮的“八宝茶”对配料十分讲究，一般在茶中配上元胡、冰糖、枸杞、葡萄干、核仁（杏仁）、果干、芝麻、红枣等，也可根据个人喜好添加其他不同的配料。

在我国甘肃及宁夏回族自治区，都以“三炮台”碗泡八宝茶招待亲友。所谓“三炮台”，其实就是由盖、杯身、杯托三部分构成的“盖碗”，既可闻香、观色又可品茗。托盘用来承托茶碗；茶碗底小口大，形似喇叭，注水方便，还能让茶叶沉积于底，添水时茶叶翻滚，易于泡出茶汁；碗盖严丝合缝地扣在茶碗上，有利于保温和凝聚茶香。用盖碗泡茶，有盖可以保温，还可避免茶水溢出，有托端起来喝茶就不烫手。现代城市茶馆内饮八宝茶已很普遍，尤其在我国四川地区也有用盖碗饮茶的习惯。

喝盖碗茶时，一般用左手拿起茶碗托盘而将整杯茶端起，然后右手抓起盖子，轻轻在茶的表面“刮”几下，其作用是箅除表面的茶叶沫，另外如果是饮八宝茶也可助冰糖溶解开来。每刮一次后，将茶盖呈倾斜状，用嘴吸着喝。注意不能端起茶盅接连吞饮，也不能对着茶碗喘气饮吮，而应该一口一口地慢慢饮。主人敬茶时，客人一般不要客气，更不能对端上的茶一口不饮，那样会被认为是对主人的不礼貌与不尊重。

在四川旅游时喝到的“盖碗茶”除茶具独特外，“茶博士”的冲茶技艺也十分高超，具有很强的观赏价值。他们能一手提长嘴大铜壶，一手拎数十套茶碗，摆放茶碗利落迅速，倒茶时如彩蝶飞舞，更能隔座添水，让水柱凌空而降，翻腾有声，而一当茶水与碗沿相齐，就戛然而止，碗外不留一滴，让游客叹为观止。四川的盖碗茶以花茶、沱茶较为多见。

第四节　中国茶，世界香

茶是中外贸易中最受欢迎的货品，沿着丝绸之路，它通过陆路向西传到中亚、西亚；向东通过陆路和海路传向东亚的朝鲜和日本，以及东南亚和南亚。明代郑和下西洋，经越南、印度、斯里兰卡、阿拉伯半岛，最终到达非洲东海岸。这条经过南亚诸国，将中国茶叶传入亚洲、欧洲、非洲的路径，也被称为“海上茶叶之路”。除了茶叶作为商品出口外，茶树的种植也在从亚洲到非洲的所有适宜的土地上都找到了家，成为名副其实的能被不同文化接受和喜爱的世界饮品。2019 年 12 月由联合国大会通过每年的 5 月 21 日为国际茶日（International Tea Day）。

一、茶树种植走出中国

1. 茶叶出口

茶叶在欧亚大陆上的传播贸易由来已久。通过丝绸之路，唐朝的食物原料、饮食器具、食物加工、饮食方式等，源源不断地传播到广大的中亚、西亚、南亚和其他西方国家。在中国茶叶沿丝绸之路向西传播的过程中，始终保留着中国北方话“chá”的基本音质，如俄罗斯语读作 chai，阿拉伯语读作 shai，土耳其语读作 cay，罗马尼亚语读作 ceai，波兰语读作 chai。这些发音的依据多为波斯语，波斯语中茶则是由中文发音“chá”直接音译，而波斯正是丝绸之路上的一个重要中转地。17 世纪，中俄之间由政府主导的商贸通道正式形成，因主要承担茶叶贸易与运输得名“茶叶之路”（Tea Road），又称“万里茶道”。其南起中国福建、江西茶园，向西、北经水路、陆路过河南、山西、内蒙古、新疆，穿越蒙古、西伯利亚地区，最终抵达莫斯科、圣彼得堡，横跨欧亚大陆，绵延一万余公里。北宋以后，由于政府失去了对河西走廊和西域的控制，宋朝与境外诸国的文化交流主要通过海路进行。不同于陆路丝绸之路以海上丝绸之路为传播的茶，所到之地其发音遵循“te”音。

清代，中国对欧洲的出口中茶叶占比非常大。以英国为例，自东印度公司成立以后，于1637年开始从广州进口茶叶，1644年在福建厦门设立了采购茶叶的专门机构，购买武夷茶。17世纪末，英国购茶约为年均2万磅左右，属于英国上层阶级崇尚的饮料，并逐渐平民化。到乾隆末年，中国约1/7的茶叶出口到了英国，茶叶贸易为英国对华贸易带来了巨大逆差。Sarah Rose在《For All the Tea in China》一书中写道，世界版图曾因罂粟和茶而被重新绘制。鸦片战争后，中国茶叶出口总额从1844年的7047.65万磅上升到1860年的12138.81万磅，其中大部分出口到了英国，茶饮在英国成为经济型饮料。19世纪60年代以前，中国茶叶基本垄断了英国茶叶市场。但随着印度茶叶市场崛起，英国市场上的中国茶叶数量开始减少。19世纪80年代后期，印度已成为茶叶的最大供给国。

2. 偷运出国

为了能彻底解决由中国进口茶叶贸易额有限和价格高昂的问题，当时垄断东亚贸易的英国东印度公司开始计划在中国之外的地区种植茶树。众所周知，英国纬度高，气候寒冷，不利于茶树生长。1824年，一位英国军官在印度阿萨姆发现了野生茶树，从而坚定了英国人在印度开创茶产业的决心。十多年后，当第一批产自阿萨姆的8箱茶叶运到伦敦，茶的味道却并不尽如人意，所以当时英国的主流意见还是从中国获得茶树种和技术。

视频资源：
茶树种出国

1848年，东印度公司悄悄委托曾经到过中国的苏格兰植物学家罗伯特·福琼到中国的安徽、江西、福建、云南等地走访，并尝试将茶苗带出中国。为方便在中国内陆穿行，福琼雇用了翻译与跟班，并进行了一系列的乔装打扮，比如剃光头、粘假发、讲中文、用筷子。他的中国之行包括在杭州、安徽等地了解并收集绿茶树种，在福建武夷山茶产区了解红茶和乌龙茶的制作过程。1851年，福琼在经过多年考察和尝试后，终于携带12838株茶树和8名中国茶工回到印度加尔各答植物园，自此奠定了印度北部阿萨姆和大吉岭茶区的基础，而此后的世界茶叶贸易形势也发生了彻底改变。

其实，清代以前，茶树种植就已经传播到东亚的日本、朝鲜和西亚的伊朗等国。乾隆二十八年（1763年），茶树及培育技术传至北欧的瑞典，是为欧洲大陆种茶之始。道光十八年（1838年），俄国从中国输入茶苗到克里米亚一带种植，十年后又把茶树迁移到黑海沿岸的高加索地区种植。18世纪八九十年代，格鲁吉亚阿扎里亚开辟茶园种植。嘉庆十七年（1812年），茶籽和种茶、制茶技术传播至巴西，成为南美洲种茶的开始。咸丰八年（1858年），中国的茶籽、茶苗大量输往美国。

时至今日，世界上已有60多个国家引种了茶树，其中中国、印度、斯里兰卡、肯尼亚都是世界重要的茶叶生产国。不同的茶树种在中国被发现并被因材施教成就了中国茶文化，茶在不同国度、不同种族、不同文化的人手中呈现了无尽的可能，创造了许多独特的地方茶和茶文化。

扩展阅读

纵观历史发展，茶的种植分布变化只是世界上众多植物空间位移的一个缩影，胡椒、肉桂、肉豆蔻、丁香、咖啡、可可树、金鸡纳树和橡胶树等都曾经历了跨洋长途运输。

视频资源：沃德箱加速植物迁徙

当时，植物长途运输中常会腐烂、落叶、被啮齿类动物啃食，或者受海上环境潮湿、闷热、盐度大的影响，活样本转运移植成功率非常低。1842年，沃德箱（见图5-15）的理念公开后极大改变了植物学、植物勘探和国际贸易。长途航海旅行中，植物被保存在沃德箱内，整箱固定在甲板上，不需要水手特别照顾。沃德箱的盖子通常由玻璃组成，透过玻璃植物可以得到充足的阳光，封闭的环境保护植物不受海水污染。箱内水分受光照后蒸腾，遇到玻璃形成冷凝水再落回土壤，构成一个自然循环，使土壤一直保持同样的湿度。所以，植物迁徙只要在植物原产地将植物连同深挖的土壤一起放入沃德箱就可以了。在沃德箱的帮助下，植物的运输平均成功率由原先的5%提升到95%。

离我们最近的一次植物迁徙是19世纪中期亚马逊丛林里的橡胶树被移植到东南亚殖民地，橡胶树在东南亚的种植成功曾直接导致巴西因橡胶市场萎缩而经济崩溃。为了追求经济效益，20世纪初我国西双版纳热带雨林也被逐渐砍伐，改种橡胶。但越来越多的数据表明，这一操作对雨林及附近生态环境造成了严重破坏，人们又转而开始了一系列恢复雨林工作。

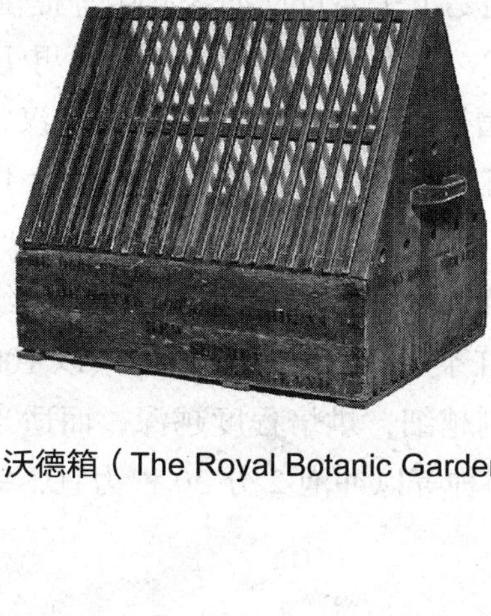

图5-15　沃德箱（The Royal Botanic Gardens，KEW）

二、英式下午茶

英国与中国同为饮茶大国，代表着东西方不同的饮茶风格。尤其是英式下午茶的饮茶方式，使茶这个东方舶来品有了西方的精气神儿，成为中西文化融合的经典。

1. 下午茶的起源

英国作为非产茶区却是世界上人均喝茶最多的国家。让英国人认识茶叶价值的是被称为“饮茶皇后”的凯瑟琳。这位葡萄牙公主在1662年嫁给英王查理二世时，嫁妆里包括了200多磅红茶和各种精美的中国茶具。此后，由于皇后在各种宴席或者聚会中都只喝茶不饮酒，使得饮茶风尚在英国上流社会传播开来，英国随之开始从中国进口茶。当时中欧茶叶运输依靠海运，运送一次需要至少一年，有时甚至耗费两年或者三年。此时，茶叶价格昂贵。随着航海和造船技术发展，18世纪以后，出现了一种能最大化帆的作用，且船头船身流线型更佳的飞剪船，使海上运输时间最多能被缩短到60天。随着茶的运输周期缩短，英国茶叶进口量逐渐增加，茶叶价格逐渐回落，饮茶的风尚也从上层社会普及民间。

视频资源：英国人与茶

下午茶是一种独特的餐饮方式，用餐时间介乎午餐和晚餐之间。19世纪中叶，英国晚餐的供应多在晚上8点或9点，贵族们经常在下午准备少量的吐司、奶油和红茶自食或招待客人，以缓解饥饿感。这种饮食方式在英国贵族女眷间非常流行。英国人喝下午茶的方式丰俭由人，由高贵正式聚会（tea party）到简便的餐食，都可以称为下午茶。随着英国在19世纪末的强盛，下午茶文化从英国本土带入欧洲和它的殖民地，成为英国文化传播中的重要组成。

2. 茶点与茶礼

喝下午茶最正统的时间是下午4点，如今酒店等提供的下午茶一般在下午3点到5点半。在维多利亚时代，出席下午茶颇为正式，男士应着燕尾服、戴高帽，女士应着白洋装、戴头饰或帽子。现今每年一次的白金汉宫正式下午茶，仍遵此礼。但民间普通的下午茶则没有此要求。下午茶通常应由女主人着正式服装亲自为客人服务，以此表示对客人的尊重。

英式下午茶多选用红茶，且多为产自印度的大吉岭红茶、阿萨姆红茶和斯里兰卡的锡兰高地红茶、伯爵红茶。下午茶以100℃的新鲜沸水冲泡，冲泡时间随茶叶切割越细，烘焙程度越深，而适当缩短。如大吉岭红茶、祁门红茶、正山小种等以冲泡2分30秒为宜，锡兰红茶和阿萨

视频资源：红茶

姆红茶以冲泡2分钟为宜。饮用时先倒牛奶，然后放茶，最后倒水。这主要是早期人们通过先加牛奶来保护瓷器，避免因过热而导致瓷器破裂。现在，冲泡茶叶之前也要用温热的水将茶壶与茶杯浸泡过，即温壶、温杯，避免沸水接触到冷瓷器骤冷降温而影响茶的冲泡口感。

下午茶的茶具多为瓷器，常绘有英国植物与花卉的图案，通常极具收藏价值。茶杯一般上宽下窄，摆放时杯耳朝右，并附上茶匙。茶匙须放在杯耳下方成45°角的位置，茶匙把手朝向身体。整套的茶具一般包括茶杯、茶壶、滤勺、广口奶缸、砂糖壶、茶铃、茶巾、保温棉罩、茶叶罐、热水壶、托盘，托盘中常铺有一层蕾丝。整个餐台布置得华贵典雅，突显英式贵族的品位。

喝茶之外品尝蛋糕、三明治等各种点心也是英式下午茶中重要的组成部分。正统的英式下午茶需用三层点心盘（Three-Tier Petit Four Stand）盛装：第一层（底层）放三明治、手工饼干等咸味食物，其中经典代表为小黄瓜三明治；第二层（中间层）放传统英式点心司康（Scone），涂抹果酱和奶油后食用；第三层（最上层）放蛋糕及水果塔等甜点。点心塔的食用顺序应遵循由下至上食用，口味由淡转重、由咸转甜。除了这种必不可少的三层点心，一些牛角面包、葡萄干、鱼子酱等也会摆上来迎合宾客的口味。英式下午茶的餐点和茶水的分量通常会比参加人数多备一份，即两人的下午茶约为三人量，四人的下午茶约为五人量。现代英国的下午茶习俗已不复19世纪、20世纪的繁盛和正式，但在很多地方仍保留了以茶和司康组成的饮茶风俗（Cream Tea）。

视频资源：茶点搭配

3. 傍晚茶餐

英国还有一个与下午茶相近的概念被称为傍晚茶餐（High tea），大约源起于1825年，约在下午5点到7点进行，提供的茶餐也更丰盛。除茶外，通常提供由肉或鱼制作的热菜、鸡蛋、糕点、面包、奶酪、黄油、果酱，有时会出现如火腿沙拉之类的肉类冷盘。傍晚茶餐在英国工人阶级及英格兰北部、苏格兰等地区较为流行。

三、日本茶文化

1. 茶入日本

日本茶道文化源自中国，所使茶器和形制也深受中国古制影响，且留存至今。日本文献中关于茶的记录最早可见于《奥仪礼》和《写经司解》中，前者载有天平元年（729年）四月，圣武天皇在禁中集僧百人，讲述大般若经，其后有“赐茶”仪式；后者记于天平十一年（739年）八月的写经司物账上也有茶。更为详细具体的饮茶资料则出现在日本正史《日本后记》中，平安时代早期奈良朝弘六年（815年）四月二十二日，嵯峨天皇临幸韩崎（今滋贺县唐崎）路经梵释寺，大僧都永忠献呈煎茶。

大僧都永忠是早期的遣唐僧，在长安生活三十年，深受唐代文化熏陶，大半时间于西明寺学禅礼佛。805年，都永忠和其他遣唐僧藤原野麻吕、最澄等一起回国。根据日本茶史记载，最澄和尚将唐代种茶法引至日本，茶种被种植于其所创建比叡山延历寺北方琵琶湖附近的坂本，称为“日吉茶园”，传为日本最古老的茶园。平安时代，早期从唐朝带回的茶树仅种植于少数寺院，饮茶风俗也仅限于社会高层。平安时代中期，宇多天皇宽平四年（892年）废止“遣唐使”制度，中日往来中断，而早前传入的煮茶法也成为昙花一现，此后近370年间罕有茶文献记载。

南宋时期是中国茶道外传的重要阶段。1168年，日本留学僧荣西禅师第一次入宋回国时，除携带《天台新章疏》三十余部六十卷，还带走茶籽，后种植于佐贺县肥前背振山、拇尾山一带，以及禅院喫茶茶礼（主要为宋代点茶法）。荣西第二次入宋是1187年，待到1191年回到长崎后便在京都修建了建仁寺，在镰仓修建了圣福寺，并在寺院中种植茶树，大力宣传禅宗和茶饮。他曾以有助修禅为由劝京都梅尾高山寺明惠上人（高辨和尚）饮茶，赠茶树种植于梅尾山，后又分植于宇治。他将茶推荐给镰仓幕府将军，缓解其宴会饮酒过量后的头疼症状，使饮茶逐渐在诸侯、贵族、将军、武士等上流社会普及。因此，荣西禅师被日本尊为茶祖，他在1214年撰写的《喫茶养生记》是日本历史上第一部茶书。

现今每年四月二十日（荣西禅师冥诞），京都建仁寺都会依照古礼举行“四头茶会”以纪念荣西禅师。茶会均有寺僧点茶奉茶，所用茶器亦仿自宋代，黑釉茶碗垫以红漆茶托，僧人一手持茶碗，一手持茶筅，为会众点茶。这种禅院茶礼与日本抹茶道点茶、喫茶的繁缛程序不同，而是源自宋朝禅院自栽或江浙一带的草茶，先以茶磨研碾成末（绿色茶末），再以点茶方式饮用。四头茶会与宋代基本点茶法、宋画或壁画中描绘的点茶场景，以及《喫茶往来》中的记录完全一致。

纵观历史，中国茶和茶文化传入日本主要是以浙江为通道，并以佛教传播为途径而实现的，且以南宋江浙一带天台山国清寺、天目山径山寺、宁波阿育王寺禅院喫茶茶礼影响最大。品茶传入日本融合当地文化精神与礼仪，发展出一套严谨的日式茶道，如抹茶道。到了明朝末年，福建僧人又将闽式饮茶法（潮汕工夫茶）及宜兴茶器传入日本，结合当地文人生活形成“煎茶道”。前者逐渐成为日本茶道，后者则更适用日常应用。中国茶法的东传也大约止于明末，即江户时代早期。

2. 日本茶道的发展

日本室町时代中期，特别是史称“东风文化”（1449~1473 年）时期，日本的茶道风格已渐见雏形。“东风文化”是指足利义政退让幕府将军，由其子继承，自己则隐居京都东山一带，建东山山庄（后称银阁寺），内有书院式茶室，醉心于古董字画，尤其主导当代艺术。“书院茶”又称“东山茶道”，其形成源于书斋式的空间，以架柜（称为书院台子）置放茶器，将禅院茶礼和贵族礼法相融合，所以茶的操作仪法较为烦琐，以期以茶养性或平和当时武士严格练武的精神。东山茶道的优美、典雅特色为室町时代文化的代表。今天日本茶道、能乐、书院茶道等文化的原型都在这时确立。

室町时代中晚期“应仁文明之乱”（1467~1476 年）之后，“书院茶”被简化，主要是茶室装饰和室内空间受到限制，村田珠光（1423~1502 年）在大书院中以屏风切割成四叠半空间，称为“围式茶”，追求幽玄、寂寥精神。此后，武野绍鸥（1502~1555 年）又强调“美、秩序、简素”的茶道精神，设立需要半蹲式低头而入以示谦逊的草庵茶室。绍鸥的弟子千利休（1521~1591 年）最终成为这种饮茶仪式的集大成者，被视为奠定今日日本抹茶茶道的始祖。千利休曾为武田信长和丰臣秀吉的御用茶师，他死后，千家茶道由其子孙继承，派生出表千家、里千家和武者小路千家三个流派。

3. 日本茶道点茶流程

日本茶道是在喝抹茶的过程中表现日本传统文化特质的仪轨，其中涉及日本庭院、和室、和服、茶具和茶食等一系列元素，折射出日本传统的自然观、人生观及世界观。日本茶道的茶具包括茶碗、茶勺、茶刷、抹茶盒、茶巾、水壶等，每一件茶具都是一件艺术品，客人品茶的过程也是艺术品欣赏过程。而这种精美又是以追求自然成趣和朴拙中寻求内敛之美的方式呈现的。总体而言，日本茶道提倡的茶人境界是“和、敬、清、寂”：“和”意为人与人之间要和睦相处；“敬”意为人与人之间如君子般相互尊敬；“清”意为心要纯粹如水，不含杂质；“寂”意为任何时候都要耐得住寂寞，不为纷杂外界所动，对精神世界的追求远超过品茶逸趣。

日本茶道中的茶特指抹茶，是研磨绿茶后的粉。饮茶搭配品尝和果子是日本茶道不可或缺的重要组成部分。抹茶味苦涩，为中和口味而选择以和果子辅助。和果子种类繁多，讲究其形、色、质、味要因季节环境不同而不同，体现食与时宜、四季变化和天人相和的日本茶道观。

视频资源：日本茶道

日本茶道具有一套严格的礼仪规范，包括主人点茶的礼仪和客人品茶的礼仪，具有很强的仪式感。由于茶具、和服极具美感和艺术性，加上规范的点茶流程，使得整个过程极具观赏性，带有与观众互动的舞台表演性质。因而，日本茶道被看作是日本传统文化的代表之一。

扩展阅读

日本里千家点茶仪轨如下：

- 清洁茶具。
- 清洁等准备工作结束，主人可客人互相行礼致意。主人示意客人吃和果子。
- 客人托住和果子的怀纸开始品尝的同时，主人开始点茶。
- 将抹茶放入茶碗，倒入开水，用茶刷反复刷至茶沫浮现。
- 客人放下茶点。
- 主人将茶碗端到左掌心，将茶碗正面转至面朝客人，送到客人面前。
- 客人将茶碗端起，左手托住，再将碗的正面转向外。
- 客人一边欣赏茶碗，一边与客人简短交流。
- 欣赏后，将茶碗正面转向主人，放回端茶处。
- 主人收碗。

视频资源：
里千家点茶仪轨

四、阿塞拜疆和土耳其的茶文化

2022 年，阿塞拜疆和土耳其联合向联合国教科文组织申请将两国的茶文化——一种身份、好客和社会交往的象征［Culture of Çay（tea），a symbol of identity, hospitality and social interaction］加入“人类非物质文化遗产代表作名录”。在阿塞拜疆和土耳其，茶文化是社会和文化生活的重要组成部分，是一种重要的社会实践，旨在表示好客，庆祝社区生活中的重要时刻，帮助人们建立和维护社会关系，并通过饮茶享受社会交流和互动的时刻。茶文化还代表了两国对茶的种植、茶叶的准备和饮用等相关知识的总结、传统和技能。

1. 茶与茶树种植

土耳其于 1917 年开始在黑海东部地区（如里泽 Rize、特拉布宗 Trabzon、阿尔特温 Artvin、吉雷松 Giresun 和奥尔杜 Ordu）开始努力尝试茶树种植，并于 1937 年首次开始大规模种植。此后，茶叶种植得到了推广，成为该地区最广泛种植的植物，为该地区的人们带来了不可或缺的经济和社会功能，被视为是绿色黄金（Green

Gold)。当地茶园一年采摘三次，通常使用传统的手工或剪子采摘茶叶，而不采用机器采摘以避免损坏茶叶。该地区有经验的采茶者主要以非正式的方式将传统采茶方法的知识和技能传授给年轻一代。1971 年，土耳其成立茶叶企业总局（ÇAY-KUR)，负责协调茶叶的种植和加工。

阿塞拜疆的农民于 1896 年开始在兰卡兰（Lankaran）种植茶树，阿斯塔拉（Astara)、马萨利（Masalli）以及扎加塔拉（Zagatala）也都是该国的主要茶产区。20 世纪 30 年代末，该国西南部地区建立了第一个茶树种植园。以家庭作坊等非官方形式种植和生产茶是该国茶文化富有活力的重要原因之一。

在阿塞拜疆和土耳其，茶树被视为农业植物，采其叶子和嫩芽用于制作茶饮。茶叶的一般制作过程包括采摘（Plucking)、萎凋（Withering)、破坏（Disruption)、氧化（Oxidation）和干燥（Orying)。虽然两国茶叶产品和冲泡技术种类多样，但整体而言以红茶的市场消费占比最大。

2. 饮茶风俗

饮茶是阿塞拜疆和土耳其两国人民日常生活中的必需品，不仅在每个家庭和工作场所都会有一壶茶在泡着，方便随时取用，而且无论城镇还是乡村都有专门的茶馆（阿塞拜疆称之为 çayxana，土耳其语称之为 çay ocağı)，供人们休闲聚会。在饮茶时，会用到茶杯、茶壶、茶匙、沸水器和煮茶器、茶网、茶盘和采茶剪等专门用具，这些专属用具也是两地茶文化的重要组成之一。其中最具特色的煮茶器（Samovar）是一种传统的铜、黏土、金属混制的容器，可以通过自身煮水产生热量来辅助置于煮茶器上的茶壶泡茶。用这种方式煮茶，可以使喝茶者获得不同浓度的茶，满足不同需要。在乡村地区，人们会将煮茶器直接放在木头篝火上加热。

在阿塞拜疆，传统奉茶使用的是一种梨形茶杯（Armudu)，其材质有玻璃、瓷器、彩陶和银器等。在土耳其，则使用一种形似郁金香的细腰小玻璃杯（或瓷器、彩陶和银器）奉茶。两国人们习惯饮用现泡的热茶，配以各种糖果、糕点、柠檬片、果酱和水果干，还都有一种特殊的加糖饮茶方式（称为 Kıtlama 或 Dishleme)。这种方式讲究喝茶时要将一块糖放在舌下，而不是直接将糖倒入玻璃杯中。在阿塞拜疆的一些地区，人们也会在茶中加入当地的香料和草药，如肉桂、生姜和百里香。

在婚礼前的土耳其浴室新娘沐浴（Gelin Hamami）仪式上，煮茶器烹茶会全程陪伴新娘和她的朋友们。出席葬礼时，人们同样会带一包茶叶和糖以示哀悼和慰问。茶汤的色泽不仅体现茶的品质，而且被赋予了不同含义，如饮用浓茶而不是淡茶代表着孩子童年的结束和青春期的开始。在土耳其，客人如果把勺子放在杯子上，就表示其不再想喝茶。阿塞拜疆人相亲时，如果新娘父母给媒人的茶水加了糖，就意味着父母同意这门婚事；如果茶水不加糖，那结婚的可能性就很小。

在茶文化的影响下，两国产生了许多诗歌、故事、民歌、史诗、赞美诗、传说、谚语、谜语、童谣、笑话和成语等。土耳其的一句谚语是："没有茶的谈话，就像夜晚的天空没有月亮。"在阿塞拜疆，流传着人喝茶时会变成诗人的俗语，其中一句茶与好客的谚语是这样说的："阿塞拜疆人如何奉茶？在谢基，用笑话；在巴库，用微笑；在伦科兰，用尊敬；在托武兹，用伟大；在甘贾，用智慧；在舒沙，用自豪；在阿格达姆，用音乐；在任何地方，用亲切。"（How people serve tea with in Azerbaijan? In Sheki-with a joke；in Baku-with smile，in Lenkoran-with respect；in Tovuz-with greatness，in Ganja-with wisdom，in Shusha-with pride，in Aghdam with music and everywhere-with kindness.）

3. 茶文化保护与开发

阿塞拜疆和土耳其联合申遗成功再次展现了茶和茶文化在国际社会中文化、环境可持续性、健康和农业方面的重要性和包容性，也是对茶文化作为本国文化重要组成部分的肯定，突出了茶文化作为身份、好客和社会交往象征的确切含义和意义，促使地方和国家媒体以电影、纪录片和其他活动方式宣传此类遗产，强调技术和职业教育机构在保护非物质文化遗产和利用正规教育持续传承非物质文化遗产方面的重要性。

人们在茶树种植过程中遵循和坚持可持续耕种原则，优先使用有机肥料以保护茶园和邻近区域的生态系统。制茶时，遵循从茶树整体中获益的原则，使用芽、叶、嫩枝，保持可持续的自然资源水平。在饮茶时，注重保护和坚持不同地区的风俗习惯，鼓励保持使用天然草药和材料的习惯，以此表达自然与非物质文化遗产间的联系。饮茶的专门器具倡导使用环保材料和当地材料，减少运输和进口。

在茶文化教育方面，伊斯坦布尔的烹饪学校和大学的美食与烹饪艺术系都专门开设有茶艺课和茶文化选修课，并倡导将学习教育活动拓展到高中课程中。与土耳其防治水土流失、植树造林和保护自然栖息地基金会（TEMA）和非政府组织合作，开展推动与土壤条件、植物营养、施肥、修剪和收获有关的可持续农业项目，积极开展对当地妇女、儿童、教师、专家和农民的培训，组织儿童参观和参与茶叶的种植与采摘。采取措施和实施项目，改善手工艺者的生活与工作条件，茶具的制作和使用是茶文化极其重要的组成。阿塞拜疆烹饪协会等定期组织活动和出版书籍杂志，宣传茶文化对阿塞拜疆社区文化认同的重要性，以加强茶文化在社会中文化功能的推广。自 2017 年以来，兰卡兰当地市政府和当地非政府组织已在阿塞拜疆举办了三届“茶的节庆”（Tea Festival）。

思考题

1. 中国对茶的食用和饮用认知经历了怎样的变化过程？试举例说明。

2. 中国茶的制作工艺和饮茶方式经历了怎样的变化过程？试举例说明。

3. 唐、宋和明清时期的饮茶风俗有哪些差异，又有哪些是文化传统的延续？试举例说明。

4. 在茶文化发展的不同阶段，中国人的茶思想有何不同？试举例说明。

5. 中国茶如何分类，产区分布情况如何，有哪些名优产品？试举例说明。

6. 祁门红茶的特点和制作工艺是什么，它作为世界三大顶级红茶出现的时代背景（国际市场情况）是怎样的？祁门红茶的成功有何意义和启示？试比较说明。

7. 中国茶文化发展过程中，存在哪些南北交流、民族交流和中外交流？试举例说明。

8. 中国茶文化的世界传播历史、路径和特点是什么，对世界饮茶文化的形成与发展有何种影响？

9. 传统英式下午茶遵循怎样的茶点组合，它在现代社会中的生命力如何，有何意义和发展潜力？

10. 日本茶道仪轨中遵循怎样的茶点组合，它在现代社会中的生命力如何，有何意义和发展潜力？

11. 案例分析

宋神宗熙宁八年（1075年），时任密州（今山东诸城）知州的苏轼已久未得尝茶的滋味。一日忽然收到好友蒋夔寄来的一盒新茶，茶香清逸，沁人心脾，更引人遐思。来密州上任前，苏轼任杭州通判并在杭州已生活了三年，作为北宋四大城市之一，杭州提供的是文人墨客最喜的充满琴棋书画诗酒花茶的八雅生活。而密州与杭州，南北生活反差巨大，收到友人赠茶时距离苏轼到任还不到一年，杭州的生活已恍如隔世。于是，苏轼有感而发写下长诗《和蒋夔寄茶》。

和蒋夔寄茶

我生百事常随缘，四方水陆无不便。
扁舟渡江适吴越，三年饮食穷芳鲜。
金齑玉脍饭炊雪，海螯江柱初脱泉。
临风饱食甘寝罢，一瓯花乳浮轻圆。

自从舍舟入东武，沃野便到桑麻川。
剪毛胡羊大如马，谁记鹿角腥盘筵。
厨中蒸粟埋饭瓮，大杓更取酸生涎。
柘罗铜碾弃不用，脂麻白土须盆研。
故人犹作旧眼看，谓我好尚如当年。
沙溪北苑强分别，水脚一线争谁先。
清诗两幅寄千里，紫金百饼费万钱。
吟哦烹噍两奇绝，只恐偷乞烦封缠。
老妻稚子不知爱，一半已入姜盐煎。
人生所遇无不可，南北嗜好知谁贤。
死生祸福久不择，更论甘苦争蚩妍。
知君穷旅不自释，因诗寄谢聊相镌。

阅读上文，并查阅资料后回答：

①结合诗人的创作背景，分析解读诗中各句的含义，列举诗中的饮食品。

②“清诗两幅寄千里，紫金百饼费万钱”和“老妻稚子不知爱，一半已入姜盐煎”说明北宋当时茶和茶文化的传播、饮用情况处于何种状态？

③诗人在本诗中表达了怎样一种创作情感和精神态度？

第六章

中国酒文化

【本章引言】

本章过后，学习者应该能够达到知识和应用两个维度的学习目标。

知识维度：

- 介绍中国酒的起源。
- 举例说明中国酒礼和酒德的思想理念。
- 举例说明酒令的形式和作用。
- 对比商代和周代人们对酒的认识水平和观念差异，阐述商周酒文化对中国酿酒工艺和酒文化的影响。
- 熟悉酒的糖化和发酵等基本概念，凝练总结中国酿酒工艺和酒文化的发展变化及其特点。

应用维度：

- 鉴赏酒文化相关文物，阐述其中蕴含的社会背景、风俗习惯、科技发展和艺术审美。
- 提升对中国饮酒习俗和传统节日中酒文化的理解认识，在文化交流中加以应用，并积极传播中国传统文化。
- 围绕中国酒文化的资源保护、开发推广，积极思考，献言献策。

酒的种类繁多，根据生产方法可分为酿造酒（发酵酒）和蒸馏酒两类。酿造酒是含糖物质在酵母菌的自然作用下，生成的香气扑鼻、香醇可口的含酒精饮品。蒸馏酒出现得较晚，它是在酿造的基础上进一步蒸馏冷却后得到的更高酒精度数的饮品。

现代科学已经证实，酵母菌是人类文明史中被应用最早的微生物，它在自然界中分布广泛，且主要生长在偏酸性的潮湿含糖环境中，比如水果表皮或者某些植物的分泌物中。酵母菌可以利用糖类产生二氧化碳和乙醇（酒精）。因为水果和动物乳汁中的糖类结构简单，适合酵母菌生长代谢，且所需要的酿造条件和技术要求较为简单，所以果酒和乳酒也就成为人类最早的酿造酒。

随着酿酒业的普遍兴起，酒逐渐成为人们日常生活的用物，酒事活动也随之普及，并逐渐形成了符合当时思想文化意识的较为系统与程式化的饮酒习俗。这些风俗习惯涉及人们生产、生活的诸多方面，内容丰富，形式万千。

第一节　中国酿酒的起源与发展

一、中国酿酒的起源

相传猿猴将果实堆积后而自然发酵得到的醉人汁液被人类偶然发现后，人类才开始酿酒活动。中国古代常见的饮品醪，义为浊酒，也可做酒的总称。中国的酿酒历史十分悠久，起源可以追溯到原始社会末期。周代《酒诰》记载："有饭不尽，委余空桑，郁结成味，久蓄气芳，本出于此，不由奇方。"意思是说，将没有吃完的剩饭，放置在桑园的树洞里，剩饭在树洞中发酵，有芳香的气味传出，于是得到了制酒的方法。又如，"仪狄始作酒醪变五味。少康作秫酒"（《世本・作篇》）中仪狄是夏代开创者大禹时期的人，少康（传说又名杜康）是大禹的第五世孙，两人造酒的传说在先秦时期十分流行，后世文献中也一直沿用。曹操《短歌行》中就有"慨当以慷，忧思难忘，何以解忧，唯有杜康"。据尚秉和在《历代社会风俗俗事物考》一书中考证："秫者，今之高粱，北方以其米酿白酒，俗所谓烧酒也。"所以"少康作秫酒"应指以高粱酿酒。以此推论，仪狄为米酒的创始人，少康为高粱酿酒的创始人。

视频资源：中国酿酒发展

古代的不少典籍，有夏桀造酒池的传说。如《韩诗外传》卷二载："昔者，桀为酒池、糟堤，纵靡靡之乐，而牛饮者三千。"桀是夏代的最后一位国君。夏桀造酒池的传说，说明在夏代上层社会中酒的供应十分充裕，人们已将饮酒作为一种高层次的生活享受。但此时酿酒工艺还十分原始，酒的度数据估计在1~2度而已。

与西方国家不同，中国酿酒的起源是从谷物发酵开始的。1979年，在山东莒县大汶口文化晚期的M17墓葬中，出土了4件1套酿酒的工具，包括沥酒漏缸、接酒盆、盛酒盆、盛贮发酵物品的大口尊。这套酿酒工具，包括大口尊上所刻的图案，符合中国最早谷物酿酒的工艺流程，足以证明中国酿酒的起源最迟当在距今4000年的龙山文化晚期①。酒诞生后，在史前时期是作为奢侈品而存在的。酒所带来的陶醉效果，使它与原始社会的巫术紧密联系在一起。当时，人们只有在占卜、祭祀、庆典等特定活动中才使用酒。

二、中国酿酒技术的发展

1. 独立的手工业部门

据《周礼·天官·浆人》记载，这时的“饮”可分为“水、浆、醴、凉、医、酏”。水，即清水；浆，即用米汁酿成的略带酸味的酒；醴，即一种酿造一夜而成的甜酒；凉，是以炒熟的米、面等干粮加水浸泡至冷的半饮半食之品，类似北方的绿豆糕和南方的芝麻糊；医，是在米汁中加入醴酒的饮品；酏，类似今天的稀粥。

此时，我国的酿酒技术快速发展，从事酒事和酿酒相关的人众多。据《周礼·天官·宰》记载，我国已有一系列酿酒方面的专职官吏。②如掌握全国“酒之政令”的“酒正”，负责科研及工艺技术的“大酋”，领导酿制的“酒人”，主持储藏勾兑的“醯人”和负责总管朝廷精美酒器和酒具的“郁人”。此外又有各个级别的制酒事务和制酒技术人员，如中士、下士、府吏、胥、徒、奚等，共630余人。这些人各司其职，掌管国家重大的国事活动饮酒和王室饮酒。酒官的设置，标志着酿酒已成为独立的手工业部门，这对于规范和提高酿酒技术，总结和推广酿酒经验都具有重要作用。

2. 曲蘖酿酒技术

商代农业生产稳定，造酒、饮酒之风兴起，人们根据酿酒原料或酒品需要不同，使用曲或蘖酿酒。天然谷物受潮或者吃剩的谷物堆聚时间久了都会成为曲蘖。发霉的谷物称为曲，发芽的谷物称为蘖，这类谷物都可以发酵成酒，所以早期曲蘖不分，两者一同使用酿酒就成为中国酿酒工艺的技术基础。一般认为，用曲酿成的

① 姚伟钧，刘朴兵．中国饮食史（下册）［M］．武汉大学出版社

② 华国梁，马健鹰．中国饮食文化［M］．湖南科学技术出版社

酒被称为“酒”，用蘖酿成的酒被称为“醴”。相比而言，蘖是利用麦芽霉变而成的发酵剂，虽能使淀粉充分糖化，但酒化的程度不高，制得饮品的酒精度数很低，约1度。

此外，人们尝试在酒曲中添加香料，酿造出高档的配制酒。殷商有一种称为“鬯”的香酒，是用秬（黑黍）酿造，并在酒曲中添加某种香草汁液而制成的，酒液额外芳香。名贵的“鬯”多用于王室祭祀、盛宴和赏赐。在商代的毛公鼎和大盂鼎铭文中都有“赐鬯”的记载。

据《周礼·天官·酒正》记载，酒正的职责是“辨五齐之名，一曰泛齐，二曰醴齐，三曰盎齐，四曰缇齐，五曰沈齐。辨三酒之物，一曰事酒，二曰昔酒，三曰清酒。辨四饮之物：一曰清，二曰医，三曰浆，四曰酏”。其中“五齐”指发酵全过程的五个阶段——“米泛起”“滓汁相将若醴”“盎然大泛”“黄赤相间”和米沉底了。“五齐三酒四饮”的出现反映了周代在酿酒技术方面的总结，和对酒分类、在依事依人饮酒方面认识的提高。这是我国用曲酿酒的工艺技术基础，因此西周也被认为是我国酒业和酒文化发展史上关键的奠基期。

秦汉魏晋南北朝时期，酿酒原料得到更加科学的甄选，将食用谷物和酿酒谷物区分开。北方普遍以黍米酿酒，南方以糯米酿酒。与食用谷物中的粟米、粳米相比，这些具有黏性的谷物出酒率更高。这时按功能的不同，可以将酒分为节日饮用的屠苏酒、椒柏酒、菖蒲酒、雄黄酒、菊花酒、茱萸酒等节令酒和用于防病疗疾、滋补养生的药酒两大类。大多数酒是以米酒为酒基，加入动植物药材或香料，采用浸泡、掺兑、蒸煮等方法加工而成，如椒柏酒、雄黄酒、菊花酒等。也有少数是在制曲过程中加入香料草药酿制而成的，如桂酒多是将桂皮研末加入曲中酿制而成的。这种技法一直发展传承至今，如绍兴黄酒就是在曲中添加辣蓼草，既增加了曲的发酵力，又使酿出的黄酒具有独特的香味。

直到汉代，人们还常饮用醴。但魏晋以后，醴就逐渐退出酒界了。所以用蘖酿酒的方式并没有传承下来。明代宋应星《天工开物》卷下《曲蘖第十七》称：“古来曲造酒，蘖造醴。后世厌醴味薄，遂至失传，则并蘖法亦亡。”汉代，人们对制曲这个技术环节进行了专门化，也就是酿酒和制曲进行了分工。在居延汉简中记载有，同一地区的酒曲售价差别很大，说明原始散状麦曲被加工成质量更高的饼曲，而且饼曲的质量有高有低所以售价不同。此时，人们还发明了连续投料技术（也称喂饭法），就是酿酒原料分成几批，分批加入发酵，获得更高的出酒率，如汉代的九酝酒就是用此技术酿造而成的。

酒曲的生产技术在北魏末年的《齐民要术》一书中第一次得到全面总结。最迟在晚唐时，中国人已经研制出红曲，红曲的发明为米酒升华为黄酒提供了转化条件。到了宋代，酒曲的整体应用已达到极高的水平，此时连续投料技术已固定在三次为宜，并非越多越好。由于酒曲和酿造过程中的杂菌得到了更好的控制，宋代酿造的米酒酒液多为黄色酒和琥珀色酒，而不像唐代以绿色酒液居多。元代时，浅绿色的米酒逐渐消失，中国古代的传统米酒正式进入黄酒阶段。

北宋朱翼中将酒的发展历史、制曲和造酒技术分别总结在《北山酒经》（又名《酒经》）的上、中、下三卷中。书中还介绍了“追魂”“火魄”等酿酒的新技术，是中国古代较早且全面完整论述有关酒的著述，反映了宋代较为成熟的米酒发酵技术。

以酒曲酿酒，是中国古代的一项重要发明，中国的米酒、黄酒、白酒都是以曲酿酒的佳品。现代科学证实，酒曲中不仅含有可分泌淀粉酶、糖化酶和蛋白酶的霉菌，还含有酵母菌，使得淀粉质原料的糖化与酒化同时进行。而且，酒曲本身也是含有淀粉和蛋白质的酿酒原料，可供微生物生长和产生氨基酸、酯类等增味增香的次级代谢产物。酒曲酿酒技术对日本、韩国、越南等周边国家也都有巨大影响。制曲的技术还在中国的其他传统发酵食品中多有应用。

拓展视野

就世界范围而言，谷物酿酒的出现和普及要明显晚于用水果或乳汁酿酒。这是为什么呢？酵母菌是一种分布极其广泛的菌类，尤其容易在糖分较高的水果表皮生长。在酿酒过程中，酵母将葡萄糖转化成酒精的过程是所有酿酒的本质，所以酿酒起始必须有能供糖的主料。

视频资源：糖化

酵母并不能使谷物中的淀粉立刻发酵，而是需要等淀粉被降解为更为简单的化合物——葡萄糖。与水果中含有大量葡萄糖、果糖这类单糖不同，谷薯类物质提供的是淀粉这类多糖，要将谷薯类物质中的多糖用来酿酒就需要将其转化为单糖，也就是糖化。

糖化共有两类经典方法。第一类是利用发芽的谷物。比如，大麦麦芽作为啤酒酿造的主要原料，是大麦适度发芽后又干燥获得的炮制加工品。大麦发芽的过程就是激发种子胚芽中的酶发挥作用的过程。酶可以将多糖降解为单糖。中国古人使用的糵就属于这类，糵虽然能使淀粉充分糖化，但由于缺少酵母，所以发酵能力弱，酒的酒化程度不高。但世界上很多国家和地区在以谷物为原料制备酿造酒时，正是利用谷物发芽过程中自然产生的酶，降解原料中的多糖，进而再利用酵母吸收单糖生成酒精和风味物质。

第二类是酒曲酿酒，这也是中国的传统酿酒方式。曲是由谷物霉变制成的酒母，含有大量霉菌和酒母菌，酿酒时先利用霉菌分泌的淀粉酶和糖化酶实现将多糖降解为单糖，再由酵母将糖转化成酒精的一种“复式发酵法”。

3. 防止酒液酸败技术

在发酵过程中，往往会出现酒液酸败现象而导致酿酒失败。唐人发明石灰降酸工艺，即在发酵的最后一天，往酒醪中加入适量的石灰。这种降酸工艺一直到宋代仍被沿用。宋人又发明了“卧浆”技术，即用事先调好的酸浆水调节发酵液的酸度，保障发酵的安全进行。

发酵完成后过滤出的酒液称为生酒，在古代这些酒液中仍含有很多微生物，也会导致储存过程中发生酒液酸败，而导致酒液变质。唐代时，人们发明了生酒加热处理技术，如“煮酒法”和“烧酒法”，前者采用高温沸点灭酒，后者采用低温微火加热。而唐人也把经“烧酒法”处理的酒称为“烧酒”，但此时烧酒并不是后世的蒸馏白酒。宋代在煮酒工艺的基础上，又发明了“蒸酒法”，即将生酒放入器皿中用蒸汽加热的高温灭菌法；在烧酒工艺的基础上，又发明了“火迫酒法”，即延长给酒加热的时间，除能达到灭菌的效果外，还能生成更多的乙醇和其他多醇类物质，加速了新酒的“陈化”，使酒的味道更加香醇。

三、酿酒技术的引进

1. 葡萄酒酿造

以各种果品和野生果实为原料，经发酵酿成的低度饮料酒被称为果酒，其中以葡萄酒最具代表。根据文献记载，我国引入欧亚葡萄始于汉代张骞出使西域。但唐代以前，内地很少见到葡萄酒的酿制，人们饮用的葡萄酒多为西域或河西的凉州进贡而来。

葡萄酒法的内传，明确见于史籍记载是在唐初贞观年间，唐太宗李世民亲自参与了葡萄酒法的改进工作，制得较高度数的葡萄酒。钱易《南部新书》丙卷记载有“太宗破高昌，收马乳蒲桃种于苑，并得酒法。仍自损益之，造酒成绿色，芳香酷烈，味兼醍醐，长安始识其味也”。引文中的高昌位于今天新疆吐鲁番。除西域和河西走廊以外，山西太原一带都是唐代乃至宋代内地葡萄酒的生产中心。有刘禹锡诗为证，“我本是晋人，种此如种玉，酿之成美酒，尽日饮不足”，说明山西早有葡萄种植和葡萄酒酿造。随着葡萄酒生产规模的逐渐扩大，葡萄酒的消费人群也从皇室贵族拓展到更广的社会阶层。所以，唐代是我国葡萄酒酿造史上很辉煌的时期。“葡萄美酒夜光杯，欲饮琵琶马上催”（王翰《凉州词》）也反映了葡萄酒在唐代军旅中的流行。

元代，葡萄酒被列为皇室的国事用酒，普通民众也视葡萄酒为生活必需品。此时官方酿造的葡萄酒采用搅拌、踩打的自然发酵方法，而民间百姓则习惯按照传统米酒酿造习惯，在葡萄浆中加入酒曲进行发酵。明代时，葡萄酒的生产仍很兴盛，主要为两类：原酿葡萄酒和蒸馏葡萄酒，前者采用酒曲发酵，后者采用蒸馏工艺。李时珍在《本草纲目》中也在多处提及葡萄酒的酿造方法和药用价值。

清代统治者不喜葡萄酒，由于失去了主要消费群体，葡萄酒的生产只局限在盛产葡萄的地方。再加上，鸦片战争后，洋葡萄酒进入中国市场，国内生产葡萄酒的小作坊无法与之抗衡，纷纷破产倒闭。

2. 蒸馏酒技术

关于蒸馏酒，《本草纲目》记载："烧酒非古法也，自元时起始创其法。"待到蒸馏器从西域传入我国，酒精度数更高的白酒才得以普及。而且最早引入的也是西方流行的葡萄酒蒸馏法。蒸馏酒的引入，提高了中国酿酒的能力，丰富了酒种，改变了传统酿酒的单一发酵模式。

在元代，葡萄产量有限，且主要作为水果食用，所以人们将引入的葡萄酒蒸馏法改为尝试蒸馏谷物酒，并将这种新型的蒸馏酒称为烧酒。元代人们酿造蒸馏酒时，会按照传统加入酒曲，这种烧酒就是现今白酒的雏形。只不过，在元代新型的烧酒还不是主流酒，当时汉族人以喝黄酒为主，蒙古人则以葡萄酒和马奶酒为主。到明代，烧酒名品渐多，南北方均有分布，但以北方居多。南方有五香烧酒、安徽亳州的古井贡酒、江苏苏州的顾氏三白酒。北方有关中桑落酒，山西平阳襄陵酒、汾州羊羔酒、蒲州酒、太原酒、潞州鲜红酒、河津酒，山东秋露白、景芝高烧、章丘酒，河南大名的刁酒、焦酒、清风酒等。

清代康熙以前，烧酒在整个酒类中所占比例要低于黄酒。清康熙、雍正、乾隆三朝是中国烧酒生产大发展的时期，这与黄河治理"束水冲沙"需要大量秸秆，而导致北方大量种植高粱密切相关。相应地，清代中期以后，水旱蝗等自然灾害频繁，农作物经常大量减产，酿造黄酒的黍米、糯米为百姓食用尚且不足，也导致黄酒产量锐减。此消彼长，烧酒开始崛起。生产高粱的山西成为北方烧酒生产的中心，汾酒也被清人认为是质量最好的烧酒。民国年间，西南地区的贵州、四川等地，也快速发展起了烧酒产业，名优产品包括贵州的茅台酒、四川的杂粮酒（五粮液的前身）、泸州大曲、绵竹大曲、全兴大曲、郎酒和丰谷酒。

3. 啤酒酿造

啤酒是一种非常古老的酒类，起源于古代埃及和巴比伦，人们以大麦酿造啤酒用于祭神和饮用。此后，啤酒传入古代希腊和罗马，近代以来在欧洲逐渐流行起来，并随着欧洲的殖民扩张，最终传播到世界各地。

啤酒传入中国，只有一百多年的历史。早时，中国人称啤酒为“麦酒”或者“皮酒”。1900 年，俄国商人在哈尔滨开设啤酒厂，生产“哈尔滨啤酒”，这是中国的第一家啤酒厂。1903 年捷克人在哈尔滨建立了东巴伐利亚啤酒厂，德国和英国合资在山东青岛建立了日耳曼啤酒公司青岛股份公司。1948 年，日耳曼啤酒公司青岛股份公司被中国接管，改名青岛啤酒厂。长期以来，青岛啤酒保持了较高的品质，声誉在外，成为青岛市的名片之一。

1904 年哈尔滨建立东北三省啤酒厂，这是中国最早自建的啤酒厂。此后，1914 年在哈尔滨建立的五洲啤酒汽水厂和 1915 年建立的北京双合盛啤酒厂也都是中国民族企业家的自建厂。抗日战争发生前，北京双合盛啤酒厂的“五星”啤酒已经驰名中外。七七事变后，日军占领平津，要求其继续赶制啤酒，由于战时买不到啤酒花，工人以洋槐花替代，索性蒙混过关。

上海是近代中国的经济中心，洋人、买办汇集，啤酒消费市场广阔。1917 年，挪威人创办的 UB 啤酒厂是上海首家啤酒厂。1936 年，上海又陆续由英国怡和洋行创办了怡和啤酒厂、沙逊洋行创办了友啤啤酒厂、法国人创办了国民啤酒厂等。

第二节　中国代表酒产品

到北魏时期，《齐民要术》中已有 40 多种酒的酿造方法。随着《齐民要术》《酒法》《酒经》等科技著作的问世，先人对酿酒技术的总结与改进也不断完善，黄酒、果酒、药酒、葡萄酒等酒品种类逐渐增多。

一、黄酒

黄酒是我国最具历史渊源的酒类。发展至明代，在以京、冀、晋、鲁、豫等为中心的北方地区，黄酒生产尊尚古法，有河北的沧酒和易酒、山西的太原酒和潞州酒、临汾的襄陵酒等北方黄酒代表；在南方的江浙等地，黄酒生产崇尚新技术，发展至清代中期，就以绍兴黄酒为代表全面超越了北方黄酒的地位。此后，北方黄酒的酿造全面萎缩，只在少数地方还保留少量黄酒生产，如河南南阳的镇平黄酒、西峡红小米黄酒、唐河祁仪黄酒、邓州刘集黄酒，汤阴的“双头黄”黄酒，鹤壁的大湖黄酒，山东的即墨老酒、兰陵美酒，山西平遥的长生源老酒。人们将那些时间长、颜色较深又耐储存的黄酒称为“老酒”。到清代中期以后，黄酒在整个中国酒业市场的消费开始衰落，烧酒开始崛起。

黄酒（Rice Wine）是以大米、黍米、黑米、玉米、小麦等为原料，经过蒸料，拌以麦曲、米曲或酒药，进行糖化和发酵酿制而成的各类黄酒，酒精含量一般为14%~20%。黄酒是中国传统酿造酒的代表，发展至今，品种繁多。1952年，第一届名酒评酒会评出的中国八大名酒就有浙江绍兴酒（鉴湖长春酒、加饭酒）。1963年的第二届名酒评酒会上又增加了福建龙岩沉缸酒。

黄酒如按酿造方法划分，有淋饭酒、摊饭酒、喂饭酒。按酿酒原料划分，有糯米酒、黑米酒、玉米黄酒、粟米酒、青稞酒等。按酿酒所用酒曲划分，有小曲黄酒、生麦曲黄酒、熟麦曲黄酒、纯种曲黄酒、红曲黄酒、黄衣红曲黄酒、乌衣红曲黄酒。按产地划分，有绍兴酒、金华酒、单阳酒、九江封缸酒、山东兰陵酒等。按酒的外观划分，有清酒、浊酒、白酒、黄酒、红酒。其他分类方式，分为加饭酒（半干型）、花雕酒（半干型）、封缸酒（甜型或浓甜型）、善酿酒（半甜型）。

二、白酒

中华人民共和国成立以后，为了工业化规范，人们将烧酒等名称统一为“白酒”。白酒（Chinese Spirits）是以粮谷为主要原料，以大曲、小曲或麸曲及酒母等为糖化发酵剂，经蒸煮、糖化、发酵、蒸馏、陈酿和勾兑而制成的蒸馏酒，又称烧酒、老白干、烧刀子等。白酒是中国特有的一种蒸馏酒，是世界八大蒸馏酒之一。

1. 按生产工艺分类

白酒按照生产工艺划分，有固态法白酒、固液结合法白酒和液态法白酒三类。在中华人民共和国成立后不久粮食普遍紧张的时代背景下，液态酿酒法因出酒率是固态酿造法的3倍以上而被普遍使用，也使得中国白酒的生产迅速实现了工业化。随着白酒生产的工业化，人们的品牌意识勃兴，名酒的评比开始走上历史舞台。1952年，第一届名酒评酒会评出了贵州茅台酒、山西汾酒、四川泸州大曲酒、陕西西凤酒四大名酒。1963年，第二届名酒评酒会评出了贵州茅台酒、四川五粮液、安徽古井贡酒、四川泸州老窖特曲、四川全兴大曲、陕西西凤酒、山西汾酒、贵州董酒。此次评酒会改变了此前白酒只有品种没有品牌的历史，促进了白酒的发展。随着白酒行业的发展，名优品种也越来越多。

2. 按照酒的主体香气分类

白酒按照酒的主体香气成分划分，有酱香型白酒、浓香型白酒、清香型白酒、米香型白酒和其他香型白酒。

①酱香型白酒又称茅香型，特点是酱香柔润突出、优雅细致、酒体醇厚、回味悠长。酱香型白酒是由酱香酒、窖底香酒和醇甜酒等勾兑而成。所谓酱香是指酒品具有类似酱食品的香气，这种香气的组成成分极为复杂，所以酱香型白酒的发酵工艺也最为复杂，因而产品数量较少，代表酒品有贵州茅台酒、四川古蔺郎酒、湖南常德武陵酒。

②浓香型白酒又称泸香型，特点是窖香浓郁、绵柔干爽、香味协调、尾净余长。国内市场中以浓香型白酒无论品种还是产量都占比最大，代表酒品有泸州老窖特曲、五粮液、古井贡酒、全兴大曲、剑南春、洋河大曲、双沟大曲、宋河粮液、沱牌曲酒。

③清香型白酒又称汾香型，特点是清香纯正、口味协调、味甜绵长、余味爽净，基本代表了我国老白干酒类的基本香型特征。清香型白酒的口味较适合北方消费者，代表酒品有山西杏花村汾酒、特制黄鹤楼酒、宝丰酒。

④米香型白酒指以桂林三花酒为代表的一类小曲米酒，是我国历史悠久的传统酒种。其特点是米香清雅纯和、入口柔绵、落口爽冽、回味怡畅，代表酒品除广西桂林三花酒还有全州湘山酒。

⑤其他香型白酒也叫兼香型白酒，即兼有两种以上主体香气的白酒，属于一酒多香风格。此类酒在酿造过程中会部分采用浓香型、酱香型或清香型白酒的工艺，在继承和发扬传统酿造工艺的基础上独创而成。代表酒品有西凤酒、董酒、白沙液等。

三、葡萄酒

清光绪十八年（1892 年），苏门答腊爱国华侨张弼士在烟台创办了张裕葡萄酿酒公司，引进欧洲优良酿酒葡萄品种，开辟纯种葡萄园，采用欧洲现代酿酒技术生产多种品牌的葡萄酒。张裕葡萄酿酒公司是我国第一家规模较大的新型葡萄酒厂。其产品中以金奖白兰地最为知名，因在 1915 年巴拿马博览会和美国旧金山万国赛酒会上均获金奖而得名。1918 年，张裕公司的味美思也获国际赛酒会金奖。以后，太原、青岛、北京、通化等地也相继建立了一批葡萄酒厂和葡萄种植园。进入 20 世纪 50 年代以后，中国葡萄酒走上了快速发展的道路。

1952 年，第一届名酒评酒会评出的中国八大名酒除上文提到的黄酒和白酒外，还有烟台张裕的红葡萄酒、金奖白兰地和味美思。1963 年的第二届名酒评酒会上的葡萄酒名品又增加 3 种，分别是青岛白葡萄酒、北京东郊中国红葡萄酒和特制白兰地。

四、啤酒

1949 年以前，是我国啤酒行业的萌芽阶段，啤酒业发展缓慢，生产分布不广，产量较低，经营很不稳定。中华人民共和国成立后，啤酒的生产和消费有所扩大。但在改革开放以前，啤酒的消费局限于城市，农村鲜有喝啤酒者。虽然当时国内啤酒工业的软件和硬件设施都还不完善，生产技术也参差不齐，但也有极少数企业具有深厚的基础，如青岛啤酒就属于拥有曾获得过德国慕尼黑国际博览会金奖产品和出口新加坡的产品的企业。通过接收资本主义和官僚资本控制的啤酒企业，以及合作和技术引进等方式，中国的啤酒行业实现了啤酒酿造生产技术和原料的国产化，逐步摆脱了依赖进口的落后状态，并开始探索性地走向国际市场。

改革开放后，啤酒跻身中国的主要酒类之列，生产进入全面繁荣期。不仅扩建和新建的啤酒厂如雨后春笋，啤酒的生产规模逐步扩大，而且伴随国外啤酒消费文化传入中国和人们消费能力的提升，市场的啤酒消费需求越来越大，呈现供销两旺的局面。1988 年年底，我国的啤酒厂家达 813 个，总产量达 662.77 万千升，仅次于美国、德国成为世界第三大啤酒生产国。2008 年，我国啤酒的出口量（24.16 万千升）和出口额再创新高。此时，中国已形成以青岛啤酒、燕京啤酒、珠江啤酒、百威啤酒、雪花啤酒、重庆啤酒等大型啤酒集团为先导，区域性品牌遍地开花的新局面。

拓展视野

当代许多地方名酒是在明清时期的基础上发展起来的。中华人民共和国成立后，在 1952 年至 1989 年举行了五届全国范围的名酒评酒会。

1952 年，第一届名酒评酒会在北京评出了全国八大名酒。即贵州茅台酒、山西汾酒、四川泸州大曲酒（泸州老窖）、陕西西凤酒、浙江绍兴酒（鉴湖长春酒、加饭酒）和烟台张裕的红玫瑰葡萄酒、金奖白兰地、味美思酒。

1963 年，第二届名酒评酒会在北京评出了全国名酒 18 种。即白酒：贵州茅台酒、四川宜宾五粮液、安徽古井贡酒、四川泸州老窖特曲、四川全兴大曲、陕西西凤酒、山西汾阳杏花村汾酒、贵州遵义董酒。黄酒：浙江绍兴加饭酒、福建龙岩沉缸酒。啤酒：青岛啤酒。葡萄酒：烟台张裕的红玫瑰葡萄酒、味美思酒、金奖白兰地，青岛的白葡萄酒，北京东郊中国红葡萄酒、特质白兰地。露酒：山西汾阳杏花村竹叶青酒。

1979 年，第三届名酒评酒会在大连评出了全国名酒 18 种。即白酒：贵州茅台酒、四川宜宾五粮液、安徽古井贡酒、四川泸州老窖特曲、山西汾阳杏花村汾酒、四川绵竹剑南春酒、贵州遵义董酒、江苏洋河大曲。黄酒：浙江绍兴加饭酒、福建龙岩沉缸酒。啤酒：青岛啤酒。葡萄酒：烟台张裕的红玫瑰葡萄酒（甜）、味美思酒、金奖白兰地，北京东郊中国红葡萄酒（甜）、河北沙城白葡萄酒（干）、河南民权白葡萄酒（甜）。露酒：山西汾阳杏花村竹叶青酒。

1984 年，第四届名酒评酒会在太原评出了全国名酒 25 种。即白酒：贵州茅台酒、四川五粮液、安徽古井贡酒、四川泸州老窖特曲、四川全兴大曲、四川剑南春酒、陕西西凤酒、山西汾酒、贵州童酒、江苏洋河大曲、安徽双沟酒、湖北黄鹤楼酒、四川郎酒。黄酒：浙江绍兴加饭酒、福建龙岩沉缸酒。啤酒：青岛啤酒、北京特制啤酒、上海特制啤酒。葡萄酒：烟台红葡萄酒（甜）、味美思和北京东郊中国红葡萄酒（甜）、河北沙城白葡萄酒（干）、天津王朝白街萄酒（半干）。露酒：山西竹叶青酒、园林青酒。

1989 年，第五届名酒评酒会在太原评出了全国著名白酒 17 种，其他酒类未评选。这 17 种白酒为：贵州茅台酒、四川五粮液、安徽古井贡酒、四川泸州老窖特曲、四川全兴大曲、四川剑南春酒、陕西西凤酒、山西汾酒、贵州童酒、江苏洋河大曲、安徽双沟酒、湖北黄鹤楼酒、四川郎酒、湖南常德武陵酒、河南宝丰酒、河南宋河粮液、四川沱牌曲酒。

第三节　饮酒习俗

酒与民俗的关系密不可分，在诸如农事节庆、婚丧嫁娶、生日满月、庆功祭奠、奉迎宾客等民俗活动中，酒都是一个非常重要的角色，既可增添热烈、欢乐、喜庆的气氛，又可增进人们之间的感情。

一、饮酒有法

中国酒的酿造和饮用，在商周时期已粗具规模，但周人以农为本，认为大量酿酒会过度消耗粮食，而且过量饮酒，会令人神志不清，于统治者大为不利。因此，西周初期通过颁布了我国历史上的第一部禁酒令《酒诰》，对过度饮酒行为进行约束，将阶级等级与可饮酒的种类、酒具和如何喝都进行了规范。“饮惟祀”（只有在祭祀时才能饮酒）；“无彝酒”（少饮酒，以节约粮食，只有在有病时才宜饮酒）；“执群饮”（禁止聚众饮酒）；“禁沉湎”（禁止饮酒过度）也成为中国禁酒的主导思想之一，从此开始中国以法禁酒、以法治酒的酒文化。

人类文明早期将酒视为神圣之物，因而酒的使用是庄严的事情，非祭祀天地、祭奠宗庙、款待嘉宾不得使用，或病时需要才可饮酒。《周礼·天官·宰》中另有记载，周代已出现了多种关于酿酒方面的专职官吏，即设官治酒。官府开始出现专门的酿酒机构负责进行酒的生产、研究酒的酿造、管理酒的使用。酿酒行业开始作为独立手工部门与农业相分离，也标志着酒文化与制度文化开始结伴运行。

宋代承袭唐末五代的榷酒制度，官府依靠榷曲制和对私酒的禁令对酒的酿造买卖进行严格的控制。由官府设置“酒务”专门造曲酿酒，此时宋代正店也拥有酿酒资格，甚至一些正店就是官办的酿酒作坊经营。因此正店之下的脚底店或者其他酒户们，因为没有酿酒权，就只能从酒务或正店批发酒零售。对于酿私酒，宋太祖时便曾下令，“应百姓私造曲，十五斤者死；酝酒入城市者，三斗死；不及者等第罪之；买者减卖者罪之半；告捕者等第赏之”。但如果是酿酒自饮，不在违法之列。

二、饮酒有德

在礼制文化的直接影响下，西周统治者还大力倡导酒礼，以明确尊卑等级区别，并避免过度饮酒。这些倡导同以后的儒家伦理道德思想相融合，成为数千年来中国酒文化区别于西方酒文化的最大特点。

儒家讲酒，以“德”“礼”两字为要。酒德最早见于《尚书》和《诗经》，其含义是说饮酒者要有德行，不能像纣王那样“颠覆厥德，荒湛于酒”。现在将酒德定义为饮酒的道德规范和酒后应有的风度。适度者有德，失态者无德，恶趣者更无德。所以，儒家并不反对饮酒，认为用酒祭祀敬神、养老奉宾、饮酒适度且有礼都是德行。

中国传统思想讲究的酒德有三。第一，量力而饮，即饮酒不在多少，贵在适量，不做力不从心之饮。过量饮酒，一伤身体，二伤大雅。有的人或赌酒争胜，或故作豪饮，或借酒消愁，都是愚昧的表现。第二，节制有度，即饮酒要注意自我克制，这样才能饮酒而不乱。第三，饮酒不能强劝，人们酒量各异，对酒的承受能力不一。强人饮酒，不仅是败坏这一赏心乐事，而且容易出事，甚至丧命。因此，作为主人在款待客人时，既要热情，又要诚恳，既要热闹，又要理智，切勿强人所难或执意劝饮，还是主随客便，自饮自斟的好。这是中国礼俗中庸准则的体现，人的行为要合乎“度”，既不能过，也不能不及，要做到“敖不可长，欲不可从，志不可满，乐不可及”。

三、饮酒有礼

视频资源：酒礼与酒德

饮酒作为一种食文化，在远古时代就形成了一系列大家必须遵守的礼节，即为酒礼。例如，吃饭前祭祀祖先和神灵是商周饮食礼俗的一个重要内容。古代饮酒礼仪中的拜、祭、啐、卒爵四步，就是首先做出拜的动作，表示敬意，接着把酒倒出一点在地上，祭谢大地的生养之德；其次尝尝酒味，并加以赞扬令主人高兴；最后仰杯而尽。在重要场合，酒礼也是彰显尊卑的重要礼仪礼节。

1. 尊者举觯，卑者举角

不同身份地位的人会使用不同的饮酒器，如《礼记》中有记载："宗庙之祭，尊者举觯，卑者举角。"觯（见图 6–1）和角（见图 6–2）就是两种不同的饮酒器具。商代觯的形状类似水瓶，圆腹、侈口、圈足，大多数有盖。西周时有方柱形而四角圆的。春秋时又演化为长身、侈口、圈足，形状像觚。角则是由盛酒器发展为饮酒器的，有"一升曰爵，二升曰觚，三升曰觯，四升曰角，五升曰散"（《汉魏古注十三经》收录）的说法。这种酒礼的雏形可追溯到新石器时代晚期，尤以龙山文化时期为代表。此时，饮酒已变成与政治有关的活动之一，因而酒器也成为礼文化的符号。

图 6–1 "父丁"铜觯
（商）
（中国国家博物馆藏）

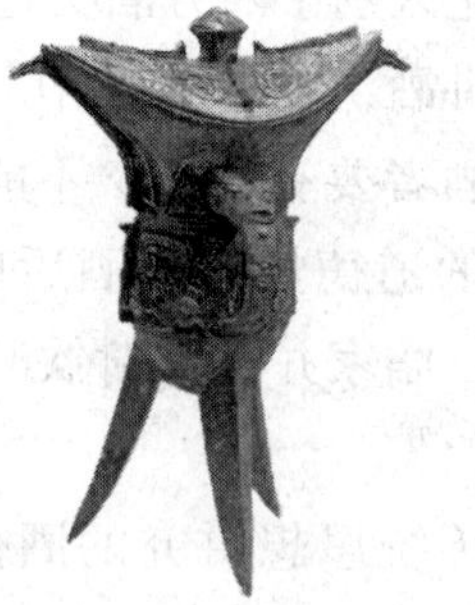

图 6–2 青铜角
（商）
（中国国家博物馆藏）

2. 燕礼

酒礼属于食礼，《礼记·燕义》记载先秦国君宴请群臣的"燕礼"，"席：小卿次上卿，大夫次小卿，士、庶子以次就位于下。献君，君举旅行酬，而后献卿。卿举旅行酬，而后献大夫。大夫举旅行酬，而后献士。士举旅行酬，而后献庶子。俎豆、牲体、荐羞，皆有等差，所以明贵贱也"。翻译成白话文[①]，即饮酒时，宰夫（宴会主持人）先敬献国君，国君饮后举杯向在座的来宾劝饮；然后宰夫向大夫献酒，大夫饮后也举杯劝饮；然后宰夫又向士献酒，士饮后也举杯劝饮；最后宰夫献

① 姚伟钧，刘朴兵 . 中国饮食史（下册）[M] . 武汉大学出版社，2020.

酒给庶子。燕礼中应用的餐具饮器、食物点心、果品酱醋之类，都因地位的不同而有差别。由此可见，席位有尊卑，献酒有先后，都与人的身份等级相呼应。

3. 乡饮酒礼

在我国饮食文化的形成阶段有“乡饮酒礼”的记载，《仪礼》《礼记》对“乡饮酒礼”的烦琐形式和行礼意义均有解读[①]。“乡饮酒礼”首先是请迎宾客：①谋宾，即由主人和乡中教师商议来宾人选和名次，所谓名次是宾一人、介（陪客）一人和众宾多人（选三人为众宾之长），由主人亲自前往通知众人赴宴的时间。②铺陈主宾、主人、副宾的座席，摆设酒尊和水盆等器具。③肉煮熟后，由主人亲自到宾客府上催请宾客，主宾和众宾客跟随主人一起到来。④辅佐主人行礼的相在庠门外迎接宾客，经过三揖三让，把宾客迎入庠中堂上。入席后，进酒礼节称为“献”（主人进宾客之酒）、“酢”（宾客回报主人之酒）、“酬”（主人先自饮，再劝宾客饮之酒），三者循环一次谓之一献。《周礼·秋官·大行人》记载天子飨诸侯之礼：上公九献，侯伯七献，子男五献。所以“乡饮酒礼”只是属于较低等级士族的饮食礼节，但席间也会有伴奏、演唱等助兴节目。正献之礼过后，就是众宾相酬之礼，称为旅酬，是以次序劝人饮酒。一般而言，众人按照年龄大小排列，长者、尊者在前，幼者、卑者在后，由尊者酬于卑者，并依次传递到最后。旅酬完毕后，众人开始“无算爵”，即不计爵的饮酒，醉而后止。席间乐工奏乐和歌唱不止，至“乡饮酒礼”完毕时，以《陔夏》之乐送宾，此时主人送到门外两次行拜礼。第二日，主宾穿着昨天的服饰回到主人家拜谢主人，并吃便饭。根据文献记载，这种形式的聚会饮酒习俗在周代到战国时期非常流行。

4. 按巡饮酒

在正规酒宴上人们饮酒时，古人遵照按巡饮酒的习俗。即分轮一个个地来饮酒，一人饮尽，再一人饮，众人都饮完称为“一行”或“一巡”，这种饮酒习俗与现代人饮酒时大家共同举杯很不相同。“按巡饮酒”的次序是由尊及卑，由长及幼。一次宴席往往要饮酒数巡，如元稹《和乐天初授户曹喜而言志》一诗云：“归来高堂上，兄弟罗酒尊。各称千万寿，共饮三四巡。”北宋中期以前，人们饮酒多在五行左右，多不过七行。北宋中期以后，饮酒行数增多，民间酒宴饮酒一般为十行，宫廷酒宴饮酒多为九行。巡（行）酒所到，每个人都必须饮尽自己杯中之酒，否则主人会以各种形式进行促饮。两次巡酒之间，可以品尝菜肴，并往往进行各种娱乐活动，多为歌舞表演以侑酒助兴。在民间的大多数酒宴中，巡酒完毕并不意味着饮宴

① 姚伟钧，刘朴兵 . 中国饮食史（上册）[M]. 武汉大学出版社 .

结束，反而是进入“自由”饮酒阶段，主宾之间或宾客之间可以自由敬酒。若酒兴仍高，人们或赋诗填词，或歌舞助兴，或行酒令，通过各种活动将饮宴推向高潮。现代酒席上仍可见到“三巡”饮酒礼的遗风，一般为主持者或主人首先提第一杯和祝酒词，待第三杯共饮结束，宴席的开始阶段也随之结束，进入“酒过三巡，菜过五味”的正题阶段。

上述这些既是酒礼，也是待人的道理。遵从饮酒礼节，可以体现宾主间的相互尊重，如主人和宾客一起饮酒时，要相互跪拜；晚辈在长辈面前饮酒，叫侍饮，通常要先行跪拜礼，然后坐入次席；长辈命晚辈饮酒，晚辈才可举杯；长辈酒杯中的酒尚未饮完，晚辈也不能先饮尽。而且，必要的酒礼可以起到自我节制和活跃筵席气氛的作用，避免喝醉。

四、婚嫁与饮酒

我国周代的婚姻嫁娶习俗就已经走向规范化、程式化，由提亲到完婚已形成系统。男子若相中某一女子，必请媒人带上一些礼品向女方提亲，女方应允后，仍先口头约定，再由男方代表在媒人带领下带上约定好的彩礼去女方家正式订婚。婚期至，男方父亲向神灵和祖先祭拜后，命儿子前往迎亲，儿子允诺后向父亲跪拜告退，然后向女方送上迎亲的礼品和信物，并叩拜女方家的神祖，接新娘上车。在返归男方家时，新郎要先赶回家门口，接新娘下车，带领新娘入新房。新婚夫妇进洞房后，共同食用祭祀后的肉食、吃些象征吉祥的食品，同饮合卺酒，即交杯酒。新婚夫妇以酒寄托夫妻恩爱、白头到老的愿望。

直到今日，民间仍旧沿袭着祖先的婚礼程序。而在提亲至定亲间的每个环节中，酒都是常备之物。例如，媒人去姑娘家提媒、获取同意、索取生辰八字时捎带的礼物中有酒，婚期定下后，男家须备下酒、肉、面、蛋、糖果、点心等，请姑娘的舅、姑、婆、姨等三亲四戚。成亲时，当花轿抬进男家大院，第一件事就是要祭拜男家列祖列宗。烧酒、猪头、香烛摆上几案，新人双跪于下，主持婚礼的人口中念念有词，最后把猪头砍翻，并将酒缓缓洒于新人面前。进入洞房后，合卺酒也是必不可少的。洞房仪式完毕后，新人或新郎会向参加婚礼酒宴的宾客敬酒表示感谢。

拓展视野

月米酒，是妇女分娩前几天煮的米酒，一是为产妇催奶，二是为款待客人。孩子满月，要办月米酒，少则三五桌，多则二三十。酒宴上烧酒管够，每人另有礼包 1 个，内装红蛋、泡粑等物。

冠礼酒，也称成丁酒，冠礼是古代男子年满 20 岁即将孩童时散乱的头发绾起，“束冠”插簪，并命名字号，表示已成年。在冠礼活动中，祭拜祖先和神灵用酒；敬主持仪式的人饮酒；答谢祖、父辈训导饮酒；庆贺自己走向成熟也要饮酒。此间的酒无论是何品种，都是祝福生命的圣水。

此外还有庆祝生辰，期盼健康长寿的生日酒等。以及祭祀天神和祖先的祭酒，以表达敬意或是对逝者的哀思。

五、节庆饮酒

旧时人们在传统习俗影响下，认为一些特殊的日子或时节是适宜饮酒的良辰美景。如清代郎廷极的《胜饮编》中记载了春夏秋冬季适宜饮酒的良辰美景。颂椒，即元旦，饮椒柏酒、屠苏酒；人日，农历正月初七，专与朋友共饮；灯宴，农历正月十三日为上灯宴，十八日为落灯宴，此间家家多有宴饮；探春宴，春时，人们把种的各种花摆在院子里，边喝酒边赏花，然后为花儿们评奖；花朝，农历二月十五日，饮酒赏花；踏青，寒食前后，春游乐事，在郊外踩踩青草嗅嗅花香；社日，旧时祭祀土神的传统节日，分别为立春、立秋后的第五个戊日；宴幄，春游遇雨，搭帐篷，照常宴饮；访花，赏名贵花卉时，常饮之；庭花盛开，宴饮园庭花间，日期不定；修禊，农历三月第一个巳日，出游临绿波、藉碧草、觅籍碧草、觅芒物、听嘤鸣娱情觞咏之中；听黄鹂声，春日携酒听鸟鸣；送春，怅望送春杯；新绿，赏春发新绿时饮；泛蒲，农历五月初五，端午饮菖蒲酒；观音渡，端午观龙舟、水嬉之乐，携酒饮之；避暑会，暑伏，于林亭中酣饮；竹筱饮，夏月暑饮竹林中；喜雨，暑天毒热，一雨生凉，昼以酒贺；巧夕，农历七月初七；迎秋宴，夏末宴饮迎秋；新涨，堤边观潮水，饮酒；中秋，团圆节设酌以饮；登高，农历九月九日重阳节；红叶，月叶粲如花，流连觞似舟；好月，不拘何时，醉向月中；暖寒会，冬寒会友饮酒；守岁，除夕饮宴迎新春。

1. 除夕、春节与酒

春节是中国人一年中最重要的节庆，千百年来，春节的民俗庆祝活动是最为丰富多彩的。民间进入腊月就开始准备庆祝春节，常备的年货中酒是必不可少的。腊月的最后一天即为除夕，俗称“年三十”，是一家人吃团圆饭、喝“辞岁酒”直到第二日（大年初一）。农历正月初一是春节，古时叫“元日”“元旦”“端日”，都是指新的一年第一个月的第一天。有些地方，从初一至初五每天都要宴请家人亲戚团聚饮酒，有些地方的宴饮活动要持续到元宵节。

“爆竹声中一岁除，春风送暖入屠苏”（《元日》王安石）。古人在正月初一有饮屠苏酒的习俗，屠苏也作“屠酥”，指古代春节时喝的用屠苏草或几种草药泡的药酒。收藏于故宫博物院的金瓯永固杯就是清代皇帝们专门用来新年祈福喝屠苏酒的酒杯。据传屠苏酒是由唐代的孙思邈推崇开来的。《遵生八笺》中记载了屠苏酒的配方，“大黄十六铢，白术十五铢，桔梗十五铢，蜀椒十五铢，去目桂心十八铢，去皮乌头六铢，去皮脐菝葜十二铢”（古人把一两分为二十四铢）。

古时全家饮用屠苏酒的顺序也十分讲究，与传统礼仪从年长者开始相反，饮用屠苏酒是从最年少者开始。因为年纪小的人过年代表着顺利向成年长大一岁，受到祝贺和关注，而年长的人过年后更多代表生命又少一岁，所以晚一点带有祝愿长寿的意思。苏东坡的父亲苏洵在《除日》里写道“年年最后饮屠苏，不觉年来七十余”，这里的最后饮代表了苏洵在家中的饮酒顺序。人们在正月初一饮完屠苏酒后，用红布把渣滓包起来，挂在门框上，祈求“驱邪”和躲避瘟疫，求得长寿。

2. 端午节与酒

中国人有端午节饮用雄黄酒的习俗。雄黄酒，是用研磨成粉末的雄黄炮制的白酒或黄酒。雄黄作为一种中药药材，可用作解毒剂、杀虫药，于是被用以克制蛇、蝎等百虫。继而饮雄黄酒也被赋予祛病避邪的寓意。但从现代医学的角度看，雄黄是一种含砷的化学物质，本身具有毒性，食用可能会对人体造成损害。

3. 重阳节与酒

重阳节正是一年的金秋时节，菊花盛开，千姿百态，此时赏菊并饮菊花酒就是最应时应景的。菊花酒是加入菊花或菊叶的酒，传统上在重阳节饮用，也被誉为祛灾祈福的“吉祥酒”。至汉魏时期菊花酒开始盛行，《西京杂记》载称：“菊花舒时，并采茎叶，杂黍为酿之，至来年九月九日始熟，就饮焉，故谓之菊花酒。”李时珍在本草纲目中记载，菊花具有“治头风、明耳目、去痿痹、治百病”的功效。明清时代，菊花酒中又加入多种草药。

拓展视野

中国历史上曾出现过许多名酒。[①]

汉代主要有百味旨酒、菊花酒、兰英酒、洪梁酒、金浆酒、乌程若下酒、椒柏酒、关中白薄、葡萄酒、宜城醪醴、苍梧清、中山冬酿九酥酒等。

魏晋时主要有白堕酒、昆仑觞、曲阿酒、宜春酒、女酒、乾酢酒、山阴甜酒、巴乡酒、穄米酎酒、黍米酎酒、粱米酒、桑叶落、菊花秋等。

隋代主要有湖上酒、玉薤酒等。

唐代主要有李花酒、葡萄酒、酴糜酒、剑南春酒、郢州富水、乌程若下酒、荥阳土窟春、富平石冻春、剑南烧春、河东乾和葡萄、岭南灵溪、宜城九酝、京城西市腔、新丰酒、新州酒、灞陵酒、荔枝酒、兰陵酒、金陵酒、魏征家酿、焦革家酿、李琎家酿、斐度鱼儿酒、龙膏酒、五加酒、虎骨酒、乌蛇酒等。

宋代主要有蒲中酒、苏合香酒、鹿头酒、蔷薇露、流香酒、长春法酒、眉寿、和旨、仙醪、琼浆、玉液、玉酿、玉醑、碧北、琼波、流霞、清风、玉髓、千日春、延寿、羊羔、美绿、法清、香桂酒、雪酪、真珠泉、皇都春、碧香、凤泉、蓬莱春、锦波春、东阳酒、瑞露酒、红曲酒、荔枝酒、黄柑酒等。

元代主要有葡萄酒、马乳酒、太禧白酒、乌鸡酒、虎骨酒、松节酒、五加皮酒、翠涛饮、露襄酒饮、玉团春、石冻春、葡萄春、凤子脑、绿膏浆、香雪酒、碧香酒、腊酒、莲花白酒等。

明代王世贞在《酒品前后二十绝》组诗每首诗前的《序》中，简要地介绍了 20 种明代名酒的产地及其特点，主要有内法酒、桑落酒、襄陵酒、羊羔酒、蒲州酒、太原酒、潞州鲜红酒、蓟州薏苡仁酒、秋露白、章丘酒、金盘露、金华酒、高邮伍加皮酒、淮安酒、成都刺麻酒、麻姑酒、池州酒、荡口酒、顾氏三白酒、靠壁清白酒等。

明清时主要有竹叶青、御制药酒五味汤、真珠红、长春酒、金茎露、太禧白、满殿香、玉泉酒、莲花白、夜合枝酒、绍兴酒、金华酒、闽酒、薏酒、豆酒、沧酒、三白酒、咂酒、青稞酒、襄陵酒、汾酒、薛涛酒、剑南春酒、泸州老窖、五粮液、茅台春、桂林三花酒、全州湘山酒、葡萄烧酒等。

明清时期还有诸多特色酒品，如露酒之玫瑰露、寅陈露、苹果露、山楂露、葡萄露、五加皮、莲花白等，浸制酒之金酒、鲫鱼酒、绿豆酒、雪梨烧酒、错认水（烧酒浸冰糖、荸荠）、各色花酒等，果酒之山楂酒、枣酒、桑葚酒、桃酒、荔枝酒、龙眼酒、梨酒、倒捻子酒、西瓜酒、柿酒、椰子酒、树汁酒等。

---

① 华国梁，马健鹰．中国饮食文化［M］．湖南科学技术出版社，2004.

六、行令助觞

1. 酒令的起源与发展

酒令是酒席上饮酒时助兴取乐的一种游戏，是中国酒文化中最富有创造性和情趣的一个内容。酒令最早诞生于西周，完备于隋唐。行酒令时席间都有一位令官，余者听令轮流说诗词、联语或进行其他类似游戏，违令者多被罚饮酒，所以又称“行令饮酒”。古代专门监督饮酒仪式的酒官，最早出现于西周后期。汉代也有“觞政”一职，专门负责在酒宴上执行觞令。

射礼，称“燕射”，即通过射箭决定胜负，负者饮酒。周代的射礼为每人投射3次，投射不中目标的，要饮罚酒。酒在射礼中成为惩罚败者之物。春秋战国时期有投壶之戏，也源于射礼。而一般认为，酒令的起源与投壶之戏有关。河南南阳卧龙岗汉画馆里还保存有一幅生动形象的投壶石刻图。投壶的壶口广、腹大、颈细长，内盛小豆，因小豆圆滑且极富弹性使所投之矢易被弹出。矢的形态为一头齐一头尖，长度以“扶”（汉制，约相当于12厘米）为单位，分5扶、7扶、9扶，光线越暗，距离越远，则所用之矢越长。投壶开始时，司射（酒司令）确定壶之位置，然后演示告知“胜饮不胜者”，即胜方罚输方饮酒，并奏“狸首”乐。《礼记》中专门列有《投壶》一章，足见其在当时的流行程度。

魏晋时，文人雅士喜袭上古之风，整日饮酒作乐，纵情山水，清淡老庄，游心翰墨，行“流觞曲水”之酒令。所谓“流觞曲水”，是选择一风雅静僻所在，文人墨客按秩序安坐于潺潺流波之曲水边，一人置盛满酒的杯子于上游，使其顺流而下，酒杯止于某人面前即取而饮之，再乘微醉吟诗赋句。最著名的一次当数晋穆帝永和九年三月三日的兰亭修禊大会，大书法家王羲之与当朝名士41人于会稽山阴兰亭饮酒作诗，最后全部得诗三十七首，由王羲之醉笔走龙蛇，写就了一篇我国书法史上具有里程碑意义的书法经典之作——《兰亭集序》。当然，民间多将此活动简化为只饮酒不作诗。南北朝时期，除“流觞曲水”外，还有吟诗应和，即文人墨客席上吟诗应和，迟者受罚。

酒令的正式形成是在唐代，这时“酒令”一词从早期指主酒吏变为一个专有名词，特指宴席上那些决定饮者胜负的活动方式。酒令也迅速成为人们宴饮助兴的主要娱乐形式，唐朝时“饮酒必为令为佐欢”。目前能够知道的唐代酒令有20多种，如当时较盛行的酒令为“藏钩”“射覆”等。“藏钩”也称“送钩”，是一种猜有无的酒令，即甲方将“钩”或藏于手中或藏于手外，握成拳状让乙方猜度，猜错罚酒。“射覆”的射是猜或度量之意，行令时先分队，又称“分曹”，一方暗暗置物于器皿下由另一方猜。唐代诗人李商隐就精于此道，他的诗中有云“隔座送钩春酒暖，分曹射覆蜡灯红”。还有许多借助骰盘、筹箸、香球、花盏、酒胡子等器具进行的酒令。

宋代不但沿袭了酒令习俗，而且丰富发展了酒令文化，单是记载介绍各种酒令的书就有《酒令丛钞》《酒杜刍言》《醉乡律令》《嘉宾心令》《小酒令》《安雅堂酒令》《西厢酒令》《饮中八仙令》等。宋代以后，以文字酒令最为流行。文字令的盛行与文人群体的迅速壮大密切相关，此时不仅采用重文轻武的政策，而且加大了科举取士的力度，整个社会的文化水平有了较大提高。文字令需要的是才思敏捷和口齿清晰的举止谈吐，而不是如狂似癫地大呼小叫，因此行文字令时酒客显得谦和、随意和文雅。

明清时期，酒令的方式和内容越来越多样化，遂成为酒文化中极富情趣的一种文化现象。清代的《红楼梦》《聊斋志异》《镜花缘》三部古典文学名著中，保留了不少关于酒令的记载。明清两朝流行的酒令当推“拧酒令儿”，即不倒翁，先拧着它旋转，一待停下后，不倒翁的脸朝着谁就罚谁饮酒，粤人又称其为“酒令公仔”。又如四书令，是以《大学》《中庸》《论语》《孟子》四书的句子组合而成的一种酒令，在明清两代的文人宴上，四书令大行其时，用以检测文人的学识与机敏程度。

2. 酒令的分类

酒令，按形式可分为雅令、通令和筹令。

雅令，是指文人的酒令，这类酒令按内容可分为字令、诗令、词令和花鸟虫令等。先推一人为令官，或出诗句，或出对子，其他人按首令之意续令，所续之令必须在内容与形式上与首令相符，负者、令者、不能完成者则被罚饮酒。行雅令时，必须引经据典，分韵联吟，当席构思，即席应对，这就要求行酒令者既有文采和才华，又要敏捷和机智，所以它是酒令中最能展示饮者才思的项目。

通令，是更大众化的酒令，也称为俗令，如投骰子、划酒拳、击鼓传花、猜数等。通令很容易营造酒宴中的热闹气氛，因此较流行。但通令掳拳奋臂，有失风度，略显粗俗喧闹。

筹令，是一种雅俗共赏的酒令，因是从筒中掣筹行令，故名。筹令也是成语“觥筹交错”中筹的出处。筹子用竹或木片制作，根据抽中的筹箸上面的字句决定如何饮酒。唐代的“唐诗酒筹”极具特点，每筹都取唐诗一句，如“人面桃花相映红”对应“面赤者饮”，幽默诙谐。此外还有“名贤故事筹令”“饮中八仙筹令”“寻花筹令”等也较受人们欢迎。

雅令、通令和筹令，可以分别进行，也可以结合在一起进行，且酒令实无定制，当筵者可以依据座中情况加以发挥。酒令还可以根据表现形式分为流觞传花类、骰子类、手势类、猜枚类、筹类、谜语类等。总之，酒令的目的也不是用来罚酒的，而主要是用来活跃气氛的。因此，饮酒行令既是古人好客的表现，又是饮酒艺术与聪明才智的结晶。

拓展视野

《红楼梦》中对宴席和肴馔的描述不胜枚举，不仅以饮食好恶烘托人物形象、刻画人物性格，更是通过对进食行为和宴席场景的叙述展开，将复杂人物关系和四大家族兴衰走向娓娓道来。书中对众人行酒令的描述有十余次，为人们还原古代酒令提供了丰富而形象的实例。

书中第六十二回“憨湘云醉眠芍药茵，呆香菱情解石榴裙”，众人发现贾宝玉、薛宝琴、平儿、岫烟四人同日生日，恰巧家中长辈不在，于是探春提议四人一同过生日，并安排了吃喝，主子仆从等一同吃酒玩耍，喝酒猜拳至深夜。席间，宝玉说“雅坐无趣，须要行令才好”。由于酒令种类繁多，众人争执不下，黛玉便提议将所有的酒令都写下，然后抓阄决定。于是，在十来个阄中抽到“射覆”。宝钗笑道：“把个酒令的祖宗拈出来。‘射覆’从古有的，如今失了传，这是后人纂的，比一切的令都难。”射覆始于汉代初期，几经演变，其中“覆”指将某个字或某件事务隐藏在题目中，让对方去猜，而猜者作答就叫作“射”。猜者猜出答案后，需同样用隐语对谜底做“覆”。如果猜不出或者不能用恰如其分的隐语对答，则是输了，需要受罚。由此可见，射覆属于酒令中的雅令，对参与者的知识储备要求很高。例如席间，因宝琴与香菱都掷色子到三点，听从令关探春安排由宝琴覆、香菱射，谜底限于酒席室内的事物。文中宝琴的覆为“老”，香菱猜不到，但史湘云注意到室内门斗上贴着“红香圃”三字而猜到宝琴覆的是“吾不如老圃”的“圃”字，因而想悄悄告诉香菱答“老”，出处为孔子的“吾不如老圃”。

席间史湘云出一令曰：“酒面要一句古文，一句旧诗，一句骨牌名，一句曲牌名，还要一句时宪书上的话，总共凑成一句话。酒底要关人事的果菜名。”她自己给出的酒面是：“奔腾而砰湃，江间波浪兼天涌，须要铁锁缆孤舟，既遇着一江风，不宜出行。”酒底（鸭子）：“这鸭头不是那丫头，头上哪讨桂花油。”其中古文选用北宋欧阳修的《秋声赋》，旧诗选用杜甫《秋声》，“铁索缆孤舟”为骨牌名，“一江风”为曲牌名，“不宜出行”常见于旧时黄历。酒底用鸭头谐音丫头。这里贾宝玉对不出，就在林黛玉的劝说下自罚一杯，听林黛玉说道：落霞与孤鹜齐飞，风急江天过雁哀，却是一只折足雁，叫得人九回肠，这是鸿雁来宾。黛玉又拈了一个榛子，说到“榛子非关隔院砧，何来万户捣衣声”。其中古文选用唐代王勃的《滕王阁序》，旧诗选用宋代陆游的《寒夕》，“折足雁”为骨牌名，“九回肠”为曲牌名，“鸿雁来宾”是旧时黄历里的话。酒底则为榛子。

由于射覆的难度太高，宝钗立刻建议另一半不会的人再抓一个阄，行别的令，于是袭人拈出来“拇战”。拇战又叫猜拳、划拳，史湘云形容它是“简断爽利，合了我的脾气。”文中也描述有众人因等不及射覆，而湘云和宝玉“三”“五”乱叫，尤氏和鸳鸯隔着席也“七”“八”乱叫，划起拳来。平儿袭人也作了一对划拳，叮叮当当只听得腕上的镯子响。“这些人因贾母王夫人不在家，没了管束，便任意取乐，呼三喝四，喊七叫八。满厅中红飞翠舞，玉动珠摇，真是十分热闹。”由此可见，拇战的受众更广，活跃席面气氛的作用明显。

第四节 酒器与酒具

酒器，是酒文化最原始的载体，包括了盛酒的容器和饮酒的饮具。在不同的历史时期，由于社会经济的不断发展，酒器的制作技术、材料、外形自然会产生相应的变化，故出现了形形色色、种类繁多、令人目不暇接的酒器。按酒器的材料可分为天然材料酒器（木、竹制品、兽角、海螺、葫芦）、陶制酒器、青铜制酒器、漆制酒器、瓷制酒器、玉器或水晶制品、金银酒器、锡制酒器、景泰蓝酒器、玻璃酒器、铝制罐、不锈钢饮酒器、塑料软包装、纸包装容器等。

视频资源：酒器的演变

一、先秦时期青铜酒器

商代，由于酿酒业的发达和青铜器制作技术高超，中国酒器制作也十分繁荣。当时的职业中还出现了“长勺氏”和“尾勺氏”这种专门以制作酒具为生的氏族。现已发现的最早铜制酒器为二里头文化时期的爵。商代是一个非常注重以酒祭祀和祖先崇拜的文化体系，商人相信馥郁浓烈的酒香可以跨越时空维度，让心意联通天地。周代酒器基本上沿袭了商代的风格，也有专门制作酒具的“梓人”。

据《殷周青铜器通论》记载，商周时期的青铜器共分为食器、酒器、水器和乐器四大部，共 50 类，其中酒器占 24 类。按用途分为煮酒器、盛酒器、饮酒器、储酒器、礼器。

盛酒器是一种盛酒备饮的容器，类型多样主要有尊、壶、罍、区、卮、皿、鉴、斛、觥、瓮、瓿、彝、卣、觚等。下图 6–3 展示的卣是流行于商、周时期的盛酒器，有盖和提染，器型多变，从甲骨刻辞可见，卣是盛装鬯酒（用黑黍和香草一同酿制的一种香味浓烈的顶级美酒）的高规格酒器。相比之下，壶（见图 6–4）作为盛酒器流行的时间更久，从商代直到汉代，式样非常多。春秋之后，壶逐渐取代了尊，且可兼作盛水的器皿。觚和爵则是最基本的成组酒器，也是最早的青铜礼器之一。如图 6–5 中可见，觚的形状是长身、侈口，口和底部都成喇叭状，主要盛行于商和西周。考古发现，商周时期与尊、罍、卣、觥等配套使用的还有斗，斗是一种古代挹注器，用以挹酒，兼而挹水。铜斗盛行于商周时期，东周逐渐改为漆斗。

图 6–3　铜卣
（商）
（中国国家博物馆藏）

图 6–4　环纹带盖青铜壶
（春秋）
（中国国家博物馆藏）

图 6–5　“戍马”铜觚
（商代晚期）
（中国国家博物馆藏）

每一种酒器又有许多式样，有普通型，也有仿动物造型的，如鸟兽尊（鸟尊、象尊、犀尊、牛尊、羊尊、虎尊、羊尊、虎尊等）。尊（见图 6–6）可用作酒器的通用名，凡是酒器都可以称为尊，或专指侈口、高颈、似觚而大的盛酒备饮的容器，此外还有少数方尊（如四羊方尊）。在商周青铜礼器中，尊占据着仅次于鼎的重要地位。觥也多以动物为造型，觥盖（见图 6–7）兽首连接兽脊，流部则为兽的颈部，可用作倾酒。“天命玄鸟，降而生商”，玄鸟被尊为商的图腾，也总以不同形象出现在器物较醒目的位置上。商人也认为多种动物元素组合更具神力，可以使器物和人在与上天神灵的沟通上更为顺畅，表现出人们对美好食物的向往、对吉祥的祈盼和祈求神灵凶物的保护。商父乙觥（图 6–7）的器身上同时有兽面纹、龙纹和鸟纹，以及更为抽象的似兔非兔、似鹿非鹿纹饰。

图 6-6 龙虎纹尊
（商）
（中国国家博物馆藏）

图 6-7 商父乙觥
（商代晚期）
（上海博物馆藏）

在商周时期的墓葬中，盉（见图 6-8）与盘、匜等水器有组合出土的关系，有时盉就放在盘中存放。在实际的使用中，盉与匜可以互相代替，将水注入盘中，人可以在水流中盥洗。而盉与酒器组合时，盛水以调和酒味浓淡，是为调酒器。

图 6-8 铜盉
（西周）
（中国国家博物馆藏）

图 6-9 铜爵
（商）
（中国国家博物馆藏）

图 6-10 铜斝
（商）
（中国国家博物馆藏）

温酒器适用于饮酒前将酒加热，配以木勺，便于取酒，流行于汉代，如樽、爵（见图 6-9）、斝（见图 6-10）。上文提到青铜觚和爵是等量成对出现的，觚是盛酒的器皿，爵一般认为是可以用来温酒的饮酒器。青铜爵始见于河南偃师二里头文化遗址，是先秦时期重要的酒礼器，盛行于商代，西周中后期基本消失。爵在祭祀中用于歆和祼。在古人看来，鬼神虽不饮不食但喜欢嗅香气，所以香气浓烈的鬯酒最适于祭祀敬神，加热后，爵内鬯酒的蒸汽香味更浓烈，这种以香气享神曰“歆”。在祭礼中，将爵内未蒸发完的鬯酒通过前端的流浇灌到铺在地面的茅草树上，以灌地之礼求神称为“祼”。通过歆祼之礼完成祭祀仪式。

温酒之外也有冰酒的器具。湖北随州曾侯乙墓中的青铜冰鉴（见图 6-11），属于可置冰储酒的酒器，由方鉴和方缶组成，又称为冰釜，属于宴请和祭祀中所使用的高规格酒器。方鉴和方缶间留有较大的空隙，用以放冰；方缶内盛酒。在夏天，既可以饮用到冰镇美酒，又可以防止因温度高而导致米酒发酵过度而变质。方鉴底部设计有能够固定方缶的卡口，以保证在移动和存放过程中方缶固定的稳固。冰鉴箱体两侧设提环，顶上有盖板，上开双钱孔，既是抠手又是冷气散发口。使用长柄青铜勺，可以从缶内取酒。

图 6-11　曾侯乙青铜冰鉴
（战国）
（中国国家博物馆藏）

饮酒器的种类主要有：觶、角、杯、舟，以及出现较晚的杯或盏。陶制酒器时就已种类繁多（见图 6-12），有平底杯、圈足杯、高圈足杯、高柄杯（见图 6-13）、斜壁杯、曲腹杯、觚形杯等。耳杯（见图 6-14）是战国漆器中十分流行的一种饮食器，其椭圆形带双耳的造型独特而时尚，两侧各附一半月形耳，就像一双羽翼，故又名羽觞。其他酒具的形制基本上继承了青铜酒器的形制，外观上大多外涂黑漆，漆上用朱漆绘装饰纹，内壁涂朱色。

图 6-12　单耳黑陶杯
（新石器时代）
（中国国家博物馆藏）

图 6-13　高柄杯
（龙山文化）
（中国国家博物馆藏）

图 6-14　漆耳杯
（战国）
（中国国家博物馆藏）

二、秦汉魏晋南北朝时期酒器

商周以后，青铜酒器逐渐衰落，许多酒器退出历史舞台，爵和觚则逐渐功能性蜕变成一种礼器和装饰物。虽然到汉代肖形尊已不太流行，但也不乏错金银云纹青铜犀尊（见图 6–15）这样的精品。这件铜尊采用古代生活在中国的苏门犀为造型，昂首伫立，体态雄健，四蹄粗壮有力，逼真生动。尊腹中空，用来盛酒；尊背有椭圆形口，口上有盖；犀牛口右侧有一圆管状的“流”。通体饰细如游丝的错金银云纹，熠熠生辉，华美无比。在古代，中国不仅产犀牛，而且数量很多。新石器时代遗址中曾多次发现犀牛骨，殷商甲骨文中有焚林猎犀的记载，春秋战国时期用犀牛皮做成的犀甲是武士艳羡的装备。由于大范围的捕杀，犀牛这种生殖率低的野生动物在北方迅速减少，最迟到西汉晚期在关中一带已经绝迹。

图 6–15　错金银云纹青铜犀尊
（西汉）
（中国国家博物馆藏）

图 6–16　铜卮
（西汉）
（中国国家博物馆藏）

图 6–17　铜酒樽
（东汉）
（中国国家博物馆藏）

漆制酒具也是秦汉时期的主要器具类型，如樽、钟、壶、钫、卮、耳杯、勺等，有盛酒器与饮酒器之分。除漆制酒具占主导外，也有玉制、玻璃制和陶制的酒具。在汉代画像砖石和壁画上，持卮宴饮是人们熟见的场面。卮（见图 6–16）是秦汉时期常用的饮酒具，呈直筒状，单把，往往有盖，形如今日的搪瓷杯。制作卮的原料除铜外，还有木陶、银等。卮的容量因大小不同而有差异。马王堆遣策和铭记所记录的卮有小卮、二升卮、七升卮和斗卮之分。小的可容二升，合 400 多毫升，大的可容一斗，鸿门宴上项羽赐给樊哙的酒用的就是最大号的“斗卮”。

汉晋时期主要的盛酒器是樽。当时的酒一般储藏在瓮、榼或壶中，饮宴时一般是席地而坐，先将酒倒在樽里，酒樽（见图 6–17）放在席地中间，再用勺酌于耳杯中饮用，饮酒器具也置于地上，故其形体较矮胖。

秦汉时期酒器文化具有以下特点：一是汉代酒器由先秦凝重的礼文化氛围向更

日用、自由、活泼的趋势转变；二是酒器文化中对质地、器型、色彩、纹饰等方面的审美视野和标准有了新时代的特征；三是漆制酒具的造型、材质、制作、髹漆、彩绘等丰富了中国酒器文化的内涵。

魏晋南北朝时期漆制酒器逐渐衰落，青瓷酒具登上历史舞台。耳杯选用瓷土作胎，外施青釉，烧制温度更高。青瓷工艺较之漆器工艺更简单，成本更低。造型上，魏晋时期开始流行坐床，酒具随之变得较为瘦长。耳杯口部两端微上翘、底部收缩，更显玲珑精巧，并具有跳跃飞动的感觉。耳杯之外，也有不少造型讲究、纹饰繁杂的酒杯。以鸟形杯为例，是以半圆形的杯体为腹，前贴圆首尖喙的鸟头、双翼和足，后装一个上翘的鸟尾。整体双翅凌空展开，双足收紧腹部，造型灵动，达到喝酒同时鉴赏酒杯的作用，实现了美学与实用的结合。

三、隋唐五代时期酒器

隋、唐时代是我国封建社会鼎盛时期，饮酒之风十分盛行，此时的酒器文化以瓷质酒器为主、金银酒器为辅。

隋代存在的时间不长，但发明了“浮白釉”和“茶沫釉”等新的瓷釉品种，用于制作酒具的有白瓷、褐色瓷、绿瓷。1957 年，陕西西安隋代李静训墓中出土的“双身龙耳白釉瓶”“金扣玉杯”“高足玉杯”等都是隋代酒器制作工艺的最高水平代表。

唐代是我国三彩酒器、瓷酒器和金银酒器发展的黄金时代。尤其是唐三彩，由酱黄、浮白、葱绿三种颜色组成，间有翠色，带来一种既典雅、淳朴，又艳丽、鲜明的美感。如洛阳出土的唐恭陵“三彩执壶”、西安出土的“三彩双鱼壶”等，都具有很高的艺术价值和历史价值。唐中期以后，瓷器以“南青”越瓷和“北白”邢窑为代表。同时金银酒器也是异常丰富，如陕西西安南郊何家村金银器窖藏坑中出土的“侍女狩猎八瓣银杯”（见图 6–18）“狩猎纹高足银杯”（见图 6–19）“掐丝团花金杯”“舞伎八棱金杯”等。

唐代中外文化交流频繁，还出土了“镶金兽首玛瑙杯”（1970 年，陕西省西安市南郊何家村）这样一件至今所见唐代唯一的俏色（指巧妙利用玉料天然色进行雕刻）玉雕制品（见图 6–20）。该酒杯选料是一整块极少见红玛瑙，雕刻时取势造型、依型布局，玉石粗端雕为杯口，细端雕为兽首，惟妙惟肖。兽嘴部分用黄金制成，作为玛瑙杯的底塞，可以防止杯中液体流出。巧妙的设计显现出匠人卓越的艺术功底。酒杯的造型源于一种“来通”（Rhyton，希腊语）酒具，发端于爱琴海，后在波斯文明中十分常见。整只杯无论器型还是用料都是中国之前没有的，所以这只镶金兽首玛瑙杯又蕴含了中西文化交流的特殊背景。

唐代的酒杯形体比过去的要小得多，故有人认为唐代出现了蒸馏酒，酒烈则杯小。唐代开始使用桌子，继而出现了一些适于在桌子上使用的酒具。如注子，唐人称为“偏提”，其形状似今日之酒壶，有嘴，有柄，既能盛酒，又可注酒于酒杯中，因而取代了以前的樽勺。唐代的酒具主要有连体壶、执壶、盏、注子、杯、碗、盅、双耳瓶等。唐代后期出现了与酒注相配的注碗，使得温酒的方法焕然一新。以前人们温酒需要把酒倒入酒铛之类的器皿中直接把酒煮热，而使用注碗温酒时，只需把盛有酒的酒杯放入注碗，然后向注碗中添加热水就可间接把酒加热。这种温酒方式在宋金时期广为流传，取代酒铛成为主要的温酒器。

图 6-18 侍女狩猎八瓣单柄银杯（唐代）（陕西历史博物馆藏）

图 6-19 狩猎纹高足银杯（唐代）（陕西历史博物馆藏）

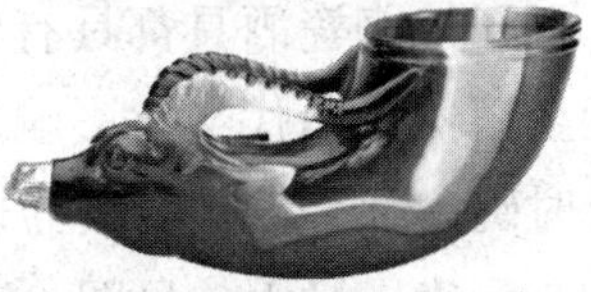

图 6-20 镶金兽首玛瑙杯（唐代）（陕西历史博物馆藏）

四、宋元时期酒器

宋辽金元时期，我国的酒业规模已相当发达。《水浒传》中就对宋代酒业发达，饮食市场酒肆繁多、生意兴隆有诸多描述。宋代人喜欢将黄酒温热后饮用，故发明盛倒酒的注壶（又称酒注子）和温酒的温碗（又称注碗）配套组合。如图 6-21 所示为宋代饮酒器皿的代表，注壶直颈、带盖、弓形柄、细长流、圆肩、鼓腹，器身满刻牡丹花纹。温碗敞口，高圈足，似盛开的牡丹。注壶、温碗两种器物配套使用，因而两者器型一致，如瓜棱形注壶必配瓜棱形温碗，莲花形注壶必配莲花形温碗。使用时，将盛有酒的注壶置于温碗内，往温碗中注入热水，可以温酒。耀州窑有一种特有的提梁壶，小口、球腹、龙首流、半月形，极具特色。宋代是陶瓷生产鼎盛时期，有不少精美的酒器一直沿用至今，如定窑白瓷酒具。

图 6-21　青白釉刻画缠枝牡丹纹注壶、温碗（北宋）（中国国家博物馆藏）

图 6-22　兽首流花枝提梁瓜棱金壶（辽）（中国国家博物馆藏）

图 6-23　银马盂（元）（中国国家博物馆藏）

辽代陶瓷酒具都具有契丹少数民族风格，最常见为鸡冠酒壶，也称皮囊壶。辽代金银器受唐代文化影响颇深，如图 6-22 兽首流花枝提梁瓜棱金壶颇具唐代遗韵，此时碗、杯、盘等金银器也多采用葵口多曲式样。

元代，马盂（见图 6-23）与壶瓶、台盏形成一种酒器组合，被广泛使用。马盂的造型源于商周时期的青铜匜，是一种多功能酒具，既可用于饮酒，也可用作勺来挹取，它的流又兼有斟酒的功能。此外，元代流行酒精度数较高的蒸馏烧酒，温酒之风衰落，温酒的注碗和与酒盏搭配使用的酒台都渐渐退出历史舞台。酒盏就是酒杯。北宋时期，酒盏和茶盏在形制上基本相同。在一些出土的北宋圈足瓷盏中，仅在盏心印有“酒”字或“茶”字进行区别。宋金时的酒盏往往与盏托相配，这是由于当时的温酒习惯导致，装了热酒的酒盏如果没有盏托则容易烫手。酒台和酒盘都是盏托，即用于承托酒盏。元代不再温酒饮用后，酒台逐渐消失，但酒盘因美观、轻便、实用继续被广泛使用。

五、明清以来的酒器

明清的酒器种类与元代中后期基本相同。盛酒器有酒瓮、酒坛、酒瓶等，注酒器有执壶，饮酒器有酒杯、酒盅、酒盏等。明清酒具越来越小巧，大型的器物已很少出现，其主要原因是酒的度数越来越高。这时代表性的器物也越来越少，个性化器物增多。

明代的瓷制品酒器以青花、斗彩、祭红酒器最有特色，常见酒具有梨形壶、龙柄壶、莲瓣壶、鸡心壶、亭盖方壶等。清代瓷制酒具有珐琅彩、素三彩、青花玲珑瓷及各种仿古瓷。明清时期至中华人民共和国成立后，锡制温酒器广为使用。

在我国历史上还有一些材料或造型独特的酒器，虽然没有普及，却具有很高的欣赏价值，如用金、银、象牙、玉石、景泰蓝等材料制成的酒器。其中著名的有夜光杯、倒流壶、鸳鸯转香壶、九龙公道杯、渎山大玉海等。纵观酒器的发展历程我们不难感受到中国饮食器具之美，美在质、美在形、美在装饰，不仅在当时发挥着辅助饮馔的功能，而且作为当时精神文明的物质载体，蕴含了丰富的人文历史、工艺技术、风俗礼仪、伦理美学等社会信息，是社会、经济、文化和科技发展的载体之一，是人类在获取和享受物质文明基础上焕发出来的精神文明的升华。

思考题

1. 商代和周代人们在酒的认识水平和酿酒、饮酒观点上有何差异?

2. 商周酒文化对中国酒和酒文化的后世发展有哪些影响?

3. 中国酒文化的特点有哪些? 试结合事例解释说明。

4. 中国谷物酿酒的工艺特点是什么?

5. 以参观展览、观看纪录片或阅读有关书籍的方式，选择代表性文物，结合文物所处历史背景、生产力水平、艺术审美等因素，介绍文物背后的酒文化。

6. 中国酒的名优产品有哪些?

7. 案例讨论

《红楼梦》第六十三回“寿怡红群芳开夜宴 死金丹独艳理亲丧”中描述了宝玉进行的私人生日聚会，即在宝玉的住处用一张花梨圆炕桌放在炕上，大家挤在一处欢聚。这时，麝月提议拿骰子玩抢红。骰子为方形，六个断面各有代表从一到六的圆点，一般数字一和四涂红色，其余为黑色。“抢红”则是以掷得的红点的多少决胜，负者要受罚饮酒。宝玉觉得抢红没趣，而是建议占花名儿，这里使用的是竹雕的签筒和象牙的花名签子。之所以称为花名签子，是因为每支签都刻有一种花的名字，以及雅句和酒席活动的批注。通过骰子的点数，按照座次数到谁就由谁来摇签，抽到哪支就代表哪种花。

按照先后顺序为：①薛宝钗抽到牡丹花，“任是无情也动人”的诗句出自罗隐的《牡丹花》，注云“在席共贺一杯，此为群芳之冠，随意命人，不拘诗词雅谑，或新曲一支为贺”。②探春抽到杏花，注云“得此签者，必得贵婿，大家恭贺一杯，再同饮一杯”。探春虽不喜欢这个签，却也被强迫着灌了酒。众人玩笑说“我们家已有了王妃，难道你也是王妃不成?”③李纨抽到老梅，注云“自饮一杯，下家掷骰”，配有诗句“竹篱茅舍自甘心”。这句出自宋代王琪《梅》诗：“不受尘埃半点侵，竹篱茅舍自甘心。只因误识林和靖，惹得诗人说到今。”④史湘云抽到海棠，注云“既云‘香梦沉酣’，掣此签者不便饮酒，只令上下二家各饮一杯”。⑤麝月抽到荼蘼花，提着“韶华胜极”四字，注云“在席各饮三杯送春”。荼蘼花开的时间最晚，它开时其他花均已凋谢。⑥香菱抽到并蒂花，注云“恭贺掣者三杯，大家陪饮一杯”，这里“并蒂莲”与白天香菱拿着的“夫妻蕙”呼应。签上诗句“连理枝头花正开”出自朱淑贞的《落花》。⑦林黛玉抽到芙蓉花，注云“自饮一杯，牡丹陪饮一杯”，而签上诗句“莫怨东风当自嗟”出自欧阳修的《和王介甫明妃曲二首》。⑧袭人抽到桃花，注云“杏花陪一盏，坐中同庚者陪一盏，同辰者陪一盏，同姓者陪一盏”。席上香菱、晴雯、宝钗与她同庚，黛玉与她同辰，芳官算是与她同姓，刚抽了杏花签的则是探春。这些陪酒共饮之人有共列“金陵十二钗”正册首位的黛玉和宝钗，有列“金陵十二钗”副册首位的香菱，有列“金陵十二钗”又副册首位的晴雯，芳官则代表了其他众人，这些人的结局都是悲剧，这是一个“万艳陪悲”的特殊花签。签上另注有“武陵别景”和“桃红又是一年春”，出自宋代谢枋得的《庆全庵桃花》。

阅读上文，并查阅资料后回答：

① 这段描述中涉及几种酒令，各是什么，有何特点？

② 曹雪芹借花名签对书中十二钗进行了隐喻和铺垫，达到了以花喻人、花人合一的境界。试根据花名签的内容和你的理解，对人物的性格特点和命运安排进行分析。

③ 酒文化与中国文学艺术创造有着密切的联系，除上文外，据你了解还有哪些依托酒文化进行的文学和艺术创造？

④ 酒文化与中国民间风俗有着密切的联系，请联系你的经历，举例说明中国酒文化是如何与一年中时令、节气和年节相呼应的。

第七章

其他酒水文化

【本章引言】

本章过后，学习者应该能够达到知识和应用两个维度的学习目标。

知识维度：

➢ 解释说明酒的基本酿造原理，据此阐述酒的分类，并举例。

➢ 辨别葡萄酒、香槟酒、气泡酒、冰酒和贵腐酒的酿造特点和饮用风俗。

➢ 辨别中外烈性酒的酿造特点和品饮风俗。

➢ 列举咖啡的分类、代表产品和产区分布情况，解释说明不同加工方式对咖啡品质的影响。

➢ 辨别咖啡豆的处理方式、烘焙度和萃取方式间的选择关系，意式咖啡饮品的分类。

应用维度：

➢ 从酒与食物的搭配规律出发，体会和设计餐酒搭配。

➢ 调动五感，参与酒和咖啡的品鉴，将对中外饮品文化的理解认识融入生活，助力中西方文化交流与共荣。

➢ 参考比利时啤酒文化、土耳其咖啡文化与传统、阿拉伯咖啡慷慨的象征、沙特阿拉伯咖啡种植理论与实践等世界非物质文化遗产案例，在中国饮品文化发展与传播、资源保护和开发中积极思考，建言献策。

第一节　葡萄酒文化

葡萄酒是果类酿造酒的代表品种，在西餐中非常流行，可单独饮用和作为佐餐酒，也可用于腌制肉类原料或在烹饪过程中使用。法国是世界上最大的葡萄酒生产国，年产量占世界葡萄酒产量的 25%，其次是意大利。欧洲国家生产的葡萄酒，通称为旧世界葡萄酒，欧洲以外其他区域生产的葡萄酒，则称为新世界葡萄酒，主要产区有美国、澳大利亚、智利、南非、阿根廷、新西兰、加拿大、中国等。

一、葡萄酒的分类

1. 按酒液中残糖量分类

葡萄酒是以新鲜成熟的葡萄或葡萄汁经酵母发酵酿制而成的酿造原酒，其本质是酵母将葡萄汁中的糖转化为酒精和二氧化碳。通常情况下，在 1 升酒液中，酵母每转化 17 g 糖可以让酒度提升 1 度。但酵母在酒精度超过 16 的环境中活力降低甚至死亡，发酵停止。此时，酒液中没有被转化为酒精的糖就是残留下来的糖，简称残糖。残糖量高则酒液口味偏甜，反之不甜。据此，红葡萄酒和白葡萄酒均可按照残糖量由低到高细分为干型、半干型、半甜型和甜型四类。

2. 按成品颜色分类

可分为红葡萄酒（呈紫红、深红、宝石色）、白葡萄酒（呈白色或浅黄色）及粉红葡萄酒（呈粉紫色、桃红色或石榴红）三类。酿酒过程中，如果将葡萄汁和葡萄皮浸渍在一起，葡萄皮、葡萄籽和果梗中的丹宁、色素和其他风味物质将会被萃取出来。桃红葡萄酒颜色的深浅取决于皮渣与酒液分离的时间，分离时间越晚则颜色越深。

3. 按酿造方式分类

以酿造方式来说，可以分为静止葡萄酒、起泡葡萄酒、加烈葡萄酒和加味葡萄酒四类。其中一般葡萄酒的酒精含量为 8%~15%，而加烈葡萄酒的酒精含量会更高。

葡萄酒酿造过程中产生的二氧化碳如果都排掉了，那么产品就是不带泡的静止酒（Still Wine）。如果在密闭的容器中发酵，而不让二氧化碳跑掉，酒液中就会出现气泡（Sparkling Wine）。最著名的起泡酒就是香槟酒（Champagne）。香槟专指产于法国香槟区，选用指定葡萄品种（大部分香槟酒只选用霞多丽（Chardonnay）、黑皮诺（Pinot Noir）、莫尼耶皮诺（Pinot Meunier）进行调配（虽然法律规定的不仅以上三种），根据指定酒瓶内二次发酵生产流程所酿造的经典起泡酒。香槟酿造中的这种瓶内二次发酵被称为“传统法”（Traditional Method），在香槟区以外也有不少采用传统法生产气泡酒的产区，如法国克莱蒙（Crémant）、西班牙的卡瓦（Cava）和意大利的弗朗奇科塔（Franciacorta）等。另一些气泡酒是在大型密封抗压罐中产生气泡制得，即“罐中二次发酵法”工艺。这类气泡酒工艺相对简单，口味清爽，一般不陈年储存，市场上畅销的有普洛赛克（Prosecco）、塞克（Sekt）等。

在酿制甜型葡萄酒时，为使酒液中保留较高的残糖量，有两种酿造方式可以选择；一是提前终止发酵；二是选用甜度高的葡萄。当用加酒精的方式杀死酵母而提前终止发酵时，制得的就是加烈葡萄酒，或称为“加强酒”，如波特（Port）、马德拉（Madeira）、奶油雪利酒（Cream Sherry）等。一般而言，酒精度在 15 度以上的酒液，除少数外都可能是加强酒。此外，也可通过降低温度停止酵母活动后将酵母过滤去除，或者通入大量二氧化硫以杀死酵母来达到停止发酵的目的。

高甜度葡萄的来源则主要有晚采收、风干和酿制贵腐酒、冰酒四类。

①晚采收（Late Harvest）顾名思义就是推迟采收，让葡萄在藤上积累更多糖分。南非的克莱坦亚酒庄（Klein Constantia）就是经典的晚采收酒庄。

②风干葡萄酒就是用葡萄干酿酒，可以选择在藤上风干，也可采摘后日晒风干，或者在通风良好的室内风干。经典风干酒酒庄有意大利的爱唯侬堡（Avignonesi）、多娜佳塔酒庄（Donnafugata）。

③贵腐酒（Noble Rot）直译就是“名贵的腐烂”，源自匈牙利，利用过分成熟且在藤上受霉菌（俗称贵腐霉）感染而水分蒸发的干萎葡萄酿制，被认为是顶级的甜白葡萄酒。贵腐霉菌不仅因繁殖穿透葡萄皮促使葡萄中水分挥发，使得葡萄的糖分和有机酸等成分得到浓缩，而且其自身代谢产生的次级代谢物也可为酒液增味增香。随窖藏时间增加，贵腐酒会由金黄色变成琥珀色或橘红色。世界三大顶级贵腐酒产区是法国波尔多苏玳（Sauternes）、德国莱茵高（Rheingau）及匈牙利托卡伊（Tokaji）产区。

④冰葡萄酒（Icewine）也称为冰酒，指待葡萄于藤蔓上自然冰冻（气温低于 −7℃）一段时间后再采摘，并在结冰状态下压榨。这时由于水分已被冻成冰，压榨时先流出来的就是高度浓缩的葡萄汁，再经发酵酿制而成的葡萄酒（全程不允许外加糖分）。多在加拿大、德国、奥地利等纬度较高的寒冷地区酿制，因受特殊气候等多种因素限定而产量稀少。

二、影响葡萄酒品质的因素

1. 葡萄的品种

影响葡萄酒品质的首要因素就是葡萄的品种，但是酿酒葡萄并不是我们日常吃的水果，因为水果葡萄的糖分和风味都远未达标。酿制红葡萄酒的葡萄品种主要有黑皮诺（Pinot Noir）、赤霞珠（Cabernet Sauvignon）、梅洛（Merlot）、西拉（Shiraz，法国称 Syrah）、马尔贝克（Malbec）、桑娇维塞（Sangiovese）、添普兰尼洛（Tempranillo）、歌海娜（Grenache）、内比奥罗（Nebbiolo）、金粉黛（Zinfandel）、加美（Gamay）。酿制白葡萄酒的葡萄品种主要有：霞多丽（Chardonnay）、长相思白葡萄（Sauvignon Blanc）、雷司令（Riesling）、琼瑶浆（Gewurztraminer）、密斯卡岱（Muscadet，别称勃艮第香瓜）、赛美蓉（Semillon）、麝香葡萄（Muscat）、维欧尼（Viognier）、灰皮诺（Pinot Gris）。

2. 产地

葡萄是一种温带作物，据此世界范围内的葡萄酒产区一般是在纬度 30~50 度的地区，称为葡萄酒带（Wine Belt）。这些温带地区内相对冷的地方称为冷凉产区，相对热的地区称为温暖产区，两者之间为温和气候产区。与此类似的还有咖啡带（Coffee Belt），位于比葡萄酒产区纬度更低的北纬 23.5 度到南纬 23.5 度。而以谷物为原料酿造啤酒、威士忌、伏特加等地区则在纬度更高的区域。

在不同气候下种植的葡萄特点也各不相同，酿制的葡萄酒自然也口感风味迥异。比如随气温由冷凉到炎热过渡，白葡萄酒的香气会由植物香气和绿色水果过渡到热带水果，红葡萄酒的香气会由植物香气和红色水果过渡到黑色水果甚至果干。而高酒精度的加强酒往往都来自热气候地区（见表 7-1）。

表 7-1　气候对葡萄酒风格的影响

		冷凉产区	温暖产区
葡萄	糖酸比	酸度更高，糖分更少。	成熟度可以很多，酸度更低，糖分更多。
	果味	果味青涩，闻之不甜，甚至可能有生青的植物气息。	果味浓郁，甜美。

续表

		冷凉产区	温暖产区
葡萄酒	酒精度	酒精度低。干红葡萄酒的酒精度约在12~13.5度，干白葡萄在11~12.5度。	酒精度高。干红葡萄酒的酒精度在14~15.5度，干白葡萄酒的酒精度在13.5度及以上。
	口感	酒体往往较为轻盈，以酸度为主。如干红葡萄酒口感清淡，干白葡萄酒口感爽脆。	酒体浓郁厚重，口感饱满甜美，以厚度为主导。
	风味	红葡萄酒中更容易带有覆盆子、红樱桃味道。白葡萄酒中更容易出现苹果和梨味。	红葡萄酒中会出现李子和浆果味道，在最热的地方会有无花果和西梅干的味道。白葡萄酒中容易出现桃子和甜瓜味，再热则会有芒果、菠萝等味道。
	类型	以白葡萄酒、起泡酒居多。	以红葡萄酒、加强酒居多。

据此我们可以从葡萄酒产区所处纬度来推断酒的风格。比如地中海地区的平均纬度是北纬35度，西班牙东部、葡萄牙、意大利南部、法国南部等都是典型的热气候地区，酒的风格大概率偏热（如表7-1）。香槟区位于法国北部，为北纬49度，算是最冷的葡萄酒产区之一。德国和奥地利也属于高纬度的冷产区。而著名的波尔多则位于北纬45度左右，是典型的温和气候产区。

拓展阅读

2013年，格鲁吉亚为当地古老的使用Ovevri酿造葡萄酒的传统方法（Ancient Georgian traditional Qvevri wine-making method）申请了联合国教科文组织“人类非物质文化遗产代表作名录”。这是一种流行于格鲁吉亚全国的传统葡萄酒酿造方法，特别是在传统葡萄种植区和制作Ovevri这种酿酒陶器的地区。

使用Ovevri酿造葡萄酒的工艺在格鲁吉亚已有数千年的历史，根据此法酿制的格鲁吉亚传统葡萄酒充分体现了产地的海拔、土壤和气候条件等微区域特质和地方葡萄品种特质。酿造的基本流程包括：用榨汁机（Satsnakheli）压榨葡萄，将葡萄汁和葡萄皮、梗、果核混合物（chacha）倒入Qvevri（混合物约占2.6%），灌装至80%~85%满，密封，并将混合物静置5~6个月。Qvevri是一种由黏土制成的酿制、陈酿和储藏葡萄酒的容器，使用时通过深埋地下来保持陈酿和储藏葡萄酒的最佳温度。容器整体呈鸡蛋状，利于chacha沉入底部，而酒液得以充分吸收其中的挥发性和非挥发性成分。在格鲁吉亚西部chacha一般于11月除去，酒液则需要继续密封在Qvevri成熟直至春季（Imeretian发酵法）。在格鲁吉亚西部、黑海沿岸和 Rach'a-Lechkhumi 则采用将葡萄压榨后暂存于榨汁机中 4~5 天，然后再将发酵中的葡萄汁倒入 Qvevri 继续发酵直至春季。

在格鲁吉亚的传统文化中几乎所有的农民和大多数城市居民都会酿酒。一般由男户主对葡萄酒的质量负责，并做出主要决定，如何时采摘葡萄、何时装瓶等。家庭成员之间的职能和职责分工明确。酿酒知识和经验通过家人、邻居、朋友和亲戚口口相传，并在葡萄的采摘和酿酒活动中全员参与，互相协助。而酿酒所用的 Qvevri 也是格鲁吉亚传统陶器中最古老的分支之一，由手工艺家庭制作，制作工艺以口头和视觉的方式世代相传。如黏土的特性将直接影响葡萄酒的矿化程度和风味。而 Qvevri 的清洗清洁是另一个直接影响葡萄酒质量的因素，因此每个村庄都有几个经验丰富、技术娴熟、值得信赖的 Qvevri 清洗工。这些因素造就了格鲁吉亚传统酿酒方式的独特性，也使之成为格鲁吉亚文化特性和遗产中不可分割的一部分。

尽管格鲁吉亚的社会和政治环境经历了数次变革，但 Qvevri 的生产制作和使用 Qvevri 酿造葡萄酒的传统得到了积极的继承，并成为格鲁吉亚社会自我认同的最重要基础。葡萄酒在格鲁吉亚人的日常生活和节日庆典中必不可少。格鲁吉亚人的宴会上至今流行着一个古老的传统，就是由祝酒师（Tamada）按照严格的祝酒程序主持宴会。不仅善于酿酒的家庭会享有社会的尊重，而且酒窖也被视为家中最神圣的地方，密封的 Qvevri 葡萄酒将为尊贵的客人开启。葡萄酒在格鲁吉亚的基督教宗教活动仪式中也扮演着重要的角色。据编年史记载，格鲁吉亚的基督教以葡萄树枝条制成的十字架为标志，宗教仪式中使用的特殊红葡萄酒（Zedashe）是由修道院和农民酿造的。葡萄藤是圣母玛利亚的象征，也是格鲁吉亚“生命之树”（tree of life）的传统形象。11 世纪的复调赞美诗“你是葡萄树”（thou art a vine）至今仍非常流行。

使用 Ovevri 酿造葡萄酒的格鲁吉亚古老传统被视为格鲁吉亚人与生活在当地的其他民族共存的文化、经济和社会基础之一。尽管这种方法具有共同的格鲁吉亚特色，但许多技术细节和变化也体现了格鲁吉亚不同地区的文化差异，反映了格鲁吉亚的多元文化性质。该方法的实施过程被视为格鲁吉亚人千百年来观察和收集环境信息和创造的综合体现，可被视为人与自然和谐关系的典范。

3. 年份

除了葡萄品种会影响葡萄酒的味道和特性外，年份的不同、气候的好坏、阳光日照数的多少、土壤的差异、种植的方式、葡萄株的年龄、采收的成熟度、采收方式和酿造方法都会影响到葡萄酒的寿命、特性及口感。在这些条件中，种植方法、葡萄株的年龄及采收、酿造的方式均可用人为的方式来改变。只有年份、气候及土壤是人力所难以改变的。

无论是哪种葡萄品种，年份越好的葡萄酒寿命越长，特性也越强烈。一瓶上好年份的、耐久存的好酒，需要长时间窖藏使酒香达到巅峰，所以不能太早饮用。但好年份不一定能大量生产。年份的判断主要依赖其日照数、降雨量及平均温度。尤其是日照，葡萄的生长季节及成熟时期均需阳光的照射，以保证葡萄成熟到糖分与酸度的最佳均衡。足够的阳光照射还可保证红葡萄酒中单宁的质感，而白葡萄酒因需要足够的酸度来支撑质感和活泼性，反而不需要太多日照，所以白葡萄酒的好年份比红葡萄酒的好年份多。

4. 酿酒文化

与中国菜系的概念类似，葡萄酒还可按照旧世界风格（Old-world Style）和新世界风格（New-world Style）进行划分，或者也称为旧派（Old-school）和新派（New-school）。这种划分最早代表了产区的概念，旧世界就是欧洲传统酿酒地区，只要是来自欧洲的葡萄酒，都是来自旧世界产区。而随着新世界产区采用旧世界酿酒方法的酒庄越来越多，双方早期的界限变得越来越模糊，甚至出现一些风格融合的趋势。旧派与新派也延伸指代葡萄酒的口味风格或者酿酒理念，这些酿酒理念也是酿酒文化的体现。

按照“三级香气”的概念，新世界风格代表了更奔放的果味、更重的桶感、更追求早饮，而旧世界风格代表了更隐晦的果味、更克制的桶感、更追求陈年潜力，更强调陈年后展现的开放和复杂度。这种差异首先来源于地理条件，以智利、澳大利亚为代表的新世界国家普遍气候偏热，对获得甜熟葡萄有益。除了客观原因，新旧世界风格的差异更源于两者历史人文差异。比如，旧世界酿酒格外注重表达土地或当地气候带给葡萄或酒的特色，注重自然原生的同时注重体现和培养差异化和特色化，这种意识形态被称为风土驱动（Terroir-driven）。而反观新世界酿酒体现的是过程可控、利益最大和标准化、市场化的理念。这种新旧风格的伴生，甚至是背后蕴藏的文化理念，都与近年来国内餐饮业中传统手工烹饪和蓬勃发展的预制菜非常类似。

在市场经济作用下，葡萄酒市场对消费者口味的追逐也提到了前所未有的高度，澳大利亚的酒业协会甚至会投入大量资金进行消费者口味研究，用大数据预测消费者口味，研究葡萄酒中哪种化学成分会带来高得分，并据此酿造新派葡萄酒。这种更为理性的新世界风格体现的是以口味作为衡量葡萄酒的标尺，而旧世界风格则一贯坚持葡萄酒的文化属性，强调酒与生活方式的融合，讲究酒与食物的搭配。

三、葡萄酒的品鉴

由葡萄酒的分类方式可知，酒液中酒精度和残糖量（常以酸度表示）是区分酒液的重要因素，它们与以单宁为代表的其他风味物质一起构成了“酒体”，支撑起葡萄酒的口感结构，发展出了丰富的品酒文化。品酒的步骤可简称为“四个 s”，即看（Sight）、闻（Smell）、晃（Swirl）和尝（Sip）。

1. 品酒的步骤

看关注的酒液的澄清度、颜色深浅及色调、边缘色带，这时最好选择白色背景和自然光（或白灯光）。

①澄清度：一般如果酒中出现明显的絮状悬浮物或灰暗无光，多是变质的表现。市售产品中，新世界产区的葡萄酒往往都清澈透亮，而旧世界产区的酿酒师则会在过滤处理时比较谨慎，酒虽然不是特别透亮，但酒体更为丰富。

②颜色深浅及色调：对红葡萄酒而言，如果把手指放到酒杯后，手指能被透视看到的话，说明这款酒的颜色比较浅；反之则比较深。对白葡萄酒而言，颜色最浅的为几乎无色或轻微稻草黄，颜色很深的干白则近似琥珀色。葡萄酒的颜色深浅和色泽受很多因素影响，如橡木桶熟化、陈年的时长、品种不同等。比如，年轻的红葡萄酒颜色鲜艳，常为紫红色或宝石红色，略带紫色色调，经过成年后则逐渐转向瓦红色或砖红色，甚至是棕红色。白葡萄酒的颜色也会随陈年而逐渐转深，从亮黄甚至带点青绿向金黄、琥珀色、棕色转变。描述葡萄酒颜色时，需将深浅和色调组合在一起进行描述，如浅稻草黄（Pale Straw）、中度三文鱼色（Medium Salmon）、深宝石红（Deep Ruby）。

③边缘色带：葡萄酒液面接近杯身的地方会有一段慢慢变浅，即为边缘色带。整体颜色比较浅的葡萄酒，边缘色带较宽，反之则较窄。

2. 闻与晃

闻与晃关注的都是酒液中的香气。一般而言，酒倒入杯中后，先静止闻香，这部分属于酒表面扩散性最强的香气，然后再晃杯嗅闻香气的持续变化。如果感觉到晃杯后香气明显增多，则可尝试醒酒让香气充分释放。嗅闻葡萄酒时可以关注香气的强烈度、果香与非果香的比重、具体是何种果香或非果香、几级香气为主等。

①强烈程度：如果香气溢出杯子，显而易见是高强烈度的酒；反之，如果需要使劲吸鼻子才能闻到香气，就是低强烈度。虽然强烈度的高低并不是判断葡萄酒的好坏标准，但质量不好的葡萄酒往往香气不强烈，或者酒精感盖过果香等复杂香气。

②果香：如果一款葡萄酒果味非常突出并且没有太多其他香气，就可称为果味

型葡萄酒。红葡萄酒的果香主要以红色水果类和黑色水果类进行区分，前者香气包括草莓、蔓越莓、山楂、覆盆子、红樱桃等，后者香气包括黑樱桃、黑李子、黑加仑、桑葚等。白葡萄酒的果味类型主要分成核果（桃子、杏、油桃）、苹果和梨、柑橘（青柠、柠檬、西柚、橙子、橘子）、热带水果（菠萝、荔枝、杧果、甜瓜、百香果）四大类。其中，苹果和梨香型是最常见的白葡萄酒品种，属于成熟度不高、风格比较清爽。果干香（如杏脯、无花果干）往往出现在用非常成熟的葡萄酿的酒，或者是果香型葡萄酒经过陈年后的香气。

③非果香：葡萄酒的香气一般可分为三个级别，一级为果实香气，二级为橡木桶带来的酿造香气，三级为陈年香气。非果香属于葡萄酒的二级和三级香气，常见类型有木桶型、花香型、香料型、咸鲜型，除了来自橡木桶和陈年外，也会来自葡萄本身。红葡萄酒的花香属于深色花系，如玫瑰、紫罗兰等；白葡萄酒的花香属于浅色花系，如金银花、合欢花、甘菊、百合花等。香料型气息也按照咸、甜区分，如黑胡椒、白胡椒、八角、孜然属于咸感香料，香草、丁香、肉桂、甘草、可可粉、姜则属于甜感香料。在果味的基础上，如果木桶带来的烘烤香和香料味在整体香气里最明显，那么这款酒就可称为木桶型。木桶带给葡萄酒的典型香料味包括香草、肉豆蔻、肉桂、丁香、椰子粉和可可粉等。烘烤香则是焦香甚至熏烤的味道，常见的形容词汇有烘烤味、烟熏味、炭化木头、烟灰、咖啡等。葡萄酒香气评价中的咸鲜（Savory），有用咸激发食物中鲜美滋味的意思，是褒义词，代表了好的复杂感。常见的与大地有关的泥土类、矿石类，与植物有关的草本类、坚果类，与烹饪食物有关的动物类、奶油和面包类、焦糖和甜点类都归结为咸鲜型香气。

3. 尝

葡萄酒品鉴中喝的动作称为啜，轻啜一口时酒量不能过多也不能太少，酒刚一入口的冲击力称为第一感受，冲击过后、下咽之前酒在嘴里的感受称为中间地带，最后是回味。葡萄酒中常见的味道有：

①酸，适当的酸度不仅能够带给葡萄酒清新爽口、强劲有活力的感觉，而且可以增强葡萄酒的稳定性，帮助其完成陈年。如高酸环境可以限制微生物的生长，可以减少酚类物质发生褐变，可以使葡萄酒看起来更红更亮。

②单宁，主要来自酿酒葡萄的葡萄皮，在口感上的直观感受是涩感。但是涩并不与葡萄酒品质低挂钩，相反，高品质的丹宁虽然涩却又紧致绵密，能够给口腔带来紧缩感、给酒带来强劲感，是葡萄酒品鉴的重要元素。

③酒体，就是葡萄酒在口中的重量和厚度，可分为轻酒体（Light-bodied）、中等酒体（Medium-bodied）和重酒体（Full-bodied）。不同酒体在吞咽时的感觉可与

牛奶进行类比，轻酒体喝起来就像脱脂牛奶，爽口、轻盈、容易吞咽，而重酒体就像全脂牛奶，圆润、浓郁、咽下时挂壁明显、流动较慢。

④甜度，一般来自葡萄酒中的残糖。容易被误解的是干性酒中不是完全不含有糖分，而是每升酒中残糖量少于 4 g，而往往当每升酒中残糖量高于 10 g 时才能被品尝出来。另外，酒中的酸度高也会削弱人们对实际甜度的判断。

⑤苦味，适量的苦味可以增加酒的复杂度，如带有“矿石感”的葡萄酒也许让人联想到咖啡、茶叶、巧克力。

四、餐酒配搭要诀

葡萄酒在西方世界广受欢迎，作为饮料与食物搭配时十分讲究，但没有固定章法。所谓食物和葡萄酒的搭配是根据酒和食物的特性（如口感和味道），寻求两者间和谐的元素，以求搭配起来可以增加两者的风味，甚至创造出新的风味和体验。英国酒商间流传这样一句话“带着苹果买，带着奶酪卖”。意思是，如果一瓶酒和苹果一起吃仍能感觉味道不错，那一定是瓶百搭的好酒；而卖酒的时候，要让顾客同时吃一点奶酪，那可以让所有的葡萄酒尝起来都更好。这条原则道出了水果和奶酪的特性，高酸甜度的水果（如青苹果）把葡萄酒对比得很淡，反而突显了金属味；反之，硬奶酪可以软化单宁，让酒的味道更浓郁，突显果香。

在正式酒局中，一般要遵守约定俗成的上酒顺序。第一，先喝干型，再喝甜型。第二，先喝便宜的，再喝贵的。但这并不意味着最贵的酒最后上，而是先用几款酒打开味蕾，在大家状态最好时品饮最好的酒。第三，先喝年轻的，再喝年老的。总体而言，是遵循由淡转浓的饮酒规律。

如今，在高档餐馆里，通常会有侍酒师专门为客人推荐佐餐酒，或者在一些由多道菜组成的正餐中，餐厅会事先为每一道菜推荐相称的葡萄酒。这种服务方式可以追溯到 20 世纪 80 年代的美国，新禁酒运动使人们相信为了摄取酒精而饮酒是粗鄙的，这促使酒商把葡萄酒作为饮食文化的一部分进行推销。酿酒师开始强调酒会让特定菜肴更美味，甚至把搭配建议印在酒瓶商标上。美食杂志在介绍食谱时也会附上相应的葡萄酒。现在葡萄酒搭配的专家多侧重于食物的客观物理性质，探究食物对味觉产生的影响，以及其对葡萄酒某个方面的修饰效果（见表 7-2）。当然，大部分人的选酒原则仍然是本能、心情和此时对某种酒单纯的向往。

餐酒搭配的基层逻辑是“轻配轻、重配重”的浓淡相宜原则，即保持酒和食物的口味浓郁度和甜度要一致。例如，清蒸鱼是比较清淡的菜，应该配白葡萄酒；但如果蒸鱼上浇了浓厚的奶油白汁，则最好用口感浓的白葡萄酒或比较淡的红葡萄酒来平衡。糖是一种非常容易压制其他口味的元素，当菜肴中有甜口较重的食物时，搭配的酒一定要甜度更高，否则酒会显得酸涩难喝。同理，橡木桶味明显的葡萄酒应搭配味道浓郁的菜肴，而避免橡木味压过清淡菜肴的细腻风味。

餐酒搭配的中层逻辑是考虑搭配食物的味道和口感，这种搭配主要是遵循“补充”或“对比”的原则，如甜抵辣、涩抵肥、酸抵咸。甜味可以抵消菜肴中的辣味，但需要避免酒精度高的甜酒，因为辛辣会加重酒精的灼热感。微酸而活泼的气泡酒与口感丰富的鹅肝共食，是一种对比的搭配。香槟属于非常酸的酒，用来搭配很咸的鱼子酱或者口味重的食物，都可以起到很好的平衡口感作用。而带点泥土味的勃艮第黑皮诺可以搭配同样有土地气息的蘑菇类菜肴，是一种补充的搭配。单宁强的酒入口后往往会有一种口腔中的水分都被带走的感觉，而这对抑制菜肴肥腻感非常有效，所以经典做法是选用高单宁的波尔多搭配牛排。这里需要注意的是，单宁强劲的红酒是不适合与淀粉类食物搭配的。而尽管新鲜的大马哈鱼、剑鱼或金枪鱼由于富含天然油脂，能够与体量轻盈的红葡萄酒搭配良好，但红葡萄酒与大多数海鲜类食物搭配时，其单宁成分都会严重破坏海鲜的口味，葡萄酒自身也会带上令人讨厌的金属味。另外，食物中的醋会钝化口腔的感受，使葡萄酒失去活力，口味变得呆滞平淡。如果食物中孜然等辛香料调味突出，则可以尝试带有香料感的过桶痕迹明显的红酒。

餐酒搭配的顶层逻辑中特别强调食物的烹饪方式要与酒搭配。比如，寿司、沙拉之类的生食食物与新年份的、用保持果实新鲜度的酿造方式酿制的风格清爽的葡萄酒最为搭配。被烘烤过的、有美拉德反应的食物与葡萄酒过桶后出现的烘烤气息或焦糖气息最为搭配。陈年或者慢炖过的食物则与酒在陈年后获得的咸香等复杂风味最为搭配。此外，在众多尝试后人们也发现，葡萄酒和汤类食物总是无法契合。

表 7-2　葡萄酒与菜肴常见搭配参考[①]

菜肴	搭配建议	不宜搭配
生蚝和牡蛎（通常须加柠檬汁或醋）、清淡做法 / 原味海鲜。	干白葡萄酒，但酒中单宁含量不宜高。推荐夏布利、长相思、密斯卡岱、阿尔巴利诺。	霞多丽等橡木桶陈酿白葡萄酒，黑皮诺、薄若莱等优雅型红酒。
寿司为主的日本料理	香槟、干型雷司令。	—
奶油类作料烹饪的鱼	果香味浓的干白葡萄酒。	—

① 王胜寒 . 推开红酒的门［M］. 中信出版集团股份有限公司，2021.

续表

菜肴	搭配建议	不宜搭配
奶油汤或油腻的汤类	半甜或甜白葡萄酒	其他汤类最好不搭配葡萄酒
以烤鸭为代表的京菜	桃红香槟、甜型雷司令、美国黑皮诺	高酸果香型红酒
辛辣的川菜、湘菜	半甜雷司令、半甜白诗南、普洛赛克起泡酒、贵腐酒	浓郁甜美橡木桶的新世界红酒
浓油赤酱为主的鲁菜、上海菜，酱汁浓郁的牛排牛排、羊排	半甜雷司令、半甜白诗南、西班牙歌海娜、巴罗萨谷西拉	黑皮诺、薄若莱等优雅型红酒，高酸果香型红酒
咸中带甜的苏锡菜	半干雷司令、西班牙歌海娜、新世界霞多丽	—
咸鲜口的浙菜	干型白诗南、夏布利、西班牙歌海娜	—
清淡原香为主的粤菜、淮扬菜	香槟、桑塞尔长相思、勃艮第霞多丽 / 黑皮诺、特技村博若莱	琼瑶浆、维欧尼等重酒体芳香白葡萄酒
甜点	巧克力甜点推荐波特、路斯格兰麝香，布丁推荐冰酒、白诗南贵腐酒，奶油蛋糕推荐苏玳、托卡伊贵腐酒	香槟、干型雷司令及长相思等重酒体芳香白葡萄酒
各类炸物	香槟、雷司令	—
味浓奶酪	贵腐酒、甜型葡萄酒、利口酒	—

五、酒庄游

酒庄一词来源于法国波尔多，原意是城堡，是一个将从葡萄栽培到葡萄酒的酿造、灌装、储存、品鉴、销售等过程集中在一处完成的场所。酒庄游的受众主要是葡萄酒爱好者和寻求深层次休闲文化游的人群，属于高端文化旅游路线。目前，酒庄游的首选仍是旧世界风格的代表——法国，因为法国在葡萄酒的历史、品质和市场占有率上都具有举足轻重的地位。世界上最知名的五大酒庄是法国波尔多的拉菲酒庄（Château Lafite Rothschild）、玛歌酒庄（Château Margaux）、拉图酒庄（Château Latour）、奥比安酒庄（Château Haut-Brion）、木桐酒庄（Château Mouton Rothschild）。此排名是在 1855 年，由拿破仑三世所制定的标准，其中只有木桐酒庄是在 1973 年由时任法国农业部部长的希拉克升级为一级酒庄（Premier Cru）的。

酒庄游通常包括参与葡萄采摘、了解酿酒过程、学习葡萄酒品鉴、参观酒庄、入住酒堡等环节，其中最重要的内容往往就是葡萄酒的品尝。这些葡萄酒的品尝通常会包含多款不同品质和类型的葡萄酒精品，酒庄主人会为品酒人介绍酒的特点，并准备好适宜搭配的食物。有时，这样的品鉴活动会持续多日，以保证每款酒品鉴的质量。所以，这种酒庄游往往在精不在多，人们在一个农舍般的酒庄里住上一周，与酒庄的主人一同日出而作、日落而息，融入酒庄生活。除了法国外，在意大利、美国也多有类似的酒文化旅游项目。

目前，国内的酒庄游也正蓄势待发，继张裕酒文化博物馆的成功运营后，张裕在北京建起了爱菲酒堡，王朝在天津建起了御苑酒堡，河北也有朗格斯酒庄、耿氏私人酒堡，山西有怡园酒庄，云南有红酒庄，国内酒庄旅游的新生力量不容小觑。但与欧美国家的酒庄、酒堡、葡萄酒园融为一体的境况相比，国内的大型酒堡往往和其种植地、生产地分离，即使身临酒堡也很难体会到原汁原味的葡萄酒文化。

与酒庄游类似的美食旅游还有米其林餐厅美食之旅、酒吧游、酒厂游、啤酒节、美食节等。餐饮一直是旅游的重要组成部分，但与传统的旅游过程中的餐饮行为不同，近年来很多美食、茶、酒等饮食文化资源被开发成为旅游项目，受到追捧。美食旅游，或饮食文化旅游是一类将饮食文化与旅游活动相结合，以了解饮食文化和品尝美食为主要活动内容，属于发展、享受层次的旅游形式。这类旅游项目仍处于新兴创建阶段，需要丰富而浓厚的饮食文化内容，且整个过程更注重生态学和经济学方面的效益。

第二节 啤酒文化

啤酒是一种以小麦芽和大麦芽为主要原料，偶有添加玉米、高粱或稻米，辅以啤酒花，经过糖化和酵母发酵制成的酒精饮料。啤酒酿造工业已是一个全球性的工业项目，从私人酒坊到跨国企业，无数大小规模的酿酒机构遍布全球。

一、啤酒的历史

啤酒是世界上历史最悠久、普及范围最广的酒精饮料之一。早期人们通过实践发现，小麦品种脱掉粗糙外壳后的粉料和面有最适宜的黏性和弹性，现代称之为面筋蛋白。而大麦的面筋含量普遍低于小麦，且大麦品种脱粒后外壳都毫无破损，这种特性实际是更有助于酿造工艺的。

啤酒的制作历史可追溯到公元前3100~前3500年新石器时代的美索不达米亚。苏美尔人用“kas”命名啤酒，意思是“嘴巴渴望的东西”，此外还有其他大量关于酿酒原料、酿造器具和啤酒种类的词汇出现在美索不达米亚文明记载中。当地人以“宁卡西”为啤酒女神，并在《给女神宁卡西的圣歌》中记载了啤酒和啤酒酿造技术。人们将大麦发芽、干燥、研磨，然后或将其制成锥形饼进行烘烤，或原样使用。烘烤锥形饼时可增加原料的焦化程度，并且帮助酶将淀粉转化为糖，最后放入热水中化开就完成了全部酿造。饮用时，将芦苇当作长吸管插进容器中多人共同享用。约公元前1772年古巴比伦颁布的世界上最早的一部比较系统的法典《汉谟拉比法典》中也有提及啤酒及酒吧的法律，如果酒娘欺骗顾客就会被扔进河里淹死。

古埃及人称呼啤酒为“hekt”或“hqt”。埃及啤酒同样采用发芽大麦饼酿造，并且需要装入高大陶罐中泥封发酵，其生产与古代中东地区相比更具规模。埃及神话中有这样一则故事，塞克麦特是一位狮头女身的女神，掌管毁灭、鲜血和阶段性复兴。她被派到凡间惩戒对天神不再足够尊敬的人类，但是塞克麦特的惩戒过于嗜血和残暴，如此下去人类将不复存在。这时，古埃及人将红色的啤酒伪装成鲜血，并在酒杯边缘涂抹上曼陀罗草根（一种烈性镇静剂）。塞克麦特喝下后就进入了睡眠，人类也得到解救。现今在埃及和苏丹南部地区仍有遵循古法用发芽大麦饼酿制的原始民间啤酒（Bouza）。

啤酒约在公元前3000年传入欧洲，早期的欧洲啤酒在酿造中尝试加入了包括水果、蜂蜜、植物、香料及其他的物质。当时国家强制酿酒商购买一种被称为格鲁特（Gruit）的昂贵混合物对酒进行调味，这也被看作是一种早期的税收形式。格鲁特啤酒的颜色为棕色或琥珀色，所以格鲁特啤酒的酿造商也被称为“红色”啤酒酿造商。直到822年左右才由德国威斯特法利亚的科威修道院酒厂发现了啤酒花在啤酒酿造中的妙用。用啤酒花生产的啤酒被称为“白色”啤酒，口感清爽。到13世纪至16世纪，啤酒花成为啤酒的主要调味剂，此时也还会添加连钱草等植物进行调味。酒花赋予啤酒苦味的同时还平衡了麦芽中的甜味，同时也会给啤酒带来花香、柑橘香、药草香等其他风味。同时，啤酒花具有抗菌作用且有助于维持酵母的活性，并有助于延长啤酒的泡沫持续时间，酒花中的酸还是一种保护剂。大约到1600年，酒花啤酒已经成为典范，在北欧、欧洲北部地区、英格兰、爱尔兰等地区流行开来，而欧洲南部地区（如意大利、希腊等）则是葡萄酒文化为主导，西班牙的酒文化则要等到1614年穆斯林文化退出后才慢慢恢复。

工业革命开始后，啤酒生产终于由家庭作坊式转为工业化，并且从19世纪开始占据了主导地位。如今，啤酒酿造工业遍布全球，其中包括许多大型的跨国啤酒公司和不计其数的小型酒吧或酿造厂。芬兰、丹麦、澳洲、德国和爱尔兰无论以啤酒单位销售量还是人均消费计算，都排在世界前列。这五个国家也拥有众多世界级的啤酒品牌，是当今世界的五大啤酒国。

二、啤酒的分类

啤酒是当今世界销量最大的低酒精度饮料，品种众多，分类方法也十分多样。

1. 按颜色分类

如按照酒液色泽由浅到深，啤酒可依次分为浅稻草色、稻草色、淡金色、赤金色、淡琥珀、中等琥珀、深琥珀、琥珀棕色、棕色、红宝石棕色、深棕色和黑色（参考美国啤酒色泽等级标准划分），或者更笼统地分为淡色啤酒、浓色啤酒和黑色啤酒。

2. 按照麦芽汁浓度分类

按照麦芽汁浓度可分为低浓度啤酒、中浓度啤酒和高浓度啤酒。低浓度啤酒的原麦芽汁浓度为 7%~8%，酒精含量在 2% 左右。中浓度啤酒的原麦芽汁浓度为 11%~12%，酒精含量在 3.1%~3.8%。高浓度啤酒的原麦芽汁浓度为 14%~20%，酒精含量在 4.9%~5.6%。如世涛啤酒（Stout）可作为高度啤酒或烈性啤酒的代表，因大量使用烘烤过的大麦、深色麦芽做原料而普遍有浓烈的烘烤大麦焦煳味。

拓展视野

酒液中的酒精含量是一个非常重要的定义酒的标准数据，酒精含量在 0.5% 以上的饮料即被认定为酒。应用最广泛的酒度数计量方式是标准酒度。1 个标准酒度表示在 20℃条件下，每 100 毫升这个产品的酒液中含有 1 毫升的酒精量，记为 1% vol 或 1GL。标准酒度低于 20GL 的为低度酒，高于 40GL 的为高度酒，在 20GL 和 40GL 之间的则是中度酒。此外，还有英制酒度（Sikes）和美制酒度（Proof）计量法。三种酒度之间，可以依据公式进行换算。

视频资源：酒度

$$1GL = 2\ Proof = 1.75\ Sikes$$

一般而言，当发酵液中酒精浓度达到一定数值后，酵母的生长和代谢就会受到抑制，继而也就不能再继续产酒精了。想获得中高度酒就需要仰赖蒸馏技术，也就是将发酵获得的酒液，通过加热蒸发出其中的酒精，再通过冷却重新把酒精收集起来，从而实现对酒精的浓缩。如果有需要，还可以进行二次蒸馏，或者多次蒸馏。

市售酒类产品中，只有啤酒的酒标不以标准酒度计量，而是使用初始麦芽汁糖化度（°）。麦芽汁糖化度是指在酿造啤酒时酵母菌起始生长环境中糖的含量。酿酒时，酵母通过把环境中的葡萄糖代谢转化为酒精和二氧化碳，起始糖含量越高代表能够参与转化成酒精的糖也越充沛，因此初始麦芽汁糖化度的数值与啤酒的酒精度成正比。我国的工业啤酒生产主流为12°，对应酒度在3.5% vol左右。然而，浓度相同的麦芽汁也并不一定能酿出酒精含量完全相同的啤酒，这与酿造过程、添加的糖和辅料、酵母菌株、发酵温度等都有关系。

3. 按照酿造方式分类

从制作方法上看，目前市场上主要有窖藏啤酒（Lager）和艾尔啤酒（Ale）两类。

（1）窖藏啤酒

窖藏啤酒，也被称为拉格啤酒，指的是那些采用较低的温度（5~10℃）和下层发酵的酵母菌发酵而成的啤酒，发酵后需要低温保存数月方可饮用，这类方法的最大优点是啤酒不易变质。窖藏啤酒由于熟成温度低，所以酵母新陈代谢慢，一些易挥发的香气或者果香不宜保留，反而更能集中体现麦芽和酒花的味道。

1533年，慕尼黑曾有法令规定酿酒必须在9月29日到来年的4月23日之间进行，这样有助于酵母变形为低温发酵的拉格形式，这些在寒冷天气里酿造的啤酒被称为Braunbiers（棕色啤酒）。1842年，为了回应淡色艾尔的流行，捷克的比尔森市（Pilsen）制作了一款淡色拉格，颜色是一种微微闪光的锃亮的金色，酒香是复杂的焦糖味和清新味苦的萨士酒花（Saazer）香气，也被称为比尔森之源（Pilsner Urquell）。德国比尔森和慕尼黑拉格淡啤酒也都属于在捷克比尔森酿制方法基础上研制出来的。与欧洲使用全麦芽酿酒不同，美国的主流品牌采用的是辅料酿制，配方中通常添加20%的辅料（玉米或大米）。

（2）艾尔啤酒

艾尔啤酒，又译为麦酒、麦芽酒，为一种上层发酵啤酒（发酵过程酵母会移动至液面），发酵温度（15~20℃）较拉格啤酒高，发酵时间较拉格啤酒短，可于2~3天完成。艾尔酒常带有更加浓烈的口感，酒体饱满，可以形成很好的果仁味道和水果味道。如果大麦处理得好，也可以产生巧克力和蜂蜜香味。1840年以前，全世界的啤酒几乎都是艾尔啤酒，而现代市场上则以窖藏啤酒占有率最高。

常见艾尔啤酒有：淡色艾尔（Pale Ale），使用烘焙程度较浅的淡色麦芽为主要原料，因而酒体颜色明亮并呈淡黄色，通常具有很浓厚的啤酒花香和苦味，以及中度到低度的麦芽汁浓度，包括苦啤酒（Bitter）、塞松（Saison）、印度淡色艾尔（Indian Pale Ale）等；棕色艾尔（Brown Ale），颜色可从古铜色至深棕色，常见于英格兰，有果仁棕艾和蜂蜜棕艾两种；波特（Porter），是一种深色的艾尔，颜色由深棕至黑色，是指使用焙烤麦芽酿制的黑啤酒（在英格兰，焙烤麦芽也被称为结晶麦芽和巧克力麦芽），有明显的焦糖香味和甜味，因最早广泛流行于码头搬运工（Porter）之间而得名；世涛啤酒（Stout），是由波特演变而来的更加深黑的艾尔，酒体颜色来自烘焙后的焦黑大麦芽，如健力士（Guinness）；小麦啤酒（White Beer，Hefeweizen 或 Weissbier），主要产地集中在德国南部、奥地利和比利时，以大麦麦芽和 50% 以上的小麦麦芽为原料，饮用前不过滤或部分过滤，气泡量高且酵母味浓，有一定酸味。

4. 按照灭菌方式分类

啤酒酿造需要酵母菌的作用，但当发酵结束，以及需要理想货架期以保持产品稳定品质和实现理想销售时，啤酒中不再需要酵母菌，这时就需要除菌的操作。按照灭菌方式有生啤酒和熟啤酒之分。

不同除菌方式带给啤酒的口感和赏味期不尽相同。最传统的啤酒灭菌方式为 1865 年发明的巴氏灭菌法，该原理适用于工业啤酒中的瞬时灭菌法和隧道式喷淋杀菌机。瞬时灭菌法只对酒液进行灭菌，因而要求灭菌后的罐装操作和酒瓶都应无菌，而隧道式喷淋杀菌机是对完成罐装的酒和酒瓶同时灭菌，更为常见，制得的啤酒为熟啤酒。

在热杀菌之外，通过微孔膜过滤的方式也可除去酒液中的酵母和其他可能影响保质期的杂菌。这种遵循严格无菌处理的过滤也被称为冷杀菌啤酒，或鲜啤酒，具有更新鲜、纯正和爽口的口感，最具代表性的产品就是纯生。酒吧中售卖的扎啤也属于冷杀菌啤酒，售卖时用扎啤机充入二氧化碳和降温后直接打入啤酒杯饮用，既新鲜又保留了丰富的口感和风味。

三、啤酒的饮用

啤酒的销售往往会在夏季迎来一年中的高峰，这与啤酒的最佳品饮方式有着很大关系。

1. 饮用温度

视频资源：
啤酒饮用常识

啤酒的口感、香气、质地、碳酸饱和度以及透亮情况都可能随温度发生变化，所以温度是啤酒饮用时的最大影响因素。一般而言，8~15℃是啤酒的最佳品饮温度，但是不同风格的啤酒饮用温度也会有差别，如烈性啤酒和深色啤酒的最佳品饮温度高于淡色啤酒，艾尔啤酒的最佳品饮温度高于窖藏啤酒。但如果温度低于 3℃，啤酒的香气无法得到良好的散发，温度过高则会香气全无。啤酒在日常保存时需要避光低温储藏，以避免产生泡沫。而在饮用时适宜的饮用温度可以帮助啤酒保持倾倒时产生的泡沫和酒香。此时，绵密持久的泡沫和丰富的气泡可以带出啤酒的香气，尤其是啤酒花的香气，增加口味和口感，属于啤酒的灵魂。

市售啤酒中的气泡一部分来自酵母代谢，另外还可以在罐装或者通过啤酒机打入二氧化碳或者氮气。倒啤酒时讲究控制酒液沿杯壁匀速流下，最终杯中泡沫与酒液的比例在3∶7最佳。为了保证酒杯中始终有丰富稳定的泡沫，除了低温饮用外，啤酒杯一定要冰且干净无油渍。

2. 啤酒的风味

啤酒品鉴时的主要考量因素有：①气味：产生于麦芽和酒花等原料，但会被酵母改变或增加。②酒头：来自麦芽和小麦、燕麦及大麦中的中等长度蛋白。受糖化影响，也可能受过滤影响。③色泽：主要来自对精选酿造用麦芽进行干燥的过程，这一焦化反应被称为“美拉德反应”，或者“非酶褐变”。也受糖化和煮沸的影响，甚至在某种程度上受发酵和过滤的影响。④碳酸：二氧化碳气体（CO_2），酵母发酵的副产品。⑤酒体与口感：麦芽中的蛋白质，受酿造、发酵和过滤程序的影响。甜味来自麦芽、糖化间的各种比例和发酵。⑥风味：麦芽、酒花和酿造用水，受酿造过程中多方面的影响。⑦酒精：更多可发酵物质（糖）意味着更多的酒精。

啤酒中的风味物质众多，各成分组成和含量主要受到水质、大麦种类、麦芽种类、配方、糖化与过滤分离、啤酒花、酵母和发酵工艺影响，主要风味物质解析如表7-3所示。

表7-3　啤酒风味物质解析[①]

感官词汇	描述	来源
矿物质	白垩感、石膏、干强面、硫酸、咸	来自于酿造用水中的矿物离子
麦芽	草味、谷味、面包味、焦糖味、太妃糖味、坚果味、吐司味、烧烤味、咖啡味、巧克力味，意式浓缩咖啡味、煳味；（水晶麦芽）葡萄干味、梅子味、干果味	来自麦芽干燥过程中的美拉德反应，麦芽熬制、煮麦汁过程中的美拉德反应，某些类型的焦化酿造用糖
酒花苦味	苦、酒花味。	异构酒花 α-酸；应干净、怡人，不带粗糙、木质或者涩嘴的特性

① ［美］Mosher, R. 啤酒圣经：世界最伟大饮品的专业指南［M］. 高宏，王志欣，译. 机械工业出版社，2014.

续表

感官词汇	描述	来源
酒花香	酒花味、香料味、草药味、花香（玫瑰、天竺葵、橙花）、薰衣草香、松香、树脂香、柑橘香（柠檬、香茅、葡萄柚）、醋栗香/黑加仑子叶香、猫尿味	芳香油来自酒花，如萜类、倍半萜烯、酮类和酒精。在煮沸中、煮沸后提取，或运用干泡酒花之类的技术在发酵后提取。还可作为溶剂萃取纯油或混合油添加
黄油味（双乙酰）	影院爆米花味、在黄油硬糖中大量出现	有时英式艾尔中会含有极少量，很好闻。属于合成氨基酸时酵母的渗出物，如较大量出现，可能是酵母处于压力或突变状态的标志，如超大量出现，则可能表示出现染菌。尤其常见于污浊的（染菌的）生啤生产线
酯味（乙酸乙酯）	量少时有果味，但量大时偶有洗甲水或溶剂味，有时更明显的不是气味，而是一种刺激眼睛流泪的感觉	在脂肪酸合成时产生，然后从酵母中渗出。如大量出现，则可能是染菌的结果，尤其是感染醋酸菌。也可能是发酵温度过高、麦芽汁曝气不当或其他酵母压力的标志，常见于酒精度极高的啤酒
丁香（4-乙烯基创木酚）	丁香、酚类	仅在德国小麦啤酒中可察觉。属于发酵中阿魏酸或香草醛的前体，或在麦芽干燥中形成
谷仓味（4-乙烯基苯酚）	马味、马毯味、谷仓味、木头味	由酒香酵母（用于拉比克啤酒、某些塞森啤酒和英国老式艾尔啤酒）产生，通常伴有4-乙烯基愈创木酚
酯味、香蕉味（乙酸异戊酯）	香蕉味、果汁软糖	在巴伐利亚小麦啤酒中很常见。如少量出现，可以为啤酒中的水果味作出重要贡献。在脂肪酸合成过程中形成，然后从酵母中渗出
乙酸乙酯	熟苹果、略带八角味	—
苯基乙酸乙酯	花香、玫瑰、蜂蜜、甜味	—
酒精	酒精味、甜、温暖	酵母发酵的主要产物（还有二氧化碳）
2-苯基乙醇	玫瑰	酵母在高温代谢中的产物，可增强啤酒的整体特性，在普通酒精度的啤酒中通常察觉不到
正丙醇	酒精味	
异丁醇	酒精味	
异戊醇	酒精味	
金属感	血腥味、铁、铜味、苦	属于酒中的不适宜味道。铁、铜或其他偶见于水源或古旧酿造设备中的元素。有些金属风味被认为是油脂（脂肪）氧化的结果
奶酪味（异戊酸）	臭奶酪味，臭脚丫味	属于酒中的不适宜味道。因酒花储藏不当而形成的有机酸，也可能是被细菌感染后产生的许多种味道之一，在商业啤酒中很罕见，但偶尔也能碰到

续表

感官词汇	描述	来源
二甲基硫醚	奶油玉米、卷心菜、蔬菜青豆、芦笋罐头，在深色啤酒中更像西红柿汁	通常属于不适宜的气味，但在拉格啤酒中少量出现也可接受。在煮沸过程中由硫代甲基蛋氨酸产生，他的出现通常表明糖化出现了问题。如大量出现，也可能是染菌的症
氧化（反-2-壬烯醛）	纸味、陈腐味、纸板箱味、鞋盒味	属于酒中的不适宜味道。在糖化、煮沸或其他可能与空气接触的酿造活动中，因麦芽成分氧化而产生，如过度煮沸、酿造技术拙劣等。陈啤酒中也很常见，随啤酒成熟而增强
膻味（辛酸、乙酸、癸酸）	动物、臭袜子、汗味	很多食物和饮料中常见的带有动物气味的大型有机酸家族的一部分
乙醛	青苹果、苹果皮、绿叶	属于酵母次级代谢产物。多半是因为啤酒发酵不足，太“生”导致。大部分乙醛最终被酵母吞噬，转化为乙醇

3. 餐食搭配

从啤酒的酿制原料和过程看，大麦、小麦等粮食作物赋予啤酒烘、烤、焙等香味，与多种食物都很搭配；啤酒花带给啤酒的是药草、柑橘、葡萄干和类似松树的香味；酵母一般带来的是或柔和或刺激的水果味和香料味，如肉桂、丁香、坚果、黑胡椒味道都有可能。

在考虑啤酒与食物的搭配时，可以套用葡萄酒的餐酒搭配原则，这实际上是一种味道与味道的搭配原则:（1）“轻配轻、重配重”的浓淡相宜原则，即保持酒和食物的口味浓郁度和轻重感要一致。食物的考量因素是浓厚（肥美）、甜味、烹饪方法（如烤、扒、煎）以及香料的添加；对应啤酒的考量因素是酒精的烈度、麦芽的特性、啤酒花的苦味、甜味、浓厚、焙烤味等。（2）搭配食物的味道和口感，遵循“补充”或“对比”的原则，比如甜抵辣、涩抵肥、酸抵咸。啤酒的苦味和活跃的碳酸可以缓解过于浓烈、油腻的食物，尤其是特别甜的甜品。啤酒花的苦味也会突出辣椒的辣味，反之啤酒的甜味和麦芽味又可以平衡菜肴的辣味和酸味。（3）食物的烹饪方式要与酒搭配，烤、炒、煎、扒和熏都会逐步给食物增加更厚重的味道，可以考虑用啤酒风味中的烘焙味、坚果味、焦糖味、烤面包味和烧烤味平衡。用一句话总结就是匹配浓度、追求和谐、创造反差。

四、啤酒节和酒吧游

视频资源：
慕尼黑啤酒节

1. 慕尼黑啤酒节

慕尼黑啤酒节，又称“十月节”，是与英国伦敦啤酒节、美国丹佛啤酒节并称世界最具盛名的三大啤酒节。慕尼黑啤酒节每年九月末到十月初在德国慕尼黑举行，持续约 16 天，是慕尼黑一年中最盛大的活动。因在这个节日期间主要的饮料是啤酒，所以人们习惯性地称其为啤酒节。

啤酒节最初起源于 1810 年为庆祝巴伐利亚的王储路德维希王子的婚礼所举办的为期两天的庆祝活动，当时为表示国王对其臣民的恩典，活动中在慕尼黑有 4 个地方向全体平民免费供应饭菜和饮料，骑兵卫队还举行赛马活动和射击比赛以示助兴。由于庆典给人们留下了深刻的印象，所以人们建议 1811 年再搞一次全民性的活动，并保留了这一传统。自 1946 年以来节日规模越办越大，并逐渐发展成为一个世界知名民俗节日。

活动期间，会有身着特色民族服装和驾着鲜花装扮古典马车的盛装巡游，穿过慕尼黑市中心，最后来到啤酒节现场。活动现场搭建起数个可容纳 3000~7000 人的大帐篷，只有慕尼黑当地的酒商才被允许在里边提供酒水。酒单中还有专为啤酒节活动酿制的名为“Wiesenbier”的啤酒。提供的食物以德国当地家常小吃为主，如香肠、烤小鸡、泡菜和烤牛尾等。当前，从世界各地赶往参加慕尼黑啤酒节的人数每年维持在 600 万左右，每届啤酒节要消费 600 万 ~700 万升啤酒，同时为慕尼黑带来上亿欧元旅游创收。

2. 酒吧游

酒吧是指提供啤酒、葡萄酒、烈酒、鸡尾酒等酒精类饮料的消费场所，有些提供现场的乐队、花式调酒等表演。酒吧最初源于美国西部大开发时期的美洲大陆，类型和风格多样。

目前几乎每个旅游业发达的城市，都会有城市特色酒吧游线路，因为酒吧文化体现的往往是城市的多元化气息和经济繁荣，有时还是城市历史变迁的见证。游人在喝酒谈笑间，得以更贴近当地民生，了解当地风俗。

第三节　威士忌酒文化

烈酒（Liquor 或 Spirit），是一种酒精浓度高的酒类饮料。酿造酒的酒精浓度通常低于 20%，要获得更高浓度的酒，需要经过蒸馏处理。一般来说，烈酒是蒸馏酒的同义词。威士忌，是一种由大麦等谷物酿制，在橡木桶中陈酿多年后，调配成 43° 左右的烈性蒸馏酒，其中谷物原料、蒸馏、酒桶陈酿是三个必不可少的条件。

一、威士忌的分类

1. 按照产地划分

威士忌按照产地可以分为苏格兰威士忌、爱尔兰威士忌、美国威士忌、加拿大威士忌、日本威士忌和其他。

①苏格兰威士忌，用经过干燥、泥炭熏焙产生独特香味的大麦麦芽作酿造原料制成，以 15~20 年窖藏为最优，色泽棕黄带红，清澈透亮，气味焦香，带有泥煤产生的独特香味。泥煤指生产在寒冷地带的石楠花、苔藓、灌木等植物堆积成的泥炭，燃烧时产生的烟能够渗透麦芽，干燥作用之外可为苏格兰威士忌赋予独特的烟熏香味。泥煤和大麦、水、酒桶是四个决定威士忌味道的重要因素。

②爱尔兰威士忌，为避免因在大麦麦芽外选用的黑麦等谷物带来的不良风味而采用三次蒸馏法，与苏格兰威士忌相比，爱尔兰威士忌口味偏柔和，更清淡，泥煤香气更深沉，是历史最悠久的威士忌，也较容易被初次品尝威士忌的人所接受。

③美国威士忌，比较有名的是波本威士忌，产量占美国威士忌的近一半，其特点是谷物原料中玉米占 51% 以上，陈酿的酒桶内侧须为烘炙焦黑的白橡木桶，酒味略苦又兼有芳香和甜美。另有用加入了麦类的玉米、黑麦作原料酿造的威士忌。

④加拿大威士忌，与其他威士忌相比口味最清淡，可被用作鸡尾酒的基酒。以黑麦为主要原料的风味威士忌（陈酿超 3 年），与以玉米为主要原料的基底威士忌相调和而得。

⑤日本威士忌，麦芽威士忌与调和型威士忌为主流，酿制方法与苏格兰威士忌基本相同，但陈酿的酒桶不是雪莉酒桶或波本酒桶，而是富有白檀木和香木芳香的日本水楢。日本威士忌口感绵密，颇与日本食物相得益彰，近年来其在国际威士忌市场中的品牌也在不断扩展。

2. 按照原料和酿造方法划分

威士忌从原料、酿造方法上又可分为麦芽威士忌、谷物威士忌和调和型威士忌（见表 7-4）。单一麦芽威士忌（Single Malt Whisky）指在同一个蒸馏厂中只用大麦麦芽为原料酿制而成的威士忌。谷物威士忌是指以玉米、小麦等未发芽的谷物为主要原料酿制而成的威士忌，主要用作基酒而不直接饮用。调和型威士忌指由纯麦芽威士忌与其他谷物酿制的无色烈酒调和而成。美国烟酒协会（Alcohol Tabacco and

Firearms Division of The Internal Revenue Service）规定调和威士忌需含 20% 以上的纯麦威士忌（酒精度为 50% 以上），谷物烈酒则酒精度必须为 95%，最后调和出的威士忌酒精浓度不得低于 40%。近几年，市场上单一麦芽威士忌的人气持续走高，但这并不意味着单一麦芽威士忌比调和型威士忌更佳或更贵重。

表 7-4 威士忌的品类与酿造方式

产地	品类	原料	蒸馏	窖藏
苏格兰	麦芽威士忌	仅大麦芽	单一蒸馏两次	3 年以上
	谷物威士忌	玉米、小麦、大麦芽	连续蒸馏	
爱尔兰	壶式蒸馏威士忌	大麦、大麦芽	单一蒸馏三次	3 年以上
	谷物威士忌	玉米、小麦、大麦、大麦芽	连续蒸馏	
美国	波本威士忌	玉米（51% 以上）、黑麦、小麦、大麦芽	连续蒸馏	2 年以上
	谷物中性烈酒	玉米、大麦芽	连续蒸馏	对储藏无要求
加拿大	风味威士忌	黑麦、玉米、黑麦芽、大麦芽	连续蒸馏	3 年以上
	基底威士忌	玉米、大麦芽	连续蒸馏	
日本	麦芽威士忌	大麦芽	单一蒸馏两次	对储藏无要求
	谷物威士忌	玉米、大麦芽	连续蒸馏	

二、威士忌的酿造历史

1. 苏格兰威士忌

最早关于苏格兰威士忌的文献记录是 1494 年苏格兰王室财务部记有：赐予修道士约翰·科尔 8 瓶威士忌。威士忌的酿造技术从爱尔兰传至苏格兰最早在 8 世纪或 9 世纪，最晚不超过 12 世纪。但此时人们并不知道酒桶陈酿，而是直接饮用蒸馏出来的酒。苏格兰的私造酒时代从 18 世纪初叶持续到 19 世纪前叶，起因是 1707 年苏格兰岛被英格兰合并，以及政府对酿酒从业者课以重税。苏格兰人不愿向英格兰政府支付税金，因而藏身深山酿酒，并将酒放置在雪莉酒桶中。

1823 年，政府面对屡禁不止的私酿酒，推出“酒税法”。翌年，第一个政府公开承认的蒸馏厂格兰威特蒸馏厂诞生，从此苏格兰威士忌成为当地最大的产业。1860 年，酒税法改订，允许调和来自不同蒸馏厂的威士忌。1909 年，谷物威士忌也被归入苏格兰威士忌的行列。目前，苏格兰威士忌生产地可分为高地、低地、坎贝尔镇、艾莱岛、岛屿区以及斯佩赛地区。蒸馏厂的选址、风土、自然环境都影响着麦芽威士忌的味道，这一点与红酒非常类似。因此，各地区出产的威士忌也带有各自蒸馏厂的个性味道。

相较于麦芽威士忌和谷物威士忌，调和型威士忌的问世得益于连续式蒸馏器的发明。现今仍在使用的连续式蒸馏器是爱尔兰人埃尼斯·科菲于1830年在罗伯特·斯坦的最初发明基础上改良而来的，科菲蒸馏器正是取自他的名字。连续式蒸馏器内部可以进行循环往复的单一蒸馏，据此可以获得酒精度数超过90%的极高纯度酒精。19世纪四五十年代，以格拉斯哥和爱丁堡为主的大城市近郊的低地蒸馏业者引入连续式蒸馏器，开始了谷物威士忌的酿制。1860年，安德鲁·亚瑟将低地的谷物威士忌与高地的麦芽威士忌混合就有了调和型威士忌。1879年，由于遭受葡萄根油虫害，法国葡萄园全军覆没导致白兰地一瓶难求，苏格兰威士忌借此机会一举杀入法国市场。

2. 爱尔兰威士忌

比苏格兰威士忌历史更悠久的是爱尔兰威士忌，爱尔兰人饮用谷物酿制的蒸馏酒可追溯到12世纪。历史上，国王詹姆斯一世于1608年批准北爱尔兰安特里姆耶的郡主托马斯·菲利普爵士生产威士忌。1757年，基尔伯根镇开设了布鲁斯那蒸馏厂，都柏林开设了托马斯街蒸馏厂。但爱尔兰威士忌特点的形成却是在近代（约距今150年前），由于政府对麦芽征收高额税金，人们被迫减少麦芽用量，改为添加大麦，这也赋予爱尔兰威士忌芬芳馥郁的大麦香气。

3. 美国威士忌

18世纪，来自苏格兰和爱尔兰的移民进入美国，开始了美国威士忌的酿造。这些移民先是使用自带的大麦酿造麦芽威士忌，但很快就改为使用当地的黑麦和玉米进行酿造。最著名的波本威士忌据说于1789年被发明，是产自肯塔基州波本郡的威士忌，且其运输涉及的俄亥俄河沿岸海港都在波本郡辖内，因而得名。1861年，随南北战争激烈化，工业资本被投入到南部的波本威士忌制造业，在连续式蒸馏器的加持作用下，整体生产规模进一步扩大。

1791年，“蒸馏酒类物品税”颁布，政府开始对威士忌征税。美国受到基督教影响，禁酒观念一直很重，加之1914年第一次世界大战的爆发，使美国对谷物原料酒的限制越来越多。1919年，美国国会通过禁酒令，规定凡在合众国境内，酒类饮料的制造、售卖或转运均应禁止。其输出或输入于合众国及其管辖的领地，也应禁止。但该法令并未禁止饮酒，而且在法令正式实施之前有1年的缓冲期。这使得不少有钱人囤酒，而不法分子则大发不义之财，聚敛财富。禁酒令于1933年被废除。

4. 加拿大威士忌

在1776年美国发表独立宣言后，除了向南迁往暂不属于美国的肯塔基州外，居住在美国东部的英国血统居民则是穿过国境线移民到五大湖周边地区，并在那里开始谷物种植，这便是加拿大威士忌制造业的开端。加拿大早期的威士忌蒸馏厂几乎都是从制粉厂转型而来的。美国禁酒令的实施，对加拿大威士忌的“出口”而言却是莫大机遇。当时，底特律河一旦结冰，普通人也会从河面偷渡到加拿大，买回加拿大威士忌以获得额外利润。

5. 日本威士忌

1859年，横滨、长崎开放通商口岸，开始进口洋酒。1923年，日本的第一个威士忌蒸馏厂建于大阪府山崎市，创建者为鸟井信治郎，1929年酒厂推出首个日本威士忌品牌“三得利白札”。日本第二家威士忌蒸馏厂建于神奈川县，于1937年推出“托米（TOMMY）威士忌”，但1955年已关闭。第三家威士忌蒸馏厂由竹鹤政孝于1934年在北海道余市开设。竹鹤政孝曾于1918年赴苏格兰学习威士忌的酿造技术，并于1940年推出品牌“日果威士忌”。至今，日本威士忌余市蒸馏厂仍在使用泥煤直火蒸馏技术，以日本水楢打造的酒桶进行酿熟。1966年，日本在宫城县仙台市建成宫城峡蒸馏厂，选用竹鹤政孝推崇的新川河的伏流水酿酒。日本的威士忌蒸馏厂，每一家都可独立酿造品种多样的原酒，因此也有多样的威士忌。近年来，日本威士忌屡屡斩获威士忌大赛的世界级桂冠，受到众多关注。

三、威士忌的饮用

1. 威士忌的品饮

品饮威士忌时，首先在酒杯中注入20~30毫升威士忌，观察酒液的颜色，重点有色泽、光泽、透明度、挂杯情况等。挂杯时间越长，说明麦芽的浓度越高。其次是闻香味，即轻缓晃动酒杯，让酒液与空气充分接触后，逐渐靠近杯口，由远及近闻香，此为前调。最后是尝味道，啜一小口含在口中，品出味道后，咽下再品余韵。然后加水稀释，降低酒精度后再次品尝味道。

威士忌的饮用方式很多，随之带来的酒香酒味也十分富于变化。饮用威士忌，基本会从纯饮开始，或者按照1∶1的比例对半加水。威士忌加冰饮用时，一般选择大体积冰块，尽量用软水或纯度高的水制冰，随冰块融化不仅能够激发出更浓郁的酒香，而且风味也随冰的逐渐融化而不断变化。但是，加冰块的主要目的并不是为了稀释威士忌，而是为了达到冰镇酒液的目的。通常，为了最大限度降低冰块融化的速度，需在饮用前2~3小时将酒杯放入冰箱冷藏。加水加冰块的方式可以获得更柔和的口感，威士忌和冰水的比例为1∶2~2.5。

2. 威士忌的餐食搭配[①]

在选择与威士忌搭配的食物时，通常需要参考酒的风味和产地。例如，岛屿区（指苏格兰本岛之外的所有周边岛屿）麦芽威士忌的泥煤味较重，推荐搭配腌制品、烟熏味的小点，如烟熏鱼或肉。单一麦芽威士忌的泥煤味往往可以和巧克力搭配。重口味深色威士忌推荐搭配带有浓缩水果酸甜口味的水果干、薯片。硬质奶酪往往可以和任何威士忌相配，尤其是蓝纹奶酪。

如果酒香特别浓烈，但可搭配的食材有限时，可以尝试在威士忌中兑入苏打水，以增强威士忌的顺喉感，这也是一种适合所有菜品的饮用方法。威士忌在用于佐餐时，兑入苏打水及少许柠檬皮，借助后者的爽利还可以刺激食欲。制作威士忌苏打时，选择加拿大威士忌、爱尔兰威士忌中的调和型威士忌相对百搭。可用于调制威士忌苏打的碳酸饮料则推荐加拿大干型姜汁汽水、威尔金森姜汁汽水、加拿大干型碳酸水、威尔金森苏打水、普利米恩苏打水、巴黎水、汤力水等。

四、其他烈性酒

视频资源：酒的供糖原料

威士忌（Whiskey）之外，世界著名的蒸馏酒还有法国以葡萄酿造蒸馏的白兰地（Brandy）、俄罗斯及东欧以谷物酿造蒸馏的伏特加（Vodka）、加勒比地区以蔗糖糖蜜酿造蒸馏的朗姆酒（Rum）、荷兰以杜松子调味的金酒（Gin）和墨西哥以龙舌兰糖浆酿造蒸馏的龙舌兰酒（Tequila），以上并称世界六大鸡尾酒基酒。

1. 白兰地

市面上出售的白兰地，如果不做特别标注，是以葡萄酒加以蒸馏浓缩制成的酒，一升白兰地大约需要八升葡萄酒浓缩。蒸馏出的酒是近乎无色的，但在橡木桶中贮藏后，橡木的色素溶入酒中以及酒液被氧化而形成褐色。年代越久，颜色越深。广义而言，只要是以果酒为基底，加以蒸馏制成的酒都可以称为白兰地，名称前往往加上相应的水果名称，如“苹果白兰地”“樱桃白兰地”“草莓白兰地”“欧李白兰地”等。

目前世界最好的白兰地产地是法国干邑地区和亚文邑地区，其中干邑酒受到严格的原产地保护。著名白兰地品牌有豪达、轩尼诗、卡慕、马爹利、御鹿、人头

① ［日］EI出版社编著．威士忌赏味指南［M］．方宓，译．华中科技大学出版社，2018.

马、路易老爷、拿破仑干邑、百事吉。酒标上的英文缩写代表了干邑酒的等级，也代表了原浆酒在橡木桶中陈酿的时间长短。知名的 X.O. 属于白兰地中的尖货，它的最年轻基酒陈酿期至少为 10 年。

2. 伏特加

伏特加，是以马铃薯或大麦、黑麦等谷物为原料，经蒸馏净化得到高纯度酒精（95GL）后，再由蒸馏水淡化至 40~60GL，并由活性炭过滤获得的烈酒。欧盟所定标准为酒精含量不低于 37.5% 的酒才可称为伏特加。伏特加的传统饮用方式为净饮，同时也是最具灵活性、适应性和变通性的鸡尾酒基酒，典型的鸡尾酒有血腥玛莉（Bloody Mary）、螺丝起子（Screwdriver）和部分马天尼（Martini）系列。

3. 朗姆酒

朗姆酒，又译作兰姆酒或蓝姆酒，是用甘蔗糖蜜酿造的蒸馏酒，酒精含量 35~55GL，属于制糖业的副产物。16 世纪时，西印度群岛盛产甘蔗，当时用加热甘蔗汁以蒸发水分使蔗糖结晶出来的方法提炼蔗糖，这种方法到最后总有一些高糖含量的残液无法继续加热。早期这些残余的糖稀或糖蜜只能用作制焦糖，后来新英格兰的殖民者用其酿酒，就有了朗姆酒。

早期朗姆酒利用廉价的原料，酿出即卖，没有储存期，因此辛辣刺喉，很受生活在艰苦环境的水手和海盗的青睐，有的船长甚至用朗姆酒为水手发工资。现在朗姆酒发酵、蒸馏后，还需在橡木桶中陈酿 3 年以上，口味也更绵软适口，具有焦糖香味，是配制鸡尾酒必不可少的原料。除饮用外，也常被用在西式糕点和西式菜肴烹调中。

根据原料和酿制方法，朗姆酒可分为朗姆白酒、朗姆老酒、淡朗姆酒、朗姆常酒、强香朗姆酒。酒液也有琥珀色、棕色和无色的。根据风味特征，还可将朗姆酒分为浓香型和清香型。

4. 金酒

金酒，或译为琴酒，又被称为杜松子酒，是一种以大麦麦芽与裸麦为原料经发酵与三次蒸馏制造出的中性烈酒基底，增添以杜松子为主的多种药材与香料调味制得的蒸馏酒。金酒源自荷兰，最早因杜松子有利尿、解热和治疗痛风的作用而被作为药用。

金酒酒液无色透明，气味奇异清香，口感醇美爽适，既可单饮，也可与其他酒混合配制或作鸡尾酒的基酒。金酒按口味可分为辣味金酒、老汤姆金酒和果味金酒。

5. 龙舌兰酒

龙舌兰酒，又可音译为特其拉酒，被认为是墨西哥的国酒和中美洲地区印第安文明的产物。酿酒的原料是一种墨西哥原生的形似仙人掌的特殊植物“龙舌兰”，且必须采用龙舌兰众多分支中品质最优良的蓝色龙舌兰作为原料，以其含有甘甜汁液的茎块熬煮后发酵，再经两次蒸馏和活性炭过滤除去杂质。龙舌兰酒属于非陈年酒，酒度在 35~55GL。在墨西哥本土，龙舌兰酒是所有酒类之中受到法规限制最严格的一种产品，而世界上大部分的市场（如欧盟）也普遍遵循墨西哥的相关法令规范来制订这种酒类的界定基准。

龙舌兰酒的生产中心是墨西哥哈利斯科州境内、瓜达拉哈拉和特皮克之间的小城镇特基拉，而传说中这种酒最早的原产地就是该镇郊外同名的火山口周围坡地。2006 年时，龙舌兰酒的产区被联合国教科文组织列入世界文化遗产名单中。

扩展阅读

鸡尾酒

选用以上介绍的烈性酒作为基酒，配合其他酒水（果汁、汽水、矿泉水、利口酒等）与辅料调制而成的混合饮料就是鸡尾酒（Cocktail）。基酒又名酒基 / 底料 / 主料，在鸡尾酒中起决定性的主导作用，是鸡尾酒中的当家要素，一般须是蒸馏酒、酿造酒、混成酒中的一种或几种。

鸡尾酒可在餐前做开胃酒饮用，如味美思、比特酒、茴香酒都是常见的餐前鸡尾酒基酒；也可在餐后做甜品佐餐或者帮助消化用，如用君度香橙、马利宝椰子朗姆、咖啡甜酒等利口酒做基酒的鸡尾酒；又或者有些酒精含量低但是色彩绚丽的，可被用作派对鸡尾酒，以满足人们的交际需要。

视频资源：鸡尾酒

第四节　咖啡文化

咖啡（Coffee）是采用经过烘焙过程的咖啡豆所制作冲泡出来的饮料。咖啡是人类社会流行范围最为广泛的饮料之一，也是重要经济作物，是许多国家的顶级农业出口商品。咖啡生豆尤其是许多发展中国家出口的最有价值的商品之一，其全球期货贸易额度仅次于石油。目前排在咖啡生产量前三位的国家依序为巴西、越南和哥伦比亚。

咖啡文化多被认为是与咖啡有关的社会气氛，尤其是由此文化带来的消费刺激。咖啡馆是传统的社交场所，现代咖啡馆中提供咖啡的同时也提供可口的蛋糕点心，以及三明治等简餐，同时咖啡馆也是艺术与知性的集散地，许多知名作家都有在咖啡馆写作的习惯。早期咖啡文化主要体现为慢步调的餐点服务、雅致的环境和社交途径，现代咖啡文化也出现了快步调的服务，如咖啡连锁店星巴克（Starbucks Corporation）、咖世家（Costa Coffee）等。

一、咖啡飘香 1000 年

非洲是公认的咖啡树和食用咖啡的起源地。从食用、药用到饮用，咖啡传遍世界各地，进入万千咖啡馆和千家万户，经历了漫长的旅程，其间涉及复杂的政治、宗教、经济因素。

视频资源：咖啡的“4321 理论”

1. 神秘饮品，从非洲走向世界

咖啡的起源众说纷纭，人类历史上最早与咖啡结缘的应属东非的盖拉族。盖拉族是埃塞俄比亚的主要民族之一，最初以嚼食咖特草，发展到咀嚼咖啡果叶来提神，与今日的冲煮咖啡大不相同。

公元 9 世纪，波斯名医拉齐（Rhaze，865~925）所撰的《医学全集》是目前所知最早论及咖啡的文献。拉齐在书中提到“一种以邦熬煮的汁液称为邦琼，具有燥热性，益胃，可治疗头疼、提神，喝多了令人难以入眠”。文中的“邦”就是咖啡果。

咖啡的种植首次发现于非洲埃塞俄比亚的哈勒尔，直到 11 世纪左右，人们才开始用水煮咖啡作为饮料。13 世纪时，埃塞俄比亚军队入侵也门，将咖啡带到了阿拉伯世界。但因为伊斯兰教义禁止教徒饮酒，有的宗教界人士认为这种饮料刺激神经违反教义，曾一度禁止并关闭咖啡店，但埃及、苏丹认为咖啡不违反教义，因而解禁。15 世纪以前，咖啡长期被阿拉伯世界所垄断，仅在伊斯兰教国家间流传。当时主要被使用在医学和宗教上，伊斯兰教医生和僧侣们承认咖啡具有提神、醒脑、健胃、强身、止血等功效。15 世纪初，开始有文献记载咖啡的食用方式，并且在此时期融入宗教仪式中。

咖啡 Coffee 一词源于阿拉伯语 Qahwa，意思是“植物饮料”。咖啡的种植和制作方法也被阿拉伯人不断地改进而逐渐完善，这一发展过程还与中国明初的郑和下西洋有关。郑和船队于 1405~1433 年多次造访波斯湾、阿拉伯海、红海沿岸的阿拉伯各国，包括也门。郑和每次出航都带着茶砖同行，向也门统治者展示中国的泡茶待客之道，并把茶叶和茶具赠送或出售给友邦人民。中国人的茶叶、茶具和饮茶嗜好带给阿拉伯部族莫大的启示，原来提神的饮料也可以成为日常生活消费。这一认识加速了咖啡的普及，促使咖啡从宗教性的饮料、药饮发展为民间的日常饮品。

到16、17世纪，透过威尼斯商人和海上霸权荷兰人的买卖，咖啡辗转传入欧洲，并受到贵族阶级的喜爱，咖啡的价格也随着水涨船高，甚至产生了“黑色金子”的称号。在大航海时代借由海运的传播，咖啡终于在全世界流传开来。1690年，一位荷兰船长航行到也门，得到几棵咖啡苗并在荷属东印度（现在的印度尼西亚）种植成功。1727年，荷属圭亚那的一位外交官的妻子将几粒咖啡种子送给一位驻巴西的西班牙人，结果巴西的气候非常适宜咖啡生长，从此咖啡在南美洲迅速蔓延。因大量生产而价格下降的咖啡开始成为欧洲人的重要饮料。

2. 20世纪，咖啡走入“寻常百姓家”

进入20世纪，虽然大多数人喝的咖啡仍然是现磨的，市场上已出现了速溶咖啡。速溶咖啡的出现虽然没有提升咖啡的品质，但它让饮用咖啡变得更便利、更容易实现，咖啡的保质期也因此变长。1938年，雀巢公司创立了雀巢咖啡（Nescafé），并成为世界上最知名的速溶咖啡品牌，用便捷且不留残渣的享用方式，带来了全球第一波咖啡浪潮。时至今日，速溶咖啡在全世界仍然非常受欢迎。

1966年，荷兰裔的美国烘豆师阿尔弗雷德·毕兹（Alfred Peet）开了第一家皮爷咖啡（Peet’s Coffee），每日供应油滋滋的新鲜深烘焙熟豆，并在现场冲泡，教导客人如何鉴赏深烘焙咖啡。星巴克创业的三元老也曾拜毕兹为师，学习深烘之道。1971年，首家星巴克在西雅图派克市场开张，共同推广深烘焙咖啡。1987年星巴克引进意大利拿铁与卡布奇诺，并从深烘焙熟豆专卖店转型为意式咖啡连锁店，进军国际并点燃全球的意式咖啡热潮。

20世纪60年代至90年代，皮爷与星巴克带动的全球深烘焙风与意式咖啡热潮，即第二波咖啡浪潮。喝咖啡从单纯地摄取咖啡因转变为一种生活方式，人们开始关注咖啡豆的品质及冲泡技术。意式咖啡的流行风潮，还让人们养成了不在家喝咖啡的习惯，同时打造了“第三空间”的概念。

3. 21世纪，精品咖啡融入生活

千禧年前后，美国与北欧等地涌现出一批独立咖啡馆和年轻的咖啡师。区别于第二波的深烘焙以及大量复制的连锁咖啡馆，他们主推彰显水果酸甜的浅烘焙、单一产地或单一庄园浓缩咖啡（Single Origin Espresso），重视拉花，销售彰显地域之味的手冲、虹吸壶咖啡，开展杯测品鉴及咖啡教学活动门店风格也各具特色，就此点燃第三波咖啡浪潮。

伴随第三波咖啡浪潮的发展，咖啡豆的采购发生了变化，越来越多的买家顺应豆源可追溯性的需求，与产地建立联系，精确地了解咖啡豆产自哪里，以及是如何种植、收获、处理和分类的，经过了怎样的商业运作，并将这些信息传达给消费者。具有产地特征和个性风味的咖啡豆越来越多，咖啡烘焙及成品的品质也显著提升。

拓展视野

喝咖啡时你有没有碰到过这样的情况？“我喝到了一个味道，但我说不出来它是什么”。明明有明显的感觉却无法用具体的语言表达。其实无法表达不是因为我们没有能力感受，而是因为我们从来没有学着用感官辨认咖啡的风味。

视频资源：启动感官，认识风味

人类的所有感官中，咖啡品鉴所用到的主要包括味觉、嗅觉和触觉。味道、香气和触感共同构成了咖啡风味。味道主要包括酸、苦、甜、咸；香气分为有益香气与负面香气，其中负面香气并非全都是不好的味道；咖啡风味还包括温度、涩度、口感等触觉感知。因此，当我们学习咖啡时，除了去学习知识与观念以外，其实启动你的感官，学着用感官辨认生活中的一切事物，不断丰富自己的记忆库，是非常关键的一个环节。你吃过苹果了解什么是“苹果味”，接着把“苹果味”放入你的记忆库，当你发觉一杯咖啡中有相同的味道，你才能用“苹果味”来形容它。咖啡有很多种风味，你的记忆库越丰富，能从中辨认的味道就越多，你就越能拼起整个风味的全貌。

一支咖啡豆会被包含消费者在内的多个角色品鉴。烘豆师通过品鉴采购心仪的生豆，并在烘焙完成后再次品鉴，确保烘焙质量；咖啡师通过品鉴检验自己的冲煮；消费者可以通过品鉴各自寻找不同的喜好风味。

咖啡产业使用的标准品鉴方式称为“杯测”（Cupping），背后最大的用意是避免冲煮过程中的失误可能造成的风味差异，并且尽可能让所有咖啡都在相同的条件下接受品评。为了这个目的，杯测仅使用非常简单的冲煮流程，并采用统一的杯测表来记录咖啡品质。

杯测表包含了最终的杯测分数，以及这个分数背后所有的品质细节。杯测总分在 80 分以上就可称为“精品咖啡”。在杯测表中，咖啡的品质是一个客观定义，分为以下十个方面：

一是香气：咖啡的香气品质有两种状态，一种是刚研磨时尚未接触水的“干香”（Fragrance），另一种是粉浸润在热水时散发的“湿香”（Aroma）。

二是风味（Flavor）：风味品质要去评判咖啡在口中同时作用于味觉与鼻后嗅觉的综合香

气风味，即啜吸时感受到的风味。风味品质的分数也是根据咖啡呈现的香气种类进行评断，当一款咖啡出现好的风味越多，复杂性越高，该项分数就会越高。

三是余韵（Aftertaste）：余韵品质是啜吸后，仍停留在口腔的各种味道或香气与触感。这个时候香气的清晰度、种类以及停留时间都会决定余韵品质的高低。

视频资源：咖啡风味轮

四是酸质（Acidity）：比起单纯的酸，与甜味相互调和的酸才会被视为优质的酸，如成熟水果的活泼果酸。

五是口感（Body）：口感品质是咖啡在口中呈现出的浓稠度与触感。清淡爽口或浓稠饱满都有可能获得高分，但如果出现了涩感或收敛感，则会降低口感品质。

六是一致性（Uniformity）：杯测师进行咖啡品质鉴定时，通常每一种样品会抽样取出五支，若五支没有风味上的差异性，这一栏就会显示满分。

七是均衡度（Balance）：均衡度是判定风味、余韵、酸质、口感产生的综合效果，在这四项品质中如果有某项特别突出，得分就会偏低，如果四项品质表现非常均衡，并且产生加成的效果，就会是高分。

八是干净度（Clean cup）：当同一种样品的五支当中的某几支出现了瑕疵风味，就会拉低干净度的得分，同时代表这款咖啡不具有一致性。

九是甜度（Sweetness）：只有挑选刚熟成的咖啡樱桃来处理成生豆，才能得到较佳的甜度。此项结果对酸质、口感、风味、余韵等项目皆有正向影响。

十是整体评价（Overall）：杯测进行到最后，需要在前九项评分的基础上，根据所有品质做出结论评价，这一项反映了杯测师本身对这杯咖啡的观感，因此也是最具有主观成分的评分项目。

二、中国咖啡文化

1. 晚清时期，由广州传入

视频资源：咖啡杯测流程

视频资源：咖啡杯测表

“咖啡，西洋饮料，如我国之茶，英文 Coffee”。最早的“咖啡”一词出现于民国初年的《中华大字典》，此后进入汉语词汇库并广泛使用。“外洋有葡萄酒……又有黑酒，番鬼饭后饮之，云此酒可消食也”。据《广州通志》记载，鸦片战争前的嘉庆年间，来到广州的洋人已煮制饮用自带的咖啡。国人饮用咖啡可能始于同治年间。当时来华的外国人吃西餐，煮咖啡的人多半是受雇佣的中国人，他们因工作需要接触到咖啡。同时，受邀的中国官员也有机会品尝到咖啡。

2. 抗战前后，咖啡文化昙花一现

中国出现经营性的咖啡馆则在清末，到了民国时期，咖啡馆或酒店内设的咖啡厅在各大城市普遍出现。当时，拷贝巴黎风格的奢华咖啡馆遍布旧上海法租界的大街小巷，喝咖啡成为上流社会和知识分子的生活乐趣。欧陆风尚与老上海风情的完美结合，成为上海咖啡馆历史中的一段黄金岁月。民国时期的左翼文化就发端于虹口区的公啡咖啡馆。公啡咖啡馆是犹太人开在日租界里的小型咖啡馆，较之霞飞路上的露天咖啡馆，自是低调许多，成为左翼人士最佳的集会地点。鲁迅的日记多次提及在公啡咖啡馆啜饮咖啡，这是鲁迅与“左联”和中共地下党代表密会商谈的场所。1937 年抗日战争前，上海租界如雨后春笋的咖啡馆对文坛和政坛，均有不小的影响力。抗战爆发后，萌发不久的咖啡文化并未因此停滞不前，开设咖啡馆成为逃至上海的犹太人和俄国侨民的最佳谋生工具，也带旺了上海的咖啡时尚。1945 年抗战胜利后，百废待兴，久遭压抑的社会出现享乐与补偿心态，纵情消费，战时歇业的餐馆与咖啡馆，争相恢复营业，生意兴隆。

3. 改革开放后的飞速发展

中华人民共和国成立以后，政治与社会风气改变，朴实简约取代奢靡挥霍，咖啡文化遁入 30 年空白期。直到 20 世纪 80 年代末 90 年代初，随着对外改革开放对内搞活经济的指导方针，中国社会呈现出繁荣发展的景象，人们的生活水平不断提高，同时也带动了咖啡文化在中国的普及。1988 年雀巢公司在云南投资建设了速溶咖啡厂，一句“雀巢，味道好极了”的广告语几乎家喻户晓。在雀巢咖啡的大肆宣传下，中国的速溶咖啡市场迅速崛起，速溶咖啡和三合一调味咖啡成为改革开放至 2000 年以前，中国咖啡文化的主流。

4. 21 世纪，精品咖啡升温

千禧年后，随着中国国际化程度的加深，以现磨咖啡为主的星巴克等一批外国咖啡连锁品牌相继在中国市场崭露头角，咖啡文化也随之深入人心，为日后精品咖啡在国内的发展奠定了基础，精品咖啡市场被打开。近年来，中国咖啡市场的新模式、新业态层出不穷。零售速溶咖啡和即饮咖啡、专业咖啡馆咖啡、便利店咖啡、互联网咖啡、快餐咖啡、茶饮店咖啡等群雄并起，相互交融。瑞幸咖啡等新生代本土咖啡品牌强势崛起，大大小小的咖啡店如雨后春笋般林立，中国本土咖啡也逐渐在世界级比赛上崭露头角，使全世界对中国咖啡刮目相看。咖啡逐渐与时尚、现代生活联系在一起，成为时尚和潮流的代名词。

三、咖啡非物质文化遗产

咖啡是整个中东好客的象征。来自阿拉伯世界的一些咖啡文化与传统，已被列入联合国教科文组织非物质文化遗产名录。

1. 土耳其咖啡文化与传统

2013 年，土耳其向联合国教科文组织申请将土耳其咖啡文化与传统（Turkish coffee culture and tradition）加入“人类非物质文化遗产代表作名录”。土耳其咖啡文化与传统可追溯到 16 世纪，当时伊斯坦布尔的咖啡馆开始供应咖啡。作为一种饮料，土耳其咖啡具有特殊的冲煮技术，同时也是现存的最古老的咖啡制作方式之一。冲煮咖啡的传统技术，促进了相关工具和饮器的发展，如煮锅（cezve）、咖啡杯（fincan）及研磨器具，均具有较高的艺术价值。土耳其咖啡被视为土耳其生活方式的象征，人们在家庭聚会、社交场合和咖啡馆中享用土耳其咖啡。

土耳其咖啡的制作原料是水和研磨极细的咖啡粉，通常还会添加糖。制作时，将所有原料倒入长柄小锅中，放在火上加热，直到液体沸腾，表面形成泡沫，静止一小会儿之后，再倒入咖啡杯中品尝。作为一个流传甚广的传统，喝完咖啡后，旋转杯子，许愿，把杯子倒过来放在碟子上，直到冷却。这时将杯子打开，就可以针对杯中的图案，进行占卜。

土耳其咖啡在文化中扮演着热情好客和友谊灯塔的核心角色，对土耳其人的生活方式产生了深远的影响。特别的客人会被奉上更加精美的特殊的咖啡杯，以示尊贵。正如土耳其谚语所表达的那样：“灵魂既不追求咖啡，也不追求咖啡馆，他们追求的是亲密的友谊；咖啡是一个借口。”邀请朋友喝咖啡，表明需要亲密交谈或分享日常。

在订婚仪式、节日等某些社交场合，土耳其咖啡一直是不可或缺的一部分。即使在经济危机时期，咖啡豆无法供应，人们用鹰嘴豆、野生开心果、椰枣籽等代替咖啡豆，依然保持着饮用咖啡的传统。土耳其咖啡对文学有着巨大的影响，人们创作了无数的诗歌和歌曲来描述咖啡文化与传统相关的情感。在诗歌、宗教仪式、工艺品和绘画作品中，它也占有重要地位。

2. 阿拉伯咖啡，慷慨的象征

根据阿拉伯联合酋长国、阿联酋、阿曼、卡塔尔的申请，“阿拉伯咖啡，慷慨的象征（Arabic coffee，a symbol of generosity）”于 2015 年被列入联合国教科文组织的“人类非物质文化遗产代表作名录”。作为世界上最早饮用咖啡和生产咖啡的地区，阿拉伯的咖啡文化就像它的咖啡历史一样古老而悠久。

提供阿拉伯咖啡是阿拉伯社会重要的待客之道，同时被视为表示慷慨的礼仪。传统上，咖啡要在客人面前准备。首先挑选豆子，然后放入一个平底锅中，置于炉上稍加烘烤，再放入铜臼（al-hown）中用铜杵捣碎。接着将捣碎的咖啡粉放入一个铜制的大咖啡壶（dallah al-logmah）中，加水放到炉子上加热。煮好的咖啡会被倒入一个较小的咖啡壶（dallah al-mzal）中，再分到小杯（finjan）中端给客人。阿拉伯咖啡味苦，有时会加入小豆蔻或其他香料，通常还会配上枣子。

喝咖啡的礼仪代代相传。按照习俗，最重要或最年长的客人坐在主人右侧，会被优先奉上咖啡。咖啡的量只够装满 1/4 的咖啡杯。通常，喝一杯表示对主人的敬意，一般不要超过三杯。此外，如果你手持空杯左右摇晃则表示谢谢，主人就不会再给你倒咖啡了。

进行人类非物质文化遗产名录联合申请时，所有缔约国都致力于保护阿拉伯咖啡作为非物质文化遗产的一部分。①在阿联酋，阿尔艾因的卡塔尔传统文化节中有一个部分是用传统的方式在火上烘烤咖啡豆来制作阿拉伯咖啡。客人们在品尝咖啡之前会先观察咖啡的制作过程。②在沙特阿拉伯，当地政府已经在公园里分配了供应阿拉伯咖啡的场所。他们还支持在节日和其他文化遗产活动期间供应咖啡。官员们在访问各国时也会携带阿拉伯咖啡壶作为礼物。③在阿曼，制作阿拉伯咖啡的传统被纳入与食品和饮料相关的广播和电视节目中。报纸刊登咖啡礼仪的内容和与之相关的诗歌，以及它在阿拉伯社会的历史传统。④在卡塔尔，政府组织了专门的咖啡服务培训课程。文化部遗产局出版了一本关于卡塔尔咖啡的书，在世界遗产日，Al Bayan 电视频道在“The Specific”栏目中播放了关于阿拉伯咖啡的内容。

3. 沙特阿拉伯咖啡种植理论与实践

2022 年，沙特阿拉伯向联合国教科文组织申请将种植 Khawlani 咖啡豆的理论与实践（Knowledge and practices related to cultivating Khawlani coffee beans）加入“人类非物质文化遗产代表作名录”。

种植 Khawlani 咖啡豆的理论与实践包含了土壤准备、树木维护、果实采摘和加工咖啡豆的相关理论知识和技能。种子被种植在装满土壤的网袋里，放置在阴凉处储存三到四个月。发芽后的种苗被转移到农田，之后至少需要三年的等待，才能开始采收咖啡果实。成熟的咖啡果实是红色的，通过扭转的方法手工采摘，以防止枝条损坏，并确保在下一季成功结果。采摘后的咖啡果实被转移到屋顶或平铺在高架床晾干，定期翻动以降低霉菌滋生的风险。同时，对老枝条进行修剪，促进新枝条的生长。干燥完成的咖啡豆经过脱壳机去除外壳。

卡瓦尼部落种植咖啡豆已有 300 多年的历史，相关的理论知识和技能代代相传，为客人提供来自自家农场的咖啡豆被认为是一种荣誉和尊重的象征。Khawlani 咖啡豆的种植和加工促进了当地的社会凝聚力。咖农们聚集在一起交流经验，促进了种植加工水平的提升。同时整个种植和加工过程不会对环境造成伤害，它反映了当地人与自然的和谐共处。

四、认识咖啡豆

咖啡树是植物学中茜草科（Rubiaceae）咖啡属（Coffea）的常绿灌木或乔木。现在种植咖啡树的国家已超过 70 个，主要在美洲、东南亚、印度等地。咖啡树从种植到第一次采收，至少需要三年的时间，照顾得当的咖啡树可以在 15~20 年持续高产。大多数咖啡树一年一收，雨水能刺激咖啡树开花，盛开的咖啡花为一簇簇纯白色的小花，呈串状，有类似茉莉的香气，花期持续 1~2 周。花谢后，历时 9 个月，慢慢长成红色或黄色的小果实，形状及大小均与樱桃类似，故称咖啡樱桃。

1. 咖啡豆

咖啡樱桃（见图 7-1）属于核果，但与桃子和杏子等核果不同，中心的种子占据了整颗果实的绝大部分，果皮及果肉占比很低。咖啡的种子即为咖啡豆，每颗咖啡樱桃通常含有两颗对生的种子，彼此接触的一面会随着果实的生长呈平面。偶尔，咖啡樱桃内只有一颗咖啡豆，称为圆豆（peaberry），呈椭圆形。咖啡樱桃从内到外依次为咖啡豆（种子）、银皮、内果皮、果胶层、果肉和外果皮。

图 7-1 咖啡樱桃

咖啡樱桃成熟时，外皮颜色会由一开始的绿色变为黄色，再转为红色。果肉部分的味道也很甜美，但由于果肉较薄，不适宜食用。一棵咖啡树每年生产 3~5 公斤咖啡樱桃，可制成大约 1 公斤生豆，经过烘焙后变成咖啡熟豆，重量会进一步减少。也就是说，一整株咖啡树每年产出的熟豆不到 1 公斤。

2. 咖啡品种

咖啡植株的分类很复杂，有许多变种和品系，目前已鉴识出的咖啡树种超过 120 个，但目前在全世界量产、消费的仅有阿拉比卡种（Arabica）和罗布斯塔种（Robusita）。阿拉比卡是全球的咖啡主力，占全世界产量的 70% 左右，有着迷人的香气和丰富的味道。相较于阿拉比卡，罗布斯塔可以在较低的海拔种植，且能适应高温环境，拥有较好的抗病能

视频资源：
咖啡品种

力，缺点是香味淡，苦味较突出，大多数最终走进大型的商业生产工厂里，制作成速溶咖啡。将咖啡当作一种快餐产品的需求，意味着罗布斯塔的全球市场占有率接近 40%。

咖啡树种（species）下仍有许多不同的品种（Variety），就像苹果是树种，红富士、黄元帅、花牛和乔纳金都是不同的苹果品种。以阿拉比卡为例，阿拉比卡种以马提尼克岛上的帝比卡为起源，形成了现今众多的品种，其中具有代表性的品种如下：

（1）古老原生种

①帝比卡（Typica）：埃塞俄比亚最古老的原生品种，果实通常为红色，风味突出，产量较低，抗病虫害能力弱。

②波旁（Bourbon）：与帝比卡并列的古老优良品种。有植物学家认为，波旁是早期在留尼汪岛（The Island of Reunion，当时称波旁）由帝比卡自然突变而来的品种，风味令人愉悦。果实有红果皮、黄果皮，有时还可看到橘果皮，产量比帝比卡略多。

（2）基因突变种

①卡杜拉（Caturra）：1937 年发现于巴西的波旁突变种，产量较高，普遍栽植于哥伦比亚、中美洲及巴西，有红果皮和黄果皮两种不同的形态，植株矮小，易于采收。

② SL28 和 SL34：人工选育出的波旁嫡系品种，普遍栽植于肯尼亚，百年来已适应当地高浓度的磷酸土壤，孕育出肯尼亚豆特殊的酸香物，顶级的肯尼亚咖啡均出自这两个优秀品系。红色果皮，对叶锈病抵抗力弱。

③瑰夏（Geisha）：大器晚成的瑰夏，原本在埃塞俄比亚的瑰夏地区默默生长，制作出的咖啡带有茉莉花香、丰富果香及出色的酸味。1931 年输出肯尼亚，浪迹坦桑尼亚、哥斯达黎加，20 世纪 60 年代辗转移植到巴拿马，之后又熬过近半个世纪，才一鸣惊人，自 2005 年连续三年获得巴拿马国宝豆杯测大赛一等奖。2007 年，美国精品咖啡协会（SCAA）主办的国际名豆杯测赛，瑰夏再次夺冠，以每磅 130 美元开出创纪录的竞标价格，比商业咖啡的成交金额高出近百倍！瑰夏属于帝比卡家族的一员，却在离开埃塞俄比亚 70 多年后扬名立万，更应验了埃塞俄比亚是阿拉比卡基因宝库的说法，随便“施舍”一个品种出国，就足以在咖啡市场兴风作浪。

（3）阿拉比卡种内杂交

①蒙多诺沃（Mundo Novo）：帝比卡及波旁的自然混血品种。20 世纪 40 年代发现于巴西，以当地地名命名，因其相对较高的产量、较强壮的体质，以及较佳的

抗病力而被广泛栽植。

②卡杜艾（Catuai）：20 世纪 50~60 年代，由巴西选育的卡杜拉及蒙多诺沃的杂交品种，继承了卡杜拉的“侏儒”基因与蒙多诺沃的高产量和抗病性，但整体风味表现比卡杜拉单调，有红色及黄色果皮。

（4）阿拉比卡与罗布斯塔种间杂交

①蒂姆（Timor）：罗布斯塔种易于生长，而阿拉比卡种抗病害能力弱，二者杂交可以改善阿拉比卡种的不良属性。然而，阿拉比卡种与罗布斯塔种的染色体数目不同，二者结合后不会产生后代，直到在蒂姆岛上发现混合品种蒂姆后，人们才解决了这个难题。蒂姆是阿拉比卡种和突变后与阿拉比卡种染色体数相同的罗布斯塔种杂交而成的，兼有罗布斯塔种易于生长的特质。

②卡蒂姆（Catimor）：将混合品种蒂姆与卡杜拉杂交，便产生了卡蒂姆。卡蒂姆虽然继承了罗布斯塔种易于生长的优点，但也继承了它风味差的基因，经过数十年的品种改良，终于在 1982 年培育出了著名的“哥伦比亚”（Colombia），目前与卡杜拉成为哥伦比亚的两大主力品种，以取代体弱多病且产量少的帝比卡。中国云南地区目前种植最广泛的也是卡蒂姆。云南卡蒂姆也因栽植管理或加工技术逐年改善，味谱的丰富度大幅提升。

由改良后产出的品种可看出，咖啡品种改良几乎都不是为了风味的多元性，而是着眼于易于栽培与收成、提升抗病虫害能力、提高产量等方向。其主要原因是咖啡生产国以发展中国家为主，最重要的是确保每年的收成，降低风险，提升经济效益。

3. 世界咖啡产区

高品质的咖啡只在世界的某些区域生长良好——位于以赤道为中心、南北回归线之间的高海拔地区，这些区域被称为“咖啡带”。全世界有超过 50 个国家在种植咖啡，这些地方通常称为原产地，他们基本分布在三大块区域，非洲、亚洲和拉丁美洲。

视频资源：世界咖啡的产区

高品质的咖啡豆不仅需要在地图上找到正确的坐标，所有关于咖啡生长环境的因素都会影响它的味道，咖啡在富含矿物质的土壤中生长得最好，它喜欢温暖的气候和充足的雨水。适量的阴凉和较高的海拔会令豆子缓慢生长，从而有更多的时间来孕育营养物质，产生理想的味道。

除了天然环境，高品质的咖啡豆还需要种植者的技术和精心照顾，特别是近几年各产地为了在咖啡风味和品质上做出辨识度，不断在尝试新的加工方式，有些小产区的咖啡豆会颠覆这个国家的代表风味。

（1）非洲

一般认定咖啡的发源地是埃塞俄比亚，但是在非洲中部和东部也都有大量的咖啡树种植。其中埃塞俄比亚是最受认可的精品咖啡的产地之一，贵为咖啡基因宝库，种植海拔多为1500~2200米，拥有能种植出世界上最好的咖啡的土壤，处理法有日晒和水洗，其咖啡口感十分多样，由柑橘、花香到糖渍水果甚至热带水果气息都有。埃塞俄比亚具代表性的精品咖啡产区非常多。例如耶加雪菲，它是南方西达摩种植区中的一小片区域，以生产具有伯爵红茶味道的咖啡而闻名。

也门与埃塞俄比亚隔海相望，咖啡贸易开始以来，也门一直在种植和出口咖啡。多数情况下，咖啡名称上会出现“摩卡”一词，这是当地外销港口名，与摩卡饮品或巧克力无关。

肯尼亚是另一个咖啡的重磅产区，种植海拔为1400~2000米，虽与埃塞俄比亚接壤，但品种、豆相与风味却明显有别。肯尼亚豆主要采用水洗处理，豆体肥硕饱满。其独特的黑莓酸香味出自优质的波旁变种“SL28”与“SL34”，以及其精湛的种植和处理技术。

除了以上三者，非洲还有二线产国诸如卢旺达、坦桑尼亚和津巴布韦等，近年也打入精品咖啡市场。坦桑尼亚和津巴布韦的风味比较接近清淡版的肯尼亚味，但原则上二线产国的质量不稳定，每年出入很大。

（2）亚洲

亚洲由于地域宽广，其咖啡豆也各具特色。印度的低海拔加上气候形态，使罗布斯塔的产量极高。印度的罗布斯塔主要销往意大利，用来加入意式浓缩配方。越南是全球第二大咖啡生产国，主要生产的也是罗布斯塔品种。印度尼西亚除了罗布斯塔，同时有阿拉比卡咖啡种植。阿拉比卡主要分布于苏门答腊、苏拉威西、爪哇等海拔较高的几个岛。印度尼西亚咖啡的种植海拔为800~1800米，许多生产商喜欢用一种独特的湿刨法来处理咖啡豆，也有少量水洗法的应用。众所周知的曼特宁的典型风味就来自湿刨处理法。缅甸和泰国属于亚洲新兴的精品咖啡产区，之前的咖啡种植少有外销，直到20世纪中叶，联合国药物滥用控制计划为了促使当地农民放弃种植罂粟花，因此开始推广咖啡种植，大片天然遮阴林与低污染的天然环境，都给予了他们成就优质咖啡的潜力。

中国适宜咖啡栽植的省份主要有云南、海南和台湾，其中海南主要生产罗布斯塔，台湾也有少量咖啡种植，主要品种为阿拉比卡。云南咖啡的生产量占中国咖啡总生产量的95%以上，主力品种为卡蒂姆，保山、德宏、临沧、普洱和西双版纳已成为云南五大卡蒂姆产区，保山地区还有少量铁皮卡和波旁，当地人称之为“老品种”。云南咖啡早年给人苦味重且风味欠佳的印象，干净度不够，多作为中低档商业豆。近些年由于栽植管理及加工技术的改善，云南卡蒂姆味谱的丰富度大为提升。

（3）拉丁美洲

拉丁美洲是全球最大咖啡产区，包含的咖啡产国数不胜数，具有代表性的产国也非常多，简单了解一下其中五个特色产国。

巴西是世界最大的咖啡生产国，咖啡豆产量约为全球的三分之一。巴西生产商倾向于选择日晒法和果肉日晒处理法，也有少量水洗法，种植海拔在400~1600米。其咖啡通常酸度较低，温和顺口，如果你不喜欢酸味的咖啡，巴西咖啡是一种不错的选择。

哥伦比亚地貌丰富，海拔高，具有精品咖啡生长的绝佳条件，是全球重要的咖啡产区，它的阿拉比卡豆产量位居全球榜首。海拔800~1900米，以水洗处理法为主，通常有热带水果和巧克力风味，以稳定和均衡度著称。

哥斯达黎加的主要栽植品种为卡杜拉、卡杜艾、蒙多诺沃等，种植海拔600~2000米，著名产区有中央山谷（Central Valley）和塔拉珠（Tarrazú），处理方式除了传统的水洗法，还有其独特的蜜处理。哥斯达黎加咖啡通常喝起来柔顺甜美，兼有酸香、甜香和巧克力苦香，极为平衡。

过去很长一段时间，巴拿马咖啡的声誉不佳，产量也仅达邻国哥斯达黎加的十分之一，2004年后，在巴拿马栽培的瑰夏种咖啡开始被世人关注。巴拿马咖啡品种相当多元，除了著名的稀有品种瑰夏，还有波旁、卡杜拉和卡杜艾，种植海拔1200~2000米，处理方式主要为水洗和日晒。巴拿马最著名的咖啡产区是波奎特（Boquete），举世闻名的翡翠庄园（Hacienda La Esmeralda）就位于此。优质的巴拿马咖啡带有柑橘香与花香，酸质明亮，口感细致复杂。

作为咖啡生产国，牙买加仅有一个真正值得注意的产区，也是全球最知名的产区之一——Blue Mountain，栽植品种以传统品种铁皮卡为主，处理方式有水洗和半水洗两种，蓝山咖啡以其生长地区命名，正宗蓝山产区对区域及海拔有着严格的范围限定。长久以来，日本一直是牙买加蓝山咖啡的最大买家。蓝山咖啡口感纯净、甜美，但风味较清淡是不争的事实。

将来咖啡行业发展的一个趋势就是信息的可追溯性会越来越强。咖啡的可追溯性越强，品质就越高，咖啡生产商也越有可能获得高价。你买到一包咖啡熟豆，可以在包装上清楚地看到这是哪一个村庄生产的，以后还可能详细到这一批是哪个农民生产的。这样做的好处是，你能够确切地了解咖啡是如何种植、收获、处理和分类的，以及是如何交易和出售的，相信这杯咖啡喝起来也会更加不一样。

扩展阅读

微批次咖啡豆

假设你有一片苹果园，里面大多数苹果树结的都是好苹果，但是有一块地方结出的苹果特别好，比果园里其他的苹果更爽脆多汁。正常情况下，果园里所有的苹果都是混在一起卖掉的。但是，如果你把最好的苹果挑出来单独销售会怎么样呢？

这就是微批次的由来。微批次咖啡豆指的是产自于单一庄园，并从所有咖啡作物中特别挑出一批有较佳的特殊风味表现的咖啡。广义而言，微批次咖啡即产量低的咖啡，但不是所有低产量的咖啡都可以被称为微批次。一定是由于该产地的气候品种或种植加工处理方面的优势，使这些小产量的咖啡具有了独特的风味，并且是可持续发展的，这才是微批次精品咖啡的标准。

微批次咖啡需要花费额外的精力单独收获和处理，成本大幅提高，购买时也需要付出更高的价格。联盟给出的价格一般是公平贸易价的 2 倍，碰到品质特别好的微批次，还需要在此基础上再次加价。鉴于产量小，微批次咖啡在连锁店或大型商超里十分罕见，仅在烘焙商自己的零售店和网络上有售，且会迅速断货。

微批次并不是固定的，而是需要经过不断的实验、测试，找到更多的可能性，不断地对种植、品种、处理法等进行优化，从而获得更优秀的品质。

微批次咖啡的出现，对咖啡行业的影响体现在以下三个方面：

（1）可追溯性：微批次的咖啡，其可追溯性更强，烘豆师、生豆商甚至消费者都能更详细地了解它的种植区域、生长环境，以及更为具体的处理方式等。

（2）独特性：每个种植与处理的环节，都会对咖啡风味产生独特的影响，从而形成该批次的风味特性。

（3）品质：通过小批次的筛选，更容易辨别出哪些是真正优质的咖啡，同时发挥其最大的潜力。

（4）合作关系：微批次的咖啡，更容易让生产者与生豆商建立长期的合作关系。两种角色对接，互相给予反馈，为了心目中的理想咖啡共同努力。

4. 诱出酸甜的加工处理

成熟的果实未经处理短时间内就会腐坏，咖啡的精制就是通过去除果皮和果肉并干燥，有效控制生豆的发酵程度，使咖啡豆能够长期保存，以便于储存及流通。

视频资源：诱出酸甜的加工处理

广泛来说，精制方法有水洗、日晒以及带果肉日晒处理法。精制后咖啡生豆的颜色虽然依咖啡豆种类或含水量而略有差异，但大致均呈浓绿色，因此又被称为“Green Bean”。

日晒处理法是最古老的精制方式。这种方法是在采摘咖啡果实后直接平铺在晒豆场或高架网床，以阳光暴晒干燥，直到果实从鲜红色变成黑色。干燥之后的果肉、果皮变脆，果胶也更容易脱落去除，用手可以轻易地剥去，用机器除去就得到了生豆。咖啡樱桃在自然的环境中干燥和发酵的过程，会为它们包裹着的咖啡种子带来浓郁多元的甜感，热情丰满的果肉调性。真正优秀的日晒处理豆甜感极强，口感厚重，香气复杂。

日晒豆瑕疵率较高，为提升品质，伴随着果肉分离机的发明，18 世纪中叶诞生了水洗处理法。将采摘后的咖啡樱桃浸泡入水池，杂草、枝叶、未成熟与过熟的果实会随水漂浮，选取沉在水底的完美成熟的果实，通过机器去除果皮与果肉，通过水池浸泡发酵去除果胶。发酵完成的豆子再经过水洗及干燥，最后交给工厂进行脱壳，除去内果皮与银皮即可。

因为在晾晒干燥之前，果皮、果肉、果胶已被去除，水洗法在风味上凸显出清澈纯净和显著明亮的酸度。水洗式精制法还能通过每个步骤去除杂质与瑕疵豆，因此能看到生豆的外观均一，整体带有高度的干净度和一致性。

除以上两种传统的处理法，因为水资源不丰富无法进行水洗，却又想提高日晒豆质量，果肉日晒处理法应运而生。果肉日晒处理法诞生于 1990 年的巴西，巴西称之为 Pulped Natural，Pulp 的意思就是“果肉”。与古老日晒法最大的不同在于，采收之后，咖啡果实用去果皮机剥除外果皮和部分的果肉层，留下部分果肉附着在咖啡豆上，直接进入干燥程序，之后进入去壳机脱壳，生产出生豆。

对该方法诠释最独特完美的国家，当属哥斯达黎加。同样原理的果肉日晒法，在哥斯达黎加称为蜜处理。根据干燥前其果肉保留的比例，还可以细分为白蜜、黄蜜、红蜜、黑蜜。豆越偏“黄”，果肉去除得越彻底，风味偏水洗；越偏“黑”，风味偏日晒。这种水洗与日晒处理的结合，既保留了水洗咖啡的酸度，也获得了日晒咖啡的醇厚度和甜感。

近年来，各产地为了在咖啡风味和品质上做出辨识度，也不断在尝试新的加工方式。他们以三大处理法为基础，调整去皮时机、干式或湿式处理、发酵法、发酵时间、干燥方式与场所或时间等变因，来研发新的加工方式。黑灵魂日晒处理法（Alma Negra）、黑珍珠日晒处理法（Perla Negra），以及咖啡豆香和形态都类似葡萄干的葡萄干处理法（Raisin Process）都颇具代表性。除此之外，还有将带壳豆放入以咖啡樱桃果干泡成的茶内，或是放入陈酿过葡萄酒或威士忌的橡木桶发酵等方式，各种独特的加工方式都接二连三地出现。

5. 释放醇香的咖啡烘焙

在通往一杯咖啡的路上，“烘焙”不可或缺。咖啡生豆几乎毫无风味可言，直接品尝有一股令人不悦的蔬菜味，经过烘焙变成熟豆，才能彻底释放蕴含其中的咖啡风味。生豆中含有的咖啡的香气成分只有大概300种，而经过烘焙，发生一系列复杂的化学反应之后，熟豆中的香气成分约为900种。

视频资源：释放醇香的咖啡烘焙

总的来说，咖啡烘焙的时间越长，温度越高，咖啡味道的变化就越大。

烘焙开始，咖啡豆首先经历的是干燥阶段。随着豆温上升，生豆中的水分开始蒸发，豆子也从最初的灰绿色转为黄褐色，再变为我们熟悉的咖啡色。随着温度进一步升高，咖啡豆内开始产生大量气体及水蒸气，豆体内部压力逐渐增大，咖啡豆开始爆裂，进入烘焙的第二个阶段：一爆。一爆的声音听起来有点像制作爆米花，同时豆子更为膨胀，表面更平整。一爆之后会沉静 1~2 分钟，随着温度的继续上升，咖啡豆细胞壁承受不了内部压力与火候煎熬而断裂，发出第二次爆裂声，二爆的声音较一爆时细小且急促，此时豆子内部的油脂更容易被带到豆表。将咖啡豆烘得比二爆阶段更深的程度是很危险的，咖啡豆的持续碳化可能导致自燃而引起火灾。

不同烘焙阶段对应的烘焙度，通常用浅度烘焙、中度烘焙和深度烘焙等来表述，但这种方式其实并无统一标准。直到艾格壮咖啡烘焙度分析仪的出现，才为准确界定烘焙度提供了依据。烘焙度分析仪测得的数值即艾格壮数值（Agtron Number），该数值与烘焙度成反比，数值越高代表烘焙度越浅，数值越低代表烘焙度越深。

从风味上来看，浅度烘焙的咖啡有明显的酸味，这与咖啡豆里面的酸味物质还没有被热解有关。但是随着烘焙程度的加深，大部分的产地风味和酸味会消退，苦味开始生成，豆子开始呈现出更多与烘焙相关的味道。口感上，烘焙程度越高会让口感变得比较厚实；反之越浅的烘焙度，口感上就会比较清爽。

喜欢浅烘还是深烘，就如同喜欢肉本身的味道还是喜欢肉的酱汁，另一个类比是葡萄酒和威士忌。有些人喜欢葡萄酒带来的土壤气息，有些人则喜欢威士忌陈年或装桶的过程带来的风味。没有哪种比哪种更好，这完全取决于个人喜好。

拓展视野

视频资源：咖啡的包装信息及保存

咖啡的天敌是氧气、高温、日光、湿气及浓味，常见的咖啡包装有两种，带有单向排气阀的铝箔包装袋和充入惰性气体加压的罐装。三层式铝箔包装袋在咖啡豆装入后会立刻密封，防止空气进入，同时带有单项排气阀让内部的二氧化碳可以排出，是许多精品咖啡业者的首选。另一种保鲜的方式是用机器灌入氮气之类的惰性气体，借以排除所有氧气。由于包装需要承受较大的气体压力，通常为罐装。这种包装方式能够达到最佳的防老化效果，但是罐子打开之后老化程序一样会启动。

无论哪种包装，烘焙商都会在上面标明咖啡豆的各种信息，读懂这些能够帮助你选到自己喜欢的咖啡。

首先，咖啡豆还是咖啡粉，这一点一看便知，借此机会强调一下，如果你想做出一杯好喝的咖啡，不要买预磨的咖啡粉。

然后要注意产地信息。拿到一袋咖啡时，首先要留意里面的咖啡豆是来自不同产区还是单一产区。前者称为拼配咖啡，后者称为单品咖啡。单品咖啡一般会用原产国的名字或种植区、处理站的名字命名，拼配豆则会通过混搭不同种类的咖啡豆，来形成平衡、口感稳定的咖啡。

烘焙商经常会在咖啡包装袋上列出品种，特别是在单品咖啡袋上。一些特定的品种，例如波旁、瑰夏、SL34，这些字眼代表着高品质，因为这些品种本身的风味十分优秀。需要注意的是，埃塞俄比亚有上千个咖啡品种，一般统一用原生种来描述。

很多咖啡豆在包装上会注明咖啡是在海平面以上多少米或多少英尺种植的。一般来说，高品质的咖啡豆生长在高海拔地区。这是由于高海拔地区相对寒冷，咖啡树的大部分养料都供给了豆子，使咖啡豆更加坚硬，豆子有更多的时间以糖的形式来吸收和储存营养。而糖类对咖啡中能产生特殊风味的酸感起着很重要的作用，所以在高海拔生长的咖啡具有感知度高的酸味。此外，山区的土壤质量更好，因为大部分害虫无法在这么高的地方生存。以上所有因素结合起来，使高海拔咖啡更受欢迎。

当然海拔的问题也有例外，如夏威夷科纳是世界公认的顶级咖啡豆，却生长在海拔相对较低的地区。

标签上还有一项为处理法，即咖啡的精制方式。广泛来说，精制方法有日晒、水洗以及带果肉日晒三大处理法。有时还会出现“露台晒干”“架高晒干”等词语，这都是烘焙商对于干燥方法的解释。

下一项即烘焙度，一般用咖啡豆的颜色就可以区分。精品咖啡里，通常用浅烘、中烘、深烘来表达烘焙度。烘得越浅，从咖啡豆里获取的风味就越多；烘得越深，从烘焙中获得的风味就越多。

一包高品质的咖啡豆在包装上一定会有烘焙日期。咖啡豆的新鲜度峰值在烘焙后的 7~10 天。之后，风味开始下降，这并不是说之后咖啡会变坏或有毒，而是变得枯燥无味了。所以想要喝到新鲜美味的咖啡，最好一次只买一个月内能喝完的量。

最后是最有意思也可能是最虚幻的风味描述。风味描述指的是你可能在咖啡里品尝出的各种味道，如杏桃、焦糖、巧克力等。风味描述比烘焙度更能帮助你了解咖啡的味道。以风味描述作为指引，可以认知更广泛的咖啡风味的类别，如泥土味、果味、花香和甜味。

五、咖啡的饮用

1. 萃取方式的选择

把咖啡熟豆中的可溶性风味物质由固体转化成液体的过程就是萃取。冲泡咖啡的器具种类很多，方法更为多样，按照萃取原理不同，萃取方式可分为滴滤萃取、浸泡萃取和压力萃取三类。

视频资源：
萃取方式的选择

（1）滴滤萃取

滴滤萃取，是先将咖啡粉放入滤网中，然后再注入热水，溶解了咖啡的热水会通过滤网流入杯中。

经典的滴滤萃取方法是滤纸滴滤式，也就是手冲咖啡。使用时，只要将滤纸放到咖啡滤杯上，冲泡好后再将滤纸中的残渣倒掉就可以，操作非常简便。萃取咖啡的漏斗形的器具，是 1908 年德国的 Melitta Bentz 女士开发的。早期的模型是在罐头筒的底部用钉子钻孔，为防止咖啡粉漏出，使用滤纸隔在滤杯上。从那以后经过改良变成了现在的模样。其中最大的变化是从圆形筒转化成了漏斗模样。实际上，手冲具有许多变因，要想冲泡出质量稳定的好咖啡，需要反复练习。

（2）浸泡萃取

第二类萃取方式为浸泡萃取，其原理是让咖啡粉浸泡在容器中，与水作用一段时间，溶解扩散以顺利释出咖啡的风味与芳香物质，并在杂味析出前完成萃取。相对于手冲，浸泡式萃取的变因相对较小。常见的浸泡式萃取器具包括法式滤压壶、虹吸壶、爱乐压、越南咖啡壶以及土耳其壶等。其中最为普遍的器具就是法式滤压壶，因为操作非常简单，也不需要加入滤纸，可以快速萃取饱满浓郁的咖啡，因此广受欢迎。

（3）压力萃取

意式咖啡机和摩卡壶，在冲煮的过程中都会使用到压力，属于压力萃取。

意式浓缩咖啡（Espresso），由于其呈现的咖啡风味、浓郁度都比其他的咖啡冲煮方法更强烈，就像是一面“风味放大镜”。它的制作方法是以接近沸腾的热水，借由高压冲过极细研磨的咖啡粉末来冲煮咖啡，可以说 是当前最受欢迎的咖啡饮品种类，我们在咖啡店菜单中最常见的美式、拿铁、卡布等等都属于意式咖啡饮品。

摩卡壶分为三部分，底部的装水空间加热沸腾后，蒸汽造成压力，使得热水从下方上升，经过填满咖啡粉的粉槽，将萃取出的咖啡液推入上壶。它可以萃取出接近意式浓缩咖啡的浓郁滋味，而且不插电，轻巧便携，深受单车、野餐、露营等族群的喜爱。

拓展视野

咖啡豆密度大，水在自然状态下很难进入到咖啡组织中去，而只能溶解出咖啡熟豆表层组织里的可溶性风味物质。经过研磨，咖啡豆被分解成非常小的颗粒，表面积会增加 1000 倍左右，从而与水充分接触，进而进行充分的萃取。

视频资源：
完美萃取的前提

磨豆机的分类

市面上能找到的磨豆机的种类很多，依照刀盘形状，可分为平刀和锥刀两种类型，虽然形状不一样，但其运用原理是相同的。

1. 平刀磨豆机

平刀是市场保有量最大的款式，其中又依据刀盘摆放的位置，分为水平、垂直两种类型。平刀磨豆机的刀盘设计主要分为三个阶段的研磨：第一阶段，当咖啡豆落下，由内向外滚动，咖啡豆会先被碾碎成较大的颗粒，接着这些碎块会循着刀盘的规则纹路逐渐磨裂。由于刀盘内侧的纹路较粗，外侧较细，随着刀盘的转动，咖啡碎片顺着路径由内向外推出，并依设定的研磨系数逐渐磨细。研磨系数主要靠两片刀盘间的距离决定，距离越近咖啡粉越细，距离越远咖啡粉越粗。刀盘的大小、转速等都会影响咖啡风味，平刀式磨豆机的档次，也是以刀盘大小来论，越大的越高级。由于平刀是以削的方式将咖啡豆研磨成颗粒，因此研磨过的咖啡粉会呈片状，不太均匀。

2. 锥刀磨豆机

锥刀式的电动磨豆机是在底部放置锥形刀盘，然后配合外环刀盘来进行研磨，咖啡豆从上方落下后，会随着锥形刀盘旋转将咖啡豆向下拉扯，进而研磨。也因为是自上而下的关系，所以颗粒不需要靠推挤的方式将咖啡推出，和平刀磨豆机相比，颗粒间的碰撞次数会减少许多，因此锥刀研磨较为均匀，研磨的咖啡粉会接近颗粒状。

两种研磨方式对萃取的影响如下：平刀研磨后的片状的咖啡粉，水流通过的速度会较快，风味比较奔放单一；锥刀研磨的颗粒状咖啡粉，吸水路径变长，内部需要花更长时间才能接触到水，风味比较圆润复杂，此外，由于研磨均匀，也不容易产生杂味和涩味。除了电动磨豆机，大部分的手摇磨豆机都采用锥刀。

3. 螺旋桨式磨豆机

还有一种家用螺旋桨式的磨豆机，由电机带动两片刀片，这种研磨方式有人戏称为“砍豆”，它会将咖啡豆砍成粗细不一的粉粒，而且在砍豆过程中产生高热，严重破坏咖啡豆宝贵的油脂和香气，更要命的是，它不能调节咖啡粉的粗细度。

适合萃取法的研磨度

咖啡粉颗粒的大小，对溶解方式与过滤速度都有很大的影响，所以，我们要根据器具和萃取方法选择合适的颗粒。将研磨度简单地分为粗度研磨和细度研磨两种。粗度研磨是类似砂糖的粗细度，适用于滴滤萃取和浸泡萃取，如手冲、虹吸壶、法压壶等；细度研磨的咖啡粉是介于颗粒和粉末之间的粗细度，用手捏起能同时感受到颗粒和粉末两种状态，它适用于压力萃取，像意式咖啡机和摩卡壶。

2. 手冲：冲出清澄如美酒的咖啡

视频资源：
手冲：冲出清澄如美酒的咖啡

手冲俨然已是咖啡新手的入门首选，滴滤式萃取的口感清爽，风味细致复杂，且操作过程中能够自由变化的因素较多，如注水方式、萃取时间与器材选择等细节，都会让冲泡变得更有趣，手冲咖啡也因此成为时下最受欢迎的冲煮方法。

制作手冲咖啡所需要的最基本器具有带计时功能的电子秤、滤杯及分享壶、手冲壶（见图 7-2），如果所使用的手冲壶不具有控温的功能，还需要准备一支温度计。当然最重要的是准备新鲜的咖啡豆以及优质的水。

图 7-2　手冲咖啡

做手冲咖啡的几个关键参数如下：咖啡粉和水的比例很大程度上决定了这杯咖啡的浓度。粉水比通常的范围是 1∶15-1∶20；做手冲咖啡时，水温一般为 92~96℃；最后是研磨度，滴滤咖啡应该选择粗研磨，所以手冲咖啡的研磨度是类似细砂糖的大小。

3. 意式：30 秒极速萃取的艺术

视频资源：
意式：三十秒极速萃取的艺术

除了手冲，人们平时在咖啡馆喝得最多的就是意式咖啡，卡布奇诺咖啡、拿铁咖啡、美式咖啡，还有近几年流行的馥芮白咖啡等，都属于意式咖啡的范畴，因为这些咖啡都是基于意式浓缩咖啡（见图 7-3），也就是 espresso 的基础之上制作而成的。所不同的是，美式咖啡是 espresso 加水，拿铁咖啡是 espresso 加牛奶，卡布奇诺咖啡除了牛奶之外还需要加入一些奶泡（见图 7-4）。所以，espresso 是意式咖啡的灵魂。

区别于手冲咖啡，espresso 的萃取方式属于压力式，现在基本上是用意式咖啡机制作出来的，不管是意式全自动咖啡机还是意式半自动咖啡机，萃取咖啡的水压来自机器里的泵浦，而最早的意式咖啡是利用蒸汽压力制作出来的。

图 7-3　意式浓缩咖啡

意式咖啡大约出现在 20 世纪初的意大利，最初的意式咖啡机是利用蒸汽压力来制作咖啡，所以咖啡机的样子是高高地竖起来的，飞马（Feama）公司于 1961 年生产出来第一台以泵浦来提供压力的咖啡机，成为目前意式咖啡机的主要类型，而飞马 e61 也成为意式咖啡机中的经典，至今很多咖啡馆还在使用这台古老而经典的咖啡机。

关于 espresso 的定义，不得不提 Illy 博士的黄金法则，那就是：以 7~10 克深度烘焙的综合（拼配）咖啡豆，研磨成极细的咖啡粉，经过 8~10 个大气压与 92℃ 的高温热水，在 20~30 秒的短时间内急速萃取 30 毫升左右的浓烈咖啡液体称之为“ESPRESSO”。制作 espresso 有四个关键要素：深度烘焙的拼配咖啡豆、具有稳定压力的咖啡机、能够均匀研磨咖啡的磨豆机和拥有高超技能的咖啡师。

图 7-4　意式咖啡配方

拓展阅读

美式咖啡（Americano）

第二次世界大战之时，美军行进在意大利境内时发现意式浓缩咖啡太过浓郁，于是要求咖啡师在意式浓缩咖啡中加入一些热开水，稀释到美军在家乡喝到的那种浓度，后来就称为美式咖啡。美式咖啡一般简称为美式（Americano）。

拿铁咖啡（Latte）

拿铁咖啡是意式浓缩配上蒸汽加热的牛奶。牛奶和咖啡的比例为 3∶1~5∶1。这个比例的数值多有浮动，大体说来，在星巴克、Costa 这类大型连锁品牌店内，拿铁的牛奶量会较多；而在独立精品咖啡馆内，拿铁的牛奶量相对较少。拿铁咖啡与卡布奇诺有许多相似之处，二者的区别就在于拿铁表面的奶沫很少。

澳洲白咖啡（Flat White）

Flat White 起源于 20 世纪七八十年代的新西兰，在全球广受欢迎。进入中国后，它被翻译成“澳洲白”“澳白”“平白”，星巴克将 Flat White 加入菜单并注册了“馥芮白”这个名字。

其实 Flat White 是一杯小杯但较浓郁的拿铁咖啡，应该具备较浓郁的咖啡风味，通常使用双份意式浓缩咖啡或双份芮斯崔朵（Ristretto）当做基底，上面以热牛奶覆盖，制作出总容量 150~175 毫升的饮品，其表面几乎没有奶泡，所以其英文名里有一个词表示“不发泡”（Flat）。

可塔朵（Cortado）

可塔朵是一种源于伊比利亚半岛的饮品，在西班牙语中本意是“切割”，指的是牛奶穿过浓缩咖啡，二者的比例为 1∶1。其中牛奶是蒸汽加热过的，但基本没有奶泡，可以与咖啡较好地融合在一起，保留咖啡风味的同时，降低其酸苦度。该饮品杯量较小，且风味浓郁和谐。

卡布奇诺（Cappuccino）

关于卡布奇诺咖啡有许多传说，其实卡布奇诺的旧名称“kapuziner”是 19 世纪来自维也纳的一种饮品，是由小份的咖啡与牛奶或鲜奶油混合后，变成类似古代僧袍的褐色色调，一开始这个名称其实只代表该饮品的浓郁度。

第一本提到卡布奇诺三分法则的书籍是在 20 世纪 50 年代所写，书中描述卡布奇诺咖啡是“以意式浓缩咖啡与相同分量的牛奶及奶泡互相混合的饮料”，故传统的卡布奇诺咖啡必须是三分之一的意式浓缩咖啡，配上三分之一牛奶与三分之一奶泡。事实上现在的卡布奇诺咖啡中，牛奶与意式浓缩质量比为 2∶1~3.5∶1，因此理论上来说，卡布奇诺的杯质量会比拿铁的小一些。占据一杯卡布奇诺大量空间的是奶泡。

芮斯崔朵（Ristretto）

“芮斯崔朵”的词义是“受限的”，做法和意式浓缩一样，但是用水量只有意式浓缩的一半。可是它并不是“半份意式浓缩”，因为芮斯崔朵味道比意式浓缩更为强劲，苦味较低，酸味较重。芮斯崔朵除了直饮，也可替代意式浓缩作为其他咖啡的基底。

玛奇朵（Macchiato）

在意大利常见一位非常忙碌的咖啡师，面前有数杯意式浓缩咖啡，等着端给排队的客人，假如其中有一位客人喜欢加少许牛奶，咖啡师会倒入一小撮奶泡。“玛奇朵”一词在意大利语中原意指“沾染”“印记”，用在这里，指的就是咖啡融合牛奶泡沫留下的印记。玛奇朵以小杯饮用，咖啡的浓度很高。

阿芙佳朵（Affogato）

Affogato 在意大利语中的意思是“drowned（被淹没的）”，非常贴切地形容了阿芙佳朵的样子。严格来说，阿芙佳朵不能算一种饮品，而是一款甜品。做法是先用小玻璃杯盛 1 勺香草冰激凌，再浇上一份意式浓缩咖啡，有时还会再浇一份意大利苦杏酒。

Coffee Combo

多指“1 份浓缩 +1 杯拿铁”或是“1 小杯美式 +1 小杯拿铁”的组合出品形式，而目前精品咖啡店流行的 Combo，则参考了世界咖啡师比赛 WBC（World Barista Championship）的比赛项目，用同一支咖啡豆呈现一杯浓缩咖啡、一杯牛奶咖啡以及一杯创意咖啡，实现“一豆三喝”。这种出品形式自带“比赛级”光环，而且一豆多喝、小杯量，意味着可以一次性全方位感受一支咖啡豆的风味，更有“品鉴”的氛围感，也让顾客更容易找到适合自己口味的咖啡。Combo 要求同一支咖啡豆在黑咖啡、牛奶咖啡中都表现突出且界限分明，也对咖啡豆和咖啡师提出了挑战。

思考题

1. 如何按照酒的酿造原理对酒进行分类？试解释酿造工艺与酒度或啤酒的麦芽汁糖化度之间的联系。

2. 啤酒、葡萄酒和威士忌等烈性酒品饮时的注意事项有哪些？与餐食搭配时应遵循哪些原则？

3. 咖啡如何分类？

4. 咖啡产区分布情况如何，有哪些名优产品?

5. 咖啡豆的处理方式、烘焙度和萃取方式间有何关系?

6. 案例讨论

由于比利时啤酒酿造技术的空前多样性，以及啤酒文化在日常生活和节日庆典中的浓郁氛围，啤酒已被视为比利时文化遗产的一种特征和组成部分。2016 年，比利时啤酒文化（Beer Culture in Belgium）成功加入联合国教科文组织“人类非物质文化遗产代表作名录”。

比利时全国各地都有啤酒节，每个省又都有酿酒厂、俱乐部、博物馆（共约三十家）、课程、培训、活动、节日、餐馆和咖啡馆，这些都为啤酒的创意和标志性景观做出了贡献，并且体现了鲜明的本地性特质和消费者的区域性偏好。如羊羔啤酒（Lambic Beer）只在布鲁塞尔和邻近的帕约滕兰（Pajottenland）才酿造，而且只在冬季酿造。老棕色啤酒（Old Brown Beers）在佛兰德斯（Flanders）西部地区酿造，并且坚持使用源于修道院的用啤酒冲洗奶酪工艺。节庆活动中也会搭配有专门的定制啤酒，如每年 Ducasse d'Ath 酿造啤酒（la Gouyasse）和 2012 年 Turnhout 节庆酿造啤酒（Turnhoutse Patriot）。

1900 年，比利时约有 3000 家啤酒厂，几乎都是精酿啤酒厂。1960 年在经历了两次战争和一次经济危机后，酿酒厂的数量减少到 100 家左右，精酿啤酒的生产被边缘化，其价值也大打折扣。1975 年以后，比利时啤酒迎来复苏。目前，比利时的酿酒厂恢复至近 200 家，可生产约 1500 种啤酒，其中大部分是手工和 / 或特色啤酒，按大类计算约超 50 种。比利时以其四种发酵方式而闻名：①自发酵（Spontaneous），欧洲特有发酵方式，属 Ambic 啤酒及其衍生品；②上发酵（High），用于 Trappist 啤酒等；③混合发酵（Mixed），即先进行高发酵再采用自发酵，如棕啤（Brown Beers）；④下发酵（Low），如皮尔森啤酒（Pilsner）。《Zytholoog》杂志特别关注比利时啤酒发展状况，每年都会推出数百种新啤酒。

虽然比利时全国啤酒的整体消费量在逐渐减少（从 1900 年的每人每年 200 升下降到 2000 年的 85 升和 2012 年的 75 升），但消费者对啤酒种类和质量方面的要求却在持续增加。自 1980 年以来，每年消费的手工啤酒和 / 或特种啤酒的比例从 10% 上升到 30%。比利时啤酒的这种多样性得益于酿酒师的创造力、消费者的需求与完善的共享和传播。事实上，比利时人不仅爱喝啤酒，还热衷于学习相关知识并在家自酿啤酒。很多小型酿酒厂在开发新啤酒时还会得到大学专业实验室的帮助。这些大学和研究中心不仅协助培训酿酒师，而且帮助酿酒师建立实验室和酿酒酵母库。

比利时的啤酒文化实现了当地不同群体间的认同感和连续性，并在不同地区、城镇和社区的经济和社会活动做出了贡献，在联系人与人之间的纽带、丰富饮食口味和风味、增加饮食习惯和表达方式起到了积极的推动作用。比利时啤酒文化中不仅体现倡导本地产品的推广，而且在自然环境的保护方面进行了很多努力与尝试。在比利时，75%的啤酒以可回收包装出售，瓶子80%是可回收玻璃。自1990年以来，由于采用了新技术，生产一升啤酒所需的水量减少了1/3，为饮用水的可持续做出重要贡献。很多手工酿酒厂为保持人性化的规模，甚至采取限量生产的策略。比利时啤酒酿造商阿诺德斯（Arnoldus）主张负责任的消费，制定了啤酒广告的自律规则，支持比利时道路安全机构开展宣传活动和禁止年轻人饮酒的规定等。

比利时啤酒文化能够成功申遗，不仅在于其啤酒文化的丰富性和多样性，更重要的是作为一个范本对其他国家或地区的那些被边缘化、多样性受到严重威胁的手工艺的重生和发展极具参考价值。如开展鼓励手工艺和可持续发展的运动，酿酒师继承和发扬啤酒酿造工艺的不懈努力，发扬瓶中二次发酵的古老技艺，重视和满足消费者的多样化需求，酿酒技术的共享与交流，制定完善相关法规，以及与宣传活动、博物馆教育活动、大学专业研究和城乡规划等有机结合等。此外，比利时啤酒文化中强调对手工酿造者和其他从业者的创造力值得尊敬，尤其是他们能够在时间流逝和市场压力的当下依然坚持振兴、保持和发展传统工艺，同时追求可持续发展。

比利时啤酒美食的发展也是一个值得关注的探索性创新范例。在比利时用啤酒烹饪、啤酒佐餐、啤酒与奶酪搭配具有非常悠久的历史，并且形成了一门独立的艺术。比利时各种酿酒厂家或作坊都十分注重组织啤酒鉴赏家对产品进行鉴别、品尝和评价，并参与推荐佐餐搭配。在借助传统或现代社交平台、到店美食测评、节庆等各种活动，以及专门博物馆、开放式酿酒厂、啤酒专营店等，打造啤酒的知名度。例如，那慕尔（Namur）的“西卡鲁骑士团兄弟会”（Confrérie de l’ordre de Sikaru）就致力促进在餐馆中提供恰当的啤酒服务（温度、适当的玻璃杯、泡沫头等）。布鲁塞尔首都大区和布鲁塞尔市举办的比利时啤酒周末（Belgian Beer Weekend），每年接待约75000名游客。而在比利时的不同地区和城镇，啤酒相关的活动可以说贯穿了比利时人每周的生活。

阅读上文，并查阅资料后回答：

①在阅读和资料查阅的基础上，试总结比利时啤酒文化的特点。

②比利时人在啤酒文化的保护、传承、传播和发展方面做了哪些努力，对你有哪些启示？

③请介绍一个你熟悉的饮食文化，并提出你对该文化资源在保护、传承、传播和发展方面的意见与建议。

第八章

当代饮食文化的机遇与挑战

【本章引言】

本章过后，学习者应该能够达到知识和应用两个维度的学习目标。

知识维度：

- 引用旅游研究基本概念和饮食旅游研究理论，区分饮食旅游与其他类型旅游活动。
- 复述和解释《中国居民膳食指南（2022）》平衡膳食八条准则。
- 举例说明食物和营养素之间，宏量营养素和微量营养素之间的关系。
- 从“藏粮于地，藏粮于技”出发，列举科学技术在“从田间到餐桌”的食物流通链上的意义和应用。
- 举例说明从观念、信息、设施、服务四个方面提供无障碍餐饮服务的方式。

应用维度：

- 分析饮食旅游资源特征和饮食旅游者的特征、动机的产生。
- 运用《旅游资源分类、调查与评价》（GB/T 18972—2003）开展饮食旅游资源调查、评价和开发。
- 树立和践行科学食物观，做可持续食物系统发展的践行者。
- 积极参与食育宣传教育活动。在《中国居民膳食指南（2022）》平衡膳食八条准则指导下，约束食物不合理消费，选择健康安全、适合自己和家人的膳食结构，养成良好膳食习惯。
- 多维度看待当代饮食环境的变化，关注餐饮业智慧化、标准化发展趋势和人口老龄化带来的社会经济发展变化等热点问题。

第一节　饮食文化与旅游开发

第二次世界大战以后，旅游发展进入了现代旅游时期。政治稳定、经济繁荣、科技进步、文化昌盛推动着旅游业迅速崛起，旅游业也逐渐成为世界上最大的经济产业之一。随着休闲社会的到来，以“体验”为核心的需求成为旅游活动发展最为突出的趋势。旅游者的个性化需求使得特殊兴趣旅游（Special Interest Tourism）开始兴起。因此，饮食及饮食文化逐渐成为一种重要的旅游资源。20 世纪 50 年代，饮食旅游在法国葡萄酒旅游、农庄旅游、乡村旅游的基础上发展起来。鉴于饮食旅游的经济贡献，饮食旅游受到越来越多的重视，学术界也开始了饮食旅游的规模化研究与探索。

一、饮食旅游系统

1. 饮食旅游的内涵

视频资源：饮食旅游的内涵

在旅游活动的六大基础要素——“食、住、行、游、购、娱”中，饮食居于首位，这是因为食是人最基本的生理需要之一。随着现代旅游活动及业态的不断升级和发展，饮食在旅游中的功能和作用逐渐发生了变化，从满足生理需要的低层次基础要素，逐渐演变成满足旅游者对物质、文化、社会和声誉等多重发展和享受需要的拓展要素。正是由于这种变化，国外学者开始了对饮食旅游的系统研究，饮食旅游逐渐成为旅游研究中的专门类型。

国外学者给出的有关饮食旅游的概念包括 Gastronomy Tourism、Cuisine Tourism、Food Tourism、Tasting Tourism 等，其内涵和侧重各有不同（见表 8-1）。Gastronomy Tourism 注重探讨美食带来的“享乐”和美食消费；Cuisine Tourism 更侧重美食的风格及其烹制；Culinary Tourism 泛指食物原材料、酒水饮料、食物制备、旅游者动机和行为等诸多与美食旅游相关的内容，着重强调食物的实际用途、烹饪风格和饮食情境；Food Tourism 是一种较为日常的表达，泛指与食物相关的旅游活动。Tasting Tourism 强调的是旅游者品尝美食的体验感受。除了饮食旅游，学者们更多地使用“美食旅游”这一概念开展相关研究（见表 8-1）。

表 8-1 国内外主要的"饮食旅游"定义

国外学者关于饮食旅游的定义	
Hall 和 Sharpies（2003）	旅游者对美食的品尝和体验，无论是拜访食品的原产地、加工地，或者亲自前往参加美食节、去餐馆或食肆就餐，其主要目的主要是品尝美食、参与相关活动、体验饮食文化。
Boniface（2003）	由旅游地的特色饮食、文化遗产和生活方式整合而成，是文化旅游的重要表现形式之一。
Long（2004）	有意图地、具有探索性地参与到食物通路中的他者。
Shenoy（2005）	旅游者在目的地与美食相关的活动，如消费民族的和有特色的食物，拜访食物生产者，购买当地食物产品或有关产品，感知食物产地的特点等。
Kivela 和 Crotts（2006）	一种特殊趣味的旅游，也是文化旅游的具体形式，主要是以品尝异地美食佳肴为动机甚至是唯一动机的新型旅游形式。
Smith（2008）	任何参观、品尝和消费饮食资源的旅游体验活动。
国内学者关于饮食旅游的定义	
迟景才（1998）	品尝美食为主要动机的旅游活动。
王雪莲、吴忠军等（2006）	广义上是指在异地的旅游过程中被美食及其文化风俗所吸引而产生的各种与饮食相关的旅游行为；狭义上则是指以特色美食以及独特饮食文化为吸引物，吸引旅游者前往异地参加美食活动、体验美食风情或进行美食考察而引起的关系和现象的总和，是一种以浓郁深厚的饮食文化为底蕴和灵魂的特色旅游产品。
张源（2008）	以品尝美食为主要旅游动机，到异地享受和体验美食为主要旅游经历，利用当地的自然和人文景观来辅助美食旅游的具有文化和休闲等属性的旅游活动。
吴晓东（2010）	到异地以享受和体验美食为主的一种重要休闲娱乐方式。
刘慧贞等（2015）	旅游目的地的地方特色美食、当地的文化遗产以及当地的风俗习惯等相互结合起来的旅游类型。

从上述定义可以看出，国内外学者主要从旅游动机和旅游吸引物两个角度对饮食旅游进行界定。饮食旅游是为了获得美食和饮食文化体验的特殊旅游活动，让旅游者通过饮食获得独特的、难忘的并具有文化内涵的旅游体验。因此以与饮食相关的旅游资源为主要吸引物是饮食旅游区别于其他旅游活动的根本所在。而在其他旅游活动中，饮食和饮食文化并非主要吸引物。学者们在研究饮食旅游概念泛化的时候，就明确地提出，饮食旅游的概念应该是基于旅游动机角度定义的，而不是基于旅游行为定义。

学者 Long 在 2004 年给出的"饮食旅游"的定义较为能够反映饮食旅游作为特殊形式的旅游活动的本质特征，也能够体现饮食作为吸引物的旅游系统的内在逻辑。Long 提出饮食旅游是有意图地、具有探索性地参与到食物通路中的他者。其中“有意图地”是指饮食旅游者试图探究不同的、全新的或异国情调的食物、饮食技术或文化。这里反映的是饮食旅游者的旅游动机是以饮食及其相关吸引力环境为根本出发点的，也就是从需求层面来看，饮食旅游与其他旅游的根本区别在于旅游的动机不同。“食物通路”是指围绕食物开展的各类活动，如食材的种植与选取、食物的烹制与展示、用餐文化与分享、饮食文化和各类与食物相关的经济活动等。食物通路是饮食旅游活动具体的实现形式。“他者”是从人类学的角度，把世界按照文化、区域、时间、民族、信仰和社会阶层等维度分为熟悉和不熟悉两类。这里的“他者”是指“不熟悉”群体，即旅游者从多层次、多维度感受饮食的差别或独特性。“他者”的“有意图”“具有探索性”的行为体现的就是旅游活动的本质特征之一——“体验性”。

首先，饮食旅游是以“饮食”为主要吸引物，是由旅游者享受性、发展性需要而引发的旅游活动，属于特殊兴趣旅游。从需要角度讲，饮食旅游者属于主动型旅游者，以追求饮食文化体验为目的，其线路和目的地的活动具有较大的随意性和不确定性。从供给角度看，饮食旅游提供的产品具有特定性，饮食旅游产品满足的是各层次、各类型的饮食体验。从客流量上讲，饮食旅游相对于大众旅游是小流量的。从旅游吸引物角度看，大众旅游吸引物具有普遍吸引力；而饮食旅游吸引物仅对特定的旅游者群体吸引力强。其次，饮食旅游需要不是低层次的生理需要，它属于享受性、发展性的高层次的需要。Kim 等学者 2009 年开展的关于旅游者地方饮食消费的动机研究表明：饮食旅游者的旅游动机表现为 9 个动机维度主题，这些动机包括新奇体验、跳脱惯常、关注健康、学习知识、真实体验、团结、声望、感官吸引力以及物理环境。上述动机所反映的需要都不是低层次的生理性需要，而是更高层次的需要。最后，饮食旅游的资源基础是饮食及其吸引力环境，它的构成要素包括原料、烹饪、食器、食礼、养生、饮食哲学、饮食景观和饮食节庆等，这既包括自然资源，也包括文化资源。各类饮食旅游吸引物相辅相成、相互作用形成了一个统一的饮食吸引力环境，而非单一的饮食资源。比如旅游者参加哈尼族的长街宴，不仅是享用哈尼族美食，更是体验民族祭祀、饮食、服饰等多维度民族文化，从食物的烹制到享用、从服饰到礼仪，旅游者感受的是整个饮食及其吸引力环境，这样的全方位、真实的场景才能够打动旅游者，给旅游者带来身心的美好体验。因此，饮食旅游吸引物的特色鲜明程度、规模大小和品位的高低决定了它的吸引力。

基于旅游者的需要层次，饮食旅游主要分为饮食体验游、饮食文化游和饮食研学游三大类型。饮食体验游是指旅途中特色饮食的品尝、饮食景观的参观、饮食节庆的参与等旅游活动。饮食文化游是指包括探寻食品市场、拜访当地居民的厨房和餐桌等在内的探寻饮食文化的旅游活动。饮食研学游是以饮食爱好者、饮食从业者为主体的旅游类型，是以上旅游者群体通过参加异地的专业饮食培训或会议、展览，提升个人专业水平和技能，拓展职业交往范围的旅游活动形式。按活动形式不同可以将饮食旅游归纳为六大类型。一是教育饮食旅游，也就是烹饪教育与经典美食体验结合。二是乡村饮食旅游，即乡村休闲度假与生态美食体验结合。三是文化饮食旅游，将文化领略感悟与内涵美食体验结合。四是美景饮食旅游，即自然景观欣赏与美食体验结合。五是都市饮食旅游，将都市繁荣感受与风味美食体验结合。六是节日饮食旅游，即节日氛围融入与特色美食体验结合。

2. 饮食旅游者

饮食旅游者是饮食旅游的主体，依据饮食在旅游过程中的重要性程度不同，有学者将旅游者分为四类。第一类旅游者积极主动地寻找旅游目的地美食的相关信息，将饮食作为他们旅游体验的重要组成部分；第二类旅游者认可美食的重要性，但并不会主动地去寻找美食相关信息；第三类旅游者并不热衷于美食，但也不排斥；第四类旅游者是对饮食完全不感兴趣的一类。显然，按照 Long 对饮食旅游的定义，第一类旅游者才是真正意义上的饮食旅游者。

视频资源：饮食旅游者

饮食旅游者是具有特殊爱好的旅游者。他们既具有旅游者的共性特征，又有着鲜明的个性特征。首先，相对于大众旅游者，饮食旅游者对价格的敏感程度较低。不管是执着于“米其林”打卡的美食爱好者、醉心于烹饪技能或餐饮技术的烹饪爱好者或饮食从业者，或是饮食行业展览或会议的商务旅游者，他们都往往愿意为“美食”付出更高的成本和代价。其次，饮食旅游者偏向于冒险型人格。他们天生好奇、充满自信、喜欢挑战、很有主见，乐于与不同文化背景的人打交道。最后，饮食旅游者具有一定的文化水平或专业知识背景。

个体饮食旅游需求的产生，受到多种条件的影响和限制，这些条件主要分为主观和客观两个方面的条件。在客观条件方面，饮食旅游需求的产生有赖于饮食旅游者可自由支配时间和可自由支配收入等客观条件的支持。而在主观条件方面，主要是指旅游动机的产生。饮食旅游动机是驱使旅游者开展饮食旅游，选择旅游目的地以及饮食消费的内部动力。“推—拉理论”是研究旅游动机的重要理论工具，即动机是由于受到“推力”和“拉力”的共同作用而产生。在旅游动机研究中，推动动机是受旅游者内在心理的不平衡或紧张状态驱使而产生的，主要通过休闲放松、社会交往、获取知识等方式释放；而拉动动机则是产生于旅游目的地的属性的因素，如目的地旅游产品价格下调、旅游交通提速等。以“推—拉理论”为基础开展的饮食旅游动机研究发现，在饮食旅游活动中，旅游者的推动动机，也就是内在驱动力，主要包括三个方面：一是饮食活动本身，它是指旅游者享受饮食和饮食文化的活动及其过程；二是新奇感，这主要是指旅游者品尝新奇食品、体验异国饮食文化、深入访问东道社区等带来的新奇感受；三是社交氛围，如旅游者参加饮食或烹饪行业推广或交流、同好者之间的聚会、饮食相关的前沿信息和技术交流等活动中构建的社交环境，旅游者通过获得人际交往、身份认同和尊重信任等来释放内在的心理紧张。在拉动动机方面，也就是旅游目的地属性的因素方面也包括三部分内容：一是饮食产品，比如目的地提供的烹饪设备和技艺展示、专家或东道主的指导等都可能激励饮食旅游者开展旅游活动。二是配套服务，它是指旅游目的地核心产品价值和竞争优势的支持性服务和设施，如优质的参观线路、高水平的旅游服务以及别致的饮食景观等。三是必备服务，是指旅游目的地基本的服务和设施，如整洁的旅游环境、便利的旅游交通等。

饮食旅游者在以上“推—拉”两方面驱动力的共同作用下，产生了饮食旅游的动机，客观条件也具备的时候，现实的饮食旅游需求就很可能产生了。之所以说很可能，是因为旅游需求的产生还受到一系列如性别、种族、学历、职业、家庭生命周期等个人客观因素和政治、经济、文化等外部环境因素的影响和制约。

3. 饮食旅游资源

当人类摆脱了生存的压力，科技克服了空间的障碍，人类探索地球风味的能力就发生了量子级的变化。这些变化促使饮食资源成为人们环游地球的巨大动力。

视频资源：
饮食旅游资源

（1）饮食旅游资源的概念

饮食旅游资源是指饮食及其相关事项中那些能对旅游者产生吸引力，可以为旅游业开发利用、并产生经济效益、社会效益和环境效益的各种事物和因素。对于饮食旅游资源的定义，可以从以下方面来理解。第一，饮食旅游资源内涵丰富，它涉及食生产、食生活、食事象、食思想和食惯制等所有与饮食相关的事物和因素。第二，饮食旅游资源是上述各类事物和因素中能够对旅游者产生吸引力的部分，不同类型的旅游者在不同的时代，能够对其产生吸引力的饮食旅游资源也不尽相同。第三，饮食资源可以是传统的原来面貌的展示，也可以通过舞台化、符号化、仿真等技术手段转化而成的旅游产品，但其中违反法律、违背道德和伦理的饮食资源，比如虐食、食用野生保护动物等不能被视作饮食旅游资源。第四，饮食旅游资源应是经济效益、社会效益和环境效益的统一。过度地追求经济效益是目前饮食旅游发展中比较突出的问题。

（2）饮食旅游资源的特征

饮食旅游资源具有鲜明的特征，是文化性、原真性、体验性和时代性的统一。

第一，饮食旅游资源具有文化性的特征。饮食旅游资源的文化性源自饮食的地域、民族、艺术等文化属性。饮食文化旅游资源从表面上看或许只是一道简单的菜肴或风味小吃，但其衍生背景和发展历史可能有着深厚的文化意义，它反映了一个地区的风土人情、宗教信仰、日常禁忌、礼仪规范等文化。世界各地独特的烹调技艺、传统饮食和食俗是饮食旅游资源的“地方身份”表征。饮食又是民族文化特征最显性的表现之一。对民族饮食的好奇体现的是饮食旅游者对“他”民族文化的强烈兴趣。饮食同时还包含生产和烹饪过程的实用性艺术、食材、餐具和菜品展示中的形式艺术等艺术属性。这些饮食的地域性、民族性和艺术性所体现的文化特征是吸引旅游者的最基本因素。

第二，饮食旅游具有原真性的特征。原真性是指原初的、真实的、可信的。在旅游语境下，原真性是一种普世的价值观和重要的推动因素，它激发了旅游动机的产生。对饮食旅游资源而言，原真性意味着正宗、传统和原生态。与全球化相应而变化的是，不同文化间交流日益频繁，美食的交流与传播更为广泛而深入。为了迎合市场需求，旅游活动中的饮食往往会做出适应性改变，这种改变可能包括食物风味、烹饪技法、餐饮环境等整个饮食场域的改变。这些改变对于饮食旅游者和旅游目的地文化而言，可能会产生负面的影响，即旅游体验大打折扣，或是目的地饮食文化的消亡等。因此，保持和传承饮食文化的原真性是饮食旅游可持续发展的重要原则。

第三，饮食旅游资源具有体验性的特征。体验性是现代旅游活动的基本属性之一。饮食旅游中的品尝、采摘、加工、烹制和展示等项目，能够大大地增强旅游活动的体验性，提高旅游活动的满意度。体验饮食活动所带来的乐趣能在旅游过程中发挥人的主动性。旅游者能参与到食物的采集、烹制、展示、享用的整个过程中，学习食材、烹饪知识，亲眼观摩烹饪、制作、酿制等过程，亲自使用各类工具，观测食物制作过程的各种变化，了解食物的形成过程和历史背景，一直到最后品尝做好的食物，感受餐饮的环境，这样的体验才能够使旅游者由被动的消费者变为主动的体验者。

第四，饮食旅游资源具有时代性。随着时代的发展，饮食旅游者的心理需求也在不断地发生变化，对饮食的认识以及评价也在不断地发生变化。每个时代对于饮食的认知是不同的，因此饮食旅游者对饮食旅游产品的选择也会随着时代的变化而发生改变。

人类的饮食和饮食文化是一个庞杂的体系，因此，饮食旅游资源的内容极为丰富，同时饮食在旅游活动中的功能和作用也越来越复杂，所以对饮食旅游资源进行分类是比较困难的事情。从不同的角度出发有不同的分类结果。

（3）饮食旅游资源的分类

2003 年，我国发布了第一个也是唯一一个旅游资源分类国家标准——《旅游资源分类、调查与评价》（GB/T 18972—2003）。在这个标准中，依据资源客观存在的状况、形态、性质和特征，旅游资源被分为三个层次，即 8 个主类、31 个亚类，155 个基本类型。其中饮食旅游资源涉及 6 个主类、13 个亚类中的 27 个基本类型。

国外学者 Smith 提出了基于供应链上不同性质的供应主体和活动形式的饮食旅游资源分类方法。Smith 认为饮食旅游资源供应链由四大部分内容构成，它们分别是饮食旅游中的——设施、活动、事件和组织（见表 8-2）。

表 8-2　基于供应链分析的饮食旅游资源分类[①]

设施 Facilities	活动 Activities	事件 Events	组织 Organizations
建筑物 / 空间	消费	消费端展览	餐厅分类或认证系统
• 食品加工工坊（厂） • 葡萄酒厂 • 啤酒厂 • 农贸市集 • 食品商店 • 饮食相关展览 • 餐厅	• 餐厅用餐 • 野餐（享用当地食材） • 采购零售食品和饮料 • 自助采摘	• 食物和酒水的展览 • 烹饪设备及厨房用品展 • 产品发布会	• 米其林指南 • 黑珍珠餐厅指南
土地	观光	节庆	饮食分类系统
• 农场 • 果园 • 葡萄园 • 城市餐饮区域	• 葡萄酒产区 • 农业产区 • 城市食品区域	• 美食节 • 葡萄酒节（啤酒节） • 丰收节	• 加拿大葡萄酒的原产地名称系统（VQA）
线路	教育 / 观察		协会
• 葡萄酒线路 • 食物线路 • 大厨美食品鉴之旅	• 厨艺学校 • 葡萄酒品鉴 / 教育 • 参观葡萄酒厂 • 观摩厨艺大赛 • 阅读饮食的杂志和书籍		• 美食协会 • 慢食协会

① Smith S L J，Xiao H G. Culinary Tourism Supply Chains: A Preliminary Examination

饮食旅游资源的设施部分主要是指容纳饮食旅游活动建筑物和空间、土地和线路。建筑物和空间是容纳饮食旅游活动开展的空间节点，如食品加工厂 / 酒坊 / 啤酒厂、农产品市场、食品文化博物馆、餐厅、东道主厨房等。这里的土地，主要是指食材的生长环境等，如农场、果园、葡萄园。线路就是旅游活动空间位移所能涉猎的范围。比如，葡萄酒线路、美食线路所涉及的全部空间范围。

饮食旅游资源的第二大类是活动。活动是指饮食旅游者的相关活动类型。首先最重要的是旅游者的消费活动，比如到餐厅用餐、在野外就餐或者在农场、果园自助采摘等。旅游者的主要活动形式还包括观光活动。比如，参观葡萄酒产区、农业区或是城市食品区域。更深层次的旅游活动是体验。饮食旅游活动的体验形式包括观察和接受教育。如接受厨艺学校培训，参加品酒或品酒教育活动等。

重大的活动和事件也是重要的饮食旅游资源，这包括一些消费者展览，比如烹饪设备及厨房用品展、咖啡展、饮食产品发布会等。还有一类是具有短时间迅速聚集和带动效应的饮食节庆活动。比如葡萄酒节、农业收获节、啤酒节等。

最后一类资源是组织，它是指由饮食相关组织的活动而衍生的饮食旅游资源。第一部分是我们熟知的一些餐厅分类或认证系统，比如米其林指南、黑珍珠餐厅指南等，其中米其林指南是美食爱好者再熟悉不过的餐厅认证系统，而黑珍珠餐厅指南则是中国人自己的美食榜单。第二部分是饮食分类系统，如加拿大酒商质量联盟等级标准，它对加拿大法定红酒产区的葡萄品种、葡萄糖度、地理位置、酒标规范等做了严格的规定。最后一类资源是美食协会或烹饪协会等协会组织。

二、饮食旅游资源开发

视频资源：饮食旅游资源开发的概念

1. 饮食旅游资源开发的概念

旅游资源开发是指在旅游资源调查和评价的基础上，以发展旅游业为目的，以市场需求为导向，有组织、有计划地对旅游资源加以利用，发挥、改善和提高旅游资源对旅游者吸引力的综合性技术经济工程。

具体到饮食旅游资源开发，可以从三个方面来理解。首先，饮食旅游资源开发以饮食资源的调查和评价为基础。要发展饮食旅游，首先要掌握饮食旅游资源的类型、结构、数量、质量特征、资源等级、保护和利用的现状。这是确定饮食旅游资源开发方向的基础。其次，饮食旅游资源开发是对饮食资源的发挥、改善和提高的过程，对饮食旅游资源的开发可以是基于潜在饮食旅游资源的开发，也可以是对已有饮食旅游资源的提升与改善。最后，饮食旅游资源的开发是一项综合性的技术工程。开发不仅聚焦饮食旅游资源本身，还应关注文化环境、区域交通、基础设施和服务设施等条件以及管理机构、体制机制和人才基础等方面的情况。

2. 饮食旅游资源开发的流程

视频资源：饮食旅游资源开发的流程

饮食旅游资源开发总体上遵循旅游资源开发的一般流程，即确定开发项目、可行性分析、总体规划、具体项目的规划设计和项目的实施与监控（图 8-1）。

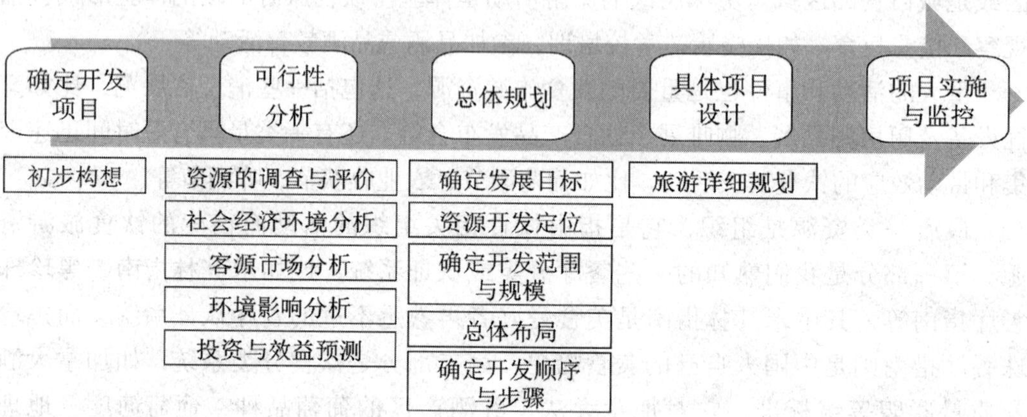

图 8-1　旅游资源开发的基本流程

（1）确定开发项目

在旅游资源开发之初，首先要初步构想旅游资源开发的方向，也就是初步确定开发项目。

（2）可行性分析

在初步确定开发项目的基础上，进行可行性分析。可行性分析主要包括旅游资源的调查与评价、旅游资源地社会经济环境分析、客源市场分析、环境影响分析和投资与效益分析。这五个方面是一个有机的整体，它构成了可行性研究报告的总体内容。

（3）总体规划

完成可行性分析，就进入旅游资源开发的第三个环节——总体规划。这部分工作主要包括确定发展目标，明确旅游资源开发定位，确定规划区域范围、规模和性质，进行项目总体布局，决定开发顺序和步骤。

（4）具体项目的规划设计

总体规划只是在总体上对旅游资源开发项目进行了宏观规划，因此完成总体规划后就进入“具体项目的规划设计”环节。在旅游资源开发中，“具体项目的规划设计”是指旅游详细规划和旅游修建规划等，这部分工作内容包括具体项目的选址、规模、等级、式样、完成期限和投资规模等内容的规定。

（5）项目的实施与监控

旅游资源开发的最后一个步骤是项目的实施与监控，也就是对照总体规划和具体项目设计，着手实施项目，并对项目的目标执行情况、实施进度和实施情况等进行实时监控与反馈。这个步骤能够确保开发工作的顺利开展。

3. 饮食旅游资源的调查与评价

国家标准《旅游资源分类、调查与评价》（GB/T 18972—2003）除了对资源类型进行了划分，还对旅游资源的调查和评价的实用技术和方法进行了详细的规定。对饮食旅游资源的调查与评价工作基本可以按照该标准中的相关规定开展。在饮食旅游资源开发的资源调查环节，可以先将饮食旅游资源归入该标准的具体分类中，如涉及菜品/饮品的资源基本可以归入“菜品饮食类”，饮食文化类资源可以归入“地方风俗与民间礼仪类”，美街街区可以归入“特色街巷”“特色市场”，餐饮企业类资源可以归入“特色店铺”，饮食文化景观类资源可以归入“动植物展示地”“展示演示场馆”“名人故居与历史纪念建筑”，饮食节庆活动可以归入“民间节庆”“民间演艺”“民间庙会与民间集会”“旅游节”“商贸农事节”等。

视频资源：饮食旅游资源的调查与评价

在上述分类的基础上，对饮食旅游资源进行调查，调查的主要内容包括饮食旅游资源的性质、生成过程、演化历史、规模与体量、资源所在区域的各项条件及资源的开发保护现状等。调查主要的技术手段包括，访问、实地观察、测试、记录、摄影，必要时进行采样和室内分析。

完成资源的调查后，要开展对旅游资源的评价工作。对旅游资源的评价采用打分评价的方法。旅游资源评价系统设“评价项目”和“评价因子”两个档次（见表8-3）。

表 8-3　饮食旅游资源的评价体系

评价项目	资源要素价值	资源影响力	附加值
评价因子	● 观赏游憩使用价值 ● 历史文化科学艺术价值 ● 珍稀奇特程度 ● 规模、丰度与概率 ● 完整性	● 知名度和影响力 ● 适游期或使用范围	● 环境保护与环境安全

关于饮食旅游资源评价，这里需要对三个评价因子进行特别说明。第一，对于饮食旅游开发来说，“资源要素价值”项目中的“观赏游憩使用价值”主要是指饮食旅游资源在饮食景观、饮食体验中所体现的观赏、品尝、体验、交往和专业能力提升等方面的使用价值。第二，在饮食旅游开发中，“资源影响力项目”中的“适游期或使用范围”这个评价因子与受食材生长规律、农业生产周期等因素影响较大的如采摘、品鉴、丰收节庆等饮食旅游资源的评价关联密切。第三，是对于饮食旅游资源来说“附加值”项目中的“环境保护与环境安全”这个评价因子可能涉及饮食的生产和利用的各个环节。

在现代旅游系统中，饮食及饮食文化的地位越来越重要，饮食活动和饮食文化的功能越来越复杂。饮食不仅是旅游活动的第一要素；饮食体验还能够丰富旅游活动的形式和内容；饮食资源是非常重要的旅游吸引物，能够增加旅游目的地的吸引力，提高旅游者访问目的地的可能性；饮食文化能够提升旅游活动的品位；饮食活动能够增加旅游经济收入，并在一定程度上影响旅游者的满意度。因此，对饮食文化资源进行旅游开发具有重要的现实意义。

第一，对饮食文化资源进行旅游开发有利于推动饮食文化传承创新。饮食文化作为我国传统文化的一部分，既包含多样化的美食，也包含丰富的精神层面资源。我国地缘辽阔，饮食文化资源丰富，各具特色，是中国文化瑰宝。饮食文化旅游开发能够将沉寂已久的饮食文化内涵以多样化的形式呈现出来，推动饮食文化传承和创新。

第二，对饮食文化资源进行旅游开发有利于丰富旅游产业文化内涵。旅游产业对于各地经济发展具有重要作用。总的来说，旅游项目和文化的联系越来越紧密。饮食文化旅游开发是旅游产业发展的必然趋势，符合旅游产业和文化结合的发展规律，可赋予旅游产业以新的文化内涵，使旅游者获得更加多元化的旅游体验。

第三，对饮食文化资源进行旅游开发有利于带动当地饮食产业发展。饮食文化资源是饮食文化旅游开发的基础和重点。通过开发饮食文化资源，能够传播当地特色饮食，依托旅游项目不断开发，能进一步拓宽当地饮食文化传播范围，吸引更多旅游者，从而带动当地饮食产业发展，为当地饮食产业注入新的发展动力。

第四，对饮食文化资源进行旅游开发有利于满足旅游者的文化需求。当物质生活普遍得到满足，人们便开始追求精神文化层面的享受。旅游产业兴起的原因就在于可以充分满足人们精神文化需求。饮食文化旅游开发，以美食和深厚的文化内涵为特色，既能满足旅游者在游玩过程中的饮食需求，也能在享受美食过程中感受文化魅力。

三、饮食旅游的发展与展望

1. 旅游发展史中的饮食活动及饮食文化

（1）古代旅行时期

视频资源：从“打尖儿”到“逛吃”

人类的旅行活动始于原始社会末期。随着商品经济发展，商品交换的地理范围不断扩张，商人们开创了商业贸易的通路，这也标志着人类旅行需要的产生。从原始社会末期到19世纪中叶的漫长岁月，在旅游发展史中被称为古代旅行时期。这一时期，外出旅行主要是商人、僧侣、贵族等极少数人的事，而以消遣娱乐为目的的旅行更是主要局限于统治阶级及其附庸阶层。此时，饮食主要解决旅途中的基本生理需要。旅途中食物的来源主要有旅馆中提供的饮食接待、专门的饮食店铺或商贩、自带食物以及化缘等其他途径。

旅馆中的饮食接待在古代旅行阶段的早期就已经存在了。公元前6世纪，古希腊悲剧诗人埃斯库罗斯就在其作品中将客栈形象地称为“大众接待所”，而古希腊各地的“大众接待所”大都可以为旅行者提供饮食服务。古罗马时期的驿站餐厅也可以提供饮食，这些饮食不仅包括肉食，面包和米饭，甚至还有餐后甜点。在我国，西周周公旦所著《周礼·地官·遗人》篇有载：“凡国野之道，十里有庐，庐有饮食……”这里的“庐”就是古代旅馆设施的一种，“庐有饮食”就是指在旅馆中提供饮食服务。唐代《通典》中记载，“东至宋汴，西至岐州，夹路列店肆待客，酒馔丰溢”，也就是说从河南到陕西一路过来，接待旅行者的旅馆、饮食商贩不断。可见当时旅途中的饮食接待规模超乎我们的想象。

古代旅行中，人们很多时候是自带粮食上路。中世纪晚期英国人自行携带食材或购买生食，然后到旅途中指定的地点去烹饪加工。这些食物包括小麦、燕麦面包、麦芽酒、大块肉、火腿、家禽、鲜肉、鱼类、贝类、腌鱼以及数量不多的葡萄酒、新鲜的水果、水果干、牛奶、鸡蛋、香料、蔬菜和香草等。古代旅途漫长、条件艰苦、食物保鲜技术有限，但是这并没有妨碍人们追求舒适、美味饮食的热情，虽然这样丰富甚至有点儿奢侈的旅游饮食是普通百姓不可能享用到的。

在古代，主要的旅行通道一般也是中外商贸与文化交流的重要通道，更是食物原料传播之路（表8-4）。很多旅行通道的命名都与饮食相关，如我们熟知的茶马古道、食盐之路、香料之路等。据统计，在中国现有的农作物中，至少有50种来自国外。比如，中国人经常食用的胡萝卜、黄瓜、辣椒、胡椒、西瓜等就是由丝绸之路传入中国的。这些食物和原料的传入，极大地丰富了中餐的食材基础和调味特色。晋代常璩（渠）的《华阳国志蜀志》中指出川菜"尚滋味""好辛香"，而在这之前川菜讲究的是五味调和。在这种转变中，域外传入的调味料起到了决定性的作用。所以，在古代，旅行活动的开展有赖于饮食接待设施，而旅行通道的开辟又促进了世界饮食和饮食文化的传播与交流。

表 8-4　果蔬进口中国时间[①]

作物	原产地	传入时间	作物	原产地	传入时间
黄瓜（胡瓜）	印度	西汉	玉米（番薯）	美洲	明
菠菜	尼泊尔	西汉	马铃薯（洋芋）	南美洲	明万历年间
大宛葡萄	今乌兹别克斯坦费尔干盆地	西汉	白薯（番薯）	美洲	明万历年间
大蒜（胡蒜）	中亚、地中海沿岸	东汉	花生（番豆）	巴西	明晚期
石榴	波斯、印度	东汉	菠萝	巴西	明晚期
核桃	波斯	东汉	辣椒（番椒）	美洲	明晚期
茄子	印度、泰国	晋	西红柿（番茄）	美洲	明晚期
莴苣	地中海沿岸	唐	欧洲苹果	欧洲	清
西瓜	非洲	五代	洋梨	英国	清
胡萝卜	北欧	元	—	—	—

（2）近、现代旅游时期

19世纪中叶，工业革命激发了以消遣娱乐为目的的旅游需要的爆发式增长。但没有旅游经验的人们首次外出，面临着交通、住宿、餐饮和出入手续等一系列的困难和麻烦。在现实困境和管理科学发展的双重作用下，专门为旅游者提供服务的行业诞生了。1845年，英国人托马斯·库克建立了人类历史上第一家旅行社，这也标志着近代旅游业的产生。从此直到第二次世界大战结束的这段时间，在旅游发展史

① 中国国家博物馆中国古代饮食文化展摘录。

中称为近代旅游时期。

近代旅游时期，旅游饮食的供给越来越丰富、服务越来越精细、设施越来越奢华。1829 年在波士顿落成的特里蒙特饭店是最具代表性和影响力的“现代饭店业的始祖”，其餐厅拥有 200 个座位，装饰豪华、设施齐备、服务周到。民国时期的上海西式饭店也已经可以提供法国菜、德国菜、俄国菜、日本料理等多国美食。著名的礼查饭店共有大小餐厅 9 个，餐厅还常有歌舞或戏剧演出。近代旅游时期，饮食不单是旅游活动的基本要素，饮食服务已经成为旅游产品的重要组成部分，饮食业也成为旅游业发展的重要支持行业。

第二次世界大战以后，旅游发展进入了现代旅游时期。政治稳定、经济繁荣、科技进步、文化昌盛推动着旅游业迅速崛起，旅游业也逐渐成为世界上最大的经济产业之一。随着休闲社会的到来，以“体验”为核心的需求成为旅游活动发展最为突出的趋势。旅游者的个性化体验需求使得特殊兴趣旅游（Special Interest Tourism）开始兴起。饮食及饮食文化逐渐成为一种重要的旅游资源。20 世纪 50 年代，饮食旅游在法国葡萄酒旅游、农庄旅游、乡村旅游的基础上发展起来。鉴于饮食旅游的经济贡献，各国政府对饮食旅游的开发和引导也逐步重视起来，学术界也开始了饮食旅游的规模化探索。2000 年在塞浦路斯举办了第一届美食和旅游国际会议，欧洲国家开启了基于旅游资源的乡村旅游发展的探索之路。2012 年世界旅游组织发布了《全球美食旅游报告》（Global Report on Food Tourism），报告阐释了美食对旅游目的地吸引旅游者的重要性。2017 世界旅游组织发布了第二版《全球美食旅游报告》，报告中指出美食是旅游目的地的品牌打造和推广宣传的重要因素，美食旅游的发展对于非物质文化遗产保护具有重要意义，美食旅游需要也有利于社区生活原真性的保持。

现代旅游活动对饮食文化的发展起到了极大的促进作用，饮食文化的保护与传扬在现代旅游业的发展中受益良多。每年有 8000 多万名旅游者在观光法国历史文化遗产的同时体验美食文化、品味正宗料理、感受法兰西民族对小小厨房和餐桌的永恒激情；同时还有慕名而来的各国厨师，在美食的最高学府进修技艺。这些人的到来，不仅使法国美食传统更加美名远扬，同时也让法国的美食在文化交流中不断吸收外界的精华，持续丰富发展而有所创新。

视频资源：原真与开放的统一

2. 饮食旅游与乡村振兴

传统村落是历史文化的鲜活载体。传统村落所承载的文化信息已通过建筑、饮食、景观、民俗等多种形式物化后呈现出来。饮食是其中非常重要的部分。不同的自然环境和社会风俗长期以来塑造了丰富多彩的饮食文化。这些饮食文化包含了地域物产食材，也蕴含了独特的烹制技艺与地域口味，是社会文化最主要的展现。饮食文化既是人类物质文明的体现，也是精神文明最直接、浓缩的具象表达。因此，饮食旅游的兴起与乡村的发展有着密切的渊源。

20 世纪 50 年代，法国葡萄酒旅游、农庄旅游、乡村旅游受到极大欢迎，饮食旅游在此基础上发展起来。20 世纪 70 年代，由于大规模的工业化和城市化，欧洲乡村经济出现滞后，这迫使欧洲各国开始探索乡村经济振兴之路，很快依托乡村特有的地貌和物产，乡村特色美食旅游逐步发展起来。2001 年英国乡村协会成功地发起了"品味风景项目"（Eat the View Project），项目设计了包括品尝当地乡村餐馆传统美食、参加美食节庆、参观特定食品厂家、购买农家商品和农村集市食材等一系列活动，成功推进了旅游者与乡村美食的紧密结合，推动了乡村经济发展。乡村旅游产品吸引了大量外地旅游者来到农场，享受农产品直销，吃地道乡村菜，体验农家生活，既为农村地区提供了经济发展机会，又提升了乡村社区的自我文化认同感。

乡村饮食旅游活动的开展使饮食文化的经济、文化、社会价值等多重价值得以释放，同时也对地域饮食文化资源传承、保护和开发提出了更高要求，饮食文化资源也成为推动乡村全面发展的重要途径之一。首先，为满足饮食旅游者需要，必须要整合乡村饮食文化资源，并通过保持或改进乡村传统饮食空间、环境、品位等物化形式，使乡村饮食文化得以全面展现。其次，资源整合和改造的过程有利于利益相关者提高挖掘、传承、保护和传播所在区域饮食文化和饮食特色的自觉意识，进而强化文化认同，提升文化自信。再次，乡村饮食旅游和乡村旅游中饮食活动，是提升区域饮食文化的认可度和促进跨文化交流的重要途径。最后，发展乡村饮食旅游有利于带动乡村一、二、三产业融合发展，能够将相关产业资源整合，构建乡村新的产业优势和经济优势，带动招徕或返乡就业和创业，促进乡村经济蓬勃发展。

近年来，在我国乡村振兴战略下，乡村旅游越来越注重培育新业态和开发特色产品。乡村独特的饮食和文化资源完美地契合了追求返璞归真的城市居民的需求。很多乡村通过饮食遗产开发丰富乡村旅游产品，大大地提升了当地农业食品生产和加工部门的生存能力，并加速乡村人才回流。饮食旅游作为乡村旅游的类型之一，正在积极参与到依赖产业发展体系、饮食文化建设体系、乡村治理体系和人才支持体系建设的乡村振兴中。

目前国内乡村饮食旅游开发还存在一系列局限。第一，乡村旅游中饮食文化挖掘力度不够，饮食文化与旅游融合度较低。地方饮食文化赋予了乡村饮食旅游产品文化属性，旅游目的地居民独特的日常饮食习惯、饮食种类、烹制工艺、食俗和礼仪是旅游者最希望得到的旅游体验，而目前国内大多数的乡村旅游活动内容主要停留在品尝当地美食，购买乡土食材的层面，缺少深层次的饮食文化的挖掘与系统的产品设计与开发。因此，饮食活动背后的饮食文化、地域历史、风土乡俗也很难融入旅游产品中，进而使乡村旅游产品缺乏独特性。第二，乡村饮食旅游体验性不足。乡村旅游的旅游者仅限于生态农业观光、乡村美食品尝、土特产购物等旅游体验，沉浸式体验项目较少，旅游者体验性、参与性、互动性均有待提高。乡村饮食活动是一个生动的当地人生活方式的集中展现，饮食活动的诸多环节都可以以体验的形式转化为旅游产品，如食物的采集、食材的加工、食物的烹饪、宴席的设计与布置、饮食节庆活动等。而上述活动的挖掘需要以旅游者体验性为前提，深度进行资源挖掘和产品开发。第三，乡村饮食文化原真性的保持。乡村旅游饮食文化建设强调原真性，包括口味、习惯、礼仪以及乡村空间的原真性，这是区分旅游产品独特性的重要因素。而使原真性具有生命力，首先要建立文化的认同与自信。

扩展阅读

法国地方政府和商会发起的法国旅游推广活动，把鹅肝形容为法国民族身份的象征。虽然人们长期以来一直批评旅游业过于简单化，忽略了文化微妙的多样性，并且为了给旅游者营造一种地道的氛围而对各地进行刻意的修饰。但是，旅游业组织基础设施的存在表明了一个地方或文化的制度价值，无论这些价值观是否带有意识形态的色彩，还是在不断地变化中。

法国境内有全镇乃至全区都在用鹅肝的生产和消费吸引旅游者的地方。萨拉勒卡内达是佩里戈尔地区一个保存完好的中世纪小镇，也是一个鹅肝乐园。市中心的每一家餐厅，包括一家比萨店，都在推销鹅肝。商店门前摆满了鸭和鹅的相关产品和小摆设。在小镇的中心广场，旅游者们经常会与一个三只鹅的铜像合影。法国目前最大的鹅肝生产商鲁吉公司于 1875 年捐赠了这座雕像。鹅肝农场及其附属商店的标志遍布法国西南部的乡村，标识牌有时是手绘的，让人联想到乡村的魅力。这些标识牌上通常有戴着领结的鸭子在微笑或在演奏乐器的图像。旅游者可以在这些风景如画的小农场内的餐厅用餐，也可以在便宜的客房过夜。

“肝脏市场”是这些地区吸引旅游者和当地人的另一个地方。在冬季，人们每周都可以在这些市场直接从生产商那里购买生的鸭、鹅及其肝脏。这些不是普通的农贸市场，这里只卖生的动物和肝脏。试想一下，数百人在 11 月的吉蒙镇肥肉市场上排队，一旦市场负责人在上午 10 点吹响开市的哨子，人们就拿着购物篮立刻奔向卖肉的桌子。

在国家农业办公室的支持下，由旅游局牵头组织和推广的“鹅肝周末”活动，让旅游者们可以在生产鹅肝的农场度过一个晚上，主要活动是在农场经营者的指导下让旅游者们切割和烹饪自己挑的鸭子或鹅，然后带回家。举办这些项目的目的是让法国人和外国人了解从事鹅肝生产的人员，促进消费，并向旅游者“证明”鹅肝的民族文化价值。

3. 饮食旅游与文化自信

文化认同是最深层次的认同，是凝结文化共同体的基础。习近平总书记指出：“加强中华民族大团结，长远和根本的是增强文化认同，建设各民族共有精神家园，积极培养中华民族共同体意识。”食物能建立起社会行动者与其文化历史间的联系，是家族或宗教身份的共同纽带，也能建立认同组织身份的叙事。人类学家、美国科学院院士、哈佛大学教授张光说：达到一个文化核心的最佳途径之一就是通过他的肚子。也就是说，食物是最能够建立文化区分的身份指征，也能够促进文化认同的生成。文化认同是文化自信的根基和源泉。没有文化认同，就不可能坚定文化自信。

饮食旅游的发展有利于唤醒文化认同，增进文化沟通，提升文化自信。饮食旅游在增加经济收入的同时，可以很好地促进不同饮食文化间的沟通与理解，提升传统饮食文化在世界上的认知与认可度，进而增强旅游目的地居民的文化认同与自信。首先，饮食旅游可以通过文化符号的传承促进文化认同。文化符号是一种文化独特性的抽象体现，其内涵丰富，体现在社会生活的各个层面。符号化是将文化内容或载体具象化，有利于文化传承与传播，从而实现活态的文化分解与生产。符号化传承可以将饮食旅游目的地的食材、食器、烹饪技艺等具有代表性的文化符号运用到旅游活动设计、环境营造、纪念品设计、演艺表演等多种形式中去，进而实现文化的具象化。饮食文化符号需要不断挖掘、提炼并融入，最终成为重要的旅游吸引要素。其次，饮食旅游可以通过促进传承人培养和老字号品牌打造推动文化自信实践。与众多传统文化一样，传统饮食文化也面临着现代饮食文化的冲击。传统饮食文化传承人和老字号是饮食文化繁荣与传承重要的历史责任人。饮食旅游的繁荣可以为传统饮食文化传承人培养和老字号的传承提供更加坚实的经济基础。

第二节　膳食营养与健康

党的二十大报告进一步明确了推进健康中国建设，把“合理膳食”作为健康中国行动的重要行动，这是新时代满足人民日益增长的美好生活需要的基石。预防和控制我国人群慢性病的发生、发展，提高全民营养健康素养，是每个科技人员的责任和义务。好好吃饭，吃得科学、合理以保持营养均衡摄入、提高免疫力、预防慢性病的发生、让健康状态更持久，是每个公民都应履行的关乎自身健康的实践行为。

一、中国居民膳食指南

1. 背景介绍

中国居民膳食指南（Dietary Guidelines，DG）是根据营养科学原则和当地百姓健康需要，结合当地食物生产供应情况及人群生活实践，以政府或权威机构研究并提出的食物选择和身体活动的指导意见。膳食指南作为国际组织和各国政府政策文件已经有很长的历史（始于 1968 年），是健康教育和公共卫生政策的基础性文件，是国家实施和推动食物合理消费及改善人群健康目标的一个重要组成部分，为公众提供所需的膳食营养保障、培养健康的饮食习惯和生活方式、促进人群整体健康和预防慢性疾病。

自 1989 年我国首次发布《中国居民膳食指南》以来，在国家卫生健康委的组织和指导下，中国营养学会已先后于 1997 年、2007 年、2016 年进行了三次修订。2022 年 4 月，《中国居民膳食指南（2022）》和中国居民平衡膳食宝塔（2022）（见图 8-2）在北京发布，除针对 2 岁以上大众膳食指南外，还包括乳母膳食指南、婴幼儿喂养指南、儿童膳食指南、老年人膳食指南和素食人群膳食指南。2023 年初，继续发布了关于糖尿病、高血压、高血脂、儿童生长迟缓等四个食养指南，是国家实施《健康中国行动》（2019~2030 年）和《国民营养计划》（2017~2030 年）的重要技术支撑，为合理膳食行动提供了精准可行的膳食指导。

2. 指南内容

《中国居民膳食指南（2022）》提炼出平衡膳食八准则及其核心推荐，帮助人们做出有益健康的饮食选择和行为改变。[①]

① 中国营养学会编著．中国居民膳食指南（2022）[M]．人民卫生出版社，2022.

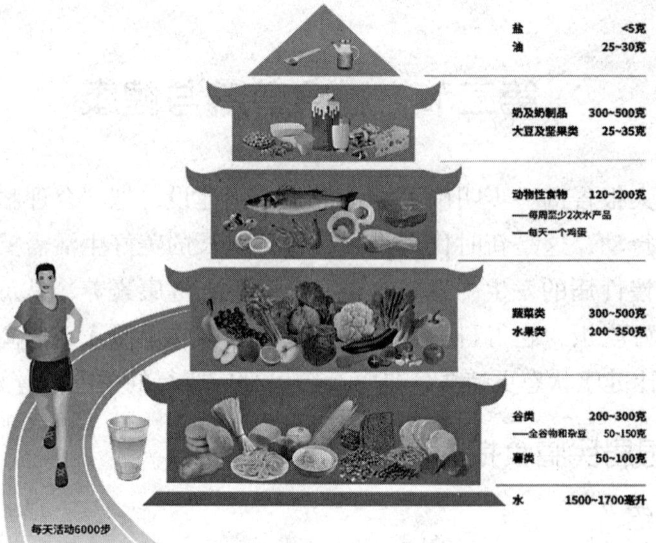

图 8-2　中国居民平衡膳食宝塔（2022）

准则一：食物多样，合理搭配。核心推荐有：①坚持谷类为主的平衡膳食模式。②每天的膳食应包括谷薯类、蔬菜水果、畜禽鱼蛋奶和豆类食物。③平均每天摄入 12 种以上食物，每周 25 种以上，合理搭配。④每天摄入谷类食物 200~300 克，其中包含全谷物和杂豆类 50~150 克，薯类 50~100 克。

准则二：吃动平衡，健康体重。核心推荐有：①各年龄段人群都应天天进行身体活动，保持健康体重。②食不过量，保持能量平衡。③坚持日常身体活动，每周至少进行 5 天中等强度身体活动，累计 150 分钟以上；主动身体活动最好每天 6000 步。④鼓励适当进行高强度有氧运动，加强抗阻运动，每周 2~3 天。⑤减少久坐时间，每小时起来动一动。

扩展阅读

体重变化是判断一段时期内能量平衡与否最简便易行的指标，也是判断吃动是否平衡的指标。常用的判断健康体重的指标是体质指数（Body Mass Index，BMI），它的计算方法是用体重（kg）除以身高（m）的平方。我国健康成年人（18~64 岁）的 BMI 应在 18.5~23.9kg/m^2，65 岁以上老年人的适宜体重和 BMI 略高，为 20~26.9 kg/m^2。与世界卫生组织推荐的国际标准相比，我国健康成年

视频资源：认清体重

人 BMI 参考值的上限低于国际标准（18.5~24.9kg/m²）。需要注意的是，体重指数和健康风险间并不是线性关系，而是 U 弧线关系（见图 8-3）。体重过轻或过重都会对人体健康造成威胁，培养健康的饮食行为和运动习惯是控制理想体重的必要措施。

如果只以体质指数作为评价标准是有缺陷的，因为它不能显示体脂的分布情况。在适宜体质指数下，人体也可能存在向心性肥胖风险，或者肌肉含量偏低的风险等。众所周知，腹部脂肪过度积累危害性最强，如堆积过度则称为向心性肥胖。这时腰围就是一个重要的判断脂肪分布异常与否的参考依据，腰围是通过腋中线肋缘与髂前上棘间的中点的径线距离。当中国成年男性腰部周径大于 90cm，女性大于 85cm，即便体重指数在正常范围内，都可视为脂肪在腹部蓄积量偏大，建议适当减脂。

所以，体脂含量过高才是危害健康的真凶，而不应笼统地归结于体重超重。毕竟，经常锻炼的人肌肉会相对多一些，体重也会重一些，但这绝不是胖。相反，虽然控制住了体重（适宜的 BMI 值），但腰围超标且很少运动，肌肉比例相对较低，反而建议结合饮食以及运动减重增肌为宜。

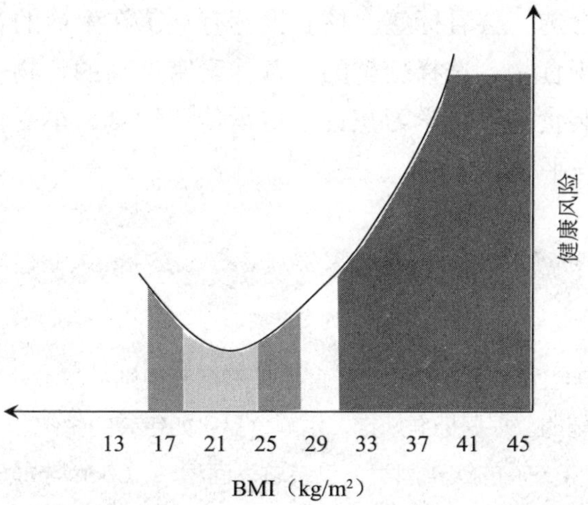

图 8-3　体质指数与人体健康关系示意

准则三：多吃蔬果、奶类、全谷、大豆。核心推荐有：①蔬菜水果、全谷物和奶制品是平衡膳食的重要组成部分。②餐餐有蔬菜，保证每天摄入不少于 300 克的新鲜蔬菜，深色蔬菜应占 1/2。③天天吃水果，保证每天摄入 200~350 克的新鲜水果，果汁不能代替鲜果。④吃各种各样的奶制品，摄入量相当于每天 300 毫升以上液态奶。⑤经常吃全谷物、大豆制品，适量吃坚果。

准则四：适量吃鱼、禽、蛋、瘦肉。核心推荐有：①鱼、禽、蛋类和瘦肉摄入要适量，平均每天 120~200 克。②每周最好吃鱼 2 次或 300~500 克，蛋类 300~350 克，畜禽肉 300~500 克。③少吃深加工肉制品。④鸡蛋营养丰富，吃鸡蛋不弃蛋黄。⑤优先选择鱼，少吃肥肉、烟熏和腌制肉制品。

准则五：少盐少油，控糖限酒。核心推荐有：①培养清淡饮食习惯，少吃高盐和油炸食品。成年人每天摄入食盐不超过 5 克，烹调油 25~30 克。②控制添加糖的摄入量，每天不超过 50 克，最好控制在 25 克以下。③反式脂肪酸每天摄入量不超过 2 克。④不喝或少喝含糖饮料。⑤儿童青少年、孕妇、乳母以及慢性病患者不应饮酒。成年人如饮酒，一天饮用的酒精量不超过 15 克。

准则六：规律进餐，足量饮水。核心推荐有：①合理安排一日三餐，定时定量，不漏餐，每天吃早餐。②规律进餐、饮食适度，不暴饮暴食、不偏食挑食、不过度节食。③足量饮水，少量多次。在温和气候条件下，低身体活动水平成年男性每天喝水 1700 毫升，成年女性每天喝水 1500 毫升。④推荐喝白水或茶水，少喝或不喝含糖饮料，不用饮料代替白水。

准则七：会烹会选，会看标签。核心推荐有：①在生命的各个阶段都应做好健康膳食规划。②认识食物，选择新鲜的、营养素密度高的食物。③学会阅读食品标签，合理选择预包装食品。④学习烹饪、传承传统饮食，享受食物天然美味。⑤在外就餐，不忘适量与平衡。

扩展阅读

我国现行食品安全国家标准“预包装食品营养标签通则”是 2011 年 10 月 12 日发布，2013 年 1 月 1 日实施的。根据标准规定，生鲜食品，如包装的生肉、生鱼、生蔬菜和水果、禽蛋等；乙醇含量 ≥ 0.5% 的饮料酒类；包装总表面积 ≤ 100cm^2 或最大表面面积 ≤ 20cm^2 的食品；现制现售的食品；每日食用量 ≤ 10g 或 10mL 的预包装食品具有豁免强制标示营养标签的资格，以及其他法律法规标准规定可以不标示营养标签的预包装食品。否则，预包装食品都需要按照国家规定标示营养标签。

营养标签需要标示能量、核心营养素的含量值及其占营养素参考值的百分比。蛋白质、脂肪、碳水化合物和钠为营养成分表中的核心营养素。此外，当食品配料含有或生产过程中使用了氢化和（或）部分氢化油脂时，在营养成分表中还应标示出反式脂肪（酸）的含量。

1. 营养素参考值

营养素参考值是用于比较食品营养成分含量的参考值，是营养标签所描述的食物中的能量或营养成分含量，占我国推荐的能量或该营养素参考值 NRV 的百分比，即以一个一日耗能在 2000 千卡的成年人为标准核算所标记食物的对应营养素占比。

NRV%= 单位食品中某营养素含量 / 该营养素推荐摄入的参考值 ×100%

视频资源：营养标签

由于不同人群的营养素所需标准并不相同，所以儿童、成年人、老年人之间的营养素推荐摄入量不同，不同体力劳动者间的营养素推荐摄入量不同，不同体重基数的同龄人之间营养素推荐摄入量不同，不同项目运动员之间营养素推荐摄入量不同，健康人群与疾患者之间的营养素推荐摄入量不同，不同国家和地区间营养素推荐摄入量也不同。

2. 能量和营养成分含量声称的要求和条件

按照现行国家标准中对能量和营养成分含量声称的要求和条件，在含量足够少时可近似为零，食品包装上可标注零卡、零糖、零脂。例如，当每百克固体或每 100mL 液体的能量小于等于 17kJ，且其中脂肪提供能量小于总能量 50% 时，可声称无能量。再如，每百克固体或每 100mL 液体的脂肪含量小于等于 0.5g 时，可声称无或不含脂肪。

准则八：公筷分餐，杜绝浪费。核心推荐有：①选择新鲜卫生的食物，不食用野生动物。②食物制备生熟分开，熟食二次加热要热透。③讲究卫生，从分餐公筷做起。④珍惜食物，按需备餐，提倡分餐不浪费。⑤做可持续食物系统发展的践行者。

二、其他国家居民膳食指南

在世界范围内，各个国家或地区也都制定了针对本国居民的膳食指南。

日本居民膳食指南于 2005 年发布，2010 年完成修订。其图例为陀螺形（见图 8-4），陀螺的身体按照食物种类和推荐摄入量进行分割，陀螺轴心为水或茶，有一人围绕轴心跑步代表日常运动。除推荐适宜食物配伍和摄入量外，日本居民膳食指南中同时强调要享受每一餐，保持适宜的进餐间隔和进餐速度，推荐就地取材和延续本地饮食风俗，通过选择适宜的烹调方式和储存方式来减少剩菜剩饭与浪费，记录每日饮食摄入以及时调整。

韩国居民膳食指南于 1991 年首次发布，2002~2003 年陆续发布通用版本和年龄划分版本（2008~2009 年完成修订），2016 年再次完成修订。其图例（见图 8-5）为自行车，自行车前轮代表水的摄入，后轮按照食物种类和推荐摄入量进行分割，车座上有一个正在骑车的人代表日常运动。除推荐适宜食物配伍和摄入量外，韩国居民膳食指南中同时强调不要不吃早餐，避免暴饮暴食或食之过饱，饮用白开水而且避免含糖饮料，有计划地安全地烹饪食物，享受本地食材，定期进行家庭聚餐。

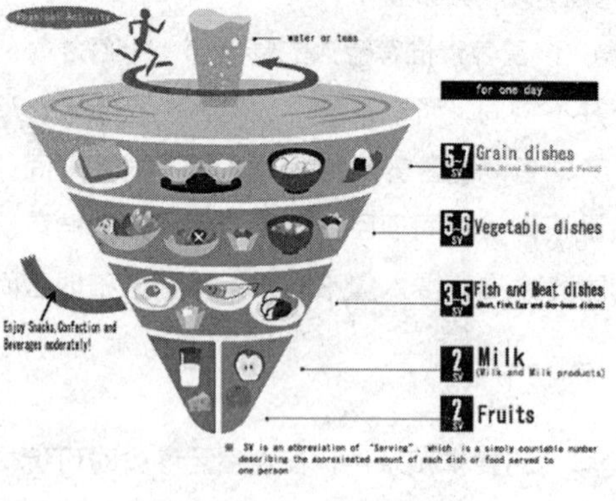

图 8-4 日本居民膳食指导

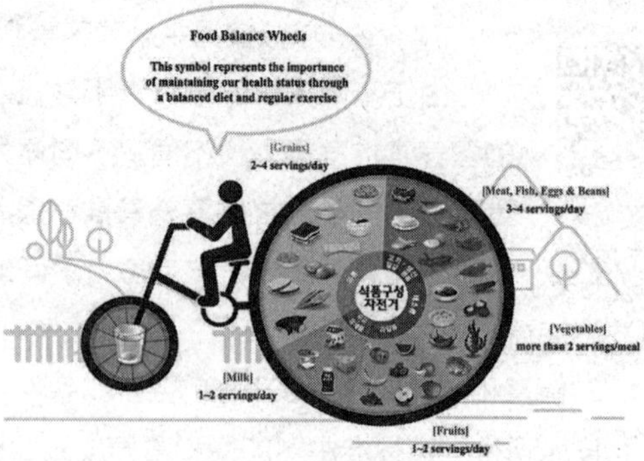

图 8-5 韩国居民膳食指导

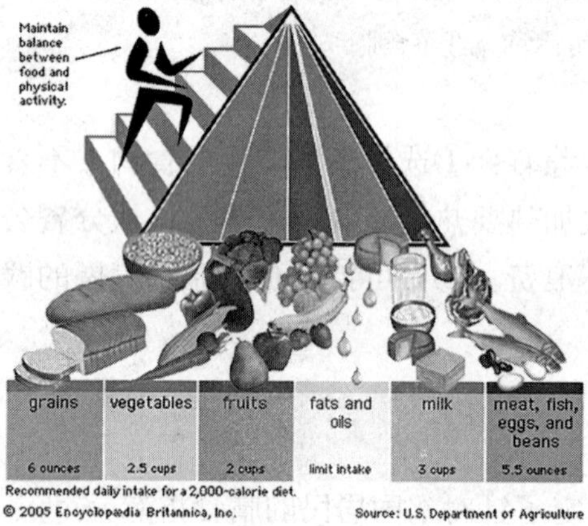

图 8-6 美国居民膳食指导

图 8-7 英国居民膳食指导

总体而言，各国膳食指南都肯定了每日应有充足的水、适量的运动和均衡的食源。但有时，膳食指南的不同表现形式也可能给使用者带来困惑。例如，常见的金字塔形式，可按照不同食源的推荐摄取量与金字塔各层的面积进行对应，所以谷物类食物因摄入量大通常被摆放在最下层，而油脂类食物常在上层。但在常规思维中，金字塔从底部到顶端常有从差到优的递进关系，如用在此处则十分不妥。所以，美国农业部（US Department of Agriculture，USDA）在 2005 年，将美国居民膳食指南由层级递进式的金字塔模式改为散射状的金字塔模式（见图 8-6），以显示各食源虽功用不同、推荐摄入量不同，但同等重要。

三、膳食与营养素

1. 膳食推荐配比

视频资源：食物造就了你

视频资源：估算能量消耗

营养素（Nutrient）是来自食物的人体生长所必需的物质，根据人体的需求量可分为宏量营养素和微量营养素。宏量营养素包括有碳水化合物、脂肪、蛋白质、纤维素和水。微量营养素包括矿物质和维生素。其中，碳水化合物、脂肪和蛋白质是人体的供能营养素，每克碳水化合物或蛋白质可提供 4 千卡能量，每克脂肪提供 9 千卡能量。其他营养素虽不提供能量，但在机体的生理活动中同样具有重要的不可替代的作用。从能量供应的角度看，一日三餐推荐按照早餐供能占全日能量的 25%~30%、午餐 35%~45%、晚餐 30%~35% 分配为宜；三大供能营养素则以碳水化合物供能 60%~70%、脂肪供能 20%~30%、蛋白质供能 10%~15% 分配为宜。

自古人类的饮食就具有多样性的特点，食源的种类大体上可分为谷类、畜禽肉类、鱼虾水产、蛋类、奶类、豆类、蔬菜、水果和现代加工食品。各食源都可提供复合的营养素，只是营养素的含量各不相同而已。日常只要搭配合理、保证食物多样性，不偏食，就能保证人体正常所需。

膳食指导图一般较为宏观，使用者在进餐时对摄取量的把控仍显困难。英国居民膳食指导图直接采用餐盘形式示意（见图 8-7）美国农业部 2011 年推行 MyPlate 计划（见图 8-8），从进餐的角度将不同食源进行量化。蔬菜和水果栏的彩虹是在提醒用餐者应注意食源的多样性。而在关注定量搭配食物的同时，图中虚线也在提醒用餐者在可能的情况下应用较小的餐盘替代较大的餐盘，以避免摄入过量的食物。

中国新版膳食指南中，也以餐盘分区的方式直观提示人们进食时的食物组成和推荐比例（见图 8-9）。合理的饮食与习惯是人健康生活的保证。中国传统膳食结构是以粮、谷、豆、蔬、果等植物性食料为主，主、副食界限明显，辅以少量肉类、海河鲜，整体以热食、熟食为主。总体而言，这种传统膳食结构是符合现代营养学健康要求的。但随着现代饮食环境的改变，食源选择日渐丰富和复杂，人们在建立自己的膳食结构时也需要更多知识和引导。

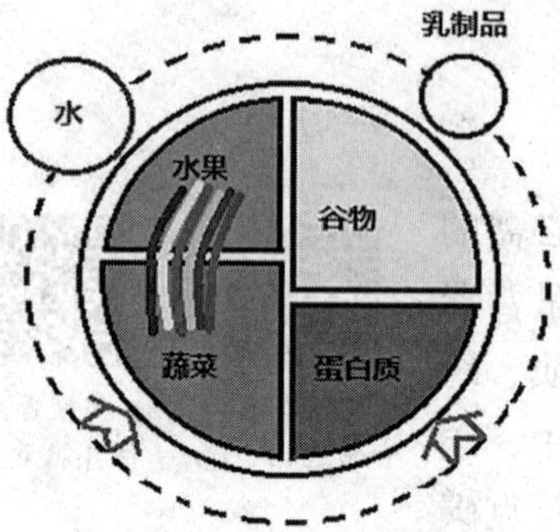

图 8-8　美国 MyPlate 膳食计划示意

图 8-9　中国居民平衡膳食餐盘（2022）

2. 主食与碳水化合物

碳水化合物是三大供能营养素之一，可保证正常量的血糖、肝糖原和肌糖原，以维持大脑活动、肝脏解毒和肌肉活动。日常饮食中，碳水化合物主要来自谷类食品，如稻米、面粉、玉米、小米、高粱等。谷类食物也可提供部分蛋白质、膳食纤维和无机盐类微量元素，只是由于现代对谷类加工过于精细，这部分营养素在精白米面中的含量较低。

自然界中的碳水化合物可分为单糖、双糖和多糖，单糖包括葡萄糖、果糖、半乳糖，而双糖顾名思义是由两个单糖组成，包括蔗糖和乳糖，多糖则由两个以上的单糖组成。日常进食的水果中以葡萄糖、果糖为主，家庭中食用的绵白糖则属于蔗糖，而牛奶中富含乳糖。多糖又可分为水溶性多糖和水不溶性多糖两类，谷类食物中常见的水溶性多糖为淀粉。多糖在人体内会被最终降解为葡萄糖，进入糖代谢途径后，转化为水、二氧化碳和能量。

视频资源：
进食与血糖稳定

从人体对不同碳水化合物的消化吸收速率上看，结构越简单的糖其消化吸收的速率就越快，即单糖比双糖、双糖比多糖更易被人体利用。医学上常用血糖指数（Glycemic Index，GI）衡量食物摄入人体后的生理状态，即食物引起的餐后血糖反应。血糖指数的定义为含有 50g 有价值的碳水化合物的食物与相当量的葡萄糖相比，在一定时间内（一般为餐后 2 小时）引起体内血糖应答水平的百分比值。含有等量碳水化合物的食物，其消化吸收率和引起的血糖反应是不同的，即高 GI 食物（GI>70）的餐后血糖高，而低 GI 食物（GI ≤ 55）则相反。

由于高 GI 食物进入胃肠道后消化快、吸收率高，葡萄糖入血快，引起的血糖峰值高。此时，机体会因血糖升高而开始分泌胰岛素以调节血糖。由于高 GI 食物的糖是被短时大量释放，因而短时间后机体血糖又会呈大幅降低，而人体对胰岛素分泌的调节相对滞后，如此就会导致人体血糖低于正常值（图 8-10）。这也就是为什么人们在饥饿时直接摄入糖或巧克力等食物时，在短时间内会再次感到饥饿，甚至是出现低血糖的症状。与此相反，如果摄入的是低 GI 食物，则餐后血糖的升高和降低都较缓慢（图 8-11），而人体的饱腹感也会更持久。两餐之间由于没有感到饥饿，也就降低了吃零食的概率。

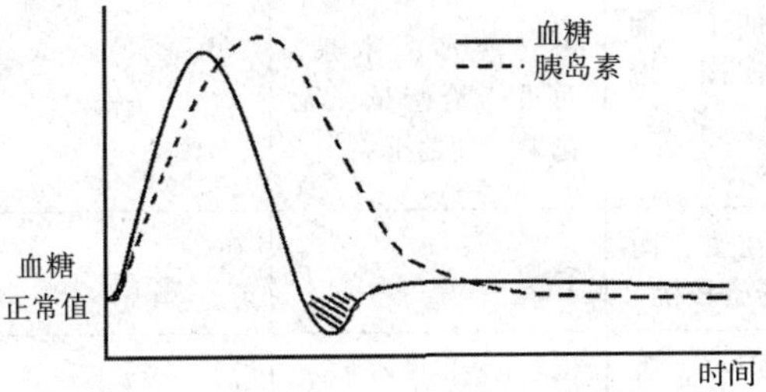

图 8-10　进食高 GI 食物后血糖变化示意

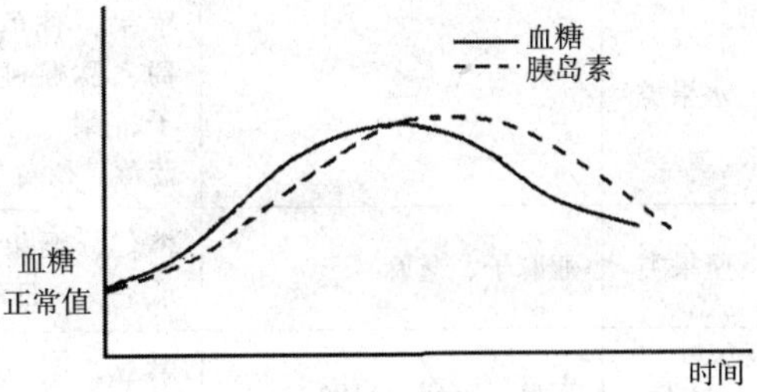

图 8-11　进食低 GI 食物后血糖变化示意

食物的血糖指数受多方面因素影响，如食物中糖的类型（葡萄糖或果糖）、糖的构成（直链淀粉和支链淀粉的比例）、食物淀粉的物理性状和烹调加工（如淀粉的糊化程度、颗粒大小等）、食物的化学成分和含量（如膳食纤维、脂肪、蛋白质、酸度等）。一般食物中，如果多糖含量高则 GI 值偏低；如果直链淀粉含量高则 GI 值偏低；高脂肪、高蛋白、酸性食物因能降低胃的排空能力，减少淀粉胶化，通常也表现为低 GI 值。日常饮食中，建议综合考虑各种因素，首选低 GI 食物（见表 8-5）并搭配富含纤维素、蛋白质和不饱和脂肪酸的食物一同食用。但低 GI 食物也不可过量摄入，否则同样会加重餐后血糖负担。高 GI 食物也并非完全限制食用，适当少食并通过合理搭配也能帮助维持血糖稳态。

保持人体血糖平衡是保持精力和控制体重最重要的因素。血糖水平决定了一个人的食欲。当血糖太高，身体会将多余的葡萄糖转化成糖原或者脂肪，作为长期能量储备。而当一个人长时间故意节食，会导致身体通过降低基础代谢耗能的方式稳定身体机能，这样的直接后果是一旦食量有增加体重马上就会反弹。

表 8-5　部分食物血糖指数 GI 参考

食源	极低 GI	低 GI	中等 GI	高 GI
谷物类	—	大麦、糙米、荞麦、燕麦、黄米、黑麦、全麦	小米	精白米面、西米

续表

食源	极低 GI	低 GI	中等 GI	高 GI
蔬菜类	芦笋、鳄梨、青椒、白菜、菜花、西兰花、甘蓝、卷心菜、芹菜、黄瓜、茴香、豇豆、蘑菇、芥菜、橄榄（油）、生菜、菠菜、西葫芦、西红柿、萝卜	胡萝卜、茄子、蒜、青豆、洋葱、海带、倭瓜	甜菜、玉米、韭菜、白薯	土豆（土豆泥、烤土豆、即食薯片、炸薯条）
水果类	—	苹果、香蕉、柚子、葡萄、猕猴桃、柠檬、橙子、梨、李子、草莓、蓝莓、树莓、蔓越莓	杏、菠萝、木瓜、西瓜、哈密瓜、无花果、葡萄干	—
坚果类	亚麻子、芝麻	杏仁、腰果、花生、南瓜子、向日葵子、核桃	—	—
豆类	大豆、豆腐、豆豉	黑豆、芸豆、豌豆、鹰嘴豆、扁豆	—	—
海鲜类	虾、鳕鱼、三文鱼、吞拿鱼、沙丁鱼	扇贝	—	—
畜禽肉类	牛肉、鸡肉、羊肉、火鸡肉	—	—	—
乳制品	—	奶酪、鸡蛋、牛奶、酸奶	—	—

3. 肉鱼蛋奶坚果制品与脂类、蛋白质

（1）脂类

脂肪组织是绝大多数脊椎动物特有的构造，可以使其在一段时间不进食的情况下，也不会能量耗竭而死。在漫长的进化过程中，人类总会经过丰年和灾年的交替洗礼，尤其是在大饥饿的灾年，可能会有 2/3 甚至 3/4 的人口消失，只有身体结实、身躯壮硕的人才更容易生存下来，并把他们的基因遗传给下一代。在这种进化选择下，善于将食物中的多余能量转化成脂肪储存在体内成为一项重要的自然选择法则。人体的脂肪组织主要分布在皮下组织、大网膜、肠系膜和肾脏周围等处，除了能够储存能量，也可保护各脏腑器官免受冲撞，保存人体热量等，是人体必需的营养物质。一般情况下，脂肪细胞整齐排列，随着其中储存的能量越来越多，脂肪细胞也会随之膨胀，原来的整齐排列变得拥挤无序，从宏观上看就是赘肉。

脂类包括有油、脂肪和类脂。脂肪是在室温下呈固态的油脂，油则在室温下呈液态；脂肪多含饱和脂肪酸，油多含不饱和脂肪酸。脂类所含的碳、氢比例较碳水化合物高，所以经人体代谢后产生的热量也更高。常被提到的饱和脂肪酸、单不饱和脂肪酸、多不饱和脂肪酸只是组成脂肪的一部分。

①饱和脂肪酸。饱和脂肪酸存在于大多数的动物油脂中，如牛油、猪油。植物油中也有不少含有饱和脂肪酸，如椰子油。食品标签上常见的“硬脂酸”“棕榈酸”，都属于饱和脂肪酸。饱和脂肪酸可以被称为中立脂肪酸。因为饱和脂肪酸的结构比较稳定，所以不易被氧化变质。例如，进行油炸、煸炒、焙烤食物等高温烹调时，多不饱和脂肪将会产生氧自由基，因而更推荐使用饱和脂肪烹饪，这时使用含短链饱和脂肪的椰子油又要优于含有长链脂肪的黄油、猪油。但相较于天然不饱和脂肪酸而言，过量摄取饱和脂肪酸更容易导致人的心血管方面疾病，而且一般人非常容易过量摄取饱和脂肪酸，因此建议少吃。

②天然不饱和脂肪酸。与饱和脂肪酸的稳定相反，不饱和脂肪酸比较容易受到外界变化影响，高温之下容易变质，保存不当也很容易酸败。所以，优质的冷榨植物油最好用来做凉拌菜，或在低温烹饪时使用。平时，则应该密封保存在冰箱里，避开热、光和空气。

视频资源：油脂的选择

高质量的脂肪通常是指单不饱和脂肪酸和多不饱和脂肪酸。其中，又以多不饱和脂肪酸最为不可或缺。几乎所有含有脂肪的食物中都会同时含有饱和脂肪酸、单不饱和脂肪酸和多不饱和脂肪酸这三种脂肪酸，但是各自占比会有差异。例如，肉主要含有饱和脂肪酸、单不饱和脂肪酸以及少量的多不饱和脂肪酸，橄榄油主要含有单不饱和脂肪酸，葵花油主要含有多不饱和脂肪酸。

在多不饱和脂肪酸中，亚油酸、亚麻酸和花生四烯酸属于人体必需脂肪酸，即人体内（或其他高等动物）自身需要但又不能自行合成，必须从食物中获得的脂肪酸。亚油酸中最著名的是Omega-6，富含这种营养成分的食物有肉类和亚麻、南瓜、向日葵、红花、芝麻、玉米、核桃、大豆、小麦胚芽等。α-亚麻酸中最著名的是Omega-3，富含这种营养成分及其代谢后产物EPA、DHA的食物有鱼油、海鲜（尤其是冷水鱼）、黄豆、坚果，以及亚麻籽、大麻子和南瓜子等种子。从上述食源组成看，由于内陆人群平时红肉摄入较之海产品和鱼类更为充分，所以往往导致Omega-3摄入偏少，因而平时以Omega-3为对象的广告和营养宣教更为常见。此外还有橄榄油中的Omega-9，它虽然不属于必需脂肪酸，但是摄取Omega-9不仅有利于血脂调整，还能帮助减少不优秀脂肪的摄入。

视频资源：必需脂肪酸与反式脂肪酸

在我们每天摄入的脂肪总量中，建议饱和脂肪最多占 1/3，多不饱和脂肪最少占 1/3，以提供人体必需脂肪酸。以因纽特人饮食为例，他们尽管摄入大量脂肪和胆固醇，但是心血管疾病的发病率非常低，这是因为其作为主食的海豹肉里含有很高的 EPA、DHA，以及其他多不饱和脂肪酸。换而言之，摄入脂肪与否或者摄入脂肪的数量都不是直接导致心血管疾病发病的关键，摄入种类正确的脂肪才是至关重要的。

③人工不饱和脂肪酸。人工不饱和脂肪酸与绝大多数结构为顺式的天然不饱和脂肪酸不同，其结构属于反式脂肪酸。反式脂肪酸属于加工后的脂肪，在室温下会更稳定，因而更符合商品货架期的需要，常见有氢化油。研究证明反式脂肪酸对人体的危害远大于饱和脂肪酸，由于存在空间构型改变，身体已经不能再消化利用它了，甚至它还会阻止身体利用多不饱和脂肪，所以应尽量避免摄入。我国现行食品安全国家标准“预包装食品营养标签通则”中规定，食品配料含有或生产过程中使用了氢化和（或）部分氢化油脂时，在营养成分表中必须标示出反式脂肪（酸）的含量。大家也可以留意配料表中的文字。

（2）蛋白质

通常情况下，人身体包含 65% 的水和 25% 的蛋白质及 10% 的其他物质。蛋白质是一种由氨基酸分子组成的有机化合物，是人及其他哺乳动物饮食中必需的营养物质。每种蛋白质中的氨基酸数量不同、氨基酸的种类不同、每种氨基酸出现的频率和排列的顺序也都不同。对成人而言，这些氨基酸中有 8 种属于必需氨基酸，即人体必需但又不能自行合成的氨基酸，只能通过食物摄入。这些必需氨基酸的需要量占正常人所需的氨基酸总量的 20% 左右。如果是婴幼儿，必需氨基酸还应加上精氨酸和组氨酸。与此同时，自然界还有 150 多种不参与构成蛋白质的氨基酸，其中有一些也是人体的重要代谢物前体或中间产物。

视频资源：蛋白质的摄入与消耗

与其说食物为我们提供蛋白质，不如说是为我们提供氨基酸。当食物进入体内后，其中的蛋白质会被降解为单个氨基酸，这些氨基酸在遗传密码的指导下会被重新、有序地排列连接在一起，组成人体所需要的有活性的蛋白质，而多余的氨基酸则分解为含氮废物排出体外，并释放能量。蛋白质与多糖、核酸等生物大分子一样，是地球上生物体中的必要成分，参与了细胞生命活动的每一个进程，如代谢、细胞信号传导、免疫反应、细胞黏附和细胞周期调控等。

（3）脂类和蛋白质的食源

畜禽肉类食品的蛋白质无论从质还是量（10%~20%）而言，都属于人体的优质蛋白质。一般瘦猪肉的蛋白质含量为10%~17%，肥猪肉则只有2.2%；瘦牛肉为20%左右，肥牛肉为15.1%；瘦羊肉17.3%，肥羊肉9.3%；兔肉21.2%；鸡肉23.3%；鸭肉16.5%；鹅肉10.8%。优质的蛋白质食源还包括鸡蛋、藜麦、鱼虾海产、坚果、大豆、扁豆、豌豆等菜豆类。

畜禽肉类食品也是动物性脂肪的主要来源，常见肉类的脂肪含量平均值为：猪肉20%~35%，牛肉10%~20%，绵羊肉10%~20%。畜类脂肪中饱和脂肪酸含量高于禽类脂肪，如猪油含42%，牛油53%，羊油57%，而鸡油只含26%，鸭油含29%。畜禽肉类食品还可提供少量碳水化合物、无机盐和维生素。

视频资源：
蛋白质的质量

动物肝脏中维生素 B_{12} 和维生素A含量丰富，也能提供蛋白质。猪、羊、牛的肝脏，蛋白质含量约为21%；鸡、鸭、鹅的肝，蛋白质含量为16%~18%。

鱼类等水产品在蛋白质的营养价值方面可与畜禽肉类媲美，脂肪含量在70%~80%，且为多不饱和脂肪酸，胆固醇含量也较低，所以远比畜禽肉类更优；铁、钙等无机盐和微量元素含量比畜禽肉类高几倍甚至十几倍，碘、维生素 B_2 和烟酸含量尤其丰富。鱼肝富含维生素A和维生素D。海产植物如海带、紫菜等含有10%~30%的蛋白质，也含较多的钙、铁、碘和维生素。

鸡、鸭、鹅蛋的化学组成基本相似。鲜蛋含蛋白质为13%~15%，含维生素A、维生素D和维生素 B_2 较多，营养价值最高。牛奶含蛋白质和钙较多，也是维生素A、维生素 B_2 的良好来源，但含铁少。豆制品、坚果和谷物也能提供部分人体所需蛋白质，只是与肉类蛋白质相比，植物类食物所提供的蛋白质有时不能涵盖全部8种人体必需氨基酸，或者是含量不足以满足人体所需，所以应与肉类蛋白质搭配食用。另外，坚果中通常含有较高的坚果脂肪（不饱和脂肪酸），富含维生素E和锌、铁、钙、镁等微量元素。

4. 瓜果蔬菜与膳食纤维、维生素、矿物质

膳食纤维是指不能被人体消化分解的非淀粉多糖类及木质素等，可分为水溶性膳食纤维和水不溶性膳食纤维两大类。水溶性膳食纤维具有延缓胃排空、防止血糖急剧上升、降低血胆固醇的功能。非水溶性膳食纤维具有增加粪便体积、促进肠道蠕动、预防便秘和痔疮、预防憩室炎及大肠癌的功能。但过多摄取膳食纤维也会干扰人体对钙、镁、锌等矿物质及微量营养素的吸收，一般建议量为每日摄取20~30克。膳食纤维的主要来源有粗粮、豆类、青菜、地瓜、水果、食用菌等。

维生素是一系列有机化合物的统称，是生物体所需要的微量营养成分，一般无法由生物体自己生产，需要通过饮食等手段获得。人体一共需要13种维生素，其中

包括4种脂溶性维生素（维生素A，维生素D，维生素E，维生素K）和9种水溶性维生素（8种维生素B和维生素C）。维生素主要起到协调新陈代谢的作用，无论是缺乏维生素还是过量摄取，都有可能导致严重的健康问题。维生素的主要食物来源参见表8-6。

表8-6 维生素的主要食物来源

名称	来源
视黄醇类（维生素A）	鱼肝油、动物肝脏、麦麸、深绿和黄红颜色的蔬菜（红凤菜、胡萝卜、地瓜叶、菠菜、秋葵、苋菜、韭菜）、水果（哈密瓜、水蜜桃、杧果、杏）
硫胺（维生素B_1）	肉类、酵母、肝脏、大豆、糙米、胚芽米、米糠、芝麻、腰果、燕麦
核黄素（维生素B_2）	酵母菌、蔬菜、蛋类、牡蛎、牛奶、乳酪
烟酸（维生素B_3）	谷物、肝脏、米糠、蛋、牛奶、乳酪
泛酸（维生素B_5）	酵母、谷物、肝脏、蔬菜
吡哆醇类（维生素B_6）	酵母、牛肉、胚芽、蛋类、乳制品
生物素（维生素B_7）	酵母菌、肝脏、全麦面包
叶酸（维生素B_9）	蔬菜、坚果类、豆类
钴胺素（维生素B_{12}）	肝脏、鱼类、肉类、蛋类
胆碱	肝脏、蛋黄、乳制品、大豆
肌醇	心脏、肉类
抗坏血酸（维生素C）	新鲜叶菜类蔬菜（特别是蔬菜代谢旺盛部分，如嫩叶、幼芽和花部）、水果（柑橘、山楂、鲜枣、猕猴桃）
钙化醇（维生素D）	鱼肝油、蛋黄、乳制品、酵母菌
生育酚（维生素E）	胚芽、蛋黄、植物油、坚果类、鱼类
萘醌类（维生素K）	菠菜、苜蓿、白菜、肝脏

矿物质，又称无机盐，是除碳、氢、氮和氧之外的生物体必需的化学元素，也是构成人体组织、维持正常的生理功能和生化代谢等生命活动的主要元素，约占人体体重的4.4%。它们可以是巨量矿物质（需求相对比较大）或微量矿物质（需求较小）。人体摄入的钙主要来源于奶类制品、绿叶类蔬菜，镁来源于坚果、大豆、可可，钠来源于食用盐、牛奶、菠菜，钾来源于豆类、五谷、香蕉，氯来源于食用盐，硫来源于肉类、蛋、豆类，铁来源于红肉、叶菜类蔬菜。

总体而言，果蔬是人体类胡萝卜素、维生素C和钙、铁、钾、钠等元素的重要来源，果蔬中所含的膳食纤维、有机酸、芳香物质等也有益于增进食欲，促进消化。某些蔬菜习惯上废弃的部分，如萝卜缨、芹菜叶中分别含有较多的钙、类胡萝卜素、维生素 B_1、维生素 B_2 和维生素 C 等，可加以食用。

对维生素和矿物质影响最大的因素是温度、水分和氧气。如果要尽可能多地保存食物中的维生素，应尽量食用新鲜的、未经加工的食物。从农田到餐桌的时间越长，维生素的损失就越多，即便是采用冷藏避光储存，也只不过是有限地减慢损失而已。密封和冷冻存储相对会好一些。不过最主要的还是烹饪加工过程的损失，叶菜一般在烹饪过程中会损失 20%~70% 的营养素。所以，如果从维生素的角度看，烹饪时尽量现吃现切而不是过早切配，避免煎炸及加热过度，蒸煮的效果会好于煎炸，蒸煮食物时尽可能缩短时间，炖煮后的水可以留下来做汤。这些方法，都可以增加食物中维生素的稳定性或者增加我们从食物中摄入维生素的量。

5. 饮料与水

水是人体的重要组成部分，是新陈代谢的必要媒介、反应剂，还是身体的润滑剂和温度调节剂。人对水的需求量主要受年龄、环境温度、身体活动等因素的影响。健康成年人每日摄水量中约有 80% 来自日常饮用水，20% 来自食物。饮水不足或过量都会对人体健康带来危害。

喝水建议喝温白开水，不会刺激胃肠道的蠕动，不易造成血管收缩，可直接被人体吸收利用。目前市场中出售的饮料品种繁多，但无论是碳酸饮料、果汁、乳酸饮料还是运动饮料，都不能替代水。市售饮料、果汁大多含有大量的糖分（3%~11%），摄入后不仅会减慢胃肠道吸收水分的速度，同时会引起全日碳水化合物摄入量超标，如果长期大量饮用可能会引起脂肪堆积。世界卫生组织（World Health Organization，WHO）建议每日以餐桌糖、糖果形式摄入的能量应不超过总能量的 10%。各种碳酸饮料和果汁饮料中常采用柠檬酸作调味剂，代谢过程中会加速钙的排泄，长期如此可能导致缺钙。另外，骤然摄入大量有机酸会引起身体 pH 不平衡，引起的酸血症会使人疲乏、困倦。

扩展阅读

安全、营养、健康是现代饮食文化当之无愧的核心。随着生活水平提高，人们的就餐选择日益丰富，不仅肉蛋奶瓜果蔬菜海鲜河鲜等四季常有，各色风味餐厅也是鳞次栉比，各大超市中还不乏各种零食或冷冻半成品任人选择。人们的菜篮子丰富了，餐桌丰盛了，是不是就不用再为吃什么、怎么吃犯愁了呢？答案诚然是否定的。由人们饮食行为改变引发的社会争论从未停止。

1. 以中青年和青少年为主的外食族群体增加

这些年轻人或因工作忙碌，或因不善烹饪，或因远离家人，或受周围人群影响，或受广告、折扣、明星代言等诱惑，长期外出就餐。除此之外，还有许多家庭虽不至于常年外食，但外出就餐次数也在急剧增加。尤其逢年过节，餐饮市场都分外热闹。外食族的蔚然成风，一方面带动了饮食消费，有利于餐饮市场的发展繁荣；但另一方面，却也带来家庭归属感缺失的社会隐忧。在中国的传统观念中，餐桌应是团圆的象征，人们一边品尝家的味道，一边闲话家常，联络感情，其乐融融。避开外出就餐的卫生安全隐患和营养均衡问题不谈，单就归属感和幸福感而言，外食一族都较经常在家做饭、吃饭的人群偏低。

2. 以青少年和婴幼儿为主的营养过剩群体增加

据美国耶鲁大学的调查，当前虽然仍有部分发展中国家存在非常严重的食物匮乏问题，但是营养过剩才是全球性的问题。当代中国家庭，由于无知和溺爱，许多孩子的饮食结构极不合理，日常饮食中的肉类、外食、快餐、零食比重剧增，再加上缺少运动，从而导致营养过剩和儿童肥胖。根据国际权威杂志《自然》《科学》上的研究报道，以前常见于成人的成年始发性糖尿病，现已亟待废弃此称呼而专称Ⅱ型糖尿病，因为越来越多的小孩在八九岁即患上这种由于不良生活习惯引发的糖尿病，而他们当中的大多数会在20岁左右接受冠状动脉搭桥手术，有些人甚至会在30岁左右失明。

3. 以中老年为主的关注饮食保健的群体增加

现代社会，面对丰富的饮食选择和不同饮食文化的冲击，中国传统膳食结构已受到严峻挑战，不断西化的膳食结构正改变中国人的疾病谱。比如，虽然脂肪摄入总量相差不多，但脂肪的种类却有很大的差异，人们越来越少从植物中摄取不饱和脂肪，而更多的是从肉类食物中获得饱和脂肪。再例如，由于过度精加工，导致原料中的纤维素和微量元素在加工过程中流失。能够及时认识到现代饮食结构的改变，关注饮食保健，是需要肯定和鼓励的。同时，也应及时开展科学引导和教育，避免大众盲目跟风，或者矫枉过正。

人体维持正常代谢所必需的营养素包括：碳水化合物、脂肪、蛋白质、膳食纤维、维生素、矿物质和水。每种营养素的生理功能不同，推荐摄取量也不同，且互相不可替代，缺一不可。谷物、畜禽肉、鱼虾海产、瓜果蔬菜、奶制品、蛋类、坚果、油类等食源，每种食源都可提供多种营养素，但每种营养素的含量不尽相同，而且没有任何一种食源是可以提供全部的、充足的营养素，所以选择膳食时应该注意食源的多样性，不可偏食或挑食。

第三节　餐饮智慧化与标准化

餐饮行业作为满足居民基本生活需求的基础之一,一直是国内消费市场的重要力量，在扩大内需、促进消费、稳定增长和惠及民生上做出了突出贡献。随着时代发展，尤其是互联网、大数据、人工智能技术的发展与应用，餐饮行业中制度创新、管理创新、技术创新、商业模式创新层出不穷，业态日趋多元化和大众化，并在依靠持续的数据积累向形态更高级、分工更精细、机构更合理的智慧阶段全速演进。

一、智慧餐饮的概念

1. 智慧餐饮的发展

经过几年发展，智慧餐饮已通过互联网、移动互联网与餐饮信息化管理的方式，为餐饮商家提供营销、运营、管理等工具和服务，提高了企业经营效率，优化了用户体验。智慧餐饮概念的提出是基于 2008 年的“智慧地球”理念和“智慧城市”理念，其核心是将新一代的信息技术与人工智能相结合，优化整合社会资源，智能响应各类需求，创造更利于人全面发展的社会空间。随着《中国制造 2025》国家战略的推进，“智慧厨房”“智能餐厅”等概念随之兴起。在《商务部关于推动餐饮业转型发展的指导意见》中也将“运用信息化技术推动创新发展”放在重点任务的首位，预示着智慧化技术与餐饮业创新发展将结伴而行。2020 年 9 月，国务院办公厅印发的《关于新业务新模式引领新型消费加快发展的意见》中指出，创新无接触式消费模式，探索发展智慧超市、智慧餐厅等零售业态；发展个性化定制、柔性化生产，加快传统业态数字化改造和转型升级。

智慧餐饮的发展经历了三个阶段：一是数字化阶段，通过计算机系统将经营服务信息转化为数据，供餐饮企业进行业务分析。二是网络化阶段，餐饮企业通过互联网和信息化战略，对服务环节、供应链和物流配送的信息化管理实现经营层面的实时管理、实时监控。三是智慧化阶段，以新一代信息技术为基础，实现餐饮业生产服务、内部管控、市场营销等环节智能化的信息互动、数据分析处理，实现餐饮企业精益管理、精准营销、智能决策，促进产业升级、服务创新、管理创新和业态创新。

“餐饮 + 互联网”新模式发展以及数字化营销能力、运营管理数字化、消费场景智慧化等词条，已清晰为餐饮产业发展和产业升级指出了努力方向。随着智慧商厨相关技术与软硬件的不断迭代升级，商用厨房中实现所有设备联网的智能一体化管理通路已基本联通，全在线、全连接、全协同的数字化运营体系无疑将是未来餐饮企业核心竞争力之一。

2. 智慧餐饮的内涵

智慧餐饮概念的提出和新技术的引入，在两个维度上对餐饮业发展带来了变革。一是思想维度的变革，餐饮业的市场行为、企业行为、消费行为均被量化为信息代码或数字符号。餐饮业是一个非常容易产生数据的行业，如行业数据、门店数据或用户消费行为数据等不同维度，这些数据小到服务于餐厅的精细化运营，大到反映全国餐饮状况，进行消费趋势预测。以数字化的形式解构生产管理活动的流程与行为，挖掘数据价值，“用数据说话，用数据决策，用数据管理，用数据创新”，使餐饮经营管理活动过程中的科学化管理占比增强，正是新时代管理机制的核心。二是技术维度的变革，物联网应用由离散的、示范性应用逐步走向多层次、规模化、结构化应用，深度融入人们生活及工业生产制造的各个环节。新一代信息技术在供应链、生产、管理、服务、营销等环节广泛应用，企业运营的全过程可以实施智慧化运行、信息高度共享和最大限度实现高效化生产、精细化管理、敏捷化应变、个性化服务，使餐饮企业的经济效益和竞争能力得到提升。智慧餐饮的技术架构一般由硬件资源层、智慧餐饮云平台、融合应用层、终端层等四个功能层组成。

二、智慧餐饮的应用场景①

在智慧餐饮全产业链模式下，食材采购、运输、保藏、加工、烹饪、销售和餐厨处理各阶段均可实现智能化和机器一体化，农产品种植养殖为源头，仓储体系、人员管控为基础，智能机器设备、中央厨房加工体系、物流配送为依托，餐厅智能餐台、环境消毒管控、餐食外送、用餐预定、菜点营养、文化品牌模式化为输出。

1. 餐厅运营管理

数字餐厅（食堂）安全营运监管平台是以人工智能和大数据分析为技术核心，为餐厅工作人员和运营管理人员提供实时数据监测与监控，为管理者的决策提供准确的数据支撑，帮助优化餐厅运营，实现安全经营与盈利。数字餐厅安全营运监管平台可以分为数据采集端、运维保障系统、综合监管系统平台端和综合监管系统移动端。

① 摘自《2022 冬奥村（冬残奥村）智慧餐饮运营管理模式构建的建议报告》。

平台监测涵盖工作区和就餐区等各区域的实时视频监控，环境温度、可燃气体、锅炉状态等动力环境数据，以及空调、冰箱等硬件设施设备的实时监测与预警部分。据此，管理者可以对不同时间段、不同区域、不同场景进行统计与分析。如上班前准备场景，在主要出入口对工作人员进行人脸识别、体温检测、着装检测以及健康证检查，自动考勤。工作中场景，工作人员进出未洗手识别警告，工作人员聚集聊天、非正常离岗、吸烟、刀具违规使用等异常行为识别警告等。下班前准备场景，如后厨操作台、灶台的清洁程度、使用工具归位情况和垃圾桶归位分析、餐桌清洁度分析、桌椅整齐度分析、地面清洁度分析等。下班后场景，在餐厅重点位置启动周界防范监测，若触发非法闯入情况则向管理员发出告警提醒。就餐场景，对人员进行体温监测和就餐人流的统计与分析。

从突发事件应急管理视角看，学习窗口排队以及就餐座位繁忙程度等业务状态大数据，借助计算机模拟技术可以建立“预测—应对”和“情景—应对”高融合的应急管理模式，构建兼顾日常管理、常规突发事件应急管理与非常规突发事件应急管理为内容的客流调控体系和预案库，在安全管理和应急管理方面都具有相当应用价值。

出入库管理系统可以通过入库信息上传，实现对后续食材运作痕迹跟踪和追溯的直观呈现。比如，食材从冷库取出后多久进入加工环节，如果长时间没有加工，将有信号向厨师或者专业人员进行食品安全预警。此外，出入库管理系统在食材盘点方面的优势明显，能够有效减少人工操作和管理的失误。通过对销售、损耗、库存和采购数据的分析，有利于实现科学备餐和量化采购，向精细化管理目标靠近。

2. 餐饮消费过程

近年来，线上线下一体化模式的餐饮消费模式获得了普遍应用，各类智能终端的使用贯穿餐饮消费全过程。包括线上通过移动服务端的订餐平台和外卖配送服务，线下通过布局智慧餐厅自助服务系统，将前厅点菜与后厨出品联通，或者借助物联网设备 RFID 智慧餐具以及结算餐台，可以实现自助取餐和自助结算。这使得管理者、生产者、消费者可以分别实现实时监管、智能服务和智能消费，提升服务品质保障，尤其是用餐者在餐饮消费过程中的便捷化和个性化需求将得到有效响应，餐厅各个环节的服务效率得到提升。

除了在点餐、下单和结账几个消费端口实现自助服务外，在炒菜“机器人”的加持下，从原材料到成品的自动化和标准化生产也得以实现。2022 年北京冬奥会主媒体中心的智慧餐厅从厨师到服务生均为机器人，国内外媒体记者只需在餐桌上扫码点单，菜肴就会由机器人制作并通过空中云轨送到点餐餐桌上空，再随着下放的缆绳降落。智慧餐厅一经投入就成为冬奥记者的网红打卡地。这里的“机器人”可以细分为炒锅、煲仔饭机、小吃炸品机、汉堡机、饺子馄饨机、冰激凌机、咖啡机和调酒机，都是新时代智能烹饪设备的代表，它们通过将传统烹饪加工过程科学转化为精确到克重的原料配伍，通过准确控制烹调温度、加工时间和翻炒频率等工艺要点，有效避免因为厨师不同、技艺差别等因素造成的菜品品质不稳定和口味差异大等问题，实现了餐饮服务全流程的自动化、标准化、高效化、可视化和全天化。不仅如此，家庭端的智能烹调设备也已投入市场，这使不少家庭得以回归并重享家庭烹饪乐趣，践行健康饮食。

餐厅取餐称重计量系统和膳食营养分析系统实时联动，可以为就餐者提供每餐的营养摄入信息，甚至是提供营养摄入风险提示。目前已实现由智慧餐饮平台管理系统、RFID 芯片智能托盘、嵌入在托盘滑轨上的智能读取模块、布菲芯下方的智能秤体以及安卓系统显示终端组成的取餐营养分析系统。当就餐者将智能托盘放到托盘滑轨上取餐时，滑轨下方的智能读取模块会识别餐盘标识，智能秤会感应菜品减少的克重，由交互软件自动到管理平台寻找该菜品对应的营养成分，计算并由显示终端呈现，当就餐者移动托盘到下一个菜品位置取餐时，智能读取模块会识别该餐盘标识，并将所取该菜品的克重对应的营养值累计显示到终端。如平台为每个就餐者设定唯一标识，则就餐者可以通过手机查询每日就餐记录及膳食营养分析报告，均衡营养摄入，并在一定程度上可以减少食物浪费。

数字餐厅安全营运监管平台搭配展示监管大屏系统，可以将后厨运行情况展示在餐厅大屏中，方便就餐人员了解和监督；也可以将餐厅的就餐情况、环境信息展示在餐厅大屏中，方便就餐人员便捷获悉餐厅就餐状态，减少高峰时段餐厅排队时间长、空间拥挤、运行效率与人员需求不匹配的情况。在 2020 年东京夏季奥运会（残奥会）和 2022 年北京冬季奥运会（残奥会）期间，奥运村（残奥村）的运动员主餐厅都采用了就餐人员实时统计和呈现技术，帮助运动员在新冠感染疫情防控需要和训练、比赛日程安排下，获得最安全和最舒适的就餐体验，并展现最佳的竞技状态。

3. 食品安全监管可追溯

构建安全方便、透明高效的餐饮原材料生产、流通、加工信息链，是公众对餐饮业日益增长的安全健康诉求。食品安全溯源体系，是指在食品产供销的各个环节（包括种植养殖、生产、流通以及销售与餐饮服务等）中，食品质量安全及其相关信息能够被顺向追踪（生产源头—消费终端）或者逆向回溯（消费终端—生产源头），从而使食品的整个生产经营活动始终处于有效监控之中。

智慧餐饮原材料追溯管理方案，利用物联网、RFID 射频识别、云平台等技术，可以对原材料的出库、入库及库存进行管理，做到过期食材提醒与库存下限报警，并与计划申请、供应商管理对接，使各项数据融合共享以便食品安全追溯。现在很多区块链应用都利用了“防篡改”和“可追溯”这两个特性，在物品溯源等方面得到大量应用。区块链是一种按照时间顺序将数据区块以顺序相连的方式组合成的一种链式数据结构，并以密码学方式保证的不可篡改和不可伪造的分布式账本。“可追溯”是指区块链上发生的任意一笔交易都有完整记录，使用者可以针对某一状态在区块链上追查与其相关的全部历史操作。“防篡改”特性保证了写入区块链上的交易很难被篡改，这为“可追溯”特性提供了保证。

应用区块链技术可以打造去中心化的区块链智能溯源平台，由企业端、合作伙伴端、管理后台、App 端及消费者扫码端等模块组成。消费者扫码端除了向使用者展示区块链验真、产品基本信息、生产过程、物流过程、检验检疫及企业资质外，还可以展示召回信息，同时也成为企业集成产品宣传、再次购买、意见反馈、信息分享的工具，并具有大数据分析、源信息分析、扫码数据分析、溯源界面互动、防窜货、消费者反馈与处理等多类数据分析与营销功能，让溯源营销更加精准。

三、标准化菜品新赛道——预制菜

1. 预制菜的概念

预制菜从字面意思理解是指预先做好的半成品或成品食物，消费者购入后只需加热或简单烹饪即可食用。目前市场上的预制菜可细分为四类产品：即食食品、即烹食品、即热食品和即配食品。即食食品，是消费者购入后开封即可食用，如牛肉干、即食凤爪、八宝粥和罐头食品等。即烹食品，是食材已经过一定加工，按份分装的熟料，消费者购入后入锅即可恢复原味，搭配的调料可按需加入，是近年来预制菜研究和开发的重点。即热食品，是消费者购入后需加热后才可食用，如速冻类产品、方便面和自加热类产品等。即配食品，是经过筛选、清洗、分切后按份封装的净菜、肉类等，需要自行烹饪和调味。

2. 预制菜的发展

就全球市场而言，预制菜诞生于 1920 年，起因是世界上第一台快速冷冻机的诞生，催生了速冻加工食品，如汉堡、比萨、炸鸡、薯条等预制菜，并快速实现了标准化。20 世纪 60 年代，美国的预制菜产品开始商业化，SYSCO 为龙头企业解决和完善了食材配送供应链和跨区域冷链仓储问题，以生产净菜的大型食材供应链公司 Cisco 为代表，提升了预制菜在消费者中的接受度。80 年代后，预制菜开始在部分欧洲国家兴起并逐渐成熟。受到1964年东京奥运会和世博会采购预制菜的推动，冷链技术发展和便利店文化兴起，以及日本老龄化和少子化等因素影响，日本预制菜的整体需求量持续增加，市场渗透率已超60%。

20世纪90年代，为配合进驻中国市场的肯德基、麦当劳，中国餐饮市场也出现了净菜加工配送工厂，预制菜行业进入萌芽期。2000年前后陆续成立了生产半成品菜的预制菜企业，但受限于速冻技术和冷链物流成本等因素，市场渗透缓慢。2014年，在外卖行业兴起和餐饮企业连锁经营标准化的双重推动下，预制菜在B端（即企业或商家）加速渗透，餐饮店供应商和自建的中央厨房将一部分菜品做好后供应到餐厅后厨，使原本费时费力的菜肴制作变得简洁和标准化，并极大减少了厨余垃圾。2014年，快餐料理包在市场上异军突起，出现红烧汁、鱼香汁等复合味型的料汁。2013~2021年，预制菜领域共有71起融资事件，融资总金额超过十亿元，涉及的项目达到42个，随着资本进入预制菜赛道，我国预制菜发展也进入快速发展期。自2021年苏州市味知香食品股份有限公司成为A股上市的第一家预制菜后，目前A股上市企业中有19家企业推出了预制菜相关业务。2020年开始的疫情也成为我国预制菜发展的催化剂，许多餐饮商家都推出了预制菜年夜饭，以慰就地过年的思乡胃。2022年五一假期期间，京东超市预制菜成交金额同比增长250%，618活动中预制菜成交额同比增长203%。

预制菜市场的蓬勃发展是对餐饮市场中新型消费习惯与诉求的最好应答。首先，餐饮企业经营面临日益增长的用工需要与务工人员紧缺或能力无法匹配的矛盾，房租水电等能源成本上涨，食材原材料采购和保存成本增加，食材洗切和厨余垃圾处理工序复杂、费时费力、成本较高，菜品口味稳定性因人而异、难以保证。餐饮企业单打独斗的全包式经营方式需要革新，部分岗位的职责需要重新评估。在发展低碳绿色餐饮，相应减少餐厨垃圾号召中，预制菜更是餐饮企业和食堂运营的首选。目前预制菜行业主要参与者有五类，上游农牧水产企业、专业预制菜企业、传统速冻食品企业、餐饮企业和零售企业。

餐饮市场C端（即消费者、个人用户）则需要解决“没时间做”的难题和“想吃不会做”“做不好”“不爱做”的难题，这是现代人迫于生活高效性需要和生存技能、生活方式较之以前发生改变后的一种必然。目前我国预制菜C端消费者仅占国内预制菜市场的20%，与日本、美国这些预制菜比较发达国家C端市场消费占比40%相比，我国预制菜C端市场提升空间仍然非常大。

3. 预制菜的前景

预制菜是标准化、工业化的流水线产品，是市场需求和技术创新后的必然产物，随着人口老龄化、家庭小型化和单身族群等社会结构的变化，预制菜市场受众将会不断扩大，可以说千家万户是预制菜发展的重要空间。但在行业高速发展的同时仍有许多壁垒需要攻克，例如，目前预制菜的行业标准和国家标准仍有待完善，中央厨房和供应链集采、冷链配送、仓储配套等布局选择仍需多样化，市场产品同质化严重，产品模式、种类、适配场景仍需拓展创新，口味还原度、食材保鲜、赏味周期和操作便捷性仍与预期有差距，中餐产品丰富性与其标准化、工业化研发难度成正比。在标准化工艺流程的基础上，预制菜的焦点终将落在依靠科技创新提升菜品营养健康水平和口味还原上，如减油不减香、减盐不减咸、减糖不减甜。在瞄准国内市场的同时，预制菜的发展还需着眼中餐国际化需要，助力中餐在海外市场的传播。

第四节　无障碍餐饮服务理念

一、积极老龄化

1. 人口老龄化现状

随着人口老龄化、高龄化和家庭小型化趋势越来越明显，养老压力逐渐成为全球性社会热点问题，各国从技术更新、管理方式转变和服务内容完善等多角度提出了诸多缓解养老压力的建议。人口老龄化一般是指随着人口生育率降低与人均寿命延长而使儿童人口比例下降，65 岁及以上老年人口比例上升的动态过程。根据联合国对老龄社会的最新定义，当一个国家或地区的 65 岁以上人口比例在总人口的占比中达到 7 个百分点时，就标志着这个国家或地区进入了老龄化社会。根据世界银行 2022 年 4 月数据显示，全世界 65 岁及以上人口为 7.95 亿人，占全世界总人口的 10%，预测将在 2040 年翻番至 20%，世界人口结构正在发生显著的老龄化转型。

我国第七次人口普查的主要统计资料指出，我国人口老龄化的主要特征。①老年人的数量大。全国各省半数以上省份的 65 周岁及以上老年人均数量在五百万以上。在这些省份中，有六个省份 65 周岁及 65 周岁以上老年人的数量已经达到一千万。②人口老龄化程度显著提高。与 2010 年相比，60 周岁以上老人增长了 5.44%，65 周岁以上老人在总人口中的占比提升了 4.63%。中国 80 周岁以上高龄老人正以年均 5.4% 的速度增长，这超过了整个老龄化人口的增长速度。90 周岁以上老人的增长速率更高达 7.1%。③城乡人口老龄化程度存在明显的差距，老龄化的区域分布不平衡。中国城镇人口老化的时间要比农村提前，在人口稠密、经济发展水平较高的东部地区，老龄人口的占比在总人口占比比中西部大得多。农村人口老龄化程度显著高于城市人口。④老年人文化素质水平不断提高。在 60 岁及以上人群中，高中学历及以上学历者占 13.9%。⑤低龄老年人口比例在老年人口占比中超过半数。⑥经济发展水平和老龄化社会到来时间不同步，与老龄化社会的到来相比，我国的经济发展水平相对滞后。

现阶段，中国高龄化和空巢化老年养老问题突出，很多家庭的高龄老人仍然肩负照顾孙辈甚至是子女的重任。就某种程度而言，中国家庭对社会高龄化发展趋势的忧患意识不强，对高龄老人的生活质量问题关注度不够或改善能力不强。通过本章学习和建立无障碍理念和服务意识，将有利于从社会、政府、家庭和市场等多角度营造积极老龄化的大环境，提升老年人和其他需要关注人群的生活质量。根据世界卫生组织的说法，积极老龄化是通过为老年人创造机会，让他们在健康的社会中参与并保持安全，从而改善老年人的生活质量的过程。

2. 无障碍环境的受益者

人们往往容易将无障碍环境与残疾人需求画等号，随着社会发展和认知提升，平等权利、共享理念进一步深入人心，无障碍作为一项技术标准和服务规范，发展成为基本的公共价值，渗透到了政治、经济、社会、文化等各个领域，成为现代社会开放、公平与文明的重要象征。无障碍设施和理念也由针对残疾人的传统认知，扩展到每个有无障碍需求的社会成员范围，这包括但不限于因残疾、年老、年幼、生育、疾病、意外伤害、负重等原因，致使身体功能永久或者短暂地丧失或者缺乏，面临行动、感知或者表达障碍的人员及其同行的陪护人员。

在慈善模式和医学模式中，残疾是个人生理的缺陷和损伤，人的能力减损或丧失是残疾问题的根源。但如果将残疾问题完全归于个人问题，那环境因素对个人能力的影响将不被考虑。因此 20 世纪 80 年代，著名社会学家欧文·左拉（Irving Zola）提出了普同模式（Universal Model），强调障碍体验（Disability Experience）并不属于少数人，相反每个人都会遭遇。根据生活常识可知，人在幼年和老年时期在家庭和社会中会遭遇许多障碍，即使在壮年期，生病、受伤或者怀孕等自身生理状况改变也会迫使行动受限。障碍还会存在于许多场景和时刻，如人在一个陌生环境中导致自主行为能力不足，或者负重行动、推婴儿车或行李箱行动等因素，导致参与社会生活的不便和障碍，也需要给予特别关注。因此，终其一生保持“健全”状态的人根本不存在，障碍体验将是所有人的体验，只存在多和少、早和晚的差别。世界卫生组织也指出这种普遍存在的残疾状态在人的一生中有 8 年左右时间。

改变对残疾和无障碍的传统认识，明确有无障碍需求的社会成员范围，实际是在扩大无障碍环境的受益群体，提升对障碍体验普遍性和共通性的关注，并基于此来理解和处理障碍。“残疾”是人体功能、社会环境和社会态度综合因素导致的结果，人体功能的残疾不一定导致障碍，外界障碍才是阻碍人们参与社会生活的原因。因而推荐以现有的障碍来衡量人面临的困难，而不是对人的损伤分门别类，这样也可以避免给残疾人贴标签。

二、无障碍环境建设发展

1. 无障碍概念的提出与发展

无障碍的概念起源于西方，随着国际残疾人运动的发展而逐渐变得清晰并受到关注和重视，无障碍的内涵随着实践的过程而不断丰富。

1959 年欧洲议会通过了《方便残疾人使用的公共建设的设计与建设的决议》。1961 年美国率先颁布了 ANSI117.1《便于肢体残疾人进入和使用的建筑设施的美国标准》，这也是世界上第一部关于无障碍的标准。1974 年召开的联合国残疾人生活环境专家会议正式提出了“无障碍设计”（Barrier-free Design）的概念。自此“无障碍”（Barrier-free）一词在国际社会被广泛使用。1990 年美国国会通过的《美国残疾人法案》规定就业、交通、公共设施、政府服务和电信等各方面对于残疾人必须是“可进入的”“可使用的”（Accessible），由此提出了无障碍概念新的术语表达，即 Accessibility（中文也译作“可及性”“可使用性”），深刻影响了随后关于无障碍的认识。

2006 年 12 月第 61 届联合国大会通过的《残疾人权利公约》，明确了“通用设计”（Universal Design）的定义，将无障碍确立为残疾人权利的基本原则。《公约》第九条阐明了无障碍的意义、适用范围以及应当采取的措施：“为了使残疾人能够独立生活和充分参与社会，缔约国应该采取措施，确保残疾人在与其他人平等的基础上，无障碍地进出物质环境，使用交通工具，利用信息和通信，包括信息和通信技术和系统，以及享有城市和农村地区向公众开放或者提供的其他设施和服务。”这里强调，实现无障碍的重要目标是促进残疾人独立生活和充分参与，衡量无障碍的价值和标准是保障残疾人平等权利和平等机会。《公约》在总结实践经验的基础上，提出了“通用设计”和“合理便利”概念，在各类人群最大不同需求和残疾人特殊需求之间取得平衡，并找到合乎公平原则和市场法则的解决方法。

2014 年，国际标准化组织修订了《在标准中界定无障碍的指南》（第二版），正式将“无障碍”（Accessibility）定义为：指产品、服务、环境和设施能在多大程度上被最大范围的不同特征和能力的人群使用，以在特定使用环境中实现特定目标。可以通俗地解释为无障碍设计强调在科学技术高度发展的现代社会，一切有关人类衣食住行的产品、公共空间环境以及各类建筑设施、设备在进行设计时，都应该充分考虑残障者以及老年人等正常活动能力衰退者的使用需求，配备能够应答、满足这些需求的服务功能与产品，营造一个充满爱与关怀、切实保障人类安全、方便、舒适的生活环境。换言之，无障碍指提供无论是虚拟还是实体的灵活的设施和环境，以满足每个用户的需求和偏好，这可以是容易接近、到达、进出、与之交互、理解或以其他方式使用的任何场所、空间、项目或服务，并特别强调所有人在平等的基础上。它既强调普通服务，又重视特别支持，印证了从包容的角度理解无障碍通常有益于每个人这一概念。

2019 年 7 月，第 74 届联合国大会将无障碍环境定义为“指提供无论是虚拟还是实体的灵活的设施和环境，以满足每个用户的需求和偏好。这可以是容易接近、到达、进出、与之交互、理解或者以其他方式使用的任何地方、空间、项目或服务”。强调了“每个人的无障碍”，并用“虚拟的环境”来概括信息化社会数字世界的基本特征。

至此，随着社会发展，平等权利、共享理念进一步深入人心，无障碍作为一项技术标准和服务规范，发展成为基本的公共价值，渗透到了政治、经济、社会、文化等各个领域，成为现代社会开放、公平与文明的重要象征。无障碍设施和理念也由针对残疾人的传统认知，扩展到每个有无障碍需求的社会成员范围。

2. 无障碍理念在中国的发展

中国最早提出无障碍设施建设是 1985 年 3 月，由中国残疾人福利基金会、北京市残疾人协会、北京市建筑设计院联合在北京召开了“残疾人与社会环境研究会”，发出了“为残疾人创造便利生活环境”的倡议。同年 4 月，在全国人大六届三次会议和全国政协六届三次会议上，部分人大代表、政协委员提出“在建筑设计规范和市政设计规范中考虑残疾人需要的特殊设置”的建议和提案。1986 年 7 月，建设部、民政部、中国残疾人福利基金会共同编制了我国第一部《方便残疾人使用的城市道路和建筑物设计规范》（JGJ 50—88）并于 1989 年颁布实施。2001 年修订为《城市道路和建筑物设计规范》（JGJ 50—2001）。

2012 年国务院颁布的《无障碍环境建设条例》，标志着我国无障碍建设步入法治化轨道。条例中将“无障碍环境建设”定义为“为便于残疾人等社会成员自主安全地通行道路、出入相关建筑物、搭乘公共交通工具、交流信息、获得社区服务进行的建设”，既参考了联合国对于无障碍的具有前瞻性的相关定义，又根据中国国情进行了落地实操。同年将《城市道路和建筑物设计规范》进一步修编为《无障碍设计规范》（GB 50763—2012），适用对象从残疾人扩展到所有有需求的人，建设场所从城市扩展到农村，无障碍类型也从单一的设施建设向公共服务、信息提供拓展。2022 年 4 月 1 日实施的《建筑与市政工程无障碍通用规范》成为强制性规范。各主要行业、系统也陆续出台了专门的无障碍规范。

2020 年 9 月，习近平总书记在湖南考察时指出：“无障碍设施建设问题，是一个国家和社会文明的标志，我们要高度重视。”无障碍环境既是保障残疾人、老年人、伤病人等社会群体平等参与社会生活的重要条件，也为全社会成员提供安全、便利和舒适的工作、生活、休闲便利化环境，体现人文关怀，促进所有人的融合共享。2023 年 6 月 28 日，第十四届全国人民代表大会常务委员会第三次会议通过《中华人民共和国无障碍环境建设法》。法规在立法理念、原则精神等方面与联合国《残疾人权利公约》等文献以及国际通行的无障碍理念高度一致，又充分吸收了我国近年来无障碍环境建设的最新理论成果、实践经验和有效做法，广泛覆盖了无障碍环境建设的各个方面，在很多方面填补了空白、丰富了内容、提高了标准。无障碍环境的服务对象可以统称为“有无障碍需求人群”，是在行动、生活、参与社会、获取信息等方面遇到障碍的人，这些障碍主要包括行动障碍、感知障碍、表达障碍。不但包括残疾人、老年人、伤病人、孕妇、儿童等由于自身身体原因和生理阶段致使身体功能永久或者短暂地丧失或者缺乏，造成生活不方便的人群，还包括其他特殊情况，如推婴儿车、负重等情境下面临障碍导致不便的人群，及其同行的陪护人员。

中国无障碍环境建设以“消除障碍、融合共享”为理念，以满足人民群众对美好生活的向往与追求为目标，成为改善民生、保障生活、提升品质的重要内容，成为推进国家治理体系和治理能力现代化的重要方面。中国无障碍环境建设正处于转型发展关键期。随着经济社会发展转向高质量发展阶段，无障碍环境建设将经历四个变化：一是从关注“有无”逐渐向关注品质提升；二是从以肢残人为主要对象的设计发展到通用设计；三是从从属的附加性建设到全方位一体化的建设；四是无障碍信息交流、无障碍服务与无障碍设施相结合，构建完整的无障碍环境。

3. 北京奥运遗产

北京 2022 年冬奥会和冬残奥会筹办期间，组委会陆续编辑发布《北京 2022 年冬奥会和冬残奥会无障碍指南》《无障碍指南技术指标图册》《北京 2022 年冬奥会和冬残奥会无障碍中国方案》，为兼顾两个奥运需求，落实节俭办赛要求，优化资源配置具有重要现实意义和引领示范作用。作为北京冬奥会和冬残奥会遗产之一，无障碍理念应该得到重视与持续推广应用。

北京 2022 年冬奥会和冬残奥会的无障碍建设遵循“公平、尊严、适用”的基本原则，以安全性为首要出发点，体现通用设计理念，完善无障碍细节要求，加强无障碍信息交流、无障碍服务。突出无障碍环境的系统性、连贯性，促进形成闭合的无障碍环境。随着无障碍环境内容的扩展，“系统连续”已不仅是指传统意义上的无障碍设施必须连点成线、形成完整闭环，而是扩展到设施、信息和服务的互联互通，只有三者融合发展，才能相互促进，发挥无障碍环境的整体效能。

通用设计的 7 大原则包括：①公平使用（Equitable Use）：尽可能相同的使用方法；避免将残疾人专用的无障碍设施与健全人使用的设施分别设置，避免带来隔离感和羞辱感；保证同等的私密性和安全性等。②使用的灵活性（Flexibility in Use）：具有个体差异（如左右手）的适应性，可根据个体情况进行选择的多种使用方法。③简单而直观的使用性（Simple and Intuitive Use）：简单易用；适应不同人群的知识背景和语言能力。④信息容易理解（Perceptible Information）：用图案、文字、形状、声音等多种形式表达重要信息。⑤容错能力（Tolerance for Error）：尽量避免使用中因误操作而发生危险的可能。对隐患和错误发出警告；提供自动预防故障装置。⑥尽可能减少体力上的付出（Low Physical Effort）：不同身体状况的使用者可以有效而舒适地使用；操作力度合理；减少重复性操作。⑦ 提供足够的使用空间（Size and Space for Approach and Use）：坐着或站着都无视线干扰；为辅具的使用和辅助人提供适当的空间。

4. 无障碍通行服务理念

中国自古就有扶弱、济困、助残的传统。《周礼》中有“慈幼、养老、赈穷、恤贫、宽疾、安富”的思想，《礼记》中有“鳏寡孤独废疾者皆有所养”的“大同”主张，孟子提出“仁爱”，墨子提出“兼爱”，这些都是我国古代残疾人观的宝贵思想财富。进入新时代，“平等、参与、共享”的理念已逐步融入社会主义核心价值观。改变社会观念，消除歧视，促进融合，努力实现所有人的平等、参与、共享，是全社会共同的责任，最终的受益者也是全社会。尊重、理解、关心、关爱和帮助残疾人及有无障碍需要的群体，是社会文明进步的重要标志。无障碍理念也据此明确了消除参与障碍、提高可行能力、追求事实平等、实现融合发展的方向。

服务不是单方面的行为，是双方相互影响、相互促进的过程，应在“平等、尊严、适用”基础上进行。服务时不能因为“残疾”而做出与健全人有区别的对待，或排斥、限制等行为。特别要避免以所谓的“合情”“合规”等理由，拒绝为有无障碍需求群体的正当需求提供合理便利。这里的“合理便利”是指根据有无障碍需求群体的具体需要，在不造成过度或不当负担的情况下，进行必要的和恰当的修改和调整，以确保其在与他人平等的基础上，享有或行使一切权利和基本自由。

服务的目的是解决实际问题，克服现实困难，让被服务者达到常态生活，而不是超越常态生活。因此如何提供服务、服务的方式和方法，要以服务对象为主，要特别注意避免过度服务。服务的程度应当与当时的环境、条件、实际需求相适应，以简单、便捷的方式，向有无障碍需求群体提供能够安全地与他人均等参与社会生活的必要条件和协助，才是恰当的。

三、餐饮服务中的无障碍理念

1. 观念无障碍

观念无障碍是每个人都怀着一颗理解、包容的心，真正地尊重、关心、帮助生活不便和有特殊情况人群；信息无障碍体现在盲文、大字出版物，无障碍网站和手机软件等；设施无障碍是建筑物的无障碍建设；服务无障碍是办事过程的服务措施。

餐饮服务过程中的无障碍服务只是众多无障碍环境建设的缩影，其受益群体是全体社会成员，具有重要的经济社会价值。理念是行动的先导，更新理念、提高认识、消除误区是推进无障碍环境建设和提供无障碍餐饮服务的前提条件。以下介绍了具体服务标准和案例。

2. 信息无障碍

餐厅内的信息无障碍体现在菜单和标识采用高对比色，推荐有盲文版、大号字体版、语音菜单等供视觉障碍者选用。服务人员也可主动介绍菜单（包括清单和价格），并首先介绍大类项目。餐厅内关键点位可采用电子设备提供语音提示或增加立体标识以确保来人从不同方向均可见，危险处应以黄黑相间等醒目标识进行提醒以防磕碰和摔倒。

3. 设施无障碍

无障碍设施是指为了保障残疾人、老年人、儿童及携带重物等其他行动不便者在居住、出行、工作、休闲娱乐和参与其他社会活动时，能够自主、安全、方便地通行和使用建设地物质环境。常见的无障碍设施主要包括地面无高差、无障碍坡道、无障碍卫生间、无障碍停车位、无障碍电梯、盲道等。

就餐饮服务中的自助餐服务而言，其设施无障碍标准应遵照但不限于以下内容：

（1）所有服务设施（柜台、服务台、收银台等）应设置低位服务设施，如果有手部免洗消毒液、餐具和托盘取用处、调味品台等也应兼顾低位服务。酒吧吧台的低位服务台长度应不小于 1.60 米。低位服务设施的上表面距地面高度应为 700~850 毫米，下部应符合最小膝位净空间的要求（见图 8-12），即乘轮椅者靠近使用的设施底部应留出不小于宽 750 毫米、高 650 毫米、深 450 毫米的容膝空间。低位服务设施前应有轮椅回转空间，回转直径不应小于 1.50m。低位服务设施前的轮椅回转空间、下部的容膝空间可利于乘轮椅者移动并接近与使用设施。

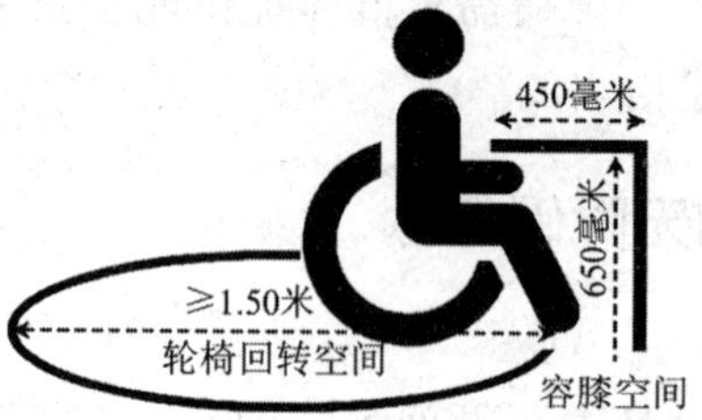

图 8-12　低位服务设施容膝空间示意

（2）固定座位（如卡座）一般不适合于有行动障碍的人和老年人使用，也对轮椅使用者造成障碍。应同时提供可选择的可移动座位，并根据乘轮椅者需要随时撤换座椅。无障碍的座位应分散设于餐厅的各个区域。当同时提供有扶手和无扶手的椅子时，有扶手椅子的比例不应小于 20%。

（3）餐厅内桌椅之间、桌椅与墙面之间应预留足够宽度，满足乘轮椅者、拄拐者、服务员及小推车通过所需净宽。餐桌间平行布置时，桌子间（或与墙面）的净距应符合以下要求：仅就餐者通行时，桌边到桌边的净距应不小于 1.35 米，桌边到内墙面的净距应不小于 900 毫米；有服务员通行时，桌边到桌边的净距应不小于 1.80 米，桌边到内墙面的净距应不小于 1.35 米；有小车通行时，桌边到桌边的净距应不小于 2.10 米。

（4）宜采用四角桌子，如果使用的是中心柱子支撑的圆桌，从桌子边缘到桌子基座外缘的距离不应小于 500 毫米。休息处使用的小桌子直径不应小于 600 毫米，且应符合最小膝位净空间的要求。

（5）自助餐盘滑轨的高度、深度、宽度需考虑到乘轮椅者的靠近和使用。自助餐的餐盘滑轨距地不应大于 850 毫米，深度不应小于 250 毫米。①这是一个能够同时服务健康人群和轮椅使用人群的高度；②适宜的高度可以保证乘轮椅者靠近餐台时有良好的视野，便于其了解餐台的自助餐种类，并能够自行完成取餐；③餐盘滑轨可供乘轮椅者取餐时放置餐盘使用，节省体力，减少餐食洒落的风险。餐盘滑轨下应保证 650 毫米高的净空，这与容膝空间的一般规定要求一致。

（6）餐盘滑轨应从餐盘拿取处一直延伸至收银员处，更有助于行动不便者的操作。收款通道净宽不应小于 900 毫米。

（7）所有自取食物或调味品等应摆放在从柜台正面伸手最大距离不超过 600 毫米的位置。同理，碗筷等餐具不应放置距离过远和过高，导致乘轮椅者无法操作。

（8）冰柜和食物柜等柜门宜采用推拉的开启方式，不应采用平开式。

（9）低位洗手池下部应符合最小膝位净空间的要求，配置长颈水龙头，洗手液固定于洗手池池身靠近使用者的一侧，方便使用。

（10）垃圾箱高度考虑到乘轮椅者的使用，高度不应大于 1.20 米。应有易于识别的形状和颜色，方便视觉障碍人群使用。操作方式则需充分考虑手部灵活度不足的人群操作，也不能仅为脚踏式导致下肢残疾人使用不方便。

（11）餐厅和服务区、排队区地面应防滑、不积水、无障碍物和台阶。

4. 服务无障碍

向残障人士提供服务时，一定要注意服务礼仪，以避免因态度和沟通问题而产生偏见和误解。残障人士服务礼仪核心是要关注个人而非其残障，以人为本关注需求，不要表达可怜同情，而是建立平等、尊重、有效的沟通交流。

当与坐轮椅的人谈话时，要主动蹲下或者退后一步、弯腰以便使对方不必费力仰头望你。要以耐心和细心的态度聆听对方的讲话，不要试图帮助对方把话说完。如果没有听懂对方讲话的内容，可以请对方重复一遍，或者自己重复一遍以确认理解无误。如果对方没有理解你的话，应该再讲一遍，并尝试重新组织语言。交流时应以正常的语速和语调清晰的讲话，除非对方要求你大声或减慢语速。与听觉障碍人士交谈时，因对方可能会读唇语，所以应直视对方，且不要遮挡口鼻。适当借助手势、地图或标识，可以帮助双方交流。

餐厅的服务无障碍可参考但绝不限于以下几个方面：

（1）先征求意愿和需求，得到允许后再提供必要的协助，如取餐、引导、送餐及用餐期间的服务。在可能会对对方造成伤害的场景下，如下台阶、地面湿滑时，可以主动上前提示和提供帮助。

（2）在未经允许的情况下，绝不要碰触残障人士或他们的辅助设备，这样不仅不礼貌，而且容易造成危险。就餐过程中如需将残障人士的辅助器具（如轮椅、拐杖等）移动到临时存储区域，一定要事先征得许可。

（3）允许导盲犬进入餐饮设施。

（4）留意餐厅内人和物的往来情况，及时清理通道上的临时障碍，包括临时抽出的座椅等。

（5）菜品以无骨无刺为宜。热饮、热汤等易撒溅的食物，建议有专人提供协助。尤其是以自助方式自取时，服务人员需准备隔热杯和密封杯盖，防止烫伤。

（6）为需要进一步食物处理者提供搅拌器（将食物搅碎）和粗的吸管。如面对有吞咽障碍的患者时，宜供应密度均匀、黏性适当、有一定硬度、质地爽滑、易于变形的食物。对于轻度咀嚼障碍的患者（老人）可采取增加食物烹煮时间的方式，使之变得细软、不散也不粘，容易咀嚼或用牙龈就可咀嚼的软食。临床中有时也用增稠剂将固体或液体食物改成糊状或凝胶状。

（7）推荐在取餐台下方备有碗、餐盘等，方便取餐人员随时取用；或者在取餐台里侧（即出餐一侧）备有碗、餐盘等，服务人员根据需要及时提出餐具，这些服务对行动不便人群更友好。

（8）饮料、点心等物品陈列上，应尽量选择按品类垂直摆放，以保证轮椅使用者可自行挑选、拿取产品。

（9）考虑行动不便者需求合理设计应急疏散流线和引导，特别是紧急情况下轮椅疏散、盲人等引导。

思考题

1. 古代旅行中的饮食活动与现代旅游活动中的饮食活动有何区别?

2. 各类美食节、美食展览是饮食旅游者不可错过的重要项目，咖啡展、啤酒节、巧克力节等都能吸引大量美食爱好者，请尝试分析这类饮食旅游者的动机。

3. 请结合饮食旅游引导乡村振兴的路径体系，阐述法国“鹅肝”旅游如何促进法国乡村经济发展。

4. 在法国，乡村旅游中的“鹅肝”是怎么向旅游者“证明”民族文化价值的?谈一谈你是如何理解“长期以来一直批评旅游业过于简单化，忽略了文化微妙的多样性”这一论述的。

5. 饮食旅游属于特殊兴趣旅游，特殊兴趣旅游中的“特殊兴趣”指的是什么?

6. 饮食旅游与旅游中的饮食，它们的本质区别是什么?

7. 可持续发展原则下的饮食旅游开发应注意哪些问题?

8. 请结合《旅游资源分类、调查与评价》（GB/T 18972—2003）梳理您家乡省份或城市的饮食旅游资源，并尝试做出评价。也可以尝试与其他省份或城市做出对比。

9. 请对照《中国居民膳食指南（2022）》平衡膳食八条准则，评价自己的膳食结构和饮食习惯，制定自我膳食改善计划。

10. 请尝试向周围亲朋介绍《中国居民膳食指南（2022）》平衡膳食八条准则或特定人群膳食指南，并举例说明食物和营养素之间、宏量营养素和微量营养素之间的关系。

11. 举例说明如何从观念、信息、设施、服务四个方面提供无障碍餐饮服务。

12. 案例讨论

专为实现旅行者“像当地人一样吃饭”[①]的宏愿而生的“蹭饭”网站——eatwith.com是通过网站预订方式，旅行者可以用划算的价格吃到最本地化的家庭大餐，还可结交到当地朋友，生动、深入地体验当地文化。

2012年夏天，以色列人盖·米其林（Guy Michlin）和妻子去希腊旅行，据回忆“在前四天，我们不停地落进各种专宰旅游者的陷阱里”，尤其是那些专为旅游者开设的餐厅的价格令人望而却步。当盖·米其林向一个希腊朋友询问在哪里才能吃到正宗的当地菜时，他的朋友反问道：“什么意思？在哪吃？当然是在家里吃！”于是，这趟糟糕的旅行被改写了。盖·米其林说：“我们受邀去他家里吃饭。后来事实证明，那是希腊之旅的最大亮点。”这次做客，不仅让盖·米其林终于吃到了一路上餐馆里都没吃到的地道希腊美食，还和主人畅聊良久，真正接触到了生动的希腊，成就了一段难以忘怀的旅行经历。他回忆道，“那时希腊的经济危机刚刚结束，每个人都在谈论。我坐在那听他们的故事，仿佛通往另一个世界的门被意外打开。这种经历太美好了。”

“这段经历在我回国后依然萦绕于心。然后，我很快意识到：目前，还没有一个平台，可以轻易实现这样的‘家庭款待’；并且是以让主客双方都放心的方式。”当eatwith上线后，连创始人盖·米其林都没想到——全世界居然有这么多人愿意为了吃饭这件事前仆后继、不计代价地贡献智慧、精力、时间和金钱。短短几个月，网站的服务就覆盖了从欧洲到美国的30多个城市，其总部也搬到了西班牙。目前，网站的服务已覆盖全球30个国家的160多个城市。从中东到欧洲、美洲、非洲和亚洲（目前，中国版正在计划上线），分布着500多名热情好客的主人。那时，致力于让旅游者住在当地人家里的网站Airbnb已经在全世界获得了巨大声誉和商业成功，拥有400多万用户，成为全世界最大的“酒店公司”。在这一潮流下，eatwith被誉为“美食界的Airbnb”，颇受资本青睐，发展迅速。

当然，eatwith网站成功的原始推动力还是全世界人民对于吃的热情。出乎盖·米

① 西部旅游杂志社 . https：//www.sohu.com/a/140056592_627733.

其林意料的不是旅行者到目的地当地人家里吃饭的热情，而是这个世界上喜欢做菜给别人吃的人一点儿也不比吃货少。“主人情结”似乎在全球爆发，仿佛人人都有一颗喂饱他人的心。各地主人的供餐水准之高令人瞠目——在米其林餐厅工作的大厨厌倦了一成不变的菜式，只想私下变着花样做点好玩儿的；有不同口味的烹饪爱好者，从素食、分子料理到各国菜系，应有尽有；还有众多的、没条件开餐厅却喜欢烹饪，想要实现大厨梦款待八方来客的。一顿饭局一般收费 30~50 美元，几乎所有的食客都对此评价物超所值。主人在发布宴会计划时，会详细列出各种信息，菜谱、食材、费用是最基本信息，一般还会提供附近停车场、电梯、无障碍设施等辅助信息，以及其他要求或注意事项，如是否欢迎小孩或抽烟者、是否可接待素食者、是否可自带酒水等。

为实现宾主尽欢，网站也会针对食客的就餐礼仪进行指导，在“如何成为一个几近完美的食客”页面上列出了各种问题，如是否给小费、是否需要帮主人洗碗、该如何正确地赞美主人的厨艺等，其中最被强调的是——你是去社交的，不能闷头只管吃。“一次愉快的社交型聚餐经历”是 eatwith 网站提供的核心产品，而这，正是餐厅难以实现的。

作为一个旅行者，我们出发的最初动力不就是探究这个世界的好奇心吗？如果失去了不断遭遇陌生人、和陌生人交流互动，甚至发生点什么意料之外故事的这部分组成，旅行必定丧失相当部分乐趣。一方面，eatwith 网站为渴望融入陌生环境的旅行者提供了良机，不仅是食物，更是乐于和你交谈的陌生人；另一方面，也通过必要的信息筛查和手段设置了各种屏障以最大限度上降低旅行者的社交风险。比如，通过主人罗列出的详尽信息，你大致可以判断出主人的喜爱、个性以及赴餐客人类型，这样就可以进行预判和取舍。

阅读上文，并查阅资料后回答：

① Eatwith 网站满足了饮食旅游者的哪些需要？

② Eatwith 网站利用了哪些饮食旅游资源，这些资源为什么具有吸引力？

③ Eatwith 网站提供的饮食旅游项目可能存在哪些负面的问题？

④你如何评价 Eatwith 网站。

附件1

中国古代历史年表

时期 Section	时代 / 王朝 Period/Dynasty	起止时间 Time Span
远古时期 （约 200 万年前 ~ 约公元前 21 世纪） Prehistoric Times （c. 2 million years ago~c. 21st century BC）	旧石器时代 Paleolithic	约 200 万年前 ~ 约 1 万年前 c. 2 million~10, 000 years ago
	新石器时代 Neolithic	约 1 万年前 ~ 约公元前 21 世纪 c. 10, 000 years ago~c. 21st century BC
夏商西周时期 （约公元前 21 世纪 ~ 公元前 771 年） Xia, Shang, and Western Zhou （c. 21st century~771 BC）	夏朝 Xia Dynasty	约公元前 21~ 约前 16 世纪 c. 21st~16th centuries BC
	商朝 Shang Dynasty	约公元前 16~ 约前 11 世纪 c. 16th~11th centuries BC
	西周 Western Zhou Dynasty	约公元前 11 世纪 ~ 前 771 年 c. 11th century~771 BC
春秋战国时期 （公元前 770 年 ~ 公元前 221 年） Spring and Autumn and Warring States Periods （770~221 BC）	春秋 Spring and Autumn Period	公元前 770~ 前 403 年 770~403 BC
	战国 Warring States Period	公元前 403~ 前 221 年 403~221 BC

续表

时期 Section	时代 / 王朝 Period/Dynasty	起止时间 Time Span
秦汉时期 （公元前 221 年 ~220 年） Qin and Han Dynasties （221 BC~220 AD）	秦朝 Qin Dynasty	公元前 221~ 前 206 年 221~206 BC
	西汉 Western Han Dynasty	公元前 202~8 年 202 BC~8 AD
	新朝 Xin Dynasty	公元 8~23 年 8~23 AD
	东汉 Eastern Han Dynasty	公元 25~220 年 25~220 AD
三国两晋南北朝时期 （220~589 年） Three Kingdoms, Jin, and Southern and Northern Dynasties （220~589 AD）	三国 Three Kingdoms	公元 220~280 年 220~280 AD
	两晋 Western Jin Dynasty	公元 265~316 年 265~316 AD
	东晋 Eastern Jin Dynasty	公元 317~420 年 317~420 AD
	十六国 Sixteen Kingdoms	公元 304~439 年 304~439 AD
	南朝 Southern Dynasties	公元 420~589 年 420~589 AD
	北朝 Northern Dynasties	公元 386~581 年 386~581 AD
隋唐五代时间 （581~960 年） Sui, Tang, and Five Dynasties （581~960 AD）	隋朝 Sui Dynasty	公元 581~618 年 581~618 AD
	唐朝 Tang Dynasty	公元 618~907 年 618~907 AD
	五代十国 Five Dynasties and Ten Kingdoms	公元 907~960 年 907~960 AD

续表

时期 Section	时代 / 王朝 Period/Dynasty	起止时间 Time Span
辽宋夏金元时期 （916~1368 年） Liao, Song, Xixia, Jin, and Yuan Dynasties （916~1368）	辽 Liao Dynasty	公元 916~1125 年 916~1125
	北宋 Northern Song Dynasty	公元 960~1127 年 960~1127
	南宋 Southern Song Dynasty	公元 1127~1279 年 1127~1279
	西夏 Xixia Dynasty	公元 1038~1227 年 1038~1227
	金 Jin Dynasty	公元 1115~1234 年 1115~1234
	元 Yuan Dynasty	公元 1206~1368 年 1206~1368
明清时期 （1368~1911 年） Ming and Qing Dynasties （1368~1911）	明朝 Ming Dynasty	公元 1368~ 1644 年 1368~1644
	清朝 Qing Dynasty	公元 1644~1911 年 1644~1911

附件2

常见中餐的英法菜名翻译

	中文名称	英文翻译	法语翻译
1	白米饭（东北大米）	Steamed Long Grain Rice	Riz à grains longs
2	糯米饭	Steamed Sticky Rice	Riz gluant à la vapeur
3	扬州炒饭	Stir-Fried Rice with Eggs, Ham, Shrimps, Carrots, Green Beans and Mushrooms	Riz frit Œufs, jambon, crevettes, carottes, haricots, et champignons
4	酱油炒饭	Stir-Fried Rice with Eggs, Soy Sauce	Sauté de riz aux œufs et sauce de soja
5	什锦炒饭	Stir-Fried Rice with Eggs, Carrots and Green Beans	Riz frit Œufs, carottes, et haricots
6	熏鸡丁炒饭	Stir-Fried Rice with Smoked Chicken and Vegetables	Sauté de riz aux poulet fumé et légumes
7	鲜虾蔬菜炒面	Stir-Fried Noodles with Shrimp and Vegetables	Sauté de nouilles crevettes et légumes
8	牛肉银芽炒面	Stir-fried Noodles with Shredded Beef and Bean Sprouts	Nouilles sautées au bœuf et germes de soja
9	广东香肠炒面	Fried Noodles with Cantonese Sausage	Nouilles frites aux saucisses cantonaises
10	白米粥	Rice Congee	Porridge de riz
11	小米粥	Millet Congee	Porridge de millet
12	燕麦粥	Oatmeal（Water）	Porridge d'avoine（fait à l'eau）
13	蒸鲜奶馒头	Steamed Milk Buns	Petits pains au lait

续表

	中文名称	英文翻译	法语翻译
14	蒸玉米面发糕	Corn Meal Steamed Sponge Cake	Genoise de farine de maïs
15	蒸豆沙包	Red Bean Paste Steamed Buns	Petits pains farci à la pâte de haricots rouges
16	蒸叉烧包	Barbecued Pork Steamed Buns	Brioche au porc laqué
17	蒸奶黄包	Custard Steamed Buns	Petit pain farci cuit à la vapeur
18	蒸小笼包	Pork Steamed Baozi	Baozi au porc
19	海鲜烧卖	Steamed Shaomai Dumplings Stuffed with Shrimp, Pork and Mushrooms	Shaomai de crevettes, porc, et champignons à la vapeur
20	虾饺	Steamed Shrimp and Pork Dumplings	Raviolis de crevettes à la vapeur
21	驴打滚	L ú dagunr（Glutinous Rice Rolls Stuffed with Red Bean Paste）	Rouleau de riz gluant à la pâte de haricots rouges
22	豌豆黄	Pea Cake	Gâteau à la farine de petits pois
23	艾窝窝	Aiwowo（Steamed Rice Balls with Sweet Fillings）	Gâteaux de riz cuits à la vapeur avec farce sucrée
24	椰蓉糕	Corn Meal Steamed Sponge Cake	Genoise de farine de maïs
25	枣糕	Red Dates Cake	Gâteau aux dates rouges
26	红豆糕	Red Bean Cake	Gâteau aux haricots rouges
27	核桃酥	Walnut Cookies	Cookies aux noix
28	开口笑	Sesame Balls	Boulettes au sésame
29	烤红薯	Roasted Sweet Potatoes	Patates douces rôties
30	蒸红薯	Steamed Sweet Potatoes	Patates douces à la vapeur
31	蒸玉米	Steamed Corn	Maïs à la vapeur
32	蒸南瓜	Steamed Pumpkin	Citrouille à la vapeur
33	蒸小土豆	Steamed Baby Potatoes	Pommes de terre grelots à la vapeur
34	烤小土豆	Roasted Baby Potatoes	Pommes de terre grelots rôties
35	盐水煮毛豆	Boiled Green Soy Beans	Fèves de soja vertes bouillies
36	鸡茸粟米羹	Sweet Corn and Minced Chicken Soup	Soupe de poulet au maïs doux
37	番茄蛋花汤	Tomato and Egg Soup	Soupe de tomates aux oeufs

续表

	中文名称	英文翻译	法语翻译
38	西湖牛肉羹	Minced Beef and Mushroom Soup	Soupe de boeuf et champignons
39	冬瓜海米汤	Chinese Squash Soup with Dried Shrimps	Soupe de courge chinoise aux crevettes séchées
40	菌汤	Mushroom Soup	Soupe aux champignons
41	黄瓜蛋花汤	Cucumber and Egg Soup	Soupe aux concombres et œufs
42	玉米排骨汤	Pork Ribs and Corn Soup	Soupe de côtes de porc et maïs
43	酸辣汤	Hot and Sour Soup	Soupe aigre-piquante
44	煮鸡蛋	Hard Boiled Eggs	Œufs durs
45	煎鸡蛋	Fried Eggs	Œufs frits
46	西式炒蛋	Scrambled Eggs	Œufs brouillés
47	蟹柳鸡蛋烧	Scrambled Eggs with Sliced Crab	Oeufs brouillés au crabe
48	滑蛋虾仁	Stir-fried Shrimp with Scrambled Egg	Sauté de poulet et œufs brouillés
49	炒口蘑	Sautéed Button Mushrooms	Champignons boutons sautés
50	香菇扒菜胆	Braised Mushrooms with Bok Choy	Champignons braisés avec Bok Choy
51	蒲烧茄子	Roasted Eggplant	Aubergines rôties
52	扒茄子	Grilled Eggplant	Aubergines grillées
53	上汤娃娃菜	Braised Baby Cabbage in Broth	Petit choux en bouillon
54	白菜豆泡	Sautéed Cabbage and Tofu Puffs	Choux de haricots et choux sauté
55	白灼广东菜心	Poached Choy Sum	Choy Sum poché
56	白灼芥蓝	Poached Chinese Broccoli	Brocoli chinois poché
57	清炒广东菜心	Sautéed Choy Sum	Choy Sum sauté
58	清炒芥蓝	Sautéed Chinese Broccoli	Chou chinois sauté
59	清炒节瓜	Sautéed Zucchini	Courgettes sautées
60	清炒豇豆	Sautéed Long Beans	Haricots longs sautés
61	清炒荷兰豆	Sautéed Snow Peas	Pois gourmands sautés
62	清炒青豆	Sautéed Green Peas	Petits-pois sautés
63	清炒西蓝花	Sautéed Broccoli	Brocoli sauté
64	清炒小白菜	Sautéed Bok Choy	Bok Choy sautés

续表

	中文名称	英文翻译	法语翻译
65	清炒莴笋	Sautéed Asparagus Lettuce	Laitue chinoise sautée
66	清炒芥菜	Sautéed Chinese Mustard Greens	Sauté de feuilles de moutarde
67	清炒西芹	Sautéed Celery	Céleri sauté
68	西芹炒百合	Sautéed Lily Bulbs & Celery	Bulbes de lys et céleri sautés
69	炝炒圆白菜	Stir-Fried Cabbage with Chili Sauce	Chou poêlé avec sauce épicée
70	田园素小炒	Sautéed Red Beans, Baby Corn, Mushrooms and Black Fungus Mushrooms	Sauté de haricots rouges, maïs, et champignons
71	扒芦笋	Grilled Asparagus	Asperges grillées
72	小葱炖豆腐	Stewed Tofu with Scallion	Tofu mijoté aux oignons verts
73	红烧豆腐	Braised Tofu	Tofu braisé
74	椒盐豆腐	Salt and Pepper Tofu	Tofu salé-poivré
75	孜然煎豆腐	Fried Tofu with Cumin	Tofu frit au cumin
76	炸豆腐	Deep-Fried Tofu	Tofu frit
77	青椒炒豆腐	Stir-fried Tofu with Green Peppers	Tofu sauté aux poivrons verts
78	香菇烧豆腐	Stewed Tofu with Black Mushrooms	Tofu mijoté aux champignons noirs
79	菠萝咕咾肉	Sweet and Sour Pork with Pineapple	Porc aigre-doux à l'ananas
80	软炸里脊	Fried Battered Pork Tenderloin	Filet de porc frit
81	红烧肉	Braised Pork with Soy Sauce	Porc braisé sauce soja
82	回锅肉	Sautéed Sliced Pork with Pepper and Chili	Émincé de porc sauté au poivre et piment
83	农家小炒肉	Sautéed Pork Belly	Trippe sautée
84	木须肉	Sautéed Sliced Pork, Egg and Black Fungus Mushroom	Porc sauté aux oeufs et champignons noirs chinois
85	泡菜炒五花肉	Stir-Fried Pork Belly with Kimchi	Sauté de poitrine de porc au kimchi
86	珍珠丸子	Steamed Pork Meatballs	Boulettes de porc à la vapeur
87	四喜丸子	Braised Pork Meatballs in Gravy	Boulettes de porc braisées, servies en sauce
88	烤猪颈肉	Roasted Pork Boston Butt	Palette de porc rôtie

续表

	中文名称	英文翻译	法语翻译
89	糖醋鸡柳	Sweet and Sour Chicken	Poulet aigre-doux
90	蚝油鸡柳	Sautéed Sliced Chicken with Oyster Sauce	Émincé de poulet sauté et sauce d'huîtres
91	荔枝鸡片	Sweet and Sour Sliced Chicken	Poulet aigre-doux
92	鱼香鸡片	Sautéed Chicken in Spicy Garlic Sauce	Sauté de poulet en sauce à l'ail et épicée
93	板栗烧鸡块	Braised Chicken with Chestnuts	Poulet braisé aux châtaignes
94	土豆烧鸡块	Stewed Chicken with Potatoes	Poulet mijoté aux pommes de terre
95	葱盐炒鸡块	Sautéed Chicken with Scallions	Poulet sauté aux oignons verts
96	茄汁鸡丁	Sautéed Diced Chicken with Tomato Sauce	Dés de poulet sautés en sauce tomate
97	莴笋炒鸡丁	Sautéed Diced Chicken with Asparagus Lettuce	Dés de poulet sautés avec celtuce
98	酱爆鸡丁	Sautéed Diced Chicken in Soy Sauce	Dés de poulet sauté en sauce soja
99	腰果宫保鸡丁	Kung Pao Chicken（Spicy Diced Chicken with Cashew）	Poulet Kung Pao（avec noix de cajou）
100	三杯鸡	Casserole of Stewed Chicken with Ginger and Wine	Poulet au gingembre et vin en cocotte
101	椒麻鸡	Braised Chicken with Pepper and Chili	Poulet braisé poivre et piment
102	葱油鸡	Steamed Chicken with Scallion Sauce	Poulet à la vapeur, sauce aux oignons verts
103	香茅烤鸡	Grilled Chicken with Lemongrass	Poulet rôti à la citronnelle
104	鸡豆花	Braised Minced Chicken in Broth	Poulet haché braisé et servi en bouillon
105	煮鸡胸	Poached Chicken Breast in Own Broth	Poitrine de poulet pochée en bouillon
106	烤鸡腿（无骨）	Roasted Chicken Leg（Boneless, with Skin）	Cuisse de poulet rôti（désossée, avec peau）
107	蚝油牛肉	Sautéed Sliced Beef in Oyster Sauce	Boeuf en sauce d'huîtres
108	XO 酱炒牛肉	Sautéed Beef Fillet in XO Sauce	Bœuf sauté à la sauce XO

续表

	中文名称	英文翻译	法语翻译
109	照烧牛肉	Braised Beef with Sweet Soy Sauce	Boeuf braisé à la sauce douce de soja
110	小炒牛肉	Sautéed Beef Fillet	Filet de boeuf sauté
111	青椒炒牛肉	Sautéed Beef with Bell Pepper	Bœuf sauté au poivron vert
112	西芹炒牛肉	Sautéed Sliced Beef with Celery	Émincé de boeuf sauté au céleri
113	芥蓝炒牛肉	Sautéed Sliced Beef with Chinese Broccoli	Émincé de bœuf sauté au brocoli chinois
114	山药炒牛肉	Sautéed Diced Beef with Yum	Dés de boeuf sautés au yam
115	罗勒香茅炒牛肉	Sautéed Beef with Basil and Lemongrass	Boeuf sauté au basilic et citronnelle
116	蘑菇炒牛肉片	Sautéed Sliced Beef with Mushroom	Boeuf sauté aux champignons
117	番茄烩牛腩	Stewed Beef Brisket with Tomato	bavette d'aloyau de bœuf braisé à la tomate
118	萝卜炖牛肉	Stewed Beef with Radish	Boeuf mijoté aux radis
119	腐竹烧牛腩	Stewed Beef Brisket with Tofu Skin	Poitrine de bœuf mijotée avec peau de tofu
120	土豆炖牛肉	Stewed Beef with Potatoes	Ragoût de bœuf aux pommes de terre
121	咖喱牛肉炖土豆胡萝卜	Beef Curry with Potatoes and Carrots	Curry de boeuf aux pommes-de-terre et carottes
122	酸汤肥牛	Beef Slices in Sour Soup	Tranches de boeuf en soupe aigre
123	扒牛柳	Roasted Beef Tenderloin	Filet de bœuf rôti
124	烤牛腩排	Roasted Beef Flank Steak	Bavette de flanchet rôtie
125	烤牛肋排	Roasted Beef Short Rib	Bouts de côtes de boeuf rôtis
126	烤牛眼肉	Roasted Beef Rib-Eye Steak	Entrecôte rôtie
127	烤牛外脊	Roasted Beef Sirloin	Aloyau rôti
128	扒牛里脊	Grilled Beef Tenderloin Steak	Steak de filet de boeuf grillé
129	葱爆羊肉	Sautéed Sliced Lamb with Scallion	Tranches d'agneau sautées aux oignons verts
130	孜然炒羊柳	Stir-fried Lamb Loin with Cumin	Longe d'agneau poêlée au cumin
131	红烧羊肉	Braised Lamb	Agneau braisé
132	红焖羊肉	Braised Lamb with Soy Sauce	Agneau braisé, sauce au soja

续表

	中文名称	英文翻译	法语翻译
133	胡萝卜炖羊肉	Stewed Mutton with Carrots	Ragoût de mouton aux carottes
134	酸汤羊肉	Lamb Slices in Sour Soup	Émincé d'agneau en soupe aigre
135	烤羊柳	Roasted Lamb Tenderloin	Filet d'agneau rôti
136	烤羊腿	Roasted Lamb Leg	Gigot d'agneau rôti
137	烤羊排	Roasted Lamb Chop	Côtelettes d'agneau grillée
138	白灼大虾	Poached Prawn	Crevettes pochées
139	酥香虾球	Crisp-Fried Shrimp Ball	Boulettes de crevettes frites croustillantes
140	和风虾	Pan-fried Prawns	Crevettes poêlées
141	咖喱虾球	Curried Prawn Balls	Crevettes au curry
142	青豆炒虾仁	Stir-fried Shrimp with Green Beans	Crevettes sautées aux haricots verts
143	糖醋鲽鱼块	Sweet and Sour Plaice	Plie aigre-doux
144	豉汁蒸鱼块	Steamed Snapper Fillet in Black Bean Sauce	Filet de vivaneau à la vapeur, en sauce de haricots noirs
145	酸菜鱼	Boiled Plaice with Pickled Cabbage	Plie bouillie au choux mariné
146	蒜蓉粉丝蒸鱼片	Steamed Plaice with Vermicelli and Mashed Garlic	Plie pochée à l'ail et vermicelle
147	蒸带子	Steamed Scallops with Lemon and Parsley	Coquilles Saint-Jacques à la vapeur, citron et persil
148	蒸带子配青豆	Steamed Scallops with Green Peas	Coquille Saint-Jacques à la vapeur avec des pois verts
149	蒸青口	Steamed Mussel with Olive Salsa	Moules à la vapeur avec salsa d'olives
150	海米烧白菜	Braised Chinese Cabbage with Dried Shrimps	Chou chinois aux crevettes séchées
151	北京烤鸭	Beijing Roast Duck	Canard laqué
152	黄瓜丝	Cucumber	Concombre
153	甜面酱	Sweet Bean Sauce	Sauce aux haricots doux
154	葱丝	Scallions	Échalottes
155	鸭饼	Thin Pancake	Crèpes chinoises
156	羊肉片	Sliced Mutton	Émincé de mouton

续表

	中文名称	英文翻译	法语翻译
157	牛肉片	Sliced Beef	Émincé de boeuf
158	白菜	Chinese Cabbage	Chou chinois
159	菠菜	Spinach	Épinards
160	叶生菜	Leaf Lettuce	Laitue frisée
161	罗马生菜	Romaine Lettuce	Laitue romaine
162	茼蒿	Chrysanthemum Greens	Chrysanthèmes
163	木耳	Black Fungus Mushroom	Champignons noirs
164	白萝卜	White Radish	Daïkon
165	粉丝	Vermicelli	Vermicelle
166	波纹面	Instant Noodles	Nouilles instantanées
167	香菜	Coriander	Coriandre
168	韭菜花	Leek Flower Sauce	Sauce de fleur de poireaux
169	辣椒油	Chili Oil	Huile épicée
170	腐乳汁	Fermented Tofu Sauce	Sauce de tofu fermenté
171	麻酱小料	Tahini	Tahini
172	榨菜	Hot Pickled Mustard Tuber	Tubercule de moutarde épicée
173	咸菜丝	Sliced Vegetable Preserve	Conserve de légumes en tranches
174	八宝咸菜	Assorted Pickles	Conserves assorties
175	黄瓜酱菜	Soya-pickled Cucumber	Conserve de concombres au soja
176	腐乳	Fermented Tofu	Tofu fermenté
177	泡菜	Kimchi（cabbage）	Kimchi（chou）

后记

在人类社会漫长发展历程中，食事活动成为人类适应、利用与改造自然以求得生存和发展，逐步实现自身价值观念的最佳佐证。首先，饮食是自然地理的馈赠。一方水土养育一方人，不同地域和气候造就不同物产，这是饮食活动的物质基础。其次，饮食资源开发程度与利用方式取决于该区域人们生存需要的程度。人类文明产生和发展源自面对挑战的回应，创造力是这种回应中的一种重要体现。纵观国人的食事活动，创造力无处不在。中国地理资源丰富，各地农林牧渔业因势利导发展，形成了众多宝贵的劳作技术和自然资源管理、利用的知识与经验，也使得我国的全球重要农业文化遗产数量位居世界之首。中国的饮食科学创造还体现在食材的保鲜贮藏、加工改性、发酵再造和切配烹饪工艺中，以及围炉起灶提高火的利用效率和烹饪食器等发明进步中。最后，饮食具有巨大经济价值，影响国民经济众多领域。人们的食事活动和饮食观念不仅直接影响食品制造业和餐饮服务业发展，而且“饮食 +”“健康 +”的概念广泛涉及文娱、文创、节庆、休闲、康养和旅游等领域。

饮食教育是以食物为载体的综合教育，不仅适用于所有人，而且可作为终身学习和文化传承。对饮食文化及其社会属性的认知，代表了一个人的食物观，决定了一个人的饮食态度与行为。全民饮食观必然影响社会的整体发展、人与自然的关系。加强关于饮食的理解，是健全国民食观念、继承食文化、确保健康食生活的基石。

在上述逻辑框架下，北京联合大学旅游学院饮食文化教学团队对《饮食文化概论》教材进行了再版。一是补充与饮食相关的文物鉴赏、史学民俗、哲学思辨、科技知识和案例，使学生在熟悉饮食文化历史沿革时，知其然，更知其所以然。课程学习重点从饮食本身向饮食生产过程中自然资源和社会资源的投入、产出、流通方面延伸，将饮食消费与人类健康、文化传承和社会可持续发展挂钩，加深学生从田间到餐桌这一过程中的一产农业、二产食品工业和三产旅游及餐饮服务业间密切联系的认知。依托本院国家级一流本科旅游管理专业优势，启发学生思考饮食文化传承与保护方式、饮食文化资源与旅游的结合方式等问题。二是补充中外饮食类世界非物质文化遗产、中国在册世界农业文化遗产等具有全球影响力的案例，以及北京冬奥会运动员菜单部分中英法翻译示范和冬残奥会无障碍餐饮服务案例，结合本书西方饮食文化知识，帮助学生做好跨文化交流准备，讲好中华饮食故事。三是在教育信息化和教师数字素养飞速提升的时代，在再版编订前，完成了在线课程录制。欢迎大家选用与本书配套的学堂在线平台课程《饮食漫谈：中西方饮食文化》进行线上线下混合式教学，并反馈学习体验，帮助课程不断改进完善。

修宇担任本书主编，并负责全书框架体系设计、统稿、修改与定稿。参加各章编写的主要人员有：修宇（第一章、第二章、第三章、第五章、第六章、第七章（第一～三节）、第八章（第二、四节），字数 232 千字），郭晓赓（第四章、第八章（第三节），字数 100 千字），张琦（第七章第四节，字数 30 千字），佟婷（第八章第一节，字数 18 千字）。

编写过程中，北京联合大学特聘教授、中国科学院地理科学与资源研究所闵庆文研究员、北京联合大学旅游学院国家级一流专业旅游管理专业负责人孙业红教授对全球重要农业文化遗产项目编入本书提供了指导帮助。原北京 2022 年冬奥会和冬残奥会组织委员会残奥会部倪洋老师和龚蔚老师对本书无障碍餐饮服务理念一节的编写提供了资料建议。故宫博物院郭晓婷老师为本书编写提供了大量图文史料。本院餐饮管理系主任姜慧副教授对大豆等食品安全问题和智慧餐饮编入本书提供了资料建议。本院餐饮管理系学生张惠昭、王欣然、龚宁为本书重新编辑了视频资料，汪平瑄绘制了插图，在此一并表示衷心感谢！

本书由北京联合大学旅游学院教学科研提升项目和烹饪与营养教育专业建设项目资助出版，由北京联合大学在线课程《饮食漫谈：中西方饮食文化》建设项目资助视频拍摄。本书是北京市社会科学基金重点项目“首都餐饮文化资源内涵挖掘及传承创新途径研究”（项目编号：21GL001）阶段成果，是北京联合大学校级通识教育核心课程“饔飧之道：中国饮食文化”建设阶段性成果。

本书编写过程中，参阅了国内外大量期刊文献、书籍资料和博物馆文物资源，在此对这些资料的作者和布展单位致以诚挚谢意！由于编者水平所限，书中难免存在错误和疏漏之处，敬请广大读者提出宝贵意见，以便持续完善。希望本书能为广大读者朋友带来愉悦的阅读体验。

北京联合大学旅游学院　修宇

2024 年 1 月于北京

项目统筹：郭海燕
责任编辑：郭海燕
责任印制：冯冬青
封面设计：中文天地

图书在版编目（CIP）数据
饮食文化概论 / 修宇主编 ； 郭晓赓，张琦，佟婷参编. -- 2版. -- 北京 ： 中国旅游出版社，2024.1
全国旅游类专业创新应用型人才培养规划教材
ISBN 978-7-5032-7287-5

Ⅰ. ①饮… Ⅱ. ①修… ②郭… ③张… ④佟… Ⅲ. ①饮食－文化－中国－高等学校－教材 Ⅳ. ①TS971.2

中国国家版本馆CIP数据核字(2024)第013012号

书　　名：饮食文化概论

作　　者：修宇主编
出版发行：中国旅游出版社
（北京静安东里 6 号　邮编：100028）
http://www.cttp.net.cn　E-mail:cttp@mct.gov.cn
营销中心电话：010-57377103，010-57377106
读者服务部电话：010-57377107
排　　版：北京旅教文化传播有限公司
经　　销：全国各地新华书店
印　　刷：三河市灵山芝兰印刷有限公司
版　　次：2024 年 1 月第 2 版　2024 年 1 月第 1 次印刷
开　　本：787 毫米 ×1092 毫米　1/16
印　　张：24
字　　数：380 千字
定　　价：42.00 元
ISBN　978-7-5032-7287-5